高等学校茶学专业应用型本科教材

茶学概论

陈涛林　主编

中国轻工业出版社

图书在版编目（CIP）数据

茶学概论 / 陈涛林主编. -- 北京 : 中国轻工业出版社，2024. 8. -- ISBN 978-7-5184-5125-8

Ⅰ. TS971. 21

中国国家版本馆 CIP 数据核字第 2024HM7979 号

责任编辑：贾　磊

策划编辑：贾　磊　　责任终审：李建华　　封面设计：锋尚设计

版式设计：王超男　　责任校对：晋　洁　　责任监印：张京华

出版发行：中国轻工业出版社（北京鲁谷东街 5 号，邮编：100040）

印　　刷：三河市万龙印装有限公司

经　　销：各地新华书店

版　　次：2024 年 8 月第 1 版第 1 次印刷

开　　本：787×1092　1/16　印张：18. 75

字　　数：450 千字

书　　号：ISBN 978-7-5184-5125-8　定价：45. 00 元

邮购电话：010-85119873

发行电话：010-85119832　010-85119912

网　　址：http：//www. chlip. com. cn

Email：club@ chlip. com. cn

240381J1X101ZBW

本书编写人员

主　编： 陈涛林（贵州大学）

副主编： 刘建军（贵州大学）

李美凤（贵州大学）

朱洺志（湖南农业大学）

参　编：（按姓氏汉语拼音排序）

陈勤操（江西农业大学）

邓燕莉（贵州大学）

滕　杰（江西农业大学）

温贝贝（贵州大学）

张　静（贵州大学）

主　审： 罗军武（湖南农业大学）

前 言

Preface

茶，这一古老而神奇的饮品，以其独特的魅力，跨越时空，成为世界各地人们生活中不可或缺的一部分。它不仅是一种滋味醇厚的饮料，更承载了丰富的历史文化内涵，成为中华文明乃至全球文化交流的重要载体。《茶学概论》作为一本系统介绍茶学知识的教材，旨在为读者打开一扇通往茶世界的大门，引领大家领略茶的奥妙与魅力。

在漫长的历史长河中，茶与中国文化紧密相连，形成了独特的茶艺、茶道、茶文化体系。本教材从茶的历史渊源讲起，追溯茶的起源、传播与发展，让读者在品味茶香的同时感受茶文化的深厚底蕴。接着，本教材分别介绍了茶学学科概况、茶的起源与演变、茶树生物学基础、茶园生产管理、茶叶的分类与加工、茶叶深加工与茶的综合利用、茶叶的化学成分与保健功效、茶叶感官审评、茶文化与茶艺、茶叶市场营销与茶产业数字化转型，内容涵盖了茶学的各个基本领域，既涉及自然科学又涉及社会科学，既注重理论知识的传授，同时也强调实践操作的指导。本教材在介绍传统茶学知识的同时，也关注茶学领域的新发展和新技术，旨在帮助学生建立系统的茶学知识体系，提升茶学基础理论水平和专业素养。本教材多数章节配有用于拓展学习的数字内容，学生可在课堂以外扫描二维码进行学习或参考。

本教材为高等院校茶学专业本科生专业必修课——“茶学基础专业认知”的配套教材，也可作为农学、食品科学等相关专业的教学用书，同时也可供茶产业从业人员和茶叶爱好者学习参考。

本教材共分十章，由陈涛林主编并统稿，由罗军武主审。编写分工如下：第一章由陈涛林编写；第二章第一节由刘建军编写，第二节由陈涛林编写，第三节由朱洺志编写；第三章、第四章由陈涛林编写；第五章第一节由李美凤编写，第二节由温贝贝编写，第三节、第四节由陈涛林编写，第五节、第九节由滕杰编写，第六节、第八节由朱洺志编写、第七节由陈勤操编写；第六章由温贝贝编写；第七章第一节由陈勤操编写、第二节由邓燕莉编写；第八章第一节、第三节由邓燕莉编写，第二节由陈涛林编写；第九章由张静编写；第十章第一节由李美凤编写、第二节由刘建军编写。

本教材的出版得到贵州大学教材建设基金、贵州省高等学校教学内容和课程体系改革项目（项目编号：2023037）、教育部产学合作协同育人项目（项目编号：231107658275313）的资助。本教材在编写过程中得到了贵州大学茶学硕士研究生吴河饶、任青艳、陈莹、崔叶等学生的帮助，在此一并表示感谢。同时，本教材参考和引用了许多专家、学者的研究成果与资料，在此深表谢意！

本教材内容涵盖了茶学领域各个方向，涉及范围广，知识点繁多，虽然在编写过程中编者力求内容的准确性与权威性，但由于编者理论水平和认知有限，教材中错漏之处在所难免，恳请广大读者提出宝贵的意见和建议，帮助我们不断完善和进步。

希望本教材能够成为茶学专业学生、广大茶学爱好者、从业者以及研究者的良师益友。衷心希望通过对本教材的学习，读者能够更深入地了解茶、热爱茶、传播茶，让茶文化的芬芳馨香远播寰宇。

编　者

2024年春于贵阳

目 录

Contents

第一章 绪论

CHAPTER 1

第一节 茶学专业的发展历史与现状

中国不仅是全球首个发现并利用茶叶的国家，也是茶学研究的先行者。尽管茶学作为系统化的学科仅有六七十年的历史，但在中国，茶学已成为一个拥有中职、高职、本科、研究生（硕士、博士）等全方位教育层次的完善学科体系。与此形成鲜明对比的是，世界上其他产茶国家并未设立专门的茶学专业，其茶学领域的科技人才大多来源于与茶学相近的学科，并在大学研究机构中接受相关训练后，才投入茶产业的各项工作中。

一、早期的茶学教育

在 20 世纪初，茶务讲习所是培养茶叶技术人员的主要途径。四川省茶务讲习所是最早的一个，由清末民初的四川盐茶道尹在灌县（今都江堰市）创办，后来迁至成都并更名为四川省立高等茶叶学校，学制为 3 年。共有 18 个班级毕业，但在 1935 年停办。

1917 年创办长沙茶叶讲习所。1918 年创办安徽省第一茶务讲习所，1923 年停办。1923 年安徽省立六安第三农业学校在农科内设立茶业专业，成为我国第一所设立茶业专业的学校，1930 年停办。

1930 年，广州中山大学农学院在农学系农艺门内设立了茶蔗部，林家齐副教授开设了茶作学课程。1935 年，福建省创办了福安茶业学校，1949 年 12 月更名为福建省福安农业学校，并设置了茶叶专业。

1937 年，浙江省茶叶改良场在嵊县三界举办茶叶技术训练班，但只持续到 1941 年。1938 年浙江省绍兴县平水、童家岭等地举办茶叶讲习会。同年举办安徽省茶叶高级技术人员训练班，1941 年停办。1939 年，浙江省油茶棉丝管理处茶叶部主办了驻茶厂管理员训练班。同年举办安徽省茶叶初级技术人员训练班，1942 年停办。

1940 年，创办江西省婺源茶业职工学校，该校 1947 年迁至修水县，并改名为修水茶业学校。同年，在四川重庆的复旦大学农学院农艺系设立了四年制的茶叶组和两年制的茶叶专修科，这是我国高等院校中最早设立的茶学教学单位。1946 年，茶叶组停办，但茶叶专修科继续招生，直到 1952 年并入安徽大学农学院。

在新中国成立前，上海劳动大学和浙江英士大学都曾经开设过茶类课程。

二、现代茶学高等教育

人才培养是茶产业发展的重中之重，我国茶学专业的人才培养大部分由高等农林院校完成，少数茶叶科研院所培养硕士和博士。中华人民共和国成立后，先后有10余所高等农业院校设立了茶学专业，自20世纪50年代开始招收茶学本科和专科生，60年代开始招收茶学硕士研究生，80年代开始招收茶学博士研究生。如今，茶学学科已发展成为我国的一门特色二级学科。

（一）我国茶学高等教育概况

目前，世界上除我国之外，还没有任何国家在高等学校设有茶学学科或专业，包括日本、印度、斯里兰卡、肯尼亚等茶叶生产大国，茶学专业人才培养均来自相近的学科。目前，我国已构建了“研究生教育-本科教育-职业教育-继续教育”的完整链条，形成了以本科生和研究生教育为主体，全方位的茶业专业人才培养体系。

茶学研究生招生是在一级学科园艺学下设茶学为二级学科招生，全国招收博士、硕士研究生的本科院校和科研院所有20余个，部分院校既招本科生也招研究生，也有部分院校只招研究生不招本科生。在开设茶学专业的高等院校中，绝大多数的本科大学均招收硕士学位研究生。同时，全国拥有茶学博士学位授权点的高校和院所有浙江大学、安徽农业大学、湖南农业大学、福建农林大学、华南农业大学、华中农业大学、山东农业大学、四川农业大学、西南大学、南京农业大学、西北农林科技大学、中国农业科学院茶叶研究所。

因茶学（090203）是属于农学门类一级学科园艺学的二级学科，因此一些具有一级学科园艺学（0902）博士、硕士学位授权点的院校也可招收茶学硕士和博士研究生，如中国农业大学、河北农业大学、山西农业大学、东北农业大学、吉林农业大学、甘肃农业大学、石河子大学和扬州大学。

目前，在全国涉茶的高校和科研院所中，浙江大学的茶学为国家重点学科，安徽农业大学的茶学为国家重点（培育）学科，并拥有国家重点实验室和国际合作联合实验室，湖南农业大学和中国农科院茶叶研究所分别拥有国家工程技术研究中心。茶学作为国家特色专业的学校有6所（安徽农业大学、湖南农业大学、华南农业大学、四川农业大学、云南农业大学、武夷学院），作为省级重点学科（特色专业）的有10所，拥有省级以上重点实验室或工程（技术）中心的有6所以上。重点实验室和工程中心等教学科研平台的先进设备与研究条件，为博、硕、本、专等不同层次学生的培养提供了保障。

另据调查，全国涉茶高校在校内都有本科生、专科生专有的教学实验室和实习实训基地，在校外也都有完成生产实习且归属于学校的茶叶加工厂、茶园基地或长期合作的生产企业，并有大批稳定的茶叶生产企业为毕业实习提供强化、应用和验证所学专业知识的场所。

近年来，随着涉茶高校的不断增多，茶学高等教育招生规模正在不断扩大。除专科（含高职）学校外，福建农林大学、云南农业大学、信阳农林学院、滇西应用技术学院、普洱学院等也招收专科生。此外，还有职业中专学校招收茶学中专及函授学生。

（二）我国茶学科研机构

新中国成立以来，我国茶叶科学研究工作获得了快速发展。从1951年开始，先后在云南省勐海县、四川省灌县、福建省福安县（今福安市）等地，在原有茶厂、示范茶场的基础上建立了茶叶试验场或茶叶改良场；后来又相继在浙江省杭州市余杭区、贵州省湄潭县、安徽省祁门县、河南省信阳（今属信阳市）、江苏省宜兴县（今宜兴市）、湖南省长沙市长沙县、江西省修水县等地改建和建立茶叶试验站等研究机构。形成了包括由国家到地方，由高校、农科院（所）等专业研究机构以及企业组成的中国茶叶产业技术研发体系。中国目前有省级（包括直辖市）以上茶叶研究所 10 余家，其中全国性茶叶专业研究机构 2 家。

此外，农业农村部和财政部依托中国农业科学院茶叶研究所建立了国家茶叶产业技术研发中心和国家茶叶产业技术体系（下设 22 个综合试验站），也是我国重要的茶叶科研力量。

第二节　茶产业现代化背景下茶学专业人才培养要求

茶叶是我国重要的经济作物，茶叶产业是我国重要的传统优势产业，是实施精准扶贫和乡村振兴的重要抓手，也是践行“一带一路”倡议的重要载体。

茶产业是绿色产业、朝阳产业。改革开放以来，我国茶产业总体呈现快速发展的特征，取得了巨大的发展成就，截至 2023 年年底我国茶园面积和产量均稳居世界第一位。2023 年全国茶园总面积达到 5149.76 万亩（1 亩≈667m^2），全国干毛茶产量达 333.95 万 t，形成了以绿茶为主导，黑茶、红茶、乌龙茶、白茶、黄茶多茶类协调发展的格局。同时以茶叶为主要原料开发出的茶饮料、茶食品、速溶茶、茶提取物、茶保健品以及含茶日化用品等茶的衍生产品层出不穷，不仅有效延伸了茶叶产业链，还大大提高了茶产业的总体经济效益。经过过去近几十年的快速发展，我国茶产业现代化水平快速提升，主要表现在以下几个方面：一是以茶与旅游融合、茶与文化融合、茶与大健康融合、茶与金融结合为主体的茶产业业态不断丰富；二是以公共品牌与企业品牌相结合、线上销售与线下体验相结合，以消费者为中心，以渠道升级、品牌升级、管理升级为主要特征的茶叶营销模式不断创新；三是以茶叶深加工及功能成分开发利用为主要途径的茶的产业链不断延伸，茶的产业结构和产品结构不断多元化；四是茶叶出口持续增长，茶叶国际贸易地位不断提升；五是茶产业机械化、自动化、智能化水平不断增强；六是茶产业社会化服务平台建设加快，行业的组织形态正在逐渐升级；七是基于物联网、大数据、云计算、人工智能等新兴技术的智慧茶园管理系统、茶叶加工智能化控制系统、茶叶品牌销售大数据管理信息系统不断涌现，科技赋能茶产业提质增效进一步凸显。这些推动了我国茶产业在机械化、标准化、规模化、智能化上实现了系统提升，茶产业的现代化水平得到了质的飞跃，同时行业也正面临着前所未有的机遇与挑战。在这一背景下，茶产业对专业性人才的需求也愈发紧迫，对人才的素质要求也越来越高。

茶学专业是我国的特色优势专业，成立于 20 世纪 50 年代，距今已有 60 多年历史。几十年以来，我国茶学高等教育为茶叶产业的发展培养、输送了大量人才，有力推动了我国茶产业的高质量发展。近年来，随着我国茶产业的规模和现代化水平的不断提升，产业对茶学专业人才的需求正在不断改变，对专业人才的素质和能力也提出了新的要求，高校茶学专业的人才培养模式与现代产业对人才知识体系的需求存在一定程度的不相适应的问题。重构茶学专业人才培养新体系、教学新方案和新方法，培养符合现代茶产业需求的高素质复合型人才，是当前茶学高等教育工作中亟须探索和研究的课题。

当前我国茶产业对人才的需求主要集中在以下几个方面：一是需要既懂农业政策法律又懂农业产业经营管理、既懂金融业又懂茶业的高级复合型管理人才，进一步推动茶业生产模式、管理模式、商业模式和服务模式的创新，推进产业链协作与融合；二是需要精通消费市场与产品营销和品牌经营管理的现代高级营销人才；三是需要具备较强创新能力，精通产品研发和精深加工的高级专业技术人才；四是需要熟悉国际贸易的茶叶国际贸易人才，进一步提升我国茶叶出口的国际竞争力；五是需要具备数字化、工业化、智能化创新发展思维，掌握智能感知、智能分析、智能控制等数字技术和智能装备生产研发的高端技术人才，进一步推动茶叶生产向着工业化、智能化方向发展。

思考题

1. 简述我国茶学高等教育的起源。
2. 目前开设茶学专业的本科院校主要有哪些？
3. 目前我国的茶叶科学研究机构主要包括哪些？
4. 我国茶产业发展对专业人才的最新需求是什么？
5. 我国茶学高等教育与学科建设目前面临的问题有哪些？

扫描二维码阅读本章知识拓展资料

1. 第一章知识拓展资料

第二章 茶的起源与演变

CHAPTER 2

第一节　茶的起源

“茶者，南方之嘉木也”，作为开门七件事（柴米油盐酱醋茶）之一，饮茶在中国古代是非常普遍的。如今，茶不仅是中国“国饮”，更是作为世界三大饮料（茶叶、咖啡、可可）之一，深受各国人民喜爱。

那么茶究竟从何而来，又是何时以怎样的方式走进人们的视野的呢？探究茶的起源，我们可以从其植物学起源和社会性起源两个方面去探究。

一、茶的起源地

茶树的起源问题，历来争论较多，主要有“印度说”“二源说”“多源说”“中国说”“无名高地说”。

“印度说”认为茶起源于印度，“中国说”认为茶起源于中国，“二源说”认为大叶种原产印度，小叶种原产中国。“多源说”认为，凡是自然条件有利于茶树生长的茶区，都是茶树的原产地。“无名高地说”主张茶树的原产地既不是中国，也不是印度，而是某个尚不确定的地点。

随着考证技术的发展和新发现，才逐渐达成共识，中国是最早发现和利用茶叶的国家，是世界茶文化的发祥地。中国是茶树的原产地，并确认中国西南地区，包括云南、贵州、四川是茶树原产地的中心。由于地质变迁及人为栽培，茶树开始由此普及全国，并逐渐传播至世界各地。

茶学专家和植物学家从史料记载、野生茶树的分布、茶树的进化历程、茶树的分布规律以及西南地区的地质特征等方面进行分析，得出了“茶树最早起源于中国西南地区”的结论。茶树起源于中国西南地区的主要依据如下。

(1)《史记·吴起传》与《说苑》等古籍中记载：“三苗氏，衡山在其南，岐山其北，左洞庭之坡，右彭蠡之川。”这里所描述的“三苗氏”的活动范围，正是现今四川东部和湖北西部的山区，即大神农架所在的地域。

中国有“神农尝百草”的传说，而神农氏正是“三苗”“九黎”部族的首领，由此我们可以推测出神农当年尝百草的地点就在神农架一带，而这正位于中国西南地区。

另外，有关资料表明，早在秦汉以前，中国四川一带已盛行饮茶。西汉时，茶作为四川的特产被进贡到京城长安，这也是茶树起源于中国西南地区的重要佐证。早在公元 200 年左右，中国文学作品《尔雅》中就提到过野生大茶树。

（2）中国西南部山区野生茶树最多，早在 1200 多年前我国西南山区就有野生茶树记载。目前我国有 11 个省份 200 多个地方相继发现野生大茶树，其中 70%集中在云贵川。中国西南部山区的茶树类型丰富多样，灌木型、小乔木型、大乔木型都有分布，叶片有大有小。西南山区的野生茶树类型之多，数量之大，面积之广世界罕见。

（3）目前，世界范围内发现的山茶科植物共有 24 属，380 种，我国西南山区分布有 16 属，260 多种。其种类之全，堪称世界之最。根据植物学的观点，某物种变异最多的地方，就是该物种起源的中心地。中国西南三省气候多样，茶树变异类型最多，因此被认为是茶树起源中心。

（4）茶叶生化成分特征也证实了茶起源于中国西南部。云南、贵州一带野生茶树的化学成分最原始，简单儿茶素/酯型儿茶素的比例比其他地区高，与进化类型的复杂儿茶素不同，根据茶树系统进化的观点，此类茶属于原始类型。

（5）国际上，茶树学名和一些国家对茶的称呼，都与中国有关。瑞典植物学家林奈为茶树定的最早学名就是“*Thea sinensis*”，意思就是“中国茶树”。英语中的茶为“Tea”，其实就是茶的闽南语发音，法语中的 Thé，德语中的 Tee，莫不如此。西班牙语中的 Cha，跟中文发音都非常接近了。

图 2-1 茶籽化石

（6）在中国贵州省晴隆县碧痕镇新庄云头大山海拔 1700m 的深山老林中发现一块古茶籽化石（图 2-1）。经中国科学院地球化学研究所和中国科学院南京地质古生物研究所鉴定，确认为四球茶籽化石，地质年代在晚第三纪至第四纪，距今至少已有 100 余万年，是世界上迄今为止发现最古老的、唯一的茶籽化石。

以上证据充分证明了茶树起源于中国西南地区，毋庸置疑。

二、茶的起源时间

茶的起源时间众说纷纭，有的说 300 万年前，有的说在 6000 万年前，但都没有具体的证据，而茶籽化石的出现证明了至少在 100 万年前茶就存在于世界上了。从生物进化史来看，茶树所属的山茶属是比较原始的一个种群，据考证，它的起源至今已有 4000 多万年历史了，甚至有的记载是 6000 万～7000 万年。

三、茶字的历史演变

中国人最先发现和利用茶。世界各种语言中的“茶”，均从中国对外贸易港口所在地广东、福建一些地区“茶”的方言音译转变而来。在中国古代，表示茶的字有多个，“其字，或从草，或从木，或草木并。其名，一曰茶，二曰槚，三曰蔎，四曰茗，五曰荈。”“茶”字是由“荼”字直接演变而来的，所以，在“茶”字形成之前，荼、槚、设、茗、荈都曾用来表示茶。

（一）荼的含义

1. 苦菜

《尔雅·释草第十三》有“荼，苦菜”的记载，苦菜为田野自生之多年生草本，菊科。《诗经·国风·邶国之谷风》有“谁谓荼苦，其甘如荠”，《诗经·国风豳国之七月》有“采荼樗薪”，《诗经·大雅·绵》有“堇荼如饴”，一般都认为上述诗中之“荼”是指苦菜。三国吴国陆玑《毛诗草木鸟兽虫鱼疏》记苦菜的特征：生长在山田或沼泽中，经霜之后味甜而脆。明朝李时珍《本草纲目》卷二十七“苦菜”条记：初春时生苗，茎中空，折断时会流出白汁，开黄花和野菊相似，其种子附生白毛，能随风飘扬。苦菜是荼的本义，其味苦，经霜后味转甜，故有“其甘如荠”“堇荼如饴”。

2. 茅秀

东汉郑玄《周官》注云：“荼，茅秀”，茅秀是芽草类种子上所附生的白芒。《诗经·国风·郑国之出其东门》有“有女如荼”，成语有“如火如荼”，上述之荼一般认为是指白色的茅秀。茅秀是荼的引申义，因苦菜的种子附生白芒，进而由苦菜白芒引申为茅草之“茅秀”。

茶具苦涩味，所以便用同样具有苦味的荼（苦菜）来借指茶。

3. 其他

由“茅秀”进一步引申为“芦苇花”，还有解释为“紫蓼”“陆秽”的。

（二）荼何时被用来借指茶

《尔雅·释木第十四》，“槚，苦荼”。槚从木，当为木本，则苦荼亦为木本，由此知苦荼非从草的苦菜而是从木的茶。《尔雅》一书，非一人一时所作，最后成书于西汉，乃西汉以前古书训诂之总汇，由《尔雅》最后成书于西汉，可以确定以荼代茶不会晚于西汉。

西汉王褒《僮约》中有“烹荼尽具”“武阳买荼”，一般认为这里的“荼”指茶。因为，如果是田野里常见的普通苦菜，就没有必要到很远的外地武阳去买。王褒《僮约》定于西汉宣帝神爵三年（公元前59年），荼借指茶当在公元前59年之前。“荼”读茶音约始于南北朝时期。“梌”（音徒）形改音未改，“荼”（音茶）音改形未改，所以，梌在读音上及荼在书写上还会引起误解，于是进一步出现既改形又改音的“梌”（音茶）和“茶”。隋陆法言《广韵》“下平声，莫霞麻第九；荼，春藏叶可以为饮，巴南人曰葭荼。”“荼”字列入“麻韵”，下平声，当读“茶”，非读“徒”。“茶”字由“荼”字减去一画，仍从草，不含造字法，但它比“荼”书写简单，所以“茶”的俗字，首先使用于民间。“梌”（音茶）和“茶”大约都起始于陈隋之际。

（三）荼是唐以前茶的主要称谓

陆羽在《茶经》“七之事”章辑录了中唐以前几乎全部的茶资料，经统计，荼（含苦荼）25则，荼茗3则，荼荈4则，茗11则，槚2则，荈诧3则，蔎1则。荼、苦荼、荼茗、荼荈共32则，约占总茶事的70%。槚、蔎都是偶见，茗、荈也较荼为少见。况茗是茶芽，荈是茶老叶，茶、茗、荈，其实是一。由此看来，荼是中唐以前对茶的最主要称谓。

《茶经》注云："从草当作茶，其字出《开元文字音义》。"《茶经》原注者认为"茶"字首见《开元文字音义》。《开元文字音义》系唐玄宗李隆基御撰的一部分，已失传。尽管《广韵》《开元文字音义》收有"茶"字，但在正式场合，仍用"搽"（音茶）。初唐苏恭等撰的《唐本草》和盛唐陈藏器撰《本草拾遗》，都用"搽"而未用"茶"。

直到陆羽著《茶经》之后，"茶"字才逐渐流传开来。关于"茶"的读音，有一种说法，作为我国重要的港口，广东向来坚守着出口茶叶的使命，在漫长的传播之路上，经由无数外国人口口相传，慢慢读成了"chá"，而从福州和厦门出口的茶，又成为带有福建口音的"tei"，还有从汉口出口的茶叶，在俄罗斯人的口中读作"chai"，读读看，是不是和"茶叶"很像？

第二节　茶的发现与利用方式的演变

一、茶利用方式的演变

关于茶的社会性起源（此处指人类利用茶叶的开始）问题，一直争议颇多。普遍认为人们发现和利用茶始于原始母系氏族社会，迄今有5000~6000年历史。浙江大学庄晚芳教授认为人类发现和利用茶可能超过1万年，和人类的文明史是同步的。

作为中国最古老的饮品，茶已经成为国人生活中不可分割的一部分。它不受地域限制，也没有民族差别，几千年一直流传下来。在茶的发现和利用方式的演变过程中，人类的智慧表现得淋漓尽致。

（一）古老的药材

我国最早发现茶和利用茶的时间，大约可以追溯到原始社会时期。当时，人们直接食用茶树的新鲜叶片，从中汲取茶汁。据《淮南子·修务训》中记载："神农尝百草之滋味，水泉之甘苦，令民知所避就。"由这一传说可以得知，我国大约在5000年以前就开始食用茶了。那时，人们将含嚼茶叶作为一种习惯，时间久了之后，生嚼茶叶变成了煮熟服用。

人们将新鲜的茶叶洗净之后，用水煮熟，连着汤汁一同服下。不过煮出来的茶叶味道苦涩，当时人们主要将它当作药或药引。如果有人生病了，人们就从茶树上采摘下新鲜的芽叶，取其茶汁，或是配合其他中药让病人一同服用。虽然煮出来的茶水非常苦，但确实有着消炎解毒的作用。这可以说是茶作为药用的开端。

（二）以茶为食

以茶作为食物，并不是近现代才发明的新创意。《诗疏》说："椒树、茱萸，蜀人作茶，吴人作茗，皆合煮其中以为食。"早在汉代之前，人们就以茶当菜，茶叶煮熟了之后，与饭菜一同食用。那时，茶不仅作为食物解毒，同时也可以增加营养。三国时期，魏朝已出现了茶叶的简单加工，采来的叶子先做成饼，晒干或烘干，这是制茶工艺的萌芽。到了唐宋时期，皇宫、寺院以及文人雅士之间还盛行茶宴。不过寻常百姓是没有机会参加茶宴的，它主要是为那些有权势的人准备的。茶宴的大致过程：先由主人亲自调茶或指挥、监督，以表示对客人的敬意，接着献茶、接茶、闻茶香、观茶色、品茶味。客人接下来需要评论茶的品第，称颂主人道德，赏景作诗等。整个茶宴的气氛庄重雅致，礼节严格，所用茶叶必须用贡茶或是高级茶叶，茶具必为名贵茶具，所选取的水也一定要取自名泉、清泉，其奢侈程度实在令人咋舌。

（三）饼茶、串茶、茶膏的出现

饼茶又称团茶，就是把茶叶加工成饼。它始于隋唐，盛于宋代。隋唐时为改善茶叶苦涩的味道，人们开始在饼茶中掺和薄荷、盐、红枣等。欧阳修在《归田录》中写道："茶之品，莫贵于龙凤，谓之团茶，凡八饼重一斤。"初步加工的饼茶仍有很浓的青草味，经反复实践，人们发明了蒸青制茶，即通过洗涤鲜叶，蒸青压榨，去汁制饼，使茶叶苦涩味大大降低。《梦溪笔谈·杂志二》中提到："古人论茶，唯言阳羡顾渚天柱蒙顶之类，都未言建溪。然唐人重串茶黏黑者，则已近乎建饼矣。"唐朝人将饼茶用黑茶叶包裹住，在中间打一个洞，用绳子串起来，称其为串茶。茶膏现如今很少被人提及，只有在过去宫廷中才会被饮用。饮茶时先将茶膏敲碎，再经过仔细研磨、碾细、筛选，最后置于杯中，然后冲入沸水，由此看来，其整个制作过程和饮用都非常烦琐。

（四）散茶的出现

最早的砖茶、团茶被称为块状茶，饮茶方式也不像现在一样对茶叶进行冲泡，而是采用"煮"的方式。直到宋朝中后期，茶叶生产才由先前的以团茶为主，逐渐转向以散茶为主。到了明代，明太祖朱元璋发布诏令，废团茶，兴叶茶，才出现散茶。从此人们不再将茶叶制作成饼茶，而是直接在壶或盏中沏泡条形散茶，人类的泡茶、饮茶方式发生了重大的变革。饮茶方法也由"点"茶演变成"泡"茶。我们现在通行的"泡茶"的说法是明代才出现的，清代才开始广为流行。

（五）七大茶系产生

茶文化发展到清朝时，奢侈的团茶和饼茶虽然已经被散茶所取代，但我国的茶文化却在清朝完成了由鼎盛到顶级的转化。清朝的茶饮最突出的特点就是出现了七大茶系，即绿茶、红茶、黄茶、黑茶、白茶、花茶和青茶。而绿茶是七大茶系中产量最大的一种。

（六）现代茶的发展

时至今日，茶文化已经融入千家万户的生活中。除了茶叶品种越来越丰富，饮用方式也趋于多样化。除了七大茶系之外，人们还逐步发明出各式各样的茶饮，例如花草茶、果茶和保健茶等。这些茶饮的形式也开始多样化：液体茶、速溶茶、袋泡茶……这些缤纷的茶饮充分满足了人们的日常需要，其独特的魅力也让各类人群越来越热衷。

二、茶的历史变迁

（一）神农时期

据《神农本草经》记载，"神农尝百草，日遇七十毒，得茶而解之。"陆羽《茶经》中也提到，"茶之为饮，发乎神农氏"（图2-2）。这便是目前我们认为的关于茶的最早注解。于是，"神农尝百草"也便认为是人类最早对茶的发现。

（二）西周时期

当时周武王姬发率周军及诸侯伐灭殷商的纣王后，便将其一位宗亲封在巴地。按周制，

图 2-2 茶祖神农氏

作为诸侯国，应向周武王上贡珍品。关于茶作为贡品有明确的文字记载。

东晋常璩（qú）撰写的《华阳国志·巴志》记载："周武王伐纣，实得巴蜀之师，著乎尚书。武王既克殷，以其宗姬于巴……鱼、盐、铜、铁、丹漆、茶、蜜……皆纳贡之。其果实之珍者，树有荔枝……园有芳蒻（ruò）、香茗。"

芳蒻（ruò）是一种香草，香茗指茶，这里的"园"指的就是人工开垦的茶园。这一记载表明在周朝武王伐纣时，巴国就已经以茶与其他珍贵产品纳贡于周武王了。同时明确指出，进贡的"芳蒻（ruò）、香茗"不是采之野生，而是种之园林。可见当时的人们从采摘野生茶叶，转向了人工栽培。

关于茶的相关记载，还出现在《尔雅》中。《尔雅》是中国古代最早的词典，是中国训诂的开山之作。《尔雅》中有一个词条是这样的："槚（jiǎ），苦荼（tú）。"槚，是茶树的古称，苦荼（tú）是茶树在商周时期的标准称呼。古籍《周礼地方篇》记载当时还设有掌管茶事的官员。

（三）春秋时期

到了春秋时期，人们开始将茶树枝条和芽叶一并放在水中烧煮，然后饮用茶汤，这就是粥茶法。所谓粥茶法，就是把茶叶像煮菜叶一样煮成菜汤。这种茶叶"菜汤"味道苦涩，由此被称为"苦茶。"《膳夫经手录》有云："晋宋以降，吴人采其叶煮，是为茗粥。"《晏子春秋》记载：晏婴担任齐景公国相时，吃的是糙米饭，除了三五样劳菜以外，只有"茗菜"而已。唐代"茶圣"陆羽把《晏子春秋》这段文字引入了《茶经》中的《七之事》里——《晏子春秋》："婴相齐景公时，食脱粟之饭，炙三弋、五卵、茗菜而已。"

（四）秦汉时期

西汉王褒《僮约》："烹荼尽具""武阳买荼"，经考该荼即今茶。长沙马王堆西汉墓中，发现陪葬清册中有"梋—笥"和"梋·笥"竹简文和木刻文，这是我国至今发现最早的茶叶随葬品。经查证"梋"即"槚"的异体字，而所谓"槚—笥"或"槚·笥"就是指"苦茶一箱”或“苦茶箱”，即茶叶包装，说明当时湖南饮茶颇广。我们仍饮用着与很古老的祖先如姜太公相同的饮料，确实是很使人心潮澎湃的事情。能够给我们很多的遐想。

（五）隋唐时期

在唐代，唐玄宗李隆基在编撰《开元文字音义》时便把“荼”去掉了一横，写成了“茶”。尽管唐玄宗这样规定了“茶”，但直到几十年后茶圣陆羽将茶字写进了《茶经》，茶的地位才算被扶正变得广为人知。唐代是我国茶饮的重要发展阶段，饮茶已成社会风尚。更重要的是诞生了“茶圣陆羽”，他所著的《茶经》是世界上最早的茶学专著，被誉为“茶叶百科全书”。《茶经》共三卷，十章，七千多字，是对唐代以及唐代以前有关茶事与茶文化的全面总结。其科学性、历史性、思想哲学性都十分凸显，它不仅系统地提出了一套完整的茶叶产制烹饮技巧，而且提出了精行俭德的茶人精神。陆羽也在《茶经》中统一了对茶的称谓。到中唐以后被普遍采用，标志着中国茶文化系统形成。而《茶经》作者陆羽的一生也像那起伏回旋的茶叶，虽然一路冲荡但终得善果。

在陆羽和众多茶学家的影响下，唐代饮茶方式也发生了改变。以唐代为分水岭。唐代以前属于粗放煎饮时代，是药饮或解渴式的粗放饮法，饮用时要添加很多佐料，如葱、姜、枣、橘皮、茱萸、薄荷、盐等。陆羽很不欣赏这种饮法，认为破坏了茶的真味。他更倡导的是细煎慢品式的煎饮法。煎饮法具有以下四个特点。

（1）先把水烧开，加入盐后，再放入茶末，即在同一只鍑内先烧水，后煮茶，这是加盐的茶。

（2）水分为三沸，是以水的汽化现象，即以鱼目、连珠、鼓浪来分的，也就是明代张源《茶录》中所说的形辨。因为鍑是没有盖的，这样才能形辨，通过水的变化来感知沸腾的程度。

（3）十分注意沫饽的孕育和每碗沫饽的均匀，在第二沸时酌出一瓢水，在第三沸时酌出一瓢“隽永”，都是为达到这一目的而服务的。

（4）酌茶是在茶汤沸腾的时候进行的，茶滓随着沸水翻腾，舀入碗中的茶，有沫饽，有茶汤，有茶滓。

唐代不只对饮茶方式作出了重大改变，更是全民饮茶。在那个诗的时代里，茶开始从饮用层面上升到了精神层面。与此同时，随着文成公主远嫁吐蕃，茶叶随之向西传入西藏，带动了两地茶马交易。茶叶也随着佛教传播，向东传入朝鲜、日本。茶叶以及茶文化向周边国家和地区不断传播，对世界茶文化的发展产生了深厚的影响。

唐代主要饮茶方式如下。

（1）煮茶法　起源于汉魏南北朝时期，是将经过炙烤的茶饼捣碎后置于鼎、釜中，加姜、桂、椒、酥等佐料煮成羹汤的饮茶方式。煮茶法在三国时期最为普遍，后被逐渐改良，到唐代时只有极少人仍在使用煮茶法饮茶。

（2）煎茶法　唐代“茶圣”陆羽提倡饮茶应当品尝茶的本味，认为加入葱、姜、茱萸、薄荷等制作而成的茶都是“斯沟渠间弃水耳”。于是，陆羽对前人饮茶之法进行总结，创造出了一套对泡茶所用的水、器具、炭火等都详加要求的饮茶方式——煎茶法。唐代中期以后在我国茶叶文化上是一个具有划时代意义的重要时期。唐人的浪漫与诗情，毫不吝啬地寄托在品茶煮茶这一雅事上。煎茶是“碾成黄金粉，轻嫩如松花”。烹茶是“松花飘鼎泛，兰气入瓯轻”。煎茶是“玉尘煎出照烟霞”。而茶水沸腾时又是“骤雨松声入鼎来，白云满碗花徘徊”。

（六）宋元时期

茶区继续扩大，种茶、制茶、点茶技艺精进。宋代茶文化发达，出现一批茶学著作，如蔡襄《茶录》、宋子安《东溪试茶录》、黄儒《品茶要录》，特别是宋徽宗赵佶亲著《大观茶论》等。宋元之际，刘松年《卢仝烹茶图》、赵孟頫《斗茶图》（图 2-3）等更是中国茶文化的艺术珍品。

图 2-3　元代赵孟頫的《斗茶图》（局部）

关于采茶时期及方法，宋子安《东溪试茶录》中记载："先芽者，气味俱不佳，惟过惊蛰采者最为第一。民间常以惊蛰为候"，以惊蛰为时令标准。但相比唐朝时多采春茶、夏茶的情况，宋朝还逐渐有了采秋茶的习惯，苏辙《论蜀茶五害状》记载："园户例收晚茶，谓之秋老黄茶"。在采茶时，茶人要用指尖或指甲速断，然后将茶叶放于新汲的清水中，这反映了宋人对茶品质的严格要求。

到了宋代，茶叶的产地扩大，产量飞速增长。相比唐代，制茶技术发展到宋代以后有了很大的改进。如将蒸青茶饼改为了蒸青散茶，使得品饮起来更为方便快捷。有了系统的制茶技术后，上至朝廷，下至民间，对茶叶的品质要求都更为讲究。饮茶方式也逐渐发生了新的变化，人们意识到煎茶法的烦琐复杂，而发明了新的"点茶法"，自此点茶成了当时的一种时尚饮法。

点茶茶艺于唐朝末期出现，到北宋时期逐渐发展成熟，北宋后期至明朝前期达到鼎盛。据宋代蔡襄《茶录》记载，宋代的点茶主要特点是，先将饼茶烤炙，再敲碎碾成细末，用茶罗将茶末筛细，"罗细则茶浮，罗粗则末浮"。水和火皆要求合适，水"未熟则沫浮，过熟则茶沉"。茶盏要温热，"凡欲点茶，先须熁（xié）盏令热，冷则茶不浮"。然后进行点茶操作，"钞茶一钱匕，先注汤调令极度匀。又添注入，环回击拂，汤上盏可四分则止。神其面色鲜白，着盏无水痕为佳"。苏东坡曾诗赞："闽人品茶天下高，倾身茶事不如劳。"宋代的茶艺所创造的艺术文化价值有了显著提升。

宋代的斗茶比艺，既促进了茶品的创优，又促进了茶艺水平的提高，以致斗茶比艺的品茶之风盛行全国。之所以说“茶兴于唐，盛于宋”，是因为宋代不仅仅将茶产业、茶饮推到了极盛时期，也是将茶文化进行升华的巅峰时期。

（七）元朝时期

元代饮茶之风渗透到社会生活的方方面面，不仅有“开门七件事，柴米油盐酱醋茶”的民谚，亦有“早晨起来七件事，柴米油盐酱醋茶”的唱词。

据《元史·食货志》记载，元代有专门经营茶的商户——茶户，国家设有专门管理茶的机构——榷茶都转运司等，商贩销运茶时要有购买凭证——茶引，小商户卖茶的时候要有官方发的照帖——茶由。

在茶文化方面，承继两宋、辽、金，点茶法逐渐被散茶取代。不过，由于朝廷贡茶未废团饼，抹茶法在上层社会仍有一定的存在空间，因此，一些前朝茶具依然在使用之中。取而代之的是散茶，散茶出现之后迅速在平民中普及开来，并且出现了泡茶的方式，即用沸水直接冲泡茶叶。发展至明代，泡茶成为重要的饮茶方式。

元朝时期，民间饮茶时还常佐以饭食、酒、瓜果等茶点，这在很多诗句中都可以看到。元好问《野谷道中有怀昭禅师》有云：“汤翻豆饼银丝滑，油点茶心雪蘂香。”杨允孚在《滦京杂咏一百首》中写道：“营盘风软净无沙，乳饼羊酥当啜茶。”

元朝在吸收中原原有的一些制茶方式后，结合本民族的文化特点，还形成不少具有蒙古特色的茶饮品。元代忽思慧在《饮膳正要》中就提到了元朝人饮用的传统的和新发展的茶品种，有玉磨茶、紫笋雀舌茶、川茶、藤茶、香茶、兰膏、西番茶等几十种茶叶。此外，还有几种加了特殊佐料的茶特别受欢迎，如炒茶、兰膏、酥签。这三者虽然制作方法有所不同，但都加入了酥油。

元杂剧《吕洞宾三醉岳阳楼》中，茶坊经营的饮料中就有酥签这种茶，顾客喝了以后说道：“你这茶里面无有真酥。”这种茶饮既可饮用，又可食用，不仅受到蒙古贵族的欢迎，而且还流传到汉族和其他民族中，极大地丰富和发展了元代茶文化。但由于元代是一个短暂王朝，相较于辽、金，蒙古人建立的元代政权对中原汉文化吸收并不多，相对较为落后，致使元代文化发展的空间不大。元朝时期，汉人虽然地位低下，但以仁学为核心的中原文化具有亲和各族文化的优长，而我国少数民族文化亦有开放性的特点，各民族风情杂糅，艺文互见，取长补短。

1. 特色鲜明的元代药茶文化

据史载，北方游牧民族喜爱饮茶，养成嗜茶的习惯由来已久，因而有言“宁可一日无食，不可一日无茶”。此外，元代中期诗人马祖常有诗云：“太官汤羊厌肥腻，玉瓯初进江南茶。”皇帝在饱食鲜美肥腻的羊肉后，已习惯饮茶以促进消化。朝廷内还设有专门官员，掌管内廷茶叶的供需消费。元代的茶叶加工较前朝有一个尤为突出的特点，就是药茶的加工，其种类较之唐宋而言，有了突破性的进步，形成了一种贵族享用式的药茶煎汤，造就了不同以往的药茶文化。

2. 药茶方剂文化

蒙古族入主中原后，吸收汉族饮茶方式，结合本民族的饮食文化特点，形成了较前代更为新颖的宫廷御用茶药膳。比如药茶，在元代药膳御医忽思慧所撰《饮膳正要》中记载了枸杞茶的制法、用法和禁忌："枸杞五斗，水淘洗净，去浮麦，焙干，用白布筒净，去蒂萼、黑色，选拣红熟者，先用雀舌茶展溲碾子，茶芽不用，次碾枸杞为细末。每日空心用，匙头，入酥油搅匀，温酒调下，白汤亦可。忌与酪同食。"另有一种香茶的制法："白茶（一袋），龙脑成片者（三钱），百药煎（半钱），麝香（二钱），上件同研细，用香粳米熬成粥，和成剂，印作饼。"此外还有玉磨茶、范殿帅茶、紫笋雀舌茶、女须儿茶、西番茶、清茶、炒茶、兰膏茶、酥签茶、建汤茶、香茶等药茶的制法，兹不赘述。

"凡诸茶，味甘苦微寒，无毒。去痰热，止渴，利小便，消食下气，清神少睡。"可见，上述几种茶，均有止渴祛痰、通便、消食解气、令人清神少睡的药效。制作这些茶所使用的枸杞、麝香、龙脑等都是不可多得的药品，具有通关理气的作用，枸杞也有滋肾补肝的作用。此外，王好古编著的《汤液本草》中记载："茗苦茶，气微寒，味苦、甘，无毒。入手足厥阴经，清头目……苦以泄之，其体下行，如何是清目。"讲的是茶具有清利头目、消暑解渴的药效。

（八）明清时期

明清时期是中国茶文化发展多元化的时期。早在宋元时期，除贡茶仍然采用团饼茶外，散茶在民间俗饮中已经得到了较广泛的普及。到了明朝，明太祖朱元璋认为，制作团饼茶过于浪费人力物力，下令化繁为简，"废团改散，废蒸改炒"。此后，进贡的茶叶就改为散芽茶。这项改革，在一定程度上保留了茶之真味，促进芽茶和叶茶的蓬勃发展。同时，明代生产的茶类也开始多样化，除蒸青茶以外，也有炒青茶，以及黄茶、白茶和黑茶。

据有关资料记载，明清时期在原有的基础上，出现了不少新的茶叶生产加工技术，如明末清初方以智《物理小识》中记到"种以多子，稍长即移"。说明在明朝，有的地方除了直播以外，还采用了育苗移栽的方法。到康熙年间的《连阳八排风土记》中，已有茶树插枝繁殖技术。此外，在清代闽北一带，对一些名贵的优良茶树品种，还开始采用了压条繁殖的方法。

在茶园管理方面，明清时期在耕作施肥、种植要求上更加精细，在抑制杂草生长上和茶园间种方面都有独到之处。咸丰时期，对老茶树的更新已从消极的先砍伐、焚烧枝杆，"俟其再蘖"发展到"先以腰镰刈去老本，令根与土平，旁穿一小阱，厚粪其根，仍覆其土而锄之，则叶易茂"（张振夔《说茶》）的积极措施。《时务通考》中的记载更加详细："种理茶树之法，其茶树生长有五六年，每树既高尺余，清明后则必用镰刈其半枝，须用草遮其余枝，每日用水淋之，四十日后，方除去其草，此时全树必俱发嫩叶，不惟所采之茶甚多，所造之茶犹好。"

此外，在掌握茶树生物学特性和茶叶采摘等方面，在明清时也有了较大的提高和发展。从制茶技术看，元代《王祯农书》所载的蒸青技术，虽已完整，但尚粗略。明代时，制茶炒青技术发展逐渐超过了蒸青方法。闻龙《茶笺》中记载："诸名茶法多用炒，惟罗宜于蒸焙"。炒青技术的要点据明代罗禀《茶解》所论是采茶"须晴昼采，当时焙"，"炒茶，铛宜热，焙，铛宜温"。"凡炒上可一握，候铛微炙手，置茶铛中，札札有声，急于炒匀，出之箕上薄摊，用扇扇冷，略加揉挼，再略炒，入文火铛焙干"。这些工艺在近代茶叶科学出现之前，一直是中国乃至世界传统制茶经典性的工艺和认识，而且这其中的许多工艺和技术要点，在当代各种名特茶的制作中仍然在沿用着。

1. 品类的多样化

由于工艺技术的改进，各地名茶的发展也很快，品类日渐繁多。宋代时的知名散茶寥寥无几，文献中提及的只有日注、双井、顾渚等几种。但是，到了明代，仅黄一正的《事物绀珠》一书中辑录的“今茶名”就有97种之多，绝大多数属散茶。

明清两朝在散茶、叶茶发展的同时，其他茶类也得到了全面发展，包括黑茶、花茶、青茶和红茶等。如黑茶，洪武初年在四川便有生产，后来随茶马交易的不断扩大，至万历年间，湖南许多地区也开始改产黑茶。至清朝后期，黑茶已成为湖南安化的一种特产。

又如花茶，花茶滥觞于北宋的团茶掺香，后来，南宋前期用茉莉鲜花窨茶的技术已经发明，到了明代有了很大发展。如朱权《茶谱》、钱椿年《茶谱》等茶书中记载，明代除了用茉莉花窨茶之外，更扩展到用木樨玫瑰、蔷薇、兰蕙、橘花、栀子、木香、梅花和莲花等十多种花来作为窨茶香源。

青茶，也称乌龙茶，是明清时首先创立于福建的一种半发酵茶类。红茶创始年代和青茶一样，也无从查考，从现存的文献来看，其名最先见之于明代中叶的《多能鄙事》一书。到了清代以后，随茶叶外贸发展的需要，红茶由福建很快传到江西、浙江、安徽、湖南、湖北、云南和四川等省。在福建地区，还形成了工夫小种、白毫、紫毫、选芽、漳芽、兰香和清香等许多名品。

2. 品饮方式的艺术性

明清时期品茶方式的更新和发展，突出表现在饮茶艺术性的追求。明代兴起的饮茶冲瀹法，是基于散茶的兴起。散茶容易冲泡，冲饮方便，而且芽叶完整，大大增强了饮茶时的观赏效果。明代人在饮茶中，已经有意识地追求一种自然美和环境美。明代文人认为，唐宋人的团茶碾末煮饮，有损茶的真味，茶饮应在重于香、味、色的完美统一。作为前提，他们提出“采茶欲精，藏茶欲燥，烹茶欲洁”。而且不少文人对茶中窨花，也持反对态度，认为花茶有损茶之真味。

明人饮茶崇尚天趣，因而很重视对泉水的选择。张大复《梅花草堂笔谈》中认为：“茶性必发于水，八分之茶，遇十分水，茶亦十分矣。八分之水，试十分茶，茶只得八分耳。”许次纾《茶疏》认为：“精茗蕴香，借水而发，无水不可与论茶也”。明人论水要求很高，认为宜茶之水应清洁、甘洌。为求好水，可以不远千里，如李梦阳《谢友送惠山泉》诗中写道：“故友何方来，来自锡山谷。暑行四千里，致我泉一斛。”所以明代人有“不易致茶，尤难得水”之说。

明人饮茶的艺术性还表现在追求饮茶环境美，这种环境包括饮茶者的人数和自然环境。当时对饮茶的人数有“一人得神，二人得趣，三人得味，七八人是名施茶”之说，对于自然环境，则最好在清静的山林、俭朴的柴房、清溪、松涛，无喧闹嘈杂之声。如在这种环境中品赏清茶，就有一种非常独特的审美感受，正如罗禀《茶解》中所说：“山堂夜坐，吸泉煮茗，至水火相战，如听松涛，清芬满怀，云光滟潋。此时幽趣，故难与俗人言矣。”

3. 追求饮茶的器具之美

明代散茶的兴起，引起冲泡法的改变，原来唐宋模式的茶具也不再适用了。茶壶被更广泛地应用于百姓茶饮生活中，茶盏也由黑釉瓷变成了白瓷和青花瓷，目的是更好地衬托茶的色彩。

明代除了生产白瓷的定窑、汝窑、官窑、哥窑、宣德窑等各领风骚外，景德镇的青花茶具异军突起，达到了一个高峰，在青花的基础上，成化年间又创造出平彩；嘉靖万历年间又创造出五彩、填彩等新瓷。景德镇的这些瓷器烧制技术，主要就是在制作茶具中发展起来的。除白瓷和青瓷外，明代最为突出的茶具是宜兴的紫砂壶。周高起在《阳羡茗壶系》中称："近百年中，壶黜银、锡及闽、豫瓷，而尚宜兴陶"。紫砂茶具不仅因为瀹饮法而兴盛，其形制和材质，更迎合了当时社会所追求的平淡、端庄、质朴、自然、温厚、娴雅等的精神需要。紫砂壶的制造出现了许多名家，如时大彬、陈远鸣等，并形成了一定的流派，最终形成了一门独立的艺术。因而说，紫砂艺术的兴起，也是明代茶叶文化的一个丰硕果实。

清代以来，在我国南方的广东、福建等地盛行工夫茶，工夫茶的兴盛也带动了专门的饮茶器具。如铫，是煎水用的水壶，以粤东白泥铫为主，小口瓮腹；茶炉，由细白泥制成，截筒形，高一尺二三寸（1 尺=10 寸≈0.33m）；茶壶，以紫砂陶为佳，其形圆体扁腹，努嘴曲柄大者可以受水半斤（1 斤=500g），茶盏、茶盘多为青花瓷或白瓷，茶盏小如核桃，薄如蛋壳，甚为精美。

4. 茶馆的普及

明清之际，特别是清代，中国的茶馆作为一种平民式的饮茶场所，如雨后春笋，发展很迅速。

清代是我国茶馆的鼎盛时期。据记载，仅北京有名的茶馆已达 30 多座，清末，上海更多，达到 66 家。在乡镇，茶馆的发达也不亚于大城市，如江苏、浙江一带，有的全镇居民只有数千家，而茶馆可以达到百余家之多。

茶馆是中国茶文化中的一个很引人注目的内容，清代茶馆的经营和功能特色有以下几种：

（1）饮茶场所　这类也称清茶馆，来喝茶的多为文人雅士，店堂的布置也比较古朴雅致，当然除了文人外，茶客中还有商人、手工艺者等，这里是"聆市面"的好场所。

（2）点心饮食兼饮茶　在茶馆中增设点心经营，或点心店增加茶水供应，为的是方便顾客，扩大营业面。

（3）听书场所　在北京、江苏、浙江一带，在茶馆中增加说书项目，是很普遍的一种现象，茶馆主人邀请艺人说书或演唱，吸引茶客；茶客一边品茶，一边赏戏听曲，得到充分的艺术熏陶，客主同乐，气氛很活跃。

第三节　茶叶加工和茶类发展历史

从人类发现利用茶叶发展至现今丰富多彩的茶类，经历了几千年的历史演变，这一演变的大体过程：采食鲜叶→生煮羹饮→晒干磨碎→蒸青造团饼→龙凤团茶→蒸青散叶茶（绿茶）→炒青绿茶→白茶、黄茶、花茶→黑茶、红茶、乌龙茶→现代再加工茶。

一、采食茶树鲜叶

从神农时代算起，中国发现和利用茶已有 4000 多年历史。由"神农尝百草，日遇七十毒，得茶而解之"来看，茶叶的最初利用方式是采食鲜叶。

二、从生煮羹饮到晒干收藏

到春秋战国时期，发展到生煮羹饮，类似于现代的煮菜汤，唤作吃茗粥，甚至到了唐代都还有这个习惯；时至今日，也有很多地方将茶叶作为做菜的材料。到了三国时，魏国出现了茶叶的简单加工，将茶鲜叶做成饼，然后再晒干或烘干，这也是茶叶加工制作的萌芽。

三、从蒸青饼茶到龙凤团茶

由于用鲜叶直接加工的饼茶有很浓的青草味，后经反复的实践试验，发明了蒸青制茶法。唐代到宋代间，贡茶兴起，朝廷专门成立了贡茶院，即制茶厂，研究制茶技术，使茶工艺及文化得到飞速发展，蒸青制茶法也逐渐完善。茶圣陆羽《茶经·三之造》记载："晴采之，蒸之，捣之，拍之，焙之，穿之，封之，茶之干矣。"详细说明了当时的蒸青茶饼制作工序，这样做出的茶去掉了生腥的草味，且经过蒸青压榨，去汁压饼，让茶叶的苦涩味大大降低，变得鲜美甘醇了。

到宋代时，茶工艺持续发展，沿承蒸青工艺，在唐代的基础上有些许改进，并逐渐在团饼茶表面有了龙凤之类的纹饰，称之为龙凤团茶。

四、从团饼茶到散叶茶

蒸青团茶的加工中，为了改善茶叶的苦味重、香味不正等缺点，到宋代时逐渐采取蒸后不揉不压，直接烘干的做法，将蒸青团茶改为蒸青散茶。这样保持茶的香味，同时还出现了对散茶质量的评审方法和品质要求。目前日本的蒸青绿茶工艺、印度制茶挤掉一部分茶汁便是源于唐代的制法，但在中国已经退出历史舞台。

由宋代到元代，饼茶、龙凤团茶和散茶并存，蒸青散茶而后盛行的原因是明太祖朱元璋于 1391 年下诏废龙团茶兴散茶。散茶的制作消除了团茶制作中鲜叶蒸青后要用冷水冲洗冷却，再经历两次压榨的弱点，因为团茶制作过程中的这种工序虽去掉了苦涩味，但也由于榨去茶汁，夺去茶之真味，降低了茶叶品质。

五、从蒸青到炒青

相比于饼茶和团茶，蒸青散茶中茶叶的香气得到了更好的保留，但是依然存在茶叶的香味不够浓郁的缺点，于是出现了炒青技术。炒青绿茶自唐代已始而有之，刘禹锡《西山兰若试茶歌》中言："斯须炒成满室香"，又有"自摘至煎俄顷余"，充分说明茶嫩叶采摘后及时煎炒，茶香四溢。这是对炒青茶最早的记载，这种制法利用干热发挥茶叶的馥郁香气。经唐、宋、元代的进一步发展，炒青茶逐渐增多。至于"炒青"茶名，宋代陆游（1125—1210年）曾记述："日铸（浙江绍兴日铸茶）则越茶矣，不团不饼，而曰炒青。"到了明代，炒青制法日趋完善。闻龙 1630 年写的《茶笺》中记述："炒时，须一人从旁扇之，以祛热气，否则黄色、香味俱减。扇者色翠，不扇色黄。炒起出铛时，置大瓷盘中，仍须急扇，令热气稍退。以手重揉之，再散入铛，文火炒干入焙。盖揉则其津上浮，点时香味易出。"其制法大体为高温杀青、揉捻、复炒、烘焙至干，这种工艺已与现代炒青绿茶制法非常相似。

由此可见，从改蒸青团茶为蒸青散茶，保持茶叶原有的香味，再改蒸青散茶为炒青散茶，利用锅炒的干热，发挥茶叶的馥郁香味，逐渐发展成为今天常见的绿茶制法。这样一个中国古代制茶工艺发展中的最大变革，历经了唐、宋、元、明四代才得以完成。

六、从绿茶发展到其他茶类

上面已经说到炒青工艺的发展，演变出绿茶的制法，而在绿茶制作的过程中，劳动人民经过长期探索及总结，先后发明了不同的制茶工艺，创制成色、香、味、形品质特征与绿茶截然不同的其他茶，形成现今的六大茶类：绿茶、黄茶、黑茶、白茶、红茶、青茶（乌龙茶）。

（一）黑茶的出现

唐宋以来的历代王朝都实行“以茶易马”扩充军备，以茶治边，直至清朝雍正十三年停止“以茶易马”之法，前后约有千年的历史。最初的黑茶品质是在“船舱中、马背上”形成的。

茶产湖南、湖北、四川及云南、贵州等省，唐宋年间盛产蒸青绿茶，为便于长途运输至西北边区，必须将散茶压缩体积，蒸制成团块或篓包茶。古时蒸青团茶运输往边塞地区，需要肩扛马驮长途跋涉。期间湿热作用使茶叶发生了多酚类物质的氧化聚合，到达时外观已成乌黑色。

绿毛茶要加工成团块茶，要经过20多天湿堆，期间茶坯也逐渐由绿变黑。加上当时的边茶要运输至西北等地，多经由水路北上，再沿陆上丝绸之路，由骡马、骆驼长途运送。因团块或篓包茶防水性能极差，受水运潮湿条件和途中日晒雨淋的影响，茶叶在湿热条件下，化学成分发生深刻变化，逐步形成了与绿茶完全不同的品质风味。

明代洪武六年（1373年）太祖诏令：“诏天全六番司民，免其徭役，专令蒸乌茶易马。”文中的“乌茶”，就是氧化红变了的粗老绿茶，滋味由青涩变得醇和了。这应该是中国黑茶最早的雏形。

有关黑茶的文字记载最早见于1524年（明朝嘉靖三年）御史陈讲奏疏：“商茶低仍，悉征黑茶……官茶易马，商茶给卖。”《明会典》也有提到：“穆宗朱载垕隆庆五年（公元1571年）令买茶中马事宜……收买真细好茶，勿分黑黄正附，一例蒸晒……运至汉中府辨验真假黑黄斤篦。”

（二）黄茶的产生

黄茶于公元7世纪就有生产，但当时的黄茶不同于现在的黄茶，它是一种自然发黄的茶树品种的芽叶制成的。如在唐朝享有盛名的“寿州黄芽”就是以自然发黄的茶芽制成而得名。而现在所说的黄茶类，是指经过改进，在绿茶的基础上，加入“闷黄”工艺，逐渐演变而来。在绿茶炒青过程中，鲜叶杀青如果不及时揉捻，或揉捻后不及时烘干或炒干，堆积过久，都会变黄。炒青杀青温度低，蒸青杀青时间过长，都会使叶子变黄，产生黄叶黄汤。因此在炒制绿茶的实践中，就有意或无意地发明出了黄茶。黄茶制作工艺于1570年前后形成。明代许次纾《茶疏》记载：“顾彼山中不善制法，就于食铛火薪焙炒，未及出釜，业已焦枯，讵堪用哉，兼以竹造巨笥，乘热便贮，虽有绿枝紫笋，辄就萎黄，仅供下食，奚堪品斗。”这是批评制茶技术不当，将绿茶做成了黄茶。

（三）白茶的由来

唐宋时期所谓的白茶，是指偶然发现的从白叶茶树上采摘而成的茶，与后来发展起来的不炒不揉而成的白茶不同。一直到明代，才出现了类似现在的白茶。1554 年田艺蘅所著《煮泉小品》中记载：“芽茶以火作者为次，生晒者为上，亦更近自然，且断烟火气耳。况作人手器不洁，火候失宜，皆能损其香色也。生晒茶瀹之瓯中，则旗枪舒畅，青翠鲜明，尤为可爱。”明代《茶谱外集》说：“茶有宜以日晒者，青翠香洁，胜于火炒。”这里说到的制法与现在白茶制法基本相同。

（四）红茶的产生

红茶制法是在绿茶、黑茶和白茶的基础上发展的。陈椽《茶业通史》写道，葡萄牙人科鲁兹神甫于 1556 年到达中国，1560 年左右回国后著书记载：“凡上等人家皆以茶敬客。此物味略苦，呈红色。”呈红色即指红茶汤。可见 1560 年以前，就有红茶了。

红茶最早是从福建崇安的小种红茶开始的。清朝雍正年间，崇安知县刘埥《片刻余闲集》中记述了这种红茶：“山之第九曲尽处有星村镇，为行家萃聚。外有本省邵武，江西广信等处所产之茶，黑色红汤，土名江西乌，皆私售于星村各行。”星村镇创制小种红茶，由炒青发展而来。日晒代替杀青，当是在炒青基础上的进一步发展，揉捻后发现叶色变红更快，于是逐渐认识了变色的规律。后在揉捻结束堆放片刻，使其发红更明显，质的变化更大，而后炒和烘，则色香味完全改变。

星村镇的红茶是“正山小种”，此外还有“外山小种”。工夫红茶是在小种红茶基础上演变而来的。清朝董天工《武夷山志》（公元 1751 年）载有小种和工夫的茶名。小种红茶是鲜叶加工复杂，毛茶加工简单；工夫红茶则相反，简化鲜叶加工，毛茶加工大下功夫，所以称为工夫红茶。

1875 年，安徽黟县有个名叫余干臣的人，在福建罢官回原籍经商，因见红茶畅销多利，便在至德县（现东至县）尧渡街设立红茶庄，仿制福建红茶制法成功，创制了祁门工夫红茶。以后祁门工夫红茶产地不断扩大，产量不断提高，声誉越来越高，在国际红茶市场上引起热销。后来，各地工夫红茶品种不断增多。20 世纪 20 年代，印度、斯里兰卡等国将茶叶切碎加工成红碎茶，我国于 20 世纪 50 年代也开始试制红碎茶。

（五）青茶（乌龙茶）的起源

青茶又名乌龙茶，品质介于绿茶、红茶之间，既有绿茶的清香，又有红茶的醇厚，具有独特的风味。青茶最早在福建创制。至于青茶的诞生，也像其他茶类一样，很难说清它的具体时间，但它不是无本之木，无源之水，而是源远流长。应该说，它是脱胎于历史上更早的茶类，从中演化而来。循着历史进程的脉络可以看到，福建自唐有了茶叶生产以来，武夷山一直是全国瞩目的茶产地，而青茶是沿袭武夷茶制法的创新。考诸历史，关于武夷茶的记载有唐代元和年间孙樵（806—820 年）《送茶焦刑部书》：“此徒皆春雷而摘，拜水而和，盖建阳碧水丹山（指武夷山）之乡，月涧云龛之品，慎勿用之。”

清代康熙年间王草堂《茶说》有青茶工艺的详细记载：“武夷茶……采后以竹筐匀铺，架于风日中，名曰晒青，俟其青色渐收，然后再加炒焙。阳羡山片，只蒸不炒，火焙以成。松罗、龙井皆炒而不焙，故其色纯。独武夷炒焙兼施，烹出之时，半红半青。青者乃炒色，红者乃焙色也。茶采而摊，摊而摝，香气发即炒，过时不及皆不可。既炒既焙，复拣去其中老叶、枝蒂，使之一色。”王草堂《茶说》著于 1717 年，所述制法与近日青茶制作基本相同。

七、从素茶到花香茶

花茶起源可以追溯到1000多年前的宋代初期，当时就有在上等绿茶中加入一种香料——龙脑，称龙凤茶进贡帝王。宋代蔡襄《茶录》提到加香料茶："茶有真香，而入贡者微以龙脑和膏，欲助其香"。南宋已有茉莉花焙茶的记载，施岳《步月·茉莉》词注："茉莉岭表所产……古人用此花焙茶"。到宋宣和年间，在茶叶中加入"珍菜香草"已很普遍。到了明代，窨花制茶技术日益完善，且可用于制茶的花品种繁多，据《茶谱》记载，有桂花、茉莉、玫瑰、蔷薇、兰蕙、橘花、栀子、木香、梅花九种之多。现代窨制花茶，除了上述花种外，还有白兰、玳瑁、珠兰等。较为大量的花茶生产始于清代咸丰年间，至1890年前后，花茶生产已较为普遍。

八、从手工茶到机械茶

在唐宋时期我国就已实行利用水车动力碾磨制造团茶。近代利用机械制茶，国外是从20世纪初开始，我国是新中国成立后才开始的。由于制茶技术不断改革，各类制茶机械相继出现，先是小规模单机作业，接着出现了单机作业的简单联装，再发展到现在的全程机械化生产线。目前，除了少数名优茶仍由手工制作或是手工与机械配合制作外，大多数茶叶均采用了机械化生产线加工。

九、从初级产品到深加工产品

随着科技的进步和消费者需求的多样化，茶叶加工也从单纯的农副产品加工转变为现代化的新型食品加工，正不断向产品优质化、品种多样化发展。深加工产品主要包括茶饮料、茶食品、茶保健品等。近年来，茶叶深加工技术不断创新和完善。例如，利用现代生物技术手段，对茶叶中的功能成分进行提取和纯化，以提高产品的附加值；通过膜分离、超临界萃取等技术，实现茶叶成分的精准分离和高效利用；同时，结合现代食品加工技术，开发出更多口感丰富、营养健康的茶食品和茶饮料。茶叶深加工产品还注重与其他产业的融合与创新。例如，将茶叶与中草药、果蔬等相结合，开发出具有特定功效的复合茶产品，推动了茶文化的传播和茶产业的多元化发展。

茶叶加工是一个历史悠久且不断发展的过程，从最初的初级产品加工逐渐演化为如今的深加工产品。这一发展过程不仅体现了人类对茶叶认识的深化，也展示了科技进步对茶叶加工技术的巨大推动。

思考题

1. 哪些证据表明了茶的起源地是中国？
2. 在茶叶的发现、发展、兴起中，有哪些著名的历史人物起到了关键性的作用？
3. 从古至今茶叶加工技术经历了哪些变化？
4. 从古到今人们对茶的利用和饮茶习惯是怎样变化的？
5. 简述各个朝代茶叶生产、消费的特点。

扫描二维码阅读本章知识拓展资料

2. 第二章知识拓展资料

第三章 CHAPTER 3

茶树生物学基础

第一节　茶树的植物学特征

茶树是一种由根、茎、叶、花、果实和种子等器官构成的多年生、木本、常绿植物。根、茎、叶为营养器官，主要功能是担负营养和水分的吸收、运输、合成和贮藏，以及气体的交换等，同时也有繁殖功能；花、果实、种子等是生殖器官，主要担负繁衍后代的任务。茶树的各个器官是有机的统一整体，彼此之间有密切的联系，相互依存、相互协调。

一、茶树的根

茶树地下部根系起着固定、吸收、贮藏、合成等多方面作用，也可作为营养繁殖的材料，了解与认识其生育规律是制定茶园土壤管理生产措施的重要生物学依据。

（一）根的外部形态

1. 根系的组成

茶树根系由主根、侧根、吸收根和根毛组成（图3-1）。按发生部位不同，根可分为定根和不定根。主根和各级侧根称为定根，而从茶树茎、叶、老根或根茎处发生的根称为不定根，如无性繁殖扦插苗形成的根。主根是由胚根发育向下生长形成的中轴根，有很强的向地性，向土壤深层生长可达1~2m，甚至更深；当胚根伸长至5~10cm时，就会发生一级侧根；一级侧根生长发育到一定阶段后，可发生二级侧根，以此类推，从而形成庞大的根系；侧根的前端生长出乳白色的吸收根，其表面密生根毛。主根和侧根呈红棕色，寿命长，起固定、贮藏和输导作用。吸收根主要是吸收水分和无机盐，也能吸收少量的二氧化碳，但其寿命短，不断衰亡更新，少数未死亡的吸收根可发育成侧根。主根上的侧根是按螺旋状排列的，由于主根生长速度不均衡，以及各土层营养条件的差异，侧根发生有一定的节律，

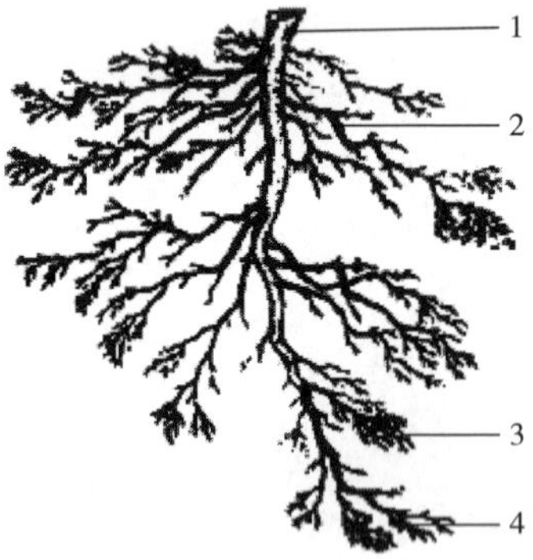

1—主根；2—侧根；3—吸收根；4—根毛。

图3-1　茶树根系的组成

使茶树根系出现层状结构。

2. 根系的分布

茶树为深根性多年生木本植物，其根系为直根系中的轴状根系，即主根发育强盛，在粗度与长度方面均大于侧根。随着茶树年龄的推移和环境的变化，茶树各类根的生长状况、新生根的发生部位等均会发生某种程度的变化：处在幼龄阶段的茶树呈现为典型的直根系类型；成年后，由于若干粗壮侧根的生长加速，它们的粗度、长度接近主根，表现为分枝根系类型；到衰老阶段，或土壤环境恶化等，粗壮的主侧根（又称骨干根）先端衰退，大量细根从它们的基部或某些局部成簇地发生，这时便呈现为丛生的状态（图 3-2）。具有分枝根系特征的茶树，在土壤中的营养吸收面最广，相应的产量也较高，故在栽培上的任务应是尽量促进直根系向分枝根系转化，避免或推迟丛生根系的出现，一旦出现丛生根系，就应运用改造手段让其恢复到分枝根系的状态。无性系茶树的根系，初期与实生苗不同，细根较多而看不到主根，但随着年龄的增长，则由一个或数个细根加速生长，表现出类似直根系或分枝根系的形态。

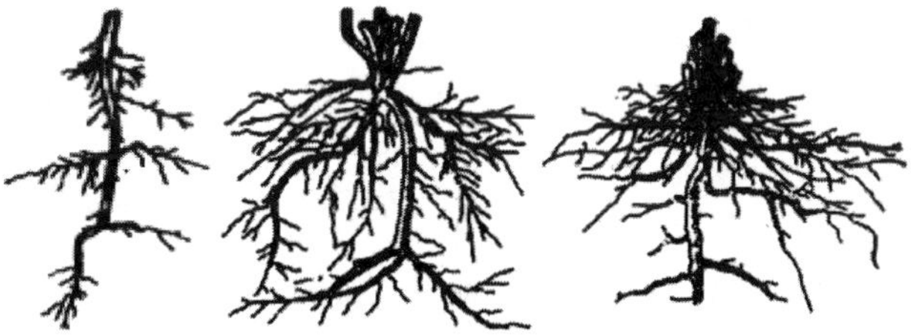

图 3-2　茶树根系类型

（1）直根系；（2）分枝根系；（3）丛生根系

茶树的根系分布状况与生长动态是制定茶园施肥、耕作、灌溉等管理措施的主要依据。“根深叶茂”充分说明培育好根系的重要性。

（二）根的内部结构

1. 根尖

茶树的根尖与一般植物的根尖相似，分为根冠、分生区、伸长区和根毛区四部分（图 3-3）。

（1）根冠　根冠位于根的最尖端，长约 0.2mm，是一群比较大的细胞，形似帽子，套在根的生长点外面，保护根的生长点，所以称为根冠。

（2）分生区　分生区离根尖端 0.2～1.0mm，由顶端分生组织形成，此处细胞能不断分裂，产生新的细胞，又称生长点。新细胞边长大、边分化，形成根的各种组织。

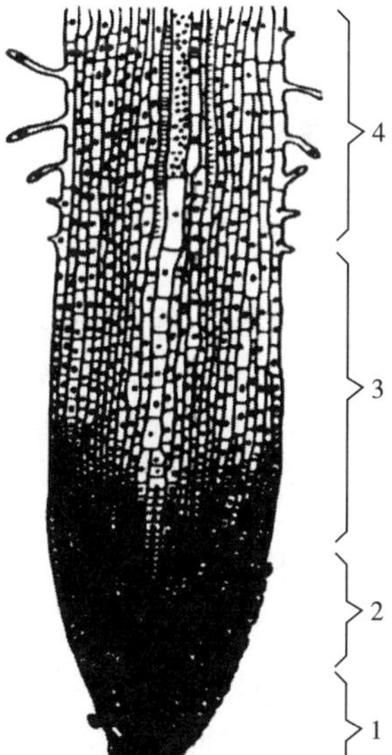

1—根冠；2—分生区；3—伸长区；4—根毛区。

图 3-3　茶树根尖（王镇恒，1978）

（3）伸长区　在生长点的上方，称为伸长区，此区全长约几毫米，这部分细胞中的液泡迅速增大，细胞伸长很快。

(4) 根毛区　在伸长区的上方，称为根毛区（又称成熟区），其特点是细胞基本成熟，并停止伸长，同时表皮细胞外壁向外伸长成为根毛。根毛是根吸收水分和养料的部位。

2. 根的初生结构

将根毛区做一横切面可以看见根的初生结构（图3-4）。

(1) 表皮　根的最外一层细胞形状扁平，排列比较整齐紧密，称作表皮。它常向外突出形成根毛，以扩大吸收表面。

(2) 皮层　表皮之内是许多大型的薄壁细胞，有细胞间隙，称为皮层。皮层细胞层数随品种而异，大叶型品种有10~15层；小叶型品种一般不超过10层；在皮层细胞内常常贮藏有淀粉粒。皮层最里面一层为内皮层，其特点是细胞壁部分栓质化加厚，形成带状，称为凯氏带。

(3) 中柱　在皮层内，根的中央部分称为中柱。中柱的结构比较复杂，在中柱外面通常有一层薄壁细胞将整个中柱包围起来，称为中柱鞘，中柱鞘内有初生木质部、初生韧皮部和髓。在初生韧皮部和初生木质部之间，还有一些薄壁细胞，中央为髓部。

①中柱鞘：中柱鞘细胞有分裂能力，能够分裂产生侧根、形成层、木栓形成层和不定根或不定芽。在生产中，可以用茶树的根来扦插繁殖。

②初生韧皮部：初生韧皮部与初生木质部间隔排列，韧皮部由筛管和伴胞组成，能够运输叶片中制造的养料。

③初生木质部：初生木质部主要由导管和管胞组成，能够输导水分。初生木质部常排列成束，茶树常因品种不同而束数也不同，大叶型品种一般有9~12束，中小叶型品种为7~8束。维管束越多，其形成侧根的能力越强。

④髓：髓十分发达，其中贮藏有淀粉粒，而更多的是水分和养料。因此，茶树主根也是重要的贮藏器官。

3. 根的次生结构

将根毛区上部的黄褐色根横切，可见到根的次生构造（图3-5）。初生木质部和初生韧皮部之间

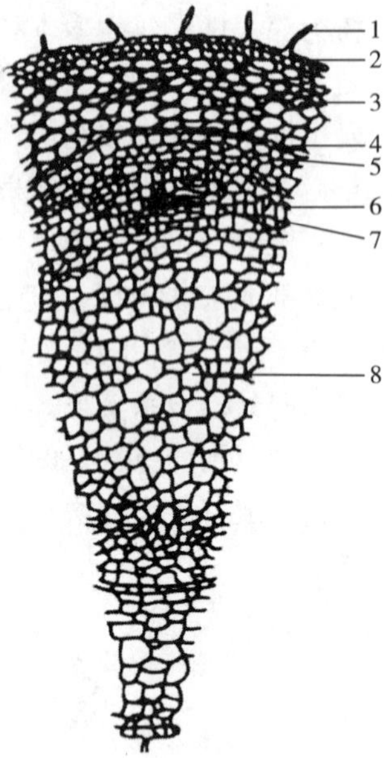

1—根毛；2—表皮；3—皮层；
4—内皮层；5—中柱鞘；6—初生韧皮部；
7—初生木质部；8—髓。

图3-4　茶树根尖横切面（初生结构）
（王镇恒，1978）

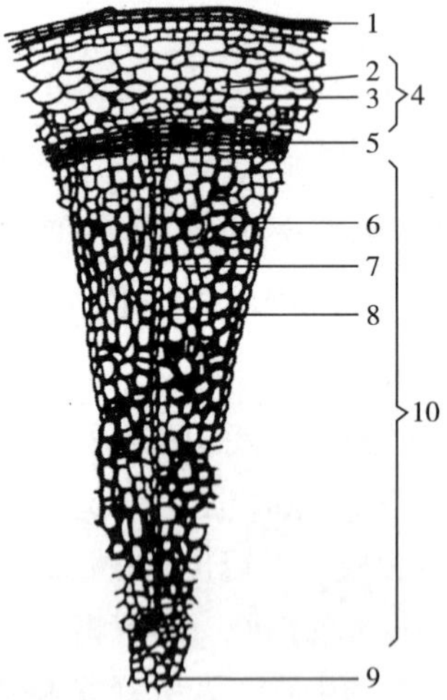

1—周皮；2—筛管；3—伴胞；
4—次生韧皮部；5—形成层；6—导管；7—纤维素；
8—髓射线；9—髓；10—次生木质部。

图3-5　茶树根横切面（次生结构）
（王镇恒，1978）

的薄壁细胞不断分化可以转变为形成层，形成层的细胞具有分裂能力，不断向外产生次生韧皮部，向内产生次生木质部，使根不断地增粗，而且逐渐使初生木质部与韧皮部的相间排列转变为内外排列，且无髓部。根在增粗过程中，由中柱鞘细胞产生木栓形成层，进一步分裂产生周皮，周皮起保护作用，周皮形成之后，其外围部分逐渐剥落，根由乳白色转变为黄褐色。

4. 菌根

茶树的根系常与土壤中的真菌共生，形成菌根。目前在红壤茶园中已发现外生、内外生和内生三种类型的菌根菌。外生菌根菌只在皮层细胞之间延伸；而内外生菌根菌的菌丝，除在皮层细胞之间延伸外，有的已进入细胞内部；内生菌根菌的菌丝通过皮层细胞之间进入细胞内部，有的还进入内皮层细胞。

（三）不定根的产生

茶树不定根的产生过程，从形态上大致可分为愈伤组织形成期、根原基形成期、根端伸长期、根系形成期。根据严学成的试验观察，不定根产生形成层的过程为在形成层外侧细胞首先平周分裂几次后，两侧细胞进行垂周分裂，平周分裂和垂周分裂的结果是形成一圆锥形的不定根原基，将外侧的韧皮部向外推移，突破皮层和表皮，在表皮外面堆积许多瘤状突起即是愈伤组织。根原基从愈伤组织的缝隙中向外伸出次生根。

二、茶树的茎

茶树的茎是由营养芽发育而成的，主要包括主干、分枝和当年新枝。它是构成树冠的主体，联系茶树根与叶、花、果，输送水、无机盐和有机养分的轴状结构。不同品种茶树茎的着生状态差异较大，了解与认识其生育特点，是指导茶树树冠管理和合理利用茶树茎的依据。

（一）茎的外部形态

茎是联系茶树根与叶、花、果的轴状结构，其主干以上着生叶的成熟茎称枝条，着生叶的未成熟茎称新梢。主干和枝条构成树冠的骨架。

由于分枝部位不同，茶树可分为乔木、小乔木和灌木三种类型（图 3-6）。在生产上我国栽培最多的是灌木型和小乔木型茶树。

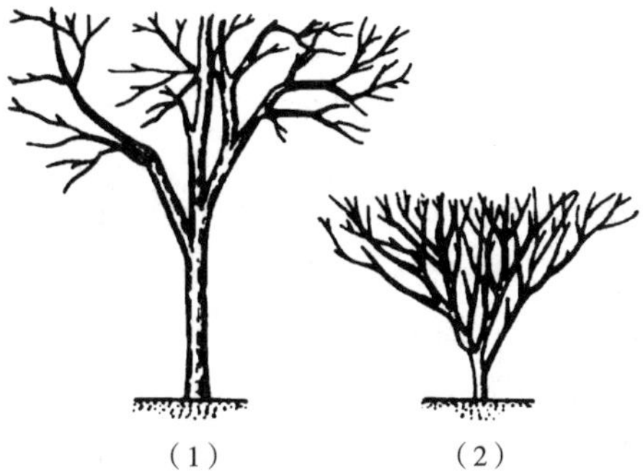

图 3-6　茶树的树型

（1）乔木型；（2）小乔木型；（3）灌木型

乔木型茶树：植株高大，分枝部位高，主干和主轴明显，属茶树中的较原始类型。如云南省西双版纳南糯山的“茶树王”、勐库大叶种、凤庆大叶种和海南大叶种等。

小乔木型茶树：植株中等高度，分枝部位较低，主轴不太明显，但主干仍明显。大多数南方类型茶树属此列，如凤凰水仙、福鼎大白茶、凌云白毛茶和江华苦茶等。

灌木型茶树：树体矮小，分枝部位低，主干和主轴均不明显，属茶树中的较进化类型。如湄潭苔茶、安化云台山大叶种、鸠坑种、祁门种、黄山种和毛蟹等。

茶树枝条按其着生位置和作用可分为主干和侧枝。

主干：主干由胚轴生育而成，指根茎至第一级侧枝的部位，是区分茶树类型的主要依据。

侧枝：侧枝是主干上分生的枝条，依分枝级数而命名，从主干上分生出的侧枝称一级侧枝，从一级侧枝上分生出的侧枝称二级侧枝，以此类推，它是衡量分枝密度的重要标志。侧枝按其粗细和作用不同又可分为骨干枝和细枝（亦称生产枝）。骨干枝主要由一、二极分枝组成，其粗度是影响茶树骨架健壮的重要指标之一；细枝是树冠面上生长营养芽的枝条，与形成新梢的数量和质量有密切关系。

茶树幼茎柔软，表皮青绿色，着生有茸毛。随着幼茎逐渐木质化，皮色由青绿色→浅黄色→红棕色，即称为枝条，1 年生枝的茎上出现皮孔，形成裂纹，俗称麻梗。2~3 年生枝条呈浅褐色，之后，色泽逐渐变化，由浅褐色→褐色→褐棕色→暗灰色→灰白色。

由于分枝角度的大小不同，茶树树冠会呈现出不同的姿态，有直立状、半披张状和披张状（图 3-7）。茶树的分枝方式有两种，一是单轴分枝式，二是合轴分枝式。在栽培采摘条件下，当树势衰退时还会出现一种特殊的分枝方式——“鸡爪枝”。

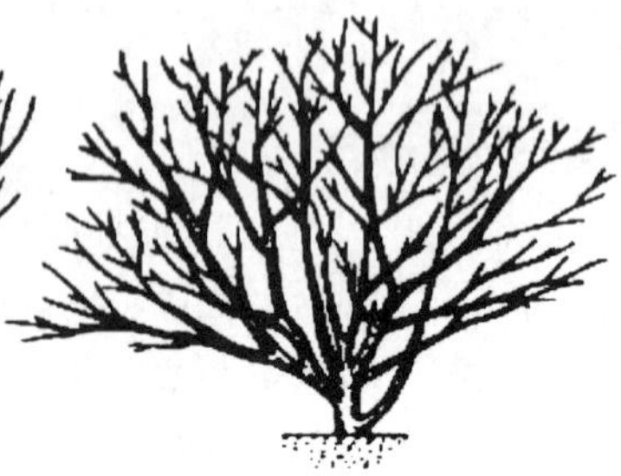

（1）　　（2）　　（3）

图 3-7　茶树的形态

（1）直立状；（2）半披张状；（3）披张状

单轴分枝：主轴或主枝顶芽未停止生长，从它上面分出的侧枝生长强度远小于主轴或主枝，各级分枝亦呈此类似趋势。幼年茶树的分枝以单轴式为主。

合轴分枝：主轴或主枝顶芽显著活动一段时间后生长减缓或停止生长，生长优势一级一级地让位于下一级侧芽（枝），造成由许多不同级短轴依次连接而成的合轴（假轴），这种以合轴形式建立的分枝系统称为合轴分枝式，它有利于树冠的横向扩展和有效利用空间，属比较进化的分枝方式，成龄茶树常以此种分枝为主。

鸡爪枝：树势衰退或过度采摘的条件下，树冠表层出现的一些结节密集而细弱的分枝，它们形似鸡爪，故称鸡爪枝。鸡爪枝上新梢展叶少而小，节间短。“对夹叶”（实质上系指仅展3片叶以下的驻芽梢）多，总叶量少，大量发生鸡爪枝时茶叶产量和品质均会显著下降，必须及时消除鸡爪枝。

（二）茎的内部结构

茎的表皮是一层排列紧密的砖形细胞，气孔分布其间，表皮外有角质层和茸毛，表皮内为皮层，皮层最外为1~2层壁较厚的细胞，含有叶绿体，故使幼茎呈绿色。表皮可转变为周皮。皮层为多层薄壁细胞，细胞较大，有细胞间隙。中柱鞘由2~3层薄壁细胞组成。中柱鞘之内为维管束，维管束由韧皮部、形成层、木质部三部分组成。韧皮部位于维管束外部，构成韧皮部的有筛管、伴胞、韧皮纤维和韧皮薄壁细胞。木质部位于维管束内部，由导管、木纤维、木质射线等组成。筛管主要运输同化产物，而导管主要运输水分和无机盐类。韧皮部与木质部之间为形成层，细胞呈长方形，排列整齐，有强烈的分生能力，向外形成新的韧皮部，向内形成新的木质部，所以茎部得以增粗。维管束之间有髓射线，呈放射状，内接髓部，外通中柱鞘，起横向运输作用。茎的中心大部分为髓，为不规则的椭圆形薄壁细胞所组成。在髓部可见到细胞壁上的单纹孔及贮藏的淀粉粒（图3-8），起贮藏养分的作用。茶树幼茎横切面切片（初生结构）见图3-9。

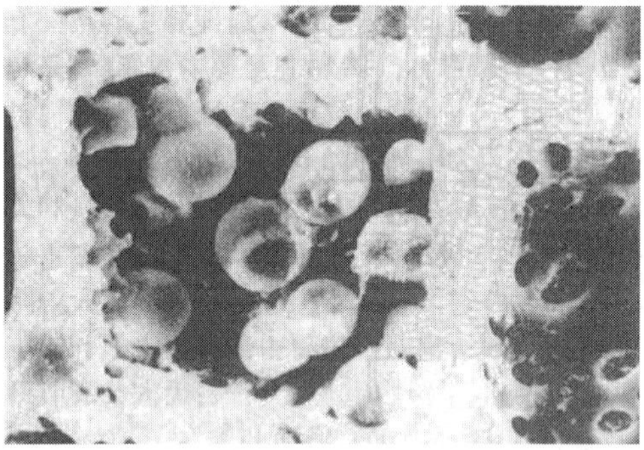

图3-8　茶树老茎髓部贮藏细胞（童启庆，1983）

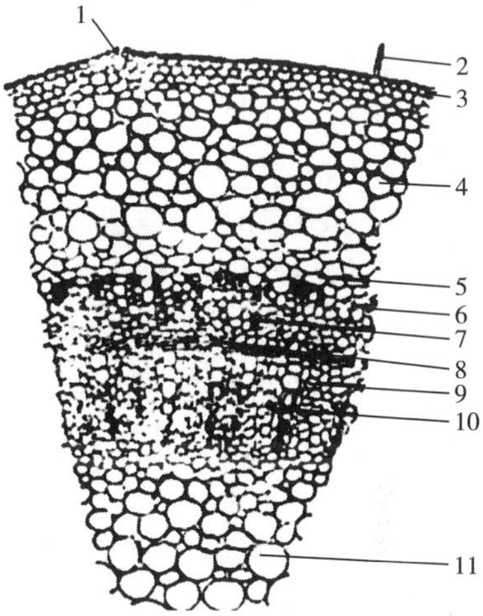

1—气孔；2—表皮毛；3—表皮；4—皮层；
5—中柱鞘；6—韧皮纤维；7—韧皮部；
8—形成层；9—髓射线；10—木质部；11—髓。

图3-9　茶树幼茎横切面切片（初生结构）

三、茶树的叶

茶树的叶是茶叶生产的收获对象，更是茶树生育进行光合作用的重要器官，品种间叶片差异很大，生态因素更是对其正常生长带来影响。

（一）叶的外部形态

茶树枝条上着生的叶片在形态上可分为三类，即鳞片、鱼叶和真叶。鱼叶和鳞片均系分化发育不完全的叶。鳞片硬而细小，一般长仅0.5~1cm，呈匙状，着生在枝条的最下端。在茶芽萌发以前，它对整个芽头起保护作用，随着芽的萌动而逐渐张开，并随着枝条的继续伸长而脱落。冬芽外包有3~5个鳞片，夏芽一般缺鳞片。鱼叶以形似鱼鳞或鱼鳍而得名，它发育不完全，叶色淡，叶柄短扁，叶缘一般无锯齿，或前端略有锯齿，侧脉不明显，叶尖圆钝，为鳞片到真叶的过渡类型。越冬芽萌发，鳞片松开可展出1~3片鱼叶，鱼叶大小不一，有的接近鳞片，有的近似真叶。夏芽萌发而成的新梢有时缺鱼叶。鱼叶也能进行光合作用，但强度不及真叶。真叶属发育完全的叶，在展开之初背面有茸毛缀生，叶色随着叶龄的推移而逐渐加深，即由浅黄、浅绿变成深绿，乃至暗绿。

真叶是发育完全的叶片（图3-10）。形态一般为椭圆形或长椭圆形，少数为卵形和披针形。叶片形态以叶形指数（平均叶长/叶宽，测定叶片基部至叶尖长度、叶片最大宽度）来区分，参照植物学叶形划分标准：长椭圆形，长宽比为3~4；椭圆形，长宽比为2~3；卵圆形，长宽比为1.5~2，最宽处不在叶的中部。叶色有淡绿色、绿色、浓绿色、黄绿色、紫绿色，与茶类适制性有关。叶尖尖凹，是茶树分类依据之一，分急尖、渐尖、钝尖、圆尖等。叶面有平滑、隆起与微隆起之分；隆起的叶片，叶肉生长旺盛，是优良品种特征之一。叶缘有锯齿，呈鹰嘴状，一般16~32对，随着叶片老化，锯齿上腺细胞脱落，并留有褐色疤痕，这也是茶树叶片特征之一。叶面光泽性有强、弱之分，光泽性强的属优良特征。叶缘形状有的平展，有的呈波浪状。嫩叶背面着生茸毛，是品质优良的标志。叶片着生状态有直立、水平和下垂之分。

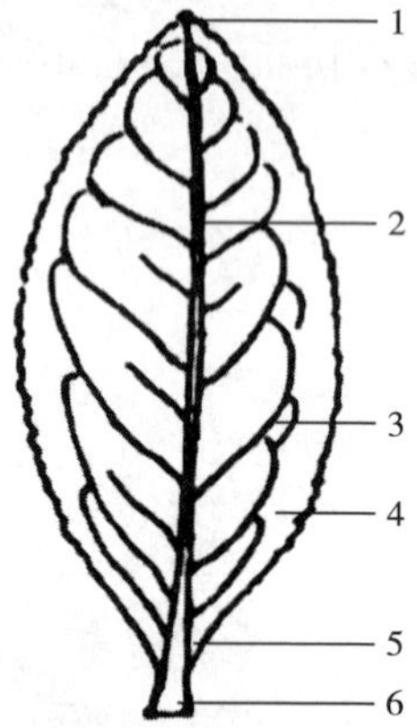

1—叶尖；2—主脉；3—侧脉；4—叶缘；5—叶基；6—叶柄。

图3-10　茶树的真叶（唐茜，2013）

叶片的大小因变种、类型、品种、着生部位、栽培环境和栽培技术水平等的不同而异。根据叶片的大小一般将茶树分为大叶种、中叶种和小叶种三种类型。叶片大小归类的标准：

特大叶：叶长×叶宽为50cm^2以上。

大叶：叶长×叶宽为28~50cm^2。

中叶：叶长×叶宽为14~28cm^2。

小叶：叶长×叶宽为14cm^2以下。

叶片的形状有长椭圆、椭圆和卵圆形，区分叶形的客观标志是长宽（最大宽度）比，三种叶形的长宽比分别为3~4、2~3和1.5~2。如长宽比在3以上，最宽处靠近叶基部的习称披针形，最宽处靠近尖端的称倒披针形。

叶尖（或先端）有圆头、钝尖、渐尖和骤尖之分（图3-11）。

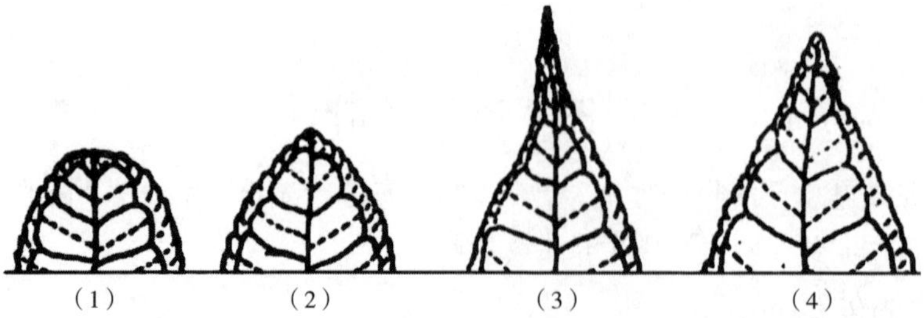

图3-11　茶树叶尖的形态

（1）圆头；（2）钝尖；（3）渐尖；（4）骤尖

(二) 叶的内部结构

将叶片的横切面放在光学显微镜下观察，可见叶片包括上下表皮、叶肉、叶脉 3 个部分（图 3-12）。

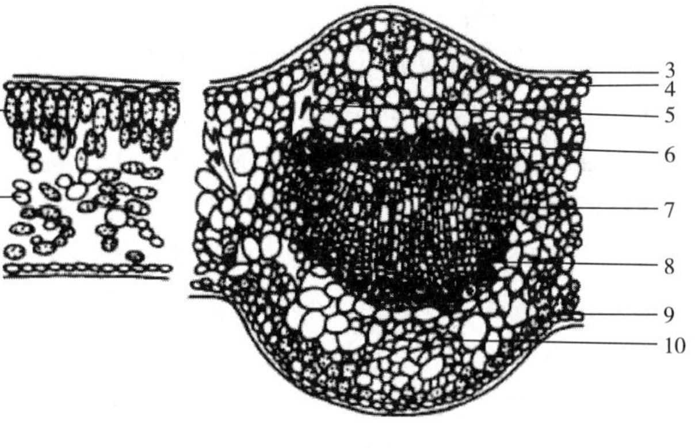

1—栅栏组织；2—海绵组织；3—角质层；4—上表皮；5—石细胞；6—机械组织；7—木质部；8—韧皮部；9—下表皮；10—草酸钙结晶。

图 3-12 茶树叶片横切面（王镇恒，1984）

1. 上下表皮

（1）上表皮 上表皮由一层密接的长方形细胞组成，上面覆被一层角质层。小叶种表皮细胞较小，细胞壁较厚，抗寒力强；大叶种表皮细胞较大，细胞壁薄，抗寒力弱。嫩叶角质薄，水分蒸腾较多；叶片成长过程中角质层逐渐增厚，水分蒸腾也减少。

（2）下表皮 下表皮有许多气孔（图 3-13），每个气孔由两个半月形的保卫细胞构成，水分与空气由此出入，蒸腾作用与呼吸作用也是通过气孔调节进行的。气孔的密度和大小随

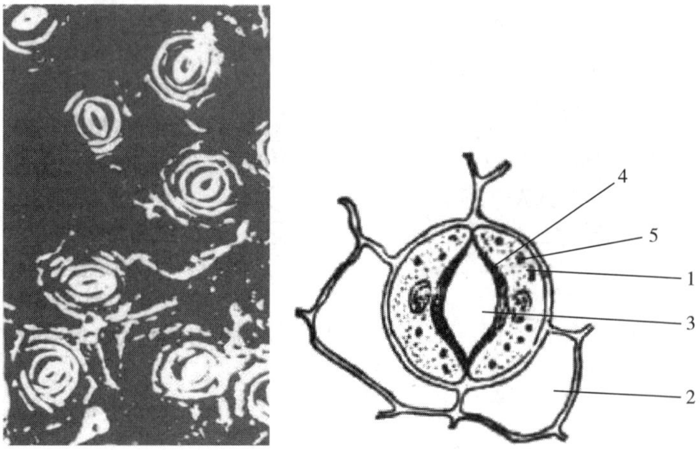

1—保卫细胞；2—表皮细胞；3—气孔；4—厚壁；5—薄壁。

图 3-13 茶树叶片下表皮的气孔（童启庆，1983）

（1）叶片下表皮横切面；（2）气孔

品种而不同，大叶种气孔稀而大，小叶种气孔密而小。同一叶片按叶尖、叶中部至基部气孔数量依次减少。下表皮有些细胞向外突起，形成茸毛，茸毛基部有腺细胞，能分泌芳香物质，使茶叶具有特殊的香气。

2. 叶肉

在上下表皮之间为叶肉，由栅状组织与海绵组织构成，栅状组织上紧接上表皮，为1~3层排列整齐而紧密的圆柱形细胞，与表皮垂直，细胞含很多叶绿体。大叶种的栅状组织大多数为1层，且排列较稀疏，中小叶种为2~3层（图3-14）。栅状组织越厚、层次越多、排列紧密，则该品种抗寒力越强。海绵组织位于栅状组织之下，是一些不规则的近圆形细胞，排列较疏松，细胞间隙大。海绵组织细胞中的叶绿体较少，而有大的液泡，其主要功能是贮藏养分和代谢产物，直接与茶叶品质有关的多酚类、糖类等物质，大都贮藏在液泡内。海绵组织越发达，则内含物越丰富，制茶品质越佳。部分海绵组织细胞中含有星状草酸钙结晶体。

3. 叶脉

叶脉是叶肉中的维管束组织。在主脉维管束外面有1~3层厚角细胞组成的机械组织，增加支持作用，维管束中的木质部靠近叶的上表皮，韧皮部靠近下表皮。叶脉越分越细，其构造也越来越简单，到脉梢部分，木质部只有一个管胞，韧皮部就是一个薄壁细胞。茶树叶脉分主脉、侧脉和细脉。主脉和侧脉成45°~80°夹角，侧脉向叶缘伸展至2/3处向前弯曲呈弧形，与前一侧脉相连，构成网状叶脉，此为茶树叶片的鉴别特征之一。侧脉的对数随茶树品种而异，一般8~9对，多的10~15对，少的5~7对。主脉中木质部与韧皮部的比值可作为鉴定植株生长势的间接指标，凡该比值大的品种，一般具长势强、生长快、持嫩性强的特性。

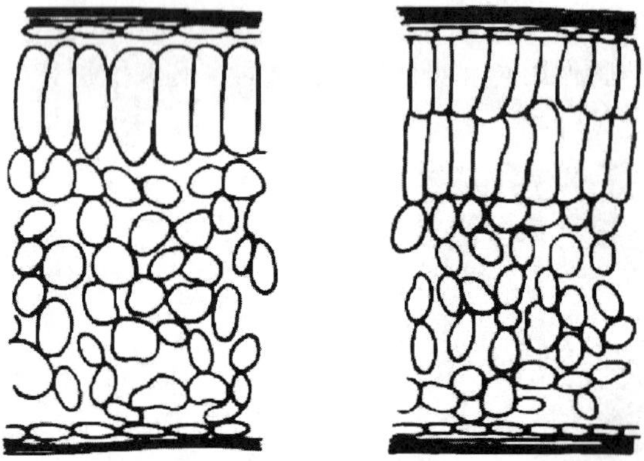

（1）　　　　（2）

图3-14　大叶种和小叶种茶树叶片

（1）大叶种；（2）小叶种

四、茶树的花

一定条件下，茶树的芽会分化为花芽，接着开花结实。茶树花器的特征是茶树分类的重要观测对象。

（一）花的外部形态

花芽多与叶芽着生于同一叶腋间，居叶芽的两侧。花轴短而粗，在同一花轴上一般着生1~5个不等的花朵。属假总状花序，有单生、对生和丛生等。茶花为两性花，由花柄、花萼、花冠、雄蕊和雌蕊组成（图3-15）。

1. 花萼

花萼位于花的最外层，由5~7个萼片组成，萼片近圆形，绿色或绿褐色，起保护作用；受精后，萼片向内闭合，保护子房直到果实成熟也不脱落。

2. 花冠

花冠白色，也有少数花呈粉红色。花冠由5~9片发育不一致的花瓣组成，分2层排列，花冠上部分离，下部联合并与雄蕊外面一轮合生在一起。花谢时，花冠与雄蕊一起脱落。花冠大小依品种而异，大花直径4.0~5.0cm，中花直径3.0~4.0cm，小花直径2.5cm左右。

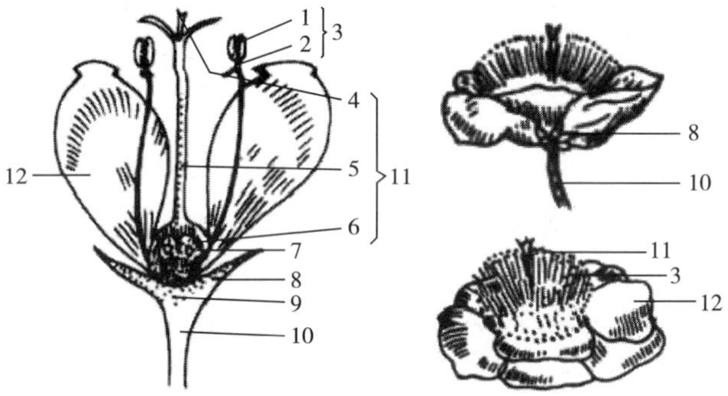

1—花药；2—花丝；3—雄蕊；4—柱头；5—花柱；6—子房；7—胚珠；
8—花萼；9—花托；10—花柄；11—雌蕊；12—花瓣。

图3-15　茶树花及其纵切面

3. 雄蕊

雄蕊数目很多，一般每朵花有200~300枚。每个雄蕊由花丝和花药构成。花药有4个花粉囊，内含无数花粉粒。花粉粒是圆形单核细胞，直径30~50μm。

4. 雌蕊

雌蕊由子房、花柱和柱头三部分组成。柱头3~5裂，开花时能分泌黏液，使花粉粒易于黏着，而且有利于花粉萌发。柱头分裂数目和分裂深浅可作为茶树分类的依据之一。花柱是花粉管进入子房的通道。雌蕊基部膨大部分为子房，内分3~5室，每室4个胚珠，子房上大都着生茸毛，也有少数无毛的。子房上是否有毛，也是茶树分类的重要依据之一。

（二）花的内部结构

1. 萼片

萼片横切面与叶近似，分上下表皮、皮层、薄壁组织、维管束、硬化细胞和草酸钙结晶等，内含叶绿体，可进行光合作用。

2. 花瓣

组成花冠的花瓣比萼片薄，不含叶绿体，硬化细胞极少，其他部分基本上与萼片相似。

3. 花药

位于花丝顶端的花药含有 2 个花粉囊，每囊被药隔分为 2 个药室，药隔中有一维管束（图 3-16），为花药提供水分与养分，花药壁分 4 层：表皮层、纤维层、中层、绒毡层。

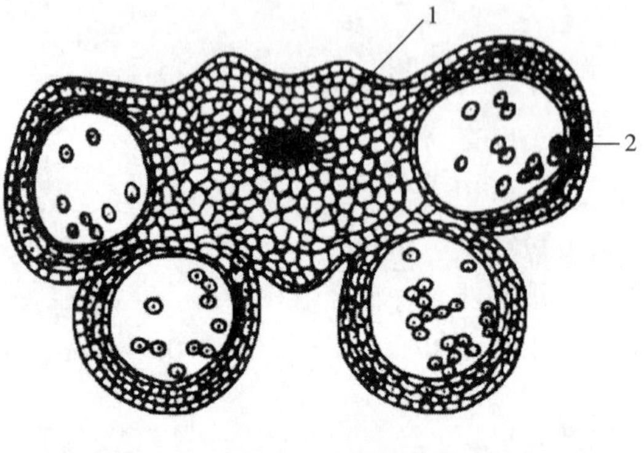

1—维管束；2—花粉粒。

图 3-16　茶树花药横切面图

4. 花粉粒

药室内着生花粉粒。花粉粒具有 2 层壁，内壁薄、外壁厚，圆形，有 3 个萌发孔，里面有浓厚的原生质和核。在电子扫描显微镜下观察，茶树花粉粒有 3 种类型：拟沟类型、具沟类型、孔沟类型（图 3-17）。外壁的透水性很强。阴雨天授粉率低的原因之一就是花粉粒吸水胀裂。

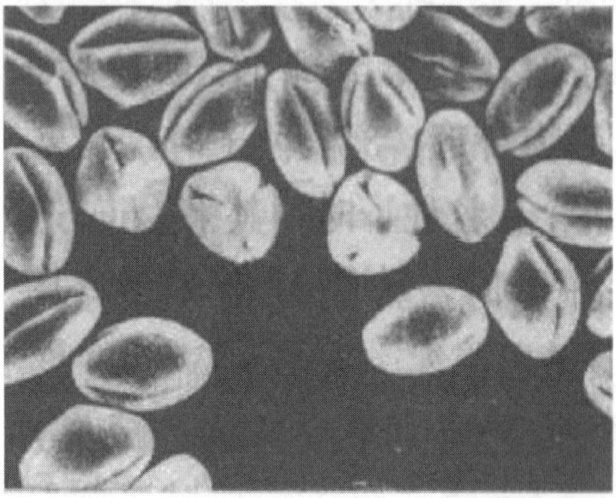

图 3-17　茶树花粉粒极面观和赤道面观（童启庆，1983）

5. 花丝

花丝结构简单，外为表皮，表皮上有一层角质层，中间是 2 层薄壁细胞组成的中柱鞘，细胞排列紧密，中央有一维管束。

6. 花柱

花柱结构有表皮、角质层、薄壁组织、维管束、柱腔和拟柱头组织。

7. 子房

子房是雌蕊最主要的部分，结构比较复杂，子房壁内外各有一层表皮，外壁由一层表皮细胞紧密排列而成，着生茸毛或无茸毛；内壁由一层角质化细胞均匀排列而成，内外表皮间为维管束。子房的中心是花柱腔，或称子房腔。3 个子房室呈品字排列。胚珠包括珠心、珠被、珠柄（图 3-18）。

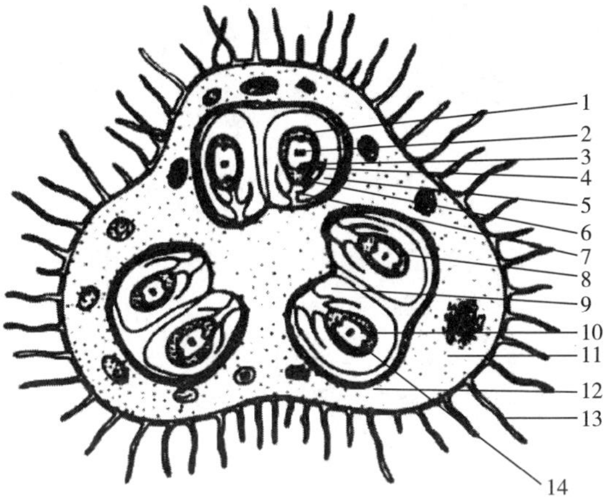

1—反足细胞；2—极核；3—卵细胞；4—助细胞；5—外珠被；
6—内珠被；7—珠孔；8—珠心；9—珠柄；10—胚囊；11—子房壁；12—维管束；13—茸毛；14—胚珠。

图 3-18　子房横切面

8. 花柄

花柄结构由表皮、皮层、中柱鞘、韧皮部、形成层、木质部和髓组成，与幼茎相似。

五、茶树的果实和种子

茶果为蒴果，成熟时果壳开裂，种子落地。果皮未成熟时为绿色，成熟后变为棕绿色或绿褐色。果皮光滑，厚度不一，薄的成熟早，厚的成熟迟。茶果形状和大小与茶果内种子粒数有关，着生 1 粒种子时，其果为球形；2 粒种子时，其果为肾形；3 粒种子时，其果呈三角形；4 粒种子时，其果为正方形；5 粒种子时，其果似梅花形（图 3-19）。茶籽大多数为棕褐色或黑褐色。茶籽形状有近球形、半球形和肾形 3 种，以近球形居多，半球形次之，肾形茶籽只在西南少数品种中发现，如贵州赤水大茶和四川枇杷茶等。球形与半球形茶籽种皮较薄，而且较光滑；肾形茶籽种皮较厚，粗糙而有花纹。前者发芽率较高，后者发芽率较低。茶籽大小依品种而异，大粒茶籽直径 15mm 左右，中粒直径 12mm 左右，小粒直径 10mm 左右。茶籽质量差异也明显，大粒 2g 左右，中粒 1g 左右，小粒 0.5g 左右。

茶籽是茶树的种子，由种皮和种胚两部分构成。种皮又分外种皮与内种皮，外种皮坚硬，由外珠被发育而成，6~7 层硬化细胞组成。硬化细胞的壁很厚，一层一层向内增加。内种皮与外种皮相连，由内珠被发育而成，数层长方形细胞和一些输导组织形成了网状脉。种子干燥时，内种皮可脱离外种皮，紧贴于种胚，并随着种胚的缩小而形成许多皱纹。种子内的输导组织主要是一些螺纹导管。内种皮之下有一层由拟脂质形成的薄膜，此膜可能与种子

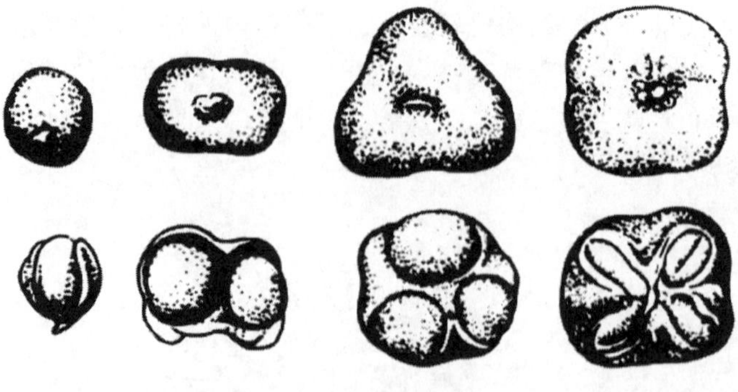

图 3-19 茶果形状

休眠有关。因为种子发芽时，膜上的脂类物质均被分解，采用 25~28℃温水处理，可以加速脂类物质的分解过程，使种子提前发芽。

种胚由胚根、胚茎、胚芽和子叶四部分组成。子叶部分最大，占据整个种子内腔，其余三部分夹于 2 片子叶的基部，由 2 个子叶柄相连接（图 3-20）。

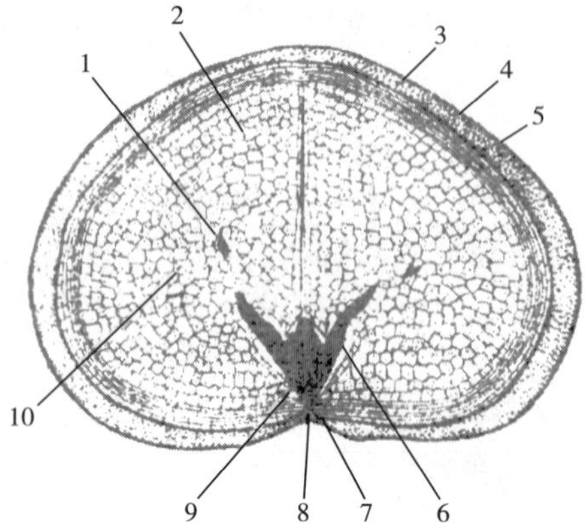

1—子叶内的维管束；2—淀粉粒；3—种脉；4—外种皮；5—内种皮；6—子叶柄；7—种脐；8—珠孔；9—胚；10—子叶。

图 3-20 茶籽纵切面（刘宝祥，1980）

种皮是由胚珠的珠被发育形成的保护种子的外包被。受精后胚珠长大，珠被的组织同时发生高度分化，内珠被发育成内种皮，包裹种胚，外珠被发育为外种皮。内种皮与外种皮连接，由数层长方形细胞组成。种子干燥时，内种皮脱离外种皮。内种皮表面为赤褐色，有网状脉，主脉粗大。种皮网脉在种子成熟过程中有运输母体营养物质的作用，在种子发芽时则有吸收水溶液的作用。外种皮由 6~7 层石细胞组成，表面光滑而坚硬。石细胞排列很紧密，细胞壁非常坚硬，且因纹孔为各种代谢物（主要是果胶素与盐类）所充塞，水分、空气不易流通，故能很好地防止外界条件的直接影响。外种皮色泽随石细胞组织的填充物质而变化，未成熟的种子，外种皮呈黄褐色或棕褐色；成熟后的种子，外种皮呈黑褐色而略有光泽，可作为选种的标志。

胚是受精卵（合子）通过一定的生长和分化过程而形成的幼体。胚由四部分组成：胚根、胚芽、子叶和胚轴。茶树种子属无胚乳类型，由子胚在发育过程中，将胚乳吸尽，营养物质则贮存在子叶中。它具有生长发育成一个成熟个体的潜力，是新一代茶树的雏形。

第二节　茶树的生物学特性

茶树的生长发育遵循其特有的生物学规律，这些规律由茶树的生理代谢所决定，并受到环境条件的影响。尽管环境条件能改变其某些特性，但基本生育规律由茶树的生物学特性决定。茶树是多年生木本植物，具有总发育周期和年发育周期。总发育周期描述了茶树一生的生长进程，从受精的卵细胞开始，经过茶籽的成熟、发芽、生长、开花和结实。茶树的生长是其生物体质量和体积的增加，需要经过代谢合成，而发育则是这个过程中的质变。茶树的生长和发育是相互促进又相互制约的过程。

茶树可划分为五个生物学年龄时期：种子期、幼苗期、幼年期、成年期和衰老期。除了种子繁殖外，茶树还可以通过营养体繁殖新个体，即营养繁殖。尽管营养繁殖个体的形成没有经过种子及其萌发过程，但其生物学年龄时期与种子繁殖个体相似。掌握茶树不同生育阶段的特性对于制定有效的农业技术措施至关重要。

一、茶树的总发育习性

（一）种子期

种子期是指从合子形成至种子萌发前夕为止的这段时间，长 1~1.5 年。种子期的绝大部分时间是在母株上度过的，即从 9 月或 10 月合子形成到翌年 10 月茶果成熟。这段时间新个体（种胚）完全靠母树提供营养。

离体后（种子成熟、被采收后）一直到种子萌发长出新苗的前夕，种胚的营养完全靠子叶提供。茶籽自成熟到萌发前夕，虽处于相对休眠阶段，但其内部仍进行着激烈而复杂的生理过程。不论何种贮藏方法，随着时间的推移，茶籽中的干物质含量都逐渐减少，这是一个相对较快的过程。这种消耗是茶籽贮藏过程中由于呼吸作用和其他生理生化变化的综合影响所导致的。其发芽率会因干物质含量的减少而大大降低甚至完全丧失。这一过程是不可逆的，因此对于茶籽的保存具有重要意义。在室温条件下，仅 2 个月（3 月至 5 月），发芽率将丧失近一半，这可能与其脂肪和水分含量较高、呼吸强度大等有关。茶籽离体前的农技任务是加强母树培管，促进壮籽；离体后则主要是抓贮藏保管和及时播种。

（二）幼苗期

高等植物的个体发育，应当是从受精卵开始的。但是，在生产上计算植物的生物学年龄时期，通常是从种子萌发或扦插苗成活开始的。茶树幼苗期就是指从茶籽萌发到茶苗出土直至第一次生长休止时为止。无性繁殖的茶树，是从营养体再生到形成完整独立植株的时间，一般需 4~8 个月的时间。

茶籽播种后，吸水膨胀，茶籽内（主要是子叶）的贮藏物质趋向水解，供给胚生长发育所需要的营养物质。种壳胀破后，胚根首先伸长，并向下伸展，当胚根生长至 10~15cm 时，胚芽逐渐生长，最后破土而出，但此时胚根始终比胚芽长，到胚芽出土时，胚根长为胚芽的 2~3 倍。这段时期，由于胚芽尚未出土，它生长发育所需要的养分，主要是依靠种子中贮藏的物质降解而供给的。因此，它对外界环境的主要要求是要能满足水分、温度和空气三个条件。

茶苗出土后，当真叶展开3~5片时，茎顶端的顶芽形成了驻芽，开始第一次生长休止。这一阶段，茶苗出土后，叶片很快形成了叶绿素，使茶苗自身具有光合作用能力，合成其生长发育所需要的有机物质，同时根系又从土壤中吸收营养元素，从而由单纯地依靠子叶供给营养的异养阶段，过渡到双重营养形式阶段，即子叶的异养和根系吸收矿质元素、水分，叶片进行光合作用制造营养物质的自养，最后完全由同化作用制造的营养物质所取代，进入自养营养阶段。由于这种营养方式的转变，茶苗生育的物质基础有了保证，地上部分的生长速度加快。但总的来说，地下部分的根系生长仍然优于地上部分，向土壤深处伸展，从而可以吸收较深层中的水分和营养物质。所以这一时期除了对水分、温度和空气有一定要求外，并要求土壤有丰富的养分供根系吸收。

扦插苗在生根以前主要依靠茎、叶中贮藏的物质营养，水分补充主要是循茎的输导组织从苗床上吸水，此时水分及时供应非常重要，发根后从土壤中吸收养分，则保证水肥供应成为影响生育的主要因子。

幼苗期茶树容易受到恶劣环境条件的影响，特别是高温和干旱，茶苗最易受害，因为这时的茶苗较耐阴，对光照的要求不高，叶片的角质层薄，水分容易被蒸腾，而根系伸展不深，一般只有20cm左右，由于是直根系，更没有分枝广阔的侧根，吸收面积不大，抗御干旱等逆境的能力小，所以在栽培管理上要适时适量地保持土壤有一定含水量。

（三）幼年期

茶树自地上部第一次生长休止至第一次开花结实（或定型投产）为止的这段时间是茶树的幼年期，长3~4年。

在茶树生长过程中，当其进入第一次生长休止期时，其营养来源由子叶支持完全过渡到了自养阶段。这一重要的质变标志着茶树从幼苗期正式步入幼年期。除了营养获取方式的转变，该阶段还展现出其他显著特点。随着时间的推进，茶树的主茎呈现持续的增粗增长，并以“单轴式”分枝模式形成多层次的侧枝。通常，茶树每年增加一个侧枝层次，其向上生长的能力远超侧向生长，因此主茎始终保持明显的中心轴。为了促进茶树的横向生长，以构建宽阔的采摘面，我们应适时采用定型修剪、“打顶养蓬”或“弯枝”等农艺手段，促使单轴分枝模式向合轴分枝模式转化。

与地上部相对应，茶树根系在此时期内表现为明显的直根系类型，即主根粗壮、侧根纤细稀少，尤以第1~2龄时较为突出。待3~4龄时，侧根相继生长加速，粗度与长度均显著增加，并在主根上形成形成层（3年生茶树可具2~3层）。幼年期结束时，茶树已具分枝根系的雏形，即称过渡型分枝根系。

在未经修剪的情况下，幼年期的茶树在生长末期可达到高度超过1m，树冠宽度超过50cm。在这一阶段，茶树的形态仍具有较强的可塑性，是塑造理想型树冠的关键时期。此时，不同茶树品种之间的差异开始初步显现，为早期品种鉴定提供了依据。

从营养生长的角度来看，幼年期是茶树单纯进行营养生长的阶段。在此期间，生殖生长尚未出现，或者仅在幼年期的后期（例如以定型投产作为划分时期的标志）才开始出现。对于这一时期的茶树，其农业技术任务主要是定向培养和塑造理想的丰产型树冠。为实现这一目标，我们需要重点关注树体管理和土壤管理等与幼龄茶树培养相关的配套技术的贯彻落实，从而为茶树的长期丰产和稳产奠定坚实基础。

（四）成年期

成年期是指茶树正式投产到第一次进行更新改造时为止的时期，亦称青壮年时期。这一生物学年龄时期可长达 20~30 年。

成年期是茶树生育最旺盛的时期，产量和品质都处于高峰阶段。成年期的前期随着树龄增长，茶树分枝越分越多，树冠越来越密，到 8~9 龄时，自然生长的茶树，已有 7~8 级分枝，而修剪的茶树，可达 11~12 级分枝，但多数生产园因控制树高，分枝数多保留为 8~9 级，从而形成了茂密的树冠和开展的树姿以及较大的覆盖度，可利用周围环境中的营养和能量，为高产创造了有利条件。同时，地下部分的根系，也随着树龄增长而不断地分化，形成了具有发达侧根的分枝根系，而且以根轴为中心，向四周扩展的离心生长十分明显，一株 10 年生的茶树根系所占体积为地上部分树冠的 1.0~1.5 倍。据中国农业科学院茶叶研究所 2011 年的调查，10 年生的龙井 43 茶树的根、茎、叶、地上部分、整株茶树生物量分别为 9.8t/hm^2、22.8t/hm^2、4.1t/hm^2、26.9t/hm^2、36.7t/hm^2。生长 1 年后，茶树根、茎、叶、地上部分、整株茶树生物量分别达到 14.0t/hm^2、32.0t/hm^2、4.6t/hm^2、36.6t/hm^2、50.6t/hm^2，依次为 10 年生生物量的 1.43 倍、1.40 倍、1.12 倍、1.36 倍、1.38 倍，除叶片生物量增加不显著外，根、茎、地上部分、整株茶树生物量均显著增加，可见，这一时期茶树生长量和茶叶产量随着年龄增长而增长。到了成年期的中期，由于不断地采摘和修剪，树冠面上的小侧枝越分越细，并逐渐受到营养条件的限制而衰老，尤其是树冠内部的小侧枝表现更为明显。顶部枯死的小细枝增多，而且有许多带有结节的“鸡爪枝”产生，这种结节妨碍物质的运输，使其萌芽的能力逐渐衰退，以致促使下部较粗壮的枝条上重新萌发出新的枝条，使侧枝更新，有的就会从根颈部萌发出徒长枝（或称地蘖枝）。这些徒长枝具有幼年茶树的生育特性，节间长、叶片较大，枝条分枝方式又恢复为单轴分枝，从而以这些徒长枝为基础形成了新的树冠，代替了衰老的树冠，称之为茶树的自然更新现象。我国原有的旧茶园多采用这种方式更新树冠。现在则采用深修剪的方法，人为干预上部枝条的更新。成年期中期，营养生长和生殖生长都达到了旺盛时期，生长需要消耗大量的养分。成年期后期，茶树在外观上表现为树冠面上细弱枯枝多，萌芽率低、对夹叶增多，骨干枝呈棕褐色甚至灰白色；吸收根的分布范围也随之缩小；生殖生长增强，开花结实明显增多，而营养生长减弱，产量、品质下降。此时就有必要进行树冠中下部枝的更新改造。

在成年期，茶树的栽培管理任务是尽量延长这一阶段的持续时间，以实现茶叶的高产、稳产和优质。为了保持茶树的旺盛树势，需加强肥培管理，可采用轻修剪和深修剪交替进行的方法，以更新树冠、整理树冠面，并清除树冠内的病虫枝、枯枝和细弱枝。在投产初期，培养树冠以迅速扩大采摘面也是重要的管理任务之一。通过这些措施，可以确保茶树在成年期得到良好的生长和发展。

（五）衰老期

衰老期指茶树从第一次更新开始到整个茶树死亡为止。这一时期的长短因管理水平、环境条件和品种类型而异，一般可达数十年，亦有百年以上者。但在栽培条件下，茶树的经济年龄大多为 40~60 年。

在茶树衰老期，其整体的代谢功能相较于成龄期呈现出明显的降低趋势。从营养角度来看，这一阶段的茶树营养生长能力减弱，而生殖生长则相对增强。具体表现为树冠表面出现大量的“鸡爪”型分枝，新生芽叶的质量明显降低，对夹叶数量增多。部分骨干枝条变得光秃，甚至整个分枝系统都出现衰退现象。尽管枝条更新频繁，但多以向心方式进行，导致整体树冠结构逐渐紧密。尽管萌芽数量不少，但实际形成的叶片数量较少；尽管花朵数量增多，但坐果率不高。地下部根系也发生了明显的变化，形成了明显的丛生根系，吸收根的分布范围相较于成年期明显缩小。总体而言，茶树在衰老期的生机逐渐减弱，即使通过加强肥培管理措施，也难以显著提高茶叶产量。然而，通过采取适当的更新措施，如修剪和台刈等，可以在一定程度上恢复茶树的生机和树势，使其重新展现出成年期的某些特征，从而实现丰产。但经过多次更新后，茶树的复壮能力会逐渐减弱，最终失去经济价值。因此，在茶树衰老期的管理过程中，应注重维护树体结构，保持适当的树势，采取合理的修剪和施肥措施。

在茶树衰老期，农技任务的重点在于因地制宜地采取适当的更新改造措施，以恢复茶树的生机和树势，提高茶叶产量。对于那些生机已经极度衰退，即使采取修剪更新措施也无法取得理想复壮效果的茶园，建议进行改种换植，以重建高产、稳产、优质的茶园。

关于茶树的生物学年龄时期划分，通常是以有性繁殖的茶树为主要研究对象。然而，对于无性系茶树，其生物学年龄的划分也可以参照有性系茶树的方法进行。

二、茶树的年生育习性

茶树的生育活动，除随着年龄的增长而发生变化外，还随着节令的变化年复一年地发生周期性变化，但这种周期性并非简单的重复，而是呈螺旋式的发展，受总发育周期的制约。认识和把握这种周期性，是科学地制定茶树栽培措施，实现优化栽培的需要。下面简要介绍茶树各器官在年内的生育活动。

（一）茶树枝梢的生长发育

茶树树冠是由粗细、长短不同的分枝及茂密的叶片所组成的。枝条的原始体就是茶芽，芽伸展首先展开叶片，节间伸长而形成新梢，新梢增粗、长度不断增长、木质化程度不断提高而成为枝条。

1. 茶树的分枝

茶树分枝方式是从幼年期的单轴分枝，逐步过渡到合轴分枝，这种过渡是在成年期逐步完成的，而且当从根颈部产生新的徒长枝时，这两种分枝方式在茶树上可以同时表现出来。这种分枝方式的改变，应该认为是合理的进化适应。因为顶芽的生长阻碍了侧芽的发育，合轴分枝却改变了这种情况，使侧芽得到发育生长，新梢和叶片的数量增加，茶树的光合作用面积增大，这些是茶树丰产优质的基础。茶树分枝方式为什么有这样的改变目前还没有完全清楚，大致有下列几种认识。

（1）茶树年龄不断增长，枝条顶端生长点细胞由于不断地分生，细胞原生质发生变化，因而顶芽的分生能力衰退。

（2）随着树龄的不断增长，开花结果数量增多，养分的消耗多，由于养分不能充分供应顶芽生长的需要，顶芽生长受到抑制。

（3）茶树不断长高，顶端和根系之间的距离越来越长，根系吸收的水分、矿质盐类等向上运输的距离远，从而消耗的能量也多，物质交换困难，因而限制了顶芽的继续生育。

自然生长的茶树与栽培茶树的分枝级数是不同的。自然生长的茶树达到 2 足龄时，高度可达 40~50cm，有 1~2 级分枝；3 年生有 2~3 级分枝；一般约每年增 1 级，达到 8 年生时，有 7~8 级分枝。到一定年龄时，分枝级数便不再增加，所以自然生长的茶树分枝不符合生产的要求。而栽培茶树 8 年生可以有 10~12 级分枝，从而形成有强壮骨干枝、分枝级数较多、分枝茂密、树冠采摘面大的树型。

随着茶树有机体的发育，依次发育出来的新生器官（如叶片、枝条）在形态上和品质上都或多或少与先前的有所不同。这些变化是茶树体内物质代谢过程由量变到质变中的一些外观表现。茶树枝条的上端和下端由于发生的阶段不同，也有着质的区别，即其生长发育有其阶段性，这是由它的内部质变和外界环境条件所决定的。植物生长发育依顺序经过的阶段最终是以分生组织内部的质变而表现出来的。这种内部质变并不一定立即在外部形态上表现出来，可是它对以后的生理过程与形态产生影响，而且这种内部质变多少具有不可逆的性质。分生组织经过质变会向下传递，以后的组织又在原有质变的基础上向新的质变发展。

按照以上阶段发育理论，枝条下端与上端的阶段发育是有差异的。下端的生育年龄是老的，而上端的生育年龄较幼，但其生理发育年龄却是下端较上端幼。因为上端的细胞组织是由下端逐渐分生的，因而下端细胞相对而言更原始一些，上端细胞在生长点分生细胞的发育过程中，同化了外界环境条件和物质而充实。所以，在生产中往往发现扦插苗的插穗，如果剪自徒长枝，则开花较晚，如果是从树冠上部剪取的枝条，扦插苗开花较早，说明了枝条上下端的异质性。越近基部枝条生理发育的阶段越幼，生活力也越强。改造衰老茶树采用重修剪或台刈的方法，就是利用这个原理，使从基部重新长出新的生理年龄幼的枝条更新树冠。

茶树在幼年时期，部分枝条逐渐发育成为粗壮的骨干枝，这些骨干枝的形成，为造成宽大的树冠面打下基础。这时由于树冠分枝不密，通风透光好，生活力旺盛，因此一般没有出现细弱枝条枯死的现象。成年期由于分枝越来越密，在不断的采摘和修剪下，顶部枝条十分细弱，尤其是树冠内部，一些细弱的分枝养分状况、通风透光条件都较差而逐渐枯死，而在较粗壮的侧枝上，又会产生新的小侧枝，代替死亡的小侧枝，树冠不断向外扩展，在自然生长的条件下，出现这种现象较栽培条件下为迟，因为自然条件下生长的枝条向上生长，分枝密度小，产生新枝条的能力减弱，老的小侧枝逐渐死亡，树冠越来越稀疏，造成了地上部与地下部的不平衡，而根系仍然有较强的吸收能力，从而刺激了骨干枝中部的潜伏芽萌发，形成了侧枝的更新，当骨干枝衰老时，会逐渐失去再生侧枝的能力。小侧枝枯死后，枝干渐渐光秃，从而刺激了根颈部的潜伏芽萌发生长，这就是徒长枝。这种徒长枝由于阶段发育较幼，具有生命力强、生长迅速、叶片大、节间长等幼年茶树枝梢的特征，徒长枝重新形成新的骨干枝，并在这些骨干枝上分生侧枝，从而逐渐形成新的树冠，这就是树冠的自然更新。栽培型茶树由于不断地修剪更新，往往在树龄较幼时就会产生徒长枝。

在一年中自然生长的情况下，枝条可以有春、夏、秋、冬四次生长。但在采摘的条件下却不明显。

2. 茶树新梢的生长

新梢是茶树的收获对象。采茶就是从新梢上采下幼嫩的叶片和芽（常称为芽叶），进而加工成各种茶叶，所以了解新梢的生长发育规律是制定合理的农业技术措施的重要依据。

冬季，茶树树冠上有大量的呈休眠状态的营养芽，芽的外面覆盖着鳞片越冬。第二年春季当气温上升达 10℃左右时，营养芽便开始活动，此时芽的内部进行着复杂的生理生化变化，为细胞的分生和伸长创造条件。

芽处于休眠状态时，细胞自由水减少，原生质呈凝胶状态，脂肪物质增多，许多生理活动进行缓慢。芽开始萌动时，呼吸作用显著加强，水分含量迅速增加，从而促进树体贮藏的物质如淀粉、蛋白质、脂类等水解，提供呼吸基质，并为细胞的分裂和扩大准备组成物质。这种状况是随着温度的升高、水分含量的增加而不断加强的。芽的膨胀使体积增大，达到一定程度时，鳞片便逐渐展开。第一片展开的是质硬脆、尖端呈褐色的鳞片，此鳞片常在新梢生长过程中脱落，只能看到着叶处的痕迹。芽继续生长是鱼叶展开，鱼叶展开后才展开第一片真叶，以后陆续展开 2~7 片真叶。真叶刚刚与芽分离时，叶上表面向内翻卷，此后叶缘向叶背卷曲，最后逐渐展开。展叶数的多少，决定因素是叶原基分化时产生的叶原基数目，同时受环境条件、水分、养分状况的制约。如在气温适宜，水分、养分供应充足时，展开的叶片数多一些；反之，天气炎热、干旱或养分不足时，展开的叶片数就少一些。真叶全部展开后，顶芽生长休止，形成驻芽。驻芽休止一段时间后，又继续展叶，向上生长。茶树新梢萌发过程见图 3-21。

图 3-21　茶树新梢萌发过程

我国大部分茶区自然生长茶树新梢生长和休止一年有 3 次，即越冬芽萌发→第一次生长休止→第二次生长→休止→第三次生长→冬眠。第一次生长的新梢称为春梢，第二次生长的新梢称为夏梢，第三次生长的新梢称为秋梢。

春夏梢之间常有鱼叶。另外，并非所有的枝梢都是 3 次生长 3 次休止的，如树冠内部的一些细弱的小侧枝，一般只有 2 次生长，有的甚至在第一次生长后，即转为生殖生长、孕蕾开花，当年的顶芽就不再生长。这种生长、休止，再生长、再休止称之为自然生长茶树的生长周期性，它与气候和其他环境条件无关，与采摘也无关系，但是这种生长的节律对茶树来说具有生理学上的意义，对生产具有很实际的作用。

引起茶芽生长、休止周期性的原因，目前还不十分清楚，学术领域大致有以下几种观点：苏联巴赫达兹认为，新梢的生长和休止是茶树的遗传特性，是生长的节律性表现；日本中山仰认为，茶树新梢生长呈现周期性是因为芽要经过充实，并进行新叶和茎组织的分化和形成；斯里兰卡庞特（Bond）认为，新梢顶芽的休止是由于生长点叶原基分化受到阻碍；印度巴鲁（Barua）认为，由于茎木质部组织的生长跟不上新梢向上伸长的速度，导致了新梢顶部木质部范围急剧变化，组织之间面积比例失调，而产生“瓶颈”。木质部区域的变化，顶芽的水分和养料供应受影响，影响了叶原基正常形成，随着叶片的连续展开，芽变小而进入了一种明显的休止状态。在休止阶段，茎又逐渐变粗，木质部面积增加，新梢的水分和养料供应恢复，芽内新的叶原基开始分化。在下一个周期，芽膨大重新萌发，如此造成新梢周而复始的生长和休止。潘根生认为，新梢生长呈现周期性的原因是叶原基分化速度跟不上展叶速度，两者不同步。如福鼎大白茶展叶期间，平均芽内形成 1 片幼叶所需天数为 7.2d，毛蟹为 7.5d；而展 1 片叶平均所需天数，福鼎大白茶为 3.1d，毛蟹为 3.8d，因此，展叶速度比幼叶形成速度快 1 倍左右。而芽体展叶需要一定的幼叶数为基础，芽体萌发后由于展叶伸长需消耗较多的水分和养分，致使叶原基的分化活性降低，当展叶到芽内仅有 3~4 叶时，就被迫停止生长，以集中养分促进叶原基分化加快，至一定叶数时，再开始次轮生长。

综上所述，我们认为新梢休止起主导作用的是茶树自身的生理机能上的需要，同时在组织上要进行分化，为适应新的生长做准备，当然与外界环境条件也有着十分密切的关系。

进行采摘的茶树新梢生育规律，因受采摘的影响而发生变化。随着采摘批次的增多，新梢的数量增加，不同的采摘标准、开采期的早迟与新梢生育期的长短有着密切的关系。因此，采摘的茶树新梢生长期缩短了，表现出生育具有“轮性”的特征。越冬芽萌发生长的新梢称为头轮新梢，头轮新梢采摘后，在留下的小桩上萌发的腋芽，生长成为新的一轮新梢，称为第二轮新梢，第二轮新梢采摘后，在留下的小桩上重新生育的腋芽，形成第三轮新梢，以此类推（图 3-22）。每一轮的芽是否生长发育，取决于水分、温度和施肥，尤其是施氮肥的情况，如果缺肥或其他条件不适宜，新的一轮芽不能发芽生长或萌发后生长瘦弱。

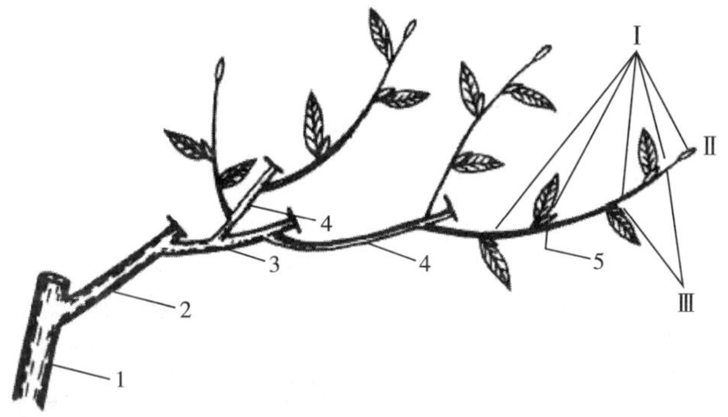

1—前一年老枝；2—头轮新梢；3—第二轮新梢；4—第三轮新梢；5—第四轮新梢；I—越冬芽；Ⅱ—顶芽；Ⅲ—侧芽。

图 3-22　茶树新梢轮次

我国大部分茶区，全年可以发生 4~5 轮新梢，少数地区或栽培管理良好的茶园可以发生 6 轮新梢，在海南茶区，每年可发 8 轮新梢，北方茶区每年只发 3 轮。在生产中如何增加全年发生的轮次，特别是增加采摘轮次，缩短轮次间的间隔时间，是获得高产的重要环节。

凡是新梢具有继续生长和展叶能力的都称为正常的未成熟新梢；当新梢生长过程中顶芽不再展叶和生长休止时，芽成为驻芽，称为正常的成熟新梢；而有些新梢萌发后只展开 2~3 片新叶，顶芽就呈驻芽，而且顶端的 2 片叶片节间很短，似对生状态，称为“对夹叶”或“摊片”，是不正常的成熟新梢（图 3-23）。各轮新梢的萌发、成熟时间因品种、营养条件以及芽在枝条上所处的部位而不同。一株茶树上同一轮新梢的形成有早有迟，因而新梢成熟延续的时间也很长，也就形成人们所称的“茶季”。

新梢生育的轮次性不仅受品种的制约（表 3-1），而且与栽培措施，尤其是采摘技术关

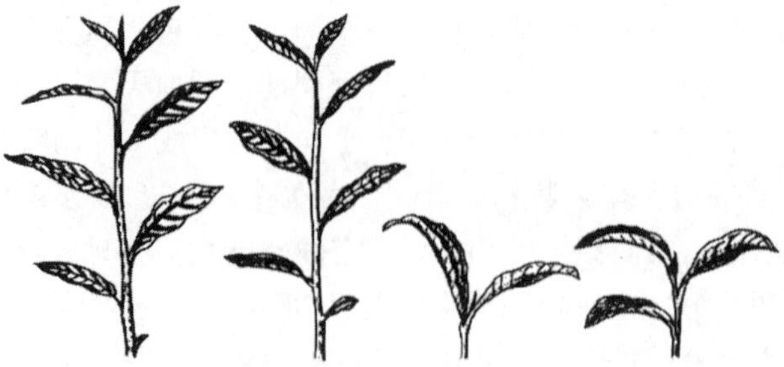

图 3-23 茶树不同新梢的形态

系密切（表 3-2）。采摘成倍数地增加了萌发轮次，但也显著降低了单个新梢的一次生长量。

表 3-1 不同品种各轮新梢萌发率

品种	全年萌发数/（个/m²）	占比或比例/%			
		头轮占全年	二轮为头轮	三轮为头轮	四轮为头轮
云南大叶种	789.0	21.6	70.7	125.0	168.2
政和大白茶	334.7	37.1	74.6	46.8	47.7
水仙	216.5	34.0	56.1	64.0	74.5
福鼎大白茶	836.2	23.1	73.1	100.3	152.9

（资料来源：福建省茶叶研究所）

表 3-2 采摘对茶树新梢轮次性的影响

轮次	采摘				不采摘			
	萌动期（日/月）	采摘期（日/月）	新梢长/cm	着叶数/（片/梢）	萌动期（日/月）	休止期（日/月）	新梢长/cm	着叶数/（片/梢）
1	24/3~7/4	20/4~7/5	8.1	3~5	1/4~7/5	10/5~27/5	15.5	5~7
2	15/5~1/6	6/6~3/7	5.6	3~4	15/6~14/7	10/9~25/9	19.5	13~17
3	19/6~25/7	17/7~10/8	4.3	2~3				
4	31/7~1/9	17/8~24/9	4.1	2~3				
5	4/9~8/10		1.5	2~3				

（资料来源：河南省信阳茶叶试验场）

衰老茶树全年萌发的轮次少于青壮年茶树。生长在南方温暖湿润或者最适宜区的茶树全年萌发新梢可达 6~7 轮，而我国大多数茶区，即一般适宜区只萌发 3~4 轮。

新梢是栽培茶树收获的对象，根据利用最多的部分（或器官）变异最大的原理，茶树新梢的确因品种、树龄、环境和栽培等因素的差异而表现出诸多的变化。如新梢的质量、密度在品种间可成倍数乃至数倍的差异。如前所述，新梢的长短、粗细、展叶数、色泽、茸毛多少和持嫩性等均随品种、环境等而有很大差异。新梢中的内含生化成分也会因不同条件而含量悬殊（表3-3、表3-4）。根据研究表明，高产优质的茶树品种应具备叶大、展叶数多、着叶向上斜生、生长迅速、持嫩性强、新梢生育轮次多等特点。

表3-3　肥料浓度对茶氨酸及其含量的影响

肥料浓度/（mg/kg）	含量/%			
	铵态氮	硝态氮	磷	钾
0	0.060	0.060	1.067	0.565
25	0.546	0.542	0.821	0.672
50	1.268	0.364	0.756	0.582
100	1.750	0.112	0.434	0.479

表3-4　槠叶种在不同纬度下一芽二叶化学成分差异（王月根等，1978）

地区	纬度（南）/（°）	含量/%			
		茶多酚	儿茶素	氨基酸	咖啡因
云南勐海	22	35.21	20.96	1.71	3.57
浙江杭州	30.5	20.69	13.75	4.12	4.04

新梢生长过程中发生一系列的生理生化变化，同时新梢生长的叶片数及其成熟程度不同，它的物质代谢活动和所含物质的量有着密切的关系。当叶片逐渐老化后，与其老化外形有关的有机物质如粗纤维、淀粉、含氮物质、水溶性果胶、可溶性灰分等含量增多。

（二）茶树叶片的生育

叶片是茶树进行光合作用与合成有机物质的重要器官，也是人们采收的对象。茶树叶片的形成，始于外起源的叶原基，叶原基不断分裂出新的细胞形成的突起，称叶原座。叶原座边缘组织及顶端分裂，使两侧出现隆脊，中央部分形成中脉，中脉活动形成侧脉。隆脊继续分裂向外生长而形成叶片，主脉、侧脉不断分生，布满叶内。随着叶的成长，叶肉组织和维管束组织发生分化，形成叶片的各个部分。在自然生长条件下，一个新梢1年可展叶20片左右，少的只有10片，多的可达30多片。视品种、气候条件和肥水管理水平的不同而异。

新梢上的叶片自开展后，叶面积迅速增大，但不同叶位增大的比率不同，以每轮梢中部的叶片增长比率最大，第一轮梢基部较小。叶面积增长速率以展叶20d内最快，以后由于叶片增厚，叶面积的变化较小。经30d的生育，茶树叶片已基本定型（叶面积不再扩大），因此，叶片展开至定型需1个月左右，但也因生育时期、品种、叶位和肥培条件而异。在叶片伸展过程中，叶型的变化从叶表面内折至反卷，再由反卷至平展，最后定型。幼嫩芽叶的叶背多密被茸毛，定型叶的叶背茸毛会自行脱落。

叶片含有许多无机和有机的成分。茶叶的化学成分除表 3-5 和表 3-6 所示以外，还有其他微量成分，这些成分的含量都因叶位不同而有差异，从而也形成了品质特点的差异。

表 3-5　茶树新梢不同叶位叶片的无机成分及其含量（河合物吾，1971）　单位：%

成分	第一叶		第二叶		第三叶		第四叶	
	5月8日	8月3日	5月8日	8月3日	5月8日	8月3日	5月8日	8月3日
SiO_2	0.056	0.126	0.069	0.210	0.084	0.216	0.074	0.218
P_2O_5	0.922	1.072	0.882	0.891	0.600	0.772	0.541	0.570
K_2O	2.815	2.786	2.775	2.795	2.712	2.739	2.375	2.743
CaO	0.133	0.274	0.165	0.281	0.161	0.369	0.229	0.307
MgO	0.281	0.312	0.262	0.232	0.282	0.199	0.234	0.206
Fe_2O_3	0.013	0.021	0.013	0.021	0.012	0.019	0.015	0.019
MnO	0.106	0.082	0.121	0.086	0.127	0.095	0.179	0.106
SO_3	0.311	0.316	0.321	0.297	0.222	0.288	0.243	0.260

注：实验茶树品种为朝露。

表 3-6　茶树新梢不同叶位叶片的有机成分及其含量（河合物吾，1971）　单位：%

叶位	全氮量	多酚类	咖啡因	水浸出物	醚浸出物	粗纤维
第一叶	7.55	13.97	3.58	45.93	6.98	10.87
第二叶	6.73	16.96	3.56	48.26	7.90	10.90
第三叶	6.29	15.78	3.23	46.96	11.35	12.25
第四叶	5.50	15.44	2.57	45.46	11.43	14.48
茎	5.11	11.14	2.15	44.06	8.03	17.08

注：实验茶树品种为朝露。

新梢上的叶片展开所需要的时间为 1～10d 不等，视气候条件或季节而异。春秋气温较低，每片叶子展开所需要的时间为 5～6d，夏季气温高，仅需 1～4d。多数叶片的展开时间为 3～6d。一个叶片展开的过程，根据形态上的变化可分为三个阶段：①初展：叶身部分离开芽头，边缘内折，或部分外卷。若新梢第 1 片叶刚展出成初展，称"一芽一叶初展"，许多名茶（如安化松针、高桥银峰、韶峰、蒙顶甘露、特级黄山毛峰等）以此作为采摘标准。②开展：整个叶身已与芽头分离，但叶缘尚未展平或呈外卷状。③展开：叶片完全展开，叶缘展平，叶着生成正常角度。据有关研究，叶片的光合、呼吸机能在叶龄 30d 左右时达到成熟叶片的正常水平。

由于叶龄和叶位等的影响，叶片中有机成分的含量差异明显。其中以第 2 叶中的主要品质成分，多酚类、可溶性成分等含量最高，此后则随叶位下降而含量下降。但粗纤维含量随叶位下降而上升，醚浸出物含量则随叶位下降呈抛物线变化。

在正常情况下茶树叶片寿命约 1 年，但不同品种的叶片或同品种不同季节发生的叶片寿命有差异。由于作为常绿树的茶树在生长季节里陆续长出新叶片，各叶叶龄不尽相同，加之不良外界环境因素，如旱害、冻害、病虫害等的影响，落叶是经常发生的；但又由于发生的相对集中性（取决于新梢生育的节奏性和轮次性），也有相对集中的落叶期。大量落叶客观上会导致总叶量暂时下降，从而减少总同化率。故在茶树大量落叶期的前后，根据品种不同适当注意留叶采是必要的。

（三）茶树根系的发育

茶树的地上部分和地下部分是相互关联、相互影响的整体。地下部分的根系状况对地上部分的枝叶生长具有直接影响。根系的健康和发达程度决定了枝叶的茂盛程度，即所谓的“根深叶茂”。了解根系的分布规律和生长活动特征是制定合理的农业管理措施的关键依据。

茶树的根系在树体生长中起着至关重要的作用，包括支撑、固定、吸收养分、储存和合成有机物质等。根系主要吸收矿质盐类和部分有机物质，如脲、天冬酰胺、维生素和生长素等，但不能吸收不溶于水的高分子有机化合物，如蛋白质、类脂和多糖等。根系还能从土壤中吸收二氧化碳，并将其输送到叶片中进行光合作用。此外，根系也是有机物质的储存场所，同时也是某些有机物质的合成场所，如酰胺类和茶叶中的特殊氨基酸——茶氨酸等。

茶树根系吸收铵态氮以后，在根部谷氨酸脱氢酶的作用下，与叶部光合作用输送来的光合产物 α-酮戊二酸相结合形成谷氨酸，这是作为根部利用铵态氮的一种途径。茶树根部首先将铵态氮合成谷氨酸、谷酰胺、天冬酰胺和天冬氨酸等，然后转运至叶部，供叶片作为氮素养分的需要。当地上部谷氨酸的利用已处于饱和时，多余的谷氨酸经氨基转换合成精氨酸和茶氨酸。茶氨酸暂贮于根部，而精氨酸则往茎叶转运，这是茶树的特性。当施用等量纯氮的铵态氮或硝态氮时，茶树对铵态氮的吸收利用率比硝态氮高。而且提高铵态氮的施用浓度时，根部氨基酸浓度也随之提高。茶树以茶氨酸的形态将氮素营养贮存于根部，是茶树氮素代谢的特点（图 3-24）。

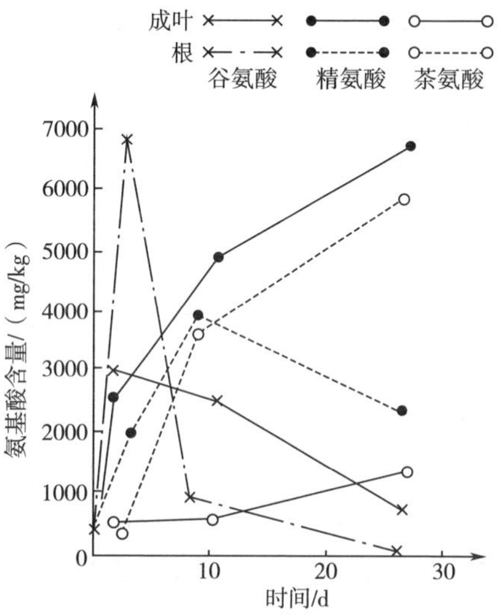

图 3-24　施用铵态氮肥的茶树

贮存于根部的茶氨酸和精氨酸的量，取决于肥料施用量与地上部对氮素需求量的差异。高施肥量，根部养分的贮存量也随之增加；反之，则贮存量减少。在茶树进入休眠期之前，施用的铵态氮肥，被茶树吸收利用后转化成茶氨酸、精氨酸、谷酰胺并贮于茶根中，翌年春芽萌发时，输送到新梢。夏茶之前追肥施用的铵态氮，同样能提高根部茶氨酸、精氨酸的浓度，随新梢的生育而下降。研究表明，茶树利用谷氨酸的速度最快；茶树对茶氨酸的贮存期长，它缓慢地被茶树体所利用。

根系贮存的糖类对春茶新梢生育有着重要的作用。当春季环境条件适宜时，根系贮存的淀粉一类高分子糖类水解，除了自身用于生长活动消耗外，不断地输送到萌发的芽中。有学者认为，根中糖类贮存量大是茶树健康的标志。健康根中含 12%的可溶性糖，如果小于10%，茶树对逆境胁迫抵抗能力降低。但也有人认为，根颈部贮存的糖类主要是消耗于新梢生育上，而根部贮存的糖类则用于根部自身消耗（青木智，1982）。

木本植物的根系常与菌根共生，茶树也有类似情况。印度发现一种茶蚀根菌［*Rhizophagus thep*（Zimm） Butler］，它在内生菌根中以分枝状和囊泡状存在，而且只存在于白色或米色吸收根中。强光、土壤中缺氮和磷，菌根感染增加；光线低于全光照 20%，土壤高度肥沃，菌根感染减少。土壤环境中微生物丰富，有利于菌根的生存和发展。根菌还可以分解土壤中茶树根系无法吸收的物质，使之被茶树根系所吸收利用。

茶树根系在年发育周期内的生育活动与地上部的生育活动有着密切联系。根据津志田藤二郎等（1982）的研究，萌芽前根的细胞激动素含量最高，萌芽后逐渐减少；每一株苗的根中细胞激动素平均含量也以萌芽期最高，以后逐渐降低。研究还证实了活力最强的细胞激动素是与玉米素吸收光谱相一致的激动素。当萌芽时，根系所含的细胞激动素通过木质部向芽中输送，促进芽生长点的细胞分裂，这对新梢的生育起着极为重要的作用。潘根生等（1991）研究内源激素吲哚乙酸（IAA）和脱落酸（ABA）关系后认为：无论是生长或休眠期，吸收根中 IAA 含量均比 ABA 低，而 ABA 含量是休眠期比生长期高，两者都对根系生长有抑制作用。并认为，IAA/ABA 的值越小，细根生长强度越大。

当新梢生育缓慢时，根系生育则相对比较活跃。10 月前后地上部渐趋休眠，此时为根系生育最活跃的阶段。这种根—梢交替生长的现象，是由于根系和新梢生长对糖类需求平衡造成的。新梢发育生长期间，叶片通过光合作用合成的糖类主要供地上部分的消耗，对根的输送就少；当新梢生育停止后，多余的糖类可供给根系生长，从而出现根—梢交替生长的现象。据观察，在浙江杭州的气候条件下，茶树根系在 3 月上旬以前，生长活动很微弱；3 月上旬到 4 月上旬，根系活动较明显；4 月中旬到 5 月中旬，地上部分生长活跃时，根的增长很少；6 月上旬、8 月中旬、10 月上旬，根系的增长加快，尤其是 10 月上旬地上部分进入休眠时，根系的生长特别旺盛。茶树根系的冬季休眠并不明显，在天气最冷的 1~2 月，仍然有一些白色的吸收根生长。

根系的死亡更新主要发生在冬季的 12 月至翌年 2 月的休眠期内。茶树的吸收根每年都要不断地死亡和更新，这种担负着茶树主要吸收功能的根系不断更新，使它能保持旺盛的吸收能力。有学者认为，吸收根的全氮含量为根系总含氮量的 44%，呼吸作用是根系总呼吸活力的 62%，氮素吸收占根系总量的 76%，氨基酸含量是其他各级侧根的 2 倍。

茶树根系活力的年周期变化与根系生长有相似的规律，2~3 月是根系活力的高峰期，4~5 月活力显著降低，6~8 月又呈第二次高峰，9 月至翌年 1 月维持在中等水平，即当地上部生长前 1~2 个月，根系活力增强。研究表明，根系的活力与根内碳、氮化合物的含量以及酶的活力有关系。据陈椽等（1987）研究，根系活力与过氧化物酶（PO）和多酚氧化酶（PPO）的活力呈极显著正相关，相关系数分别为 $r=0.8286$ 和 $r=0.7292$。根系活力与可溶性糖总量也呈显著正相关（$r=0.5978$），在新梢生长期，根系可溶性糖含量较低，根系活力也低，可能由新梢生长而大量减少了光合产物向根部分配，使脱氢酶类底物浓度下降所致。根系氨基酸和儿茶素总量与根系活力也呈显著正相关，相关系数分别为 $r=0.7133$ 和 $r=$

0.6477。田永辉（2002）研究，根系活力与根系分布深度有一定关系，0~20cm土层茶树根系活力最强，20~40cm变弱，40cm以下更低，随着土层的深度增加根系活力有变小的趋势。氮、磷、钾肥料配施能显著提高根系活力，也是提高氨基酸和儿茶素含量的有效途径。茶树根系生长活跃的时期，也是吸收能力最强的时期。根系生长活力增强之前进行茶园耕作和施肥，均能收到良好效果。

因茶树品种、树龄、环境条件和农艺措施不同，茶树根系在土壤中的分布以及根系的总量，尤其是吸收根的量也存在很大差异。

不同茶树品种的根系分布存在差异。在相同土壤条件生长的不同品种的茶树，其根系分布的深度和幅度有很大差异。据原福建农学院在原福安县的调查，在同一质地的冲积土中的2年生茶树根系分布情况是福鼎大白茶根系深度比菜茶深16cm，侧根分布范围比菜茶大6倍；铁观音品种根系分布较广而深，而毛蟹品种的根系分布却多在土壤表层。实生茶苗根系为明显的直根系，主根比较发达；在2年生以前，主根长度超过地上部枝干长度，侧根分布范围则不广。据测定，2年生苗直径≤1.0mm的吸收根占根总量30%；直径1.0~2.0mm的根占10%；直径2.0~5.0mm的根占15%；直径大于5.0mm的主根占45%。3年生茶苗侧根开始加速生长，向四周发展，分布范围超过树冠幅度。浙江十里坪茶场的观察也得出类似结果，2龄茶树主根长度为42cm，侧根水平分布为30cm；3龄茶树主根长度为56cm，侧根长度为58cm；5龄茶树侧根已布满整个1.5m的茶行间。

成年期茶树根系由直根系类型逐渐转变为分枝根系类型，侧根级数的不断增加及其不断地向四周呈放射状扩展，使行间根系互相交错。随着侧根逐渐加粗，其粗度与主根没有明显区别。如果生长在质地疏松的土壤中，主根可以深达2m以下，侧根分布范围约为树冠的1.5倍。

衰老茶树根系呈向心性生长。因为这时根系的更新能力已经较弱，离根颈越远的根如吸收根、细根，还有小的侧根的活力较弱，逐渐死亡，如果没有新的根系补充，逐渐只剩下一些较粗的侧根，只能在根颈部周围的主轴附近重新发生新的细根或侧根。人们常利用这一特性，进行人为干预根系的更新。

衰老茶树进行树冠改造更新，不仅可以促进地上部生长出新的枝干，同时也可以促进地下部根系的更新复壮，重新形成较强的分枝根系，这种更新能力随树龄、管理水平和肥力情况等而变化。

据日本青野（1987）的观察，茶树定植后幼年期和成年期根系的水平分布多集中在离主轴10~40cm处，5年生细根（直径2mm以下）已布满1.5m行间。根系的垂直分布，粗根和中根多集中在10~50cm范围内。

综合已有的研究，茶树根系分布具有以下特征：

（1）吸收根的分布随树龄而变化。成龄茶树的吸收根在水平和垂直两个方向的分布范围最广；随着茶树衰老，吸收根分布范围减小；但台刈更新后，吸收根的分布范围恢复扩大。

（2）从幼年到成年阶段茶树吸收根集中分布的部位，由根颈部附近逐渐向行间发展，衰老茶树则逐渐向内缩减，台刈以后吸收根又重新向外、向下发展。

（3）吸收根主要分布在土壤表层下10~30cm处。在0~50cm土层内，吸收根的质量超过吸收根总质量的50%。根量随树龄增长而增加，根系的发育、分布随品种、土壤物理性质、管理水平、栽培方式等不同而有差异。

土壤的物理和化学性质，对茶树根系的生育有重要影响。不同的土壤质地，茶树根系伸展的深度、范围不同。在黏重板结的土壤上，根系不易向下生长，仅有少量侧根或细根沿着缝隙向下伸展，根系分布浅，易受环境条件变化的影响。在砂性土壤里，根系既深且广。土壤砂性越强，甚至含有砾石，其水分含量（毛细管水）少，会形成根系深而长；但细根、吸收根较少，因为根系的生育不仅要求有适宜的地温（据日本研究，茶树根系生育最适宜的地温为20~30℃，在地温10℃以下时不发根），而且还要求土壤中氧气含量在10%以上，土壤含水量在60%~75%，土壤中的三相比关系恰当。一般认为土壤孔隙度在30%~50%较合适。如果水分过多、空气少，生长就差，甚至会烂根；如果水分少，生长也不会好。当土壤中空气含量和水分含量达到平衡时，根系生长良好。

土壤的类型不同，根系分布也不同。在河谷冲积土上生长的茶树根系深度可达2m以下，而在黏土和有潜育层的土壤上有的还不超过50cm。

土壤的pH高低也影响根系的分布。生长在中性或微碱性土壤上的茶树根系发育不良，长势细弱，甚至在幼苗期根系就会萎缩而死亡。而在酸性土壤上生长的根系则较发达。

茶树自身的生长状况和繁殖方式也对根系生育有很大的影响。据研究，种子繁殖的根系比扦插繁殖的根系茂盛，尤其是吸收根，而且深层土壤中也有相当数量的吸收根。而扦插繁殖茶树的根总量少于种子繁殖的茶树，且扦插繁殖的茶树没有明显的主根，仅在插穗基部轮生单层根系发育成向四周伸展的侧根。所以扦插繁殖的茶树根系水平分布较好，而向土壤深层发展则较差。

茶树根系有较强的趋肥性。根系在肥沃、疏松的土壤中生长密集，发育良好；而在贫瘠的土壤上生长的根系少，尤其是吸收根总量少。施肥后，根系会向肥料集中的土层里伸展。在生产中，如果经常浅施化肥，而很少施用有机肥料，则吸收根多集中在土壤表层。经常深施基肥的茶树，则吸收根集中部位向下层伸展。在坡地上，如果只在上坡施肥的，则吸收根集中于上方。这是植物与环境长期统一的结果，所以施肥能对根发育起重要影响，在恰当的氮、磷、钾配比下，根系质量相差2~3倍。

茶树种植方式也影响根系的生育。在同一条幅的茶树株距间根系生长不良，而行间根系伸展则好；双条栽的茶树根系几乎只有一面较发达，其余三面根系发展受到抑制。影响根量的主要是种植的丛距，其次是条数，丛距小、条数增加，根量减少。

茶树根系被切断后，具有再生能力。福建省茶叶研究所认为，7月根系被切断后发根最快，剪断后断面愈合时间仅15d左右，发根时间仅25d左右，最快的于剪断后10d即完全愈合，生出白色瘤状物，12d即开始发根，从愈合组织上长出乳白色锥状幼根。切断后6个月，新根直径达0.2~0.3cm，细根数量达100多根。

总之，影响茶树根系生育的外部因子主要是温度、养分和水分。生产中如能正确调整好该3个因子的水平，尤其是保证养分供应，对实现高产优质十分有利。

三、茶树的开花结实

茶树开花结实是实现自然繁殖后代的生殖生长过程。茶树一生要经过多次开花结实，一般生育正常的有性繁殖茶树是从第3~5年就开花结实，直到植株死亡。茶树开花结实的习性，因品种、环境条件不同而有差异。茶树多数品种都是可以开花结实的，但有些品种，如政和大白茶、福建水仙、佛手等是只开花不结实，或者是结实率极低，即一般称之为不稳性

（不育性）。这些品种必须通过无性繁殖繁衍后代。开花结实还受茶树年龄和环境条件影响，幼年茶树的结实少于老年茶树；在环境条件优越的情况下，幼年茶树营养生长旺盛，开花结实少；在不良环境条件（如干旱、寒冻、土层浅薄、管理水平低等）下生长的幼年茶树，常会引起早衰而提早开花结实。

茶树始花期为9月到10月上旬，10月中旬到11月中旬为盛花期，11月下旬到12月为终花期。一般以始花期到盛花期的前期开放的花结实率较高。

茶花开放与气象因素关系密切，其最适温度为18~20℃，相对湿度则以60%~70%为宜。气温降至-2℃花蕾便不能开放。

茶花通常是在白天开放，以上午8~10时开放最多。一般开放两天之内便被授粉，已授粉花的花药先衰退，开放后的第3天花冠脱落，柱头变为棕褐色，但它保持鲜态时间较长，且维持数月而不脱落。

当花粉粒落在含有各种糖类和酶类的柱头上，花粉粒由柱头吸水，在2~3h内就发芽，发育成花粉管。花粉粒的萌发和生长过程中，糖是其呼吸作用的基质和花粉管壁的组成成分，在花粉生长过程中，绝大多数有效糖是蔗糖。在花粉萌发时，一些水解酶的活力显著提高，直到花粉粒生长后期，酶仍保持高度活力。当花粉粒生长过程中蔗糖含量减少，必须有外源糖的供给，才能使花粉管继续生长，此时柱头上的糖就成为花粉管生长必不可少的物质。

花粉管发育伸长时，沿着花柱内腔向下生长至子房直至到达胚珠，然后经珠孔进入胚囊。此时位于花粉管内的精核细胞，在花粉管破裂后溢出而进入胚囊，其中一个与卵细胞进行受精作用，发育成胚，另一个精核细胞与极细胞受精，发育成胚乳。受精后不久，花冠和雄蕊与花基部分离并脱落；柱头和花柱变成棕色，干枯而不脱落；萼片层层地把已经受精的子房包裹起来，子房开始发育。如遇低温，子房便进入休眠状态。休眠期3~5个月不等，与开花期迟早有关。没有受精的子房，开花后2~3d即行脱落。

受精的卵细胞称为合子，它首先横向分裂，形成2个细胞，靠近珠孔的一个细胞连续分裂形成胚柄。而另一细胞被推向胚囊的中央，进行反复的分裂，形成原胚，另一个受精的极细胞也不断地分裂，形成许多含有大量营养物质的薄壁细胞——胚乳，从而为胚的发育准备了大量养料。这些细胞的分裂、扩大，使子房增大，子房的外表皮逐渐成为果皮。

翌年4~5月，原胚继续发育，首先分化出子叶，在两片子叶之间分化成胚芽，胚芽的下端细胞也分裂，逐渐形成胚轴和胚根，形成一个完整的具有子叶、胚芽、胚轴、胚根的胚。胚的分化形成，依靠胚乳供给营养物质。所以胚的发育过程中，胚乳逐渐被胚所吸收，最后完全消失。胚珠的外珠被分化形成外种皮，内珠被分化形成内种皮，内珠被外的维管束发育形成发达的输导组织。这些分化从4月开始到5月才稳定。

6~7月果实继续生长，胚乳被吸收，子叶迅速增大。这时果皮内有石细胞，这标志着果皮组织已趋稳定，并且越到后期硬化细胞的数量越多，使果皮硬度增加。在外观上，果皮色泽也发生由淡绿色→深绿色→黄绿色→红褐色的转变。据赵学仁等（1985）研究，从形成幼果至翌年3月，果重增加极微，6月茶果急剧增大增重，之后增长趋于缓慢。

8~9月，子叶吸收了所有胚乳，种子内部已没有游离的胚乳存在；外种皮变为黄褐色，种子含水量约为70%，脂肪含量为25%左右，此时的茶籽已达黄熟期。

10月外种皮变为黑褐色，子叶饱满，种子含水量为40%~60%，脂肪含量为30%左右，果皮呈棕色或紫褐色，开始从果背裂开，茶果属蒴果类，这时种子为蜡熟期，可以采收。

从花芽形成到种子成熟，约需1年半的时间。在茶树上，每年的6~12月的6个月时间中，一方面是当年的茶花孕蕾开花和授粉，另一方面是上一年受精的茶果发育形成种子并成熟的过程；两年的花、果同时发育生长，这是茶树生物学的特性之一。这些过程是大量消耗养分的生理活动过程，此时茶树对养分供应要求很高。生殖生长往往对营养生长有抑制作用，导致新梢生长较慢。

茶树开花数量虽然很多，但是能结实的仅占2%~4%，其主要原因：

（1）自花授粉不育　茶树是异花授粉植物，而且一般柱头比雄蕊高，自花授粉困难。同时，茶树自花授粉不育也是降低结实率的原因。

（2）花粉有缺陷　茶花花粉粒在其发育的最后阶段，会有发育不规则的现象出现。因为一般双子叶植物的花粉母细胞，在最后阶段经过3次减数分裂，而成为4个细胞，即四分体。茶树的这一分裂过程常出现不规则现象，形成2个或3个细胞，这种花粉粒处于退化状态，有缺陷的花粉粒发芽不正常。另外，也有的是因为胚珠发育不健全而引起的落果，即授粉后也产生脱落。

（3）外界不良环境条件影响　阴雨天气花粉的传播受到限制，即使在柱头上也易掉落或不能发芽；气温低也影响花粉粒发芽。从气候条件分析，10月以后气温渐低，昆虫活动减少，花粉传播受到限制。一些花芽分化迟的茶花，授粉机会少，只有9~10月开放的花才有较好的结实力。另外，养分供应状况也会影响授粉和落花、落果。

茶果和自然落果都会消耗茶树的养分。为了优化养分分配，减少花果的数量，使养分更集中地支持新梢的生长，可以使用乙烯利进行疏花。具体操作是在盛花期，即10月下旬至11月中旬，将浓度为600~800μL/L的乙烯利溶液喷洒在茶树上。这样处理后，除花效果可达到70%~90%，显著减少养分消耗并优化养分分配。

在长江中下游茶区，茶籽播种到土壤后，一般在4月中下旬，胚根开始生长；5月上中旬大部分茶籽胚根萌动，上胚轴伸长，可以见到胚芽；到5月中下旬，胚芽伸长，有少数出土；6月上中旬茶苗大部分出土，并逐渐展开真叶。再经过20d左右时间至6月下旬7月上旬，第一次生长休止。这些过程在南方茶区略为提前，而在北方茶区稍有推迟，但相差不太大。据研究，如对茶籽进行预冷（5~10℃）处理，可以缩短茶籽萌发时间，提高发芽率。

茶籽萌发过程必需的三个基本条件是水分、温度和氧气，三者缺一不可。如果播种后因某条件不能满足需要，常出现萌发延迟甚至茶籽霉烂的现象。

茶籽萌发的首要条件是有足够的水分。因为茶籽的外种皮厚，子叶要充分吸水膨胀后才能机械裂开。同时，子叶内的贮藏物质的水解过程也需要水分。而且胚根、胚轴或是胚芽的细胞分裂、增长都需要水分。根据湖南省茶叶研究所的测定，处于发芽的种子，含水量应在50%~60%，而土壤含水量应在土壤饱和含水量的60%~70%以上，才能满足茶籽萌发过程的需要。

温度是影响茶籽发芽的另一个重要条件。在适宜的温度范围内，随着温度的升高，茶籽的呼吸作用增强，进而促进其萌发。但是，当温度上升到一定限度时继续升温，发芽率则迅速降低，因为低温时茶籽内的酶促活力低，随着温度上升，酶促反应速度逐渐增强，当温度增加到一定程度以后，如果继续增温，酶蛋白受到高温的破坏而发生变性，反而降低了酶促反应速度。同时，细胞的原生质在高温条件下也会产生蛋白质的变性。所以在43℃高温下不能发芽的茶籽，重新置于最适温度条件下，大多数也不会再发芽。主要就是由于高温条件下蛋白质发生了不可逆变性引起的。在温度较低条件下未发芽的茶籽，移至最适温度条件下，仍可以发芽，因为其酶和原生质都没有受到破坏。据研究，茶籽一般在10℃左右开始萌动，发芽最适宜的温度是在25~28℃。

除了上述水分和温度条件外，茶籽的萌发还需要有充足的氧气。因为茶籽在萌发时呼吸作用逐渐增强，需要有充足的氧气供应。有氧呼吸可以产生较多的能量，供茶籽萌发和生长活动需要。而无氧呼吸消耗的基质多，产生的能量少，而且生成乙醇。乙醇长时间的积聚可使茶籽中毒致死。所以要求播种前浸种时要经常换水，播种的茶园土壤要疏松。播种前应把板结的表土疏松，使之具有良好的通气性，这一点对黏性土壤尤为重要。

第三节　茶树的植物学分类

茶，这一承载着丰富文化与历史的饮品，其背后隐藏着一段长达数千万年的演化历程。作为山茶科植物的一员，茶树经历了漫长的地质年代和环境变迁，逐渐形成了其独特的形态特征、生长发育规律和遗传特性。通过茶的植物学分类，不仅揭示了茶树的生物特性，更深入探索了其与其他植物的亲缘关系。通过严谨的分类学研究，能更好地理解茶树的生态适应性、遗传变异性及其演化历程，为茶叶优质、高产、低耗、高效的栽培技术提供科学依据。

一、茶树在植物分类学上的地位

植物学分类的主要依据是形态特征和亲缘关系，分类的主要目的是区分植物种类和探明植物间的亲缘关系。植物学分类的各级单元为“阶元”，如界（kingdom）、门（phylum）、纲（class）、目（order）、科（family）、属（genus）、种（species）等，其中，种是分类的基本单元，相近的种集合成属，相近的属集合成科，相近的科集合成目，依次集合成纲、门、界。各级单元之下，根据需要再分亚单元，如亚门、亚目、亚科、亚种等。茶树的植物学分类如下：

植物界（Regnum Vegetable）
　种子植物门（Spermatophyte）
　　被子植物亚门（Angiospermae）
　　　双子叶植物纲（Dicotyledoneae）
　　　　原始花被亚纲（Archichlamldeae）
　　　　　山茶目（Theales）
　　　　　　山茶科（Theaceae）
　　　　　　　山茶亚科（Theaideae）
　　　　　　　　山茶族（Theeae）
　　　　　　　　　山茶属（*Camellia*）
　　　　　　　　　　茶种（*Camellia sinensis*）

茶树的植物学名称最早是由瑞典植物学家卡尔·冯·林奈（Carl von Linne）定名的，他在《植物种志》(*Species Plantarum*，1753）中，把茶树定名为“*Thea sinensis*”，意为中国茶树。在此后的3个世纪里，茶树的植物学分类出现了许多学术争论，先后提出了3个不同的属名和20多个种名。1950年中国著名植物学家钱崇澍根据国际命名法有关要求，确定*Camellia sinensis*（L.）O. Kuntze为茶树学名，该命名一直沿用至今。其过程中，也有人对茶树的分类提出了不同意见。如Dyer（1874）将其组合到山茶属*Camellia*下作为一个组——茶组Sect. *Thea*（L.）Dyer，包括3个种，其中的*C. caudata* Wall在Sealy（1958）的分类中曾被归入莲芯茶组Sect. *Theopsis*。还有人认为茶树花有梗，萼片宿存，蒴果开裂，并含有茶氨酸和咖啡因等茶树特征化合物，与山茶属其他植物有区别，主张另立茶属（*Thea*），并将茶树命名为*Thea sinensis*。

进入20世纪50年代以后，尤其是80年代，在中国茶树资源研究中，新的茶树资源不断挖掘，发现了许多新种、变种和变型。但是，不同研究者掌握的茶树标本资源不同，而且基本是依据形态分类学的经典分类方法进行分类，形态学特性又容易受环境条件和人为的主观判断等诸因素的影响，从而也导致分类阶元的不一致。20世纪80年代以前，多数学者基本认同茶树归类为*Camellia sinensis*，分类的争论主要在种以下的变种分类上；此后由于新资源的不断发现，种的分类数及分类方案也有了分歧。张宏达（1981）将茶组植物的形态特征描述为花1~3朵腋生，白色，中等大小，有花柄，苞片2，生于花柄中部，早落；萼片5~7，宿存；花瓣6~11片，近离生；雄蕊3~4轮，外轮近离生；子房3~5室，花柱离生；蒴果3~5室，有中轴。并将当时的茶组植物分为17个种，全部产于中国南部及西南部，其中2种扩展到缅甸及越南的北部。

张宏达把山茶属分为4个亚属（subgenus)，即原始山茶亚属（subgen. *Protocamellia* Chang)、山茶亚属（subgen. *Camellia*)、茶亚属［subgen. *Thea*（L.）Chang］和后生山茶亚属（subgen. *Metacamellia* Chang)。茶亚属下又分8个组，茶被列入茶组［sect. *Thea*（L.）Dyer]，它以具有2个脱落的苞片和分离的雄蕊，或中等大的花朵及不太长的花柄而与其他7组区别，茶组的模式种为茶［*Camellia sinensis*（L.）O. Kuntze］。

根据子房有毛或无毛，子房5（4）室或3（2）室，茶组植物进一步分为五室茶系(ser. *Quinquelocularis* Chang)、五柱茶系（ser. *Pentastylae* Chang)、秃房茶系（ser. *Gymnogynae* Chang）和茶系（ser. *Sinensis* Chang）4个系。这4个系是按性状的逐步进化而划分的。如野生型茶树多属于前3个系，栽培型茶树多属于茶系。

1. 第一系：五室茶系（ser. Ⅰ，*Quinquelocularis* Chang)

（1）*Camellia kwangsiensis* Chang，sp. Nov.　广西茶新种，灌木或小乔木，嫩枝无毛。叶革质，长圆形，长11~17cm，宽4~7cm，先端渐尖或急锐尖，基部阔楔形，上面不发亮或略有光泽，下面无毛，侧脉10~13对，在上下两面均稍突起，边缘有细锯齿，齿刻相隔2.0~2.5mm，叶柄长8~12mm，无毛；花顶生，白色，花柄长7~8mm；苞片2，早落；萼片2，厚革质，近圆形，长8~10mm，背面无毛；花瓣及雄蕊已脱落，子房秃净，5室；果球形，直径2.8cm或更大，果皮厚7~8mm，宿存花萼直径2.5cm。

（2）*Camellia quinquelocularis* Chang et Liang，sp. nov.　五室茶新种，小乔木，高4m，嫩枝无毛；叶革质，长圆形，长9.0~12.0cm，宽3.0~4.5cm，先端急锐尖，基部楔形，两面无毛，侧脉7~9对，边缘有锯齿，叶柄长6~10mm；花单生于枝顶，白色，直径3.0~3.5cm，花柄长7~9mm，无毛；苞片2，早落；萼片5，近圆形，长5mm，无毛；花瓣12~14

片，倒卵圆形，长 2.0~2.5cm，基部连生，无毛；雄蕊长 12~14mm，外轮花丝基部稍连合；子房 5 室，无毛，每室有胚珠 1~4 个；花柱长 13mm，先端 5 裂；蒴果圆球形，直径 2.5cm，4~5 片裂开，果皮厚 2~3mm；种子球形，直径 1cm。

（3）*Camellia tetracocca* Chang，sp. nov.　四球茶新种，小乔木，嫩枝及顶芽均无毛；叶薄，近膜质，椭圆形，长 12~16cm，宽 4~5cm，先端锐尖，基部楔形，上面干后暗晦，下面无毛，侧脉 10~12 对，以 70°~80°开角斜行，边缘有细锯齿，叶柄长 4~6mm；黄果扁四球形，宽 3.0~3.5cm，高 1.4~1.7cm，4 室，每室有种子 1 个，果皮木栓质或软木质，无毛，厚 2~3mm，4 片裂开；种子近球形，直径 1.4~1.7cm，种皮浅褐色，宿存萼片长 5~6mm，无毛。

2. 第二系：五柱茶系（ser. Ⅱ，*Pentastylae* Chang）

五柱茶系植物子房 4~5 室，被毛，花柱 5 条，离生，或先端 5 裂。有以下 5 种。

（1）*Camellia crasscolumna* Chang，sp. nov.　厚轴茶新种，小乔木，高 10m，嫩枝无毛；叶革质，长圆形或椭圆形，长 10~12cm，宽 4.0~5.5cm，先端急尖，基部阔楔形，上面稍发亮，下面无毛，侧脉 7~9 对，边缘有锯齿，叶柄长 6~10mm；花单生于枝顶，直径 5~6cm，白色，花柄长 5mm，粗大，有毛；苞片 2，早落；萼片圆形，长 6~8mm，革质，有毛；花瓣 9 片，外面 3 片卵圆形，长 1.5cm，有毛，其余 6 片卵状圆形，长 3cm，宽 1.5~2.0cm，有毛，基部连生；雄蕊长约 2cm，近离生，无毛；子房有毛，5 室，花柱与雄蕊等长，先端 5 深裂；果卵圆形，长 4cm，4~5 片裂开，果皮厚 6~7mm，中轴粗大，长 3cm，4~5 角，种子每室 1 个。

（2）*Camellia pentastyla* Chang，sp. nov.　五柱茶新种，乔木；叶革质，椭圆形，长 8~12cm，宽 3.5~5.3cm，先端急尖，基部阔楔形，无毛，侧脉 7~8 对，边缘有钝齿，或近全缘，叶柄长 5~10mm；花直径 4cm，花柄长 4~6mm；苞片 2 早落；萼片长 4~6mm，无毛；花瓣 12~13 片；雄蕊长 8~10mm；子房有长毛，花柱 5 条离生，长 3~9mm；蒴果球形，直径 2.5cm。

（3）大理茶［*Camema taliensis*（W. W. Sm）Melch］　嫩枝无毛，叶圆形或倒卵形，长 9~15cm，宽 4~6cm，花柄长 1.2~1.4cm；萼片长 4mm，花瓣 10~11 片，长 3cm；雄蕊近离生；子房有毛，花柱 5 裂；蒴果扁球形，宽 3cm，5 室，果皮厚 2mm。

（4）滇缅茶（*Camellia irrawadiensis* Barua）　从我国云南文山、元江、景东分布到缅甸北部，印度也有栽培。该种很接近大理茶（*C. taliensis* Melch），只是叶片长圆形，花梗长仅为 7~8mm，花瓣长 15~20cm，可能是后者的一个变型。

（5）*Camellia crispula* Chang，sp. nov.　皱叶茶新种，小乔木，嫩枝无毛；叶披针形或狭长圆形，长 8~10cm，宽 2~3cm，先端渐尖，基部窄楔形、下延、无毛，侧脉 7~9 对，边缘有疏锯齿，叶柄长 5~7mm；花腋生，花柄长 1cm；萼片长 5~6mm，被毛；花瓣基部连生；雄蕊近离生；子房被毛，花柱长 1cm，被白毛，5 深裂；蒴果扁球形，4~5 室，直径 2.5cm，果皮厚 4~5mm。

3. 第三系：秃房茶系（ser. Ⅲ，*Gymnogynae* Chang）

秃房茶系子房 3 室，无毛，花柱 3 裂，共有 4 种，分布于我国南部及西南部。

（1）*Camellia gymnogyna* Chang，sp. nov　秃房茶新种，灌木，嫩枝无毛；叶椭圆形，长 9.0~13.5cm，宽 4.0~5.5cm，先端急尖，基部阔楔形，无毛，侧脉 8~9 对，边缘有疏锯齿，

叶柄长7~10mm；花腋生，花柄长1.0~1.4cm，萼片阔卵形，长6mm，无毛；花瓣7片，倒卵圆形，长2cm，基部连生；雄蕊离生，长1.0~1.2cm；子房无毛，花柱长1.2cm，先端3裂；蒴果扁球形，3片裂开，果皮厚3~7mm。

（2）*Camellia costata* Hu et Liang，sp. nov. 突肋茶新种，小乔木，嫩枝无毛；叶狭长圆形或披针形，长9.0~12.0cm，宽2.5~3.5cm，先端渐尖，基部楔形，上面稍发亮，侧脉7~9对，边缘上半部有疏齿，叶柄长5~8mm；花腋生，花柄长7~8mm，萼片长5~6mm，无毛，花瓣6~7片；雄蕊近离生；子房无毛，花柱3裂；蒴果球形，直径1.4cm，果皮厚1.5mm。

（3）*Camellia yungkiangensis* Chang，sp. nov. 榕江茶新种，灌木，嫩枝无毛；叶革质，倒披针形或长圆形，长8.0~10.0cm，宽2.5~3.5cm，先端急尖或渐尖，基部楔形、无毛，侧脉7~8对，边缘有疏齿，叶柄长5~8mm；花腋生，花柄长1.0~1.4cm；萼片长3.5mm，无毛；蒴果球形或双球形，宽2cm，无毛，2室，果皮厚1mm，每室有种子1个。

（4）*Camellia leptophylla* S. Y. Liang，sp. nov. 膜叶茶新种，灌木，嫩枝有毛，很快变秃；叶薄膜质，长圆形，长8.0~9.5cm，宽3.0~4.0cm，先端急尖，基部楔形，无毛，侧脉7~8对，边缘有疏齿，叶柄长约1cm；花腋生或顶生，白色，花柄长4~6cm；萼片5，近圆形，长6~7mm，背面无毛，边缘有茸毛；花瓣9片，倒卵形，长9~11mm，丛部略连生；雄蕊近离生；子房无毛，3室，花柱长8mm，先端3裂。

4. 第四系：茶系（ser. Ⅳ，*Sinensis* Chang）

茶系植物子房3室，被长毛，花柱3裂或3条离生；有5种，分布于我国南部及西南部。

（1）毛肋茶（*Camellia pubicosta* Merr.） 小乔木，嫩枝无毛；叶狭长圆形，长9.0~13.0cm，宽2.5~3.5cm，先端尾状渐尖，基部阔楔形，下面中脉上有毛，侧脉7~8对、下陷，边缘有小齿，叶柄长5mm；花柄长4~5mm；萼片5，长2~3mm，无毛；花瓣6片，倒卵形，长1cm；雄蕊离生，长6~7mm；子房3室，被毛，花柱3条离生，长7~8mm。

（2）*Camellia angustifolia* Chang，sp. nov. 狭叶茶新种，灌木，嫩枝秃净；叶革质，披针形，长7.0~10.0cm，宽1.8~2.8cm，先端渐尖，基部楔形，无毛，侧脉6~8对，边缘有细锯齿，叶柄长5~8mm；蒴果圆球，直径2.5cm，被长粗毛，3室，果皮厚4~5mm；宿萼5片，近圆形，长6~9mm，无毛；果柄长1cm。

（3）茶［*Camellia sinensis*（L.）O. Kuntze］ 原产我国南部，现世界热带、亚热带地区广泛栽培，颇多变异，枝叶及花有毛或无毛，叶片大小不一，通常栽培的植株的叶片小于野生的原产种。有普洱茶、白毛茶和长叶茶3个变种。

①普洱茶变种［var. *assamica*（Mast.）Kitamura］：分布在我国云南、广西、广东、海南及越南等地。这个变种只有秃净的枝、叶和花，叶片较宽大，野生状态可以看到高14m的乔木，胸径35cm，最粗达75cm。这个变种实际上是栽培茶树（var. *sinensis*）的野生型，亦即栽培茶树是从这个变种培育出来的。

②白毛茶（新变种；var. *Publimba* Chang，var. nov.）：和正种及其余变种的区别在于叶膜质、椭圆形，枝、叶及花均被毛。主要分布在广西凌云县等地。

③长叶茶［新组合，var. *Waldensae*（S. Y. Hu）Chang］：和正种及其他变种的区别在于叶片倒披针形，至于花的形态并无特殊差异。

（4）*Camellia ptilophylla* Chang，sp. nov. 毛叶茶新种，小乔木，嫩枝有柔毛；叶长圆形，长12.0~21.0cm，宽4.0~6.8cm，先端渐尖，上面稍粗糙，中脉有毛，下面被柔毛，侧脉 8~10 对，边缘有细齿，叶柄长 8~10mm；花柄长 8~10mm；苞片 3；萼片 7，长 4~5mm，被毛；花瓣 5 片，长 1.0~1.2cm；雄蕊近离生，长 8~10mm；子房被毛，3 室，花柱长 1cm；蒴果直径 1.7cm，果皮厚 1mm。

（5）*Camellia pavisepala* Chang，sp. nov.　细萼茶新种，灌木，嫩枝有柔毛；叶倒卵形，长 11~19cm，宽 5~8cm，先端急尖，侧脉 10~13 对，两面无毛，边缘有细锯齿，叶柄长 4~7mm；花腋生，花柄长 3~5mm；苞片 2，对生；萼片 5，长 3mm，有茸毛；花瓣 6 片，长 8~12mm，基部稍连生；雄蕊长 7~9mm，离生；子房被柔毛，3 室，花柱长 6mm，先端 3 裂。

按照上述分类法，迄今的 4 个系共有 47 个种 3 个变种。1992 年闵天禄对山茶属茶组［Sect. *Thea*（L.）Dyer］和秃茶组［sect. *Glaberrima* Chang］的 47 个种和 3 个变种进行了分类订正，取消了“系”这一单元，将张宏达所建立的秃茶组并入茶组，将原茶组中的毛肋茶移入离蕊茶组（sect. *Corallina* Sealy）中。这样茶组植物共有 12 个种 6 个变种。分别为大厂茶（*Camellia tachangensis*）、广西茶［*Camellia kwangsiensis*，包括毛萼广西茶变种（*C. kwangsiensis* var. *kwangnanica*）］、大苞茶（*Camellia grandibracteata*）、大理茶（*Camellia taliensis*）、厚轴茶［*Camellia crassicolumna*，包括光萼厚轴茶变种（*C. crassicolumna* var. *multiplex*）］、秃房茶［*Camellia gymnogyna*，包括疏齿秃房茶变种（*C. gymnogyna* var. *remotiserrata*）］、紫果茶（*Camellia purpurea*）、突肋茶（*Camellia costata*）、膜叶茶（*Camellia leptophylla*）、毛叶茶（*Camellia ptilophylla*）、防城茶（*Camellia fangchengensis*）和茶［*Camellia sinensis*（L.）O. Kuntze，包括普洱茶变种（*C. sinensis* var. *assamica*）、德宏茶变种（*C. sinensis* var. *dehungensis*）、白毛茶变种（*C. sinensis* var. *pubilimba*）］。

20 世纪 90 年代以来，茶学领域中有不少学者尝试用细胞学、生物化学手段研究茶树分类的工作，将传统分类与现代测定手段结合，以化学分类、数学分类等方法探讨相关内容，提出了不同的意见与认识，随着科技发展、各种综合方法的应用，分类工作将会更趋完善准确。

二、茶树的变种分类

茶树种以下的变种分类一直处于发展变化过程。1762 年，林奈将茶树分为两个种，花瓣 6 瓣的为红茶（*Thea bohea*），花瓣 9 瓣的为绿茶（*Thea uirids*）。1908 年，Watt 将茶树分为 4 个变种，包括 6 个类型，即尖叶变种（var. *viridis*）［其中又分为 6 个类型，即阿萨姆型（*Assam Indigenous*）、老挝型（*Lushai*）、那伽山型（*Naga*）、马尼坡型（*Manipur*）、缅甸及掸部型（*Burma and Shan*）和云南型（*Yunan*）］、武夷变种（var. *bohea*）、直叶变种（var. *stricta*）、毛萼变种（var. *lasiocalyx*）。有学者在 Watt 分类的基础上进行了归并，提出 4 个变种，即武夷变种（var. *bohea*）、中国大叶变种（var. *macrophylla*）、掸形变种（var. *shah form*）和阿萨姆变种（var. *assamica*）。有学者将茶树分为 3 个变种：即中国变种（var. *sinensis*）、印度变种（var. *assamica*）和柬埔寨变种（var. *cambodia*）。Sealy（1958）将茶树分为亲缘关系较近的 3 个种：中国种（*C. sinensis*）［其中又分中国变种（var. *sinensis*）、阿萨姆变种（var. *assamica*）2 个变种］、大理种（*C. taliensis*）和伊洛瓦底种（*C. irrawadiensis*）。1970 年，日本《新茶叶全书》将茶种分为印度大叶变种（var. *assamica*）、印度小叶变种（var. *burmensi*）、中国大叶变种（var. *macrophylla*）和中国小叶变种（var. *bohea*）。1971 年，苏联茶育种家将茶树分为 2 个地理亚种 10 个变种：中国亚种（ssp. *sinensis*），包括日本变种、中国变种和中国大叶变种；印度亚种（ssp. *assamica*），包括阿萨姆变种（var. *assamica*）、老挝变种（var. *lushai*）、那伽变种（var. *naga*）、马尼坡变种（var. *manipur*）、缅变种（var. *burma*）、云南变种（var. *yunnanensis*）、锡兰变种（var. *ceylonensis*）。有学者将茶树分为2个种1个亚种，即中国种（*C. sinensis*）、阿萨姆种（*C. assamica*）及尖萼亚种（*C. assamica* ssp. *lasiocalyx*）。

中国茶学家庄晚芳等（1981）总结国内外茶树分类资料，根据茶树亲缘关系、利用价值与地理分布等把茶树 *Camellia sinensis*（L.）O. Kuntze 分为2个亚种7个变种，即云南亚种（ssp. *yumnan*）和武夷亚种（ssp. *bohea*）。云南亚种包括云南变种（var. *yunnansis*）、川黔变种（var. *chuangiansis*）、皋芦变种（var. *macrophylla* 或 var. *kulusis*）和阿萨姆变种（var. *assamica*）；武夷亚种包括武夷变种（var. *bohea*）、江南变种（var. *jiangnansis*）和不孕变种（var. *sterilities*）。该变种分类的云南亚种实际上是 Watt 分类的尖叶变种（var. *viridis*）的内容，武夷亚种是 Stuart 分类的武夷变种（var. *bohea*）的内容。这一分类综合了 Watt 和 Stuart 茶树分类系统的优点，较好地反映了种群间的亲缘关系。

第四节　茶树的适生环境

茶树生育对环境条件有一定要求。众多环境因子在时间和空间上对茶树的作用，在不同情况下是不同的。茶树生育环境中周边的气象因子、土壤因子、地形与地势因子、生物因子、人为因子等，都会对茶树产生一定的影响。探明不同因子间的相互关系及其对茶树生育的影响，有利于人们在茶树栽培过程中采取相应的生产措施。

一、气候条件对茶树生育的影响

（一）光照

茶树原产于我国西南部以云南、贵州高原为主体的地带，其祖先长期生长在光照较弱、日照时间短的环境下，因而形成了茶树喜光怕晒的特性。在其生育过程中，茶树对光谱成分（光质）、光照度、光照时间等有着与其他作物不完全一致的要求。光影响茶树代谢状况，也影响大气和土壤的温、湿度变化，进而影响到茶叶的产量和品质。

1. 光强对茶树生长发育的影响

茶树的光合作用强弱在很大程度上取决于光照度。弱光条件下，光照度与光合作用呈正相关，即随着光照度的进一步增强，光合速率逐渐上升，当达到一定值之后，光合速率便不再受光照度的影响而趋于稳定，甚至有所下降，此时的光照度称作光饱和点。相反，当光照度逐步降低到某一数值时，茶树光合作用的产物与呼吸作用消耗相等，这时不再有光合物质的积累，即在一定的光照度下，实际光合速率和呼吸速率达到平衡，表观光合速率等于0，此时的光照度即为光补偿点。

茶树的光补偿点在1000 lx以下，光饱和点为4万~5万 lx（表3-7），在1000~50000 lx的范围内，茶树光合作用随光照度的增加而增加。据日本学者研究，茶树的光饱和点与茶树年龄有关，幼龄茶树的光饱和点大致为2.1J/（cm^2·min），成龄茶树为2.9~3.0J/（cm^2·

min)，当光强度超过 3.7J/（cm^2 · min）时，光合速率有所下降。实践证明，在低纬度茶区（如印度阿萨姆、中国海南省）适度遮阴可提高茶叶产量。

表 3-7　成年茶树不同茶季的光饱和点和光补偿点　单位：lx

项目	头茶	二茶	三茶	四茶
光饱和点	42000	45000	55000	35000
光补偿点	400~500	500	—	300~350

光是植物进行光合作用形成糖类的必要条件，影响着植物生长发育。茶树幼苗在不同的光照条件下，高度遮光的茶苗外表形态表现为茎干细而长，叶子较小；中度遮光的茶苗外表形态与前者不同，植株高矮居中，叶大色绿，叶面隆起，植株发育良好；不遮光处理的茶苗则生长较矮，节间密集，叶子大小处于两个处理的中间，叶色呈深暗色，嫩叶叶面粗糙，但茎干粗壮。成年茶树也是如此，空旷地全光照条件下生育的茶树，因光照强，叶形小、叶片厚、节间短、叶质硬脆，而生长在林冠下的茶树叶形大、叶片薄、节间长、叶质柔软。夏季强光、高温和低湿，会使叶片的光合作用受到抑制，其中强光照对光合作用的光抑制起着重要作用，适度遮阳可以明显提高净光合率和光合量子效率。

光照强度不仅与茶树光合作用、茶叶产量有密切关系，而且对茶叶品质也有一定的影响。适当减弱光照，茶叶中含氮化合物明显提高，而含碳化合物（如茶多酚、糖类等）相对减少，这有利于成茶收敛性的减少和鲜爽度的提高。

2. 光质对茶树生长发育的影响

太阳光波长（λ）范围是 150~4000nm，按波长分为紫外线区（λ<400nm）、可见光区（λ=400~720nm）、红外线区（λ>720nm）（图 3-25），紫外线区和红外线区是不可见光区。可见光部分是对茶树生育影响最大的光源，由红、橙、黄、绿、青、蓝、紫等七色光组成，茶叶叶片中含有几种光合色素，其主要为叶绿素 a 和叶绿素 b，茶树叶绿素吸收最多的为红、橙光和蓝、紫光，其他的波长不能被叶绿素吸收。能被叶绿素吸收的各种波长的太阳辐射称生理辐射。

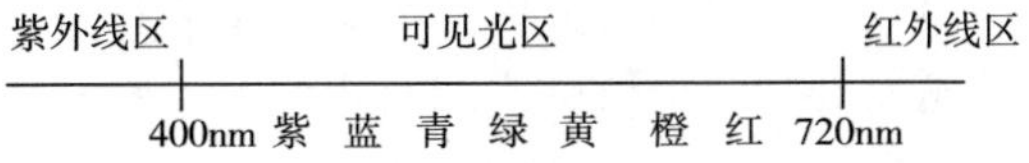

图 3-25　太阳光波长分区

茶树在有效光合量子范围内（λ=400~700nm）的吸收光谱特征曲线如图 3-26 所示。图中曲线表明，不同茶树品种对不同光质的吸收能力有差异，但具有类似的叶绿素吸收光谱特征，在蓝紫光和红光波段中各有一个吸收峰，λ=500~600nm 和>680nm 近红外光波段，其吸收值均较小。叶绿素对蓝紫光吸收能力强，而对绿光、黄光、红外光吸收能力弱。张顺高等（1994）研究认为，700nm 以上波长的光能几乎是不能被茶树所利用的无效辐射，只是作为环境增温的热源。

成熟茶树叶片中叶绿素 b 含量高，叶绿素 b 对较短的光谱有较强的吸收能力，这使得茶树适合在漫射光中生长。红外线虽不能直接被叶绿素吸收，却能使土壤、水、空气和叶片本

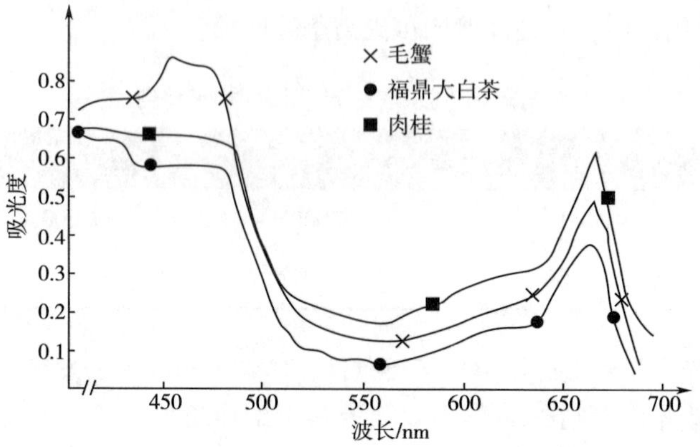

图 3-26 不同茶树品种叶片的叶绿素吸收光谱曲线（林金科等，1998）

身吸热增温，为茶树的生长发育提供热量条件，促进茶树生长。

红光、橙光照射下，茶树能迅速生长发育，对碳代谢、糖类的形成具有积极的作用。蓝光为短波光，在生理上对氮代谢、蛋白质形成有重大意义。紫光比蓝光波长更短，不仅对氮代谢、蛋白质的形成有大的影响，而且与一些含氮的品质成分如氨基酸、维生素和很多香气成分的形成有直接的关系。相同辐射能下，不同光质对自然光下生长茶树的净光合速率的影响，随各种光质的辐射能的增加而增大。各光质下，茶树叶片光合强度由高到低依次为黄光>红光>绿光>蓝光>紫光。在自然界的光谱中，紫外线的含量是比较丰富的，尤其是正午前后，占太阳光能的 4.0%左右，其波长长短不同对茶树生育影响有较大差异。紫外线中，波长较短的部分对新梢生长有抑制作用，但波长较长的部分对新梢生长有一定的刺激作用。

不同地区、不同海拔高度的茶园遮光程度，因光照度的变化而有差别。不同茶树品种对光照要求也有不同。光照强时，叶片大而着生水平的茶树遮阳效果比叶片小而着生直立的茶树好。段建真等（1993）研究光辐射强度与新梢生长量的关系得出，夏、秋季期间，茶园日辐射量多数超过茶树光饱和点，遮阳树下的茶树新梢无论哪个季节生长量均超过没有种植遮阳树的茶园。曹潘荣等（2002）研究认为，在广州地区茶园用不同透光率的遮阳网遮阳茶树，透光率在 60%~80%的遮阳处理，夏天可增加新梢生长量和百芽重。广东英德茶场研究认为，遮光率以保持 30%左右为宜。云南、海南胶茶间作研究结果表明，遮光率 30%~40%时，有利于物质积累和产量的提高。

3. 光照时间对茶树生长发育的影响

光照时间对茶树的影响主要表现为两个方面，即辐射总量及光周期现象。一般情况下，日照时间越长，茶树叶片接受光能的时间越长，叶绿素吸收的辐射能量就越多，光合产物积累量就越大，有利于茶树生育和茶叶产量的提高。在茶树生长季节，南方茶区比北方茶区日照时间长，产量高。研究证明，日照时数对春茶早期产量有一定影响，尤其是越冬芽的萌发时间与日照时数呈正相关，这与日照时数长短影响温度从而影响茶芽萌发相关联。山区茶园由于受山体、林木的遮蔽，日照时数比平地茶园少，尤其是生长在谷地和阴坡的茶树，日照时数更少，加上山区多云雾等妨碍光照的因子，实际光照时数更少，往往产量比较低。

自然界昼夜的光暗交替称光周期，植物对昼夜长度发生反应的现象称光周期现象。据此可将植物分为长日照植物、短日照植物和中日照植物。光周期现象对茶树开花结果及生长休眠均有直接影响。茶树是一种短日照植物，日照时数较短的季节或地区，利于茶树的生殖生长，使开花的时间提早，花量增大，同时使新梢生长缓慢，提早休眠。相反，日照时数较长的季节或地区，茶树的营养生长加强，开花推迟，花数减少，甚至不开花，新梢生长加快，推迟新梢休眠。

（二）温度

热量的来源是太阳光辐射，是茶树生育不可缺少的。光辐射强度的变化直接影响温度变化，影响着茶树的地理分布，制约着茶树生育速度。气温和地温分别对茶树的地上和地下部生长产生着影响。了解温度对茶树生育影响规律，可为生产措施的合理应用提供依据。

茶树生长要求的极端最低气温因品种类型而异。大叶种一般抗寒性弱，只能忍受-5℃左右的低温，中小叶种忍受低温的能力较强，一般在-10℃左右，在雪覆盖下甚至可忍受-15℃低温的侵袭。灌木型茶树一般比乔木型茶树耐寒。茶树能忍受的短时极端最高气温是45℃，但一般在月平均气温达30℃以上，日最高气温连续数日在35℃以上，降雨又少的情况下，新梢会停止生长，出现冠面成叶灼伤焦变和嫩梢萎蔫等热害现象，平均气温高于30℃对茶树生长不利。

适宜茶树生长的日平均气温是20~30℃，年平均气温是13℃以上，年活动积温是3000℃以上。茶树新梢春天萌发的起点温度因品种类型而异，多数品种为日平均气温稳定高于10℃，个别早芽种（如碧云）在日平均气温≥6℃开始萌动，迟芽种（如政和大白茶）则只有在日平均气温≥11℃时才开始萌发。秋天当气温稳定低于15℃时，大多数品种的新梢停止生长，进入冬眠，茶树根系春天的活动起点温度和秋冬的休止温度均低于新梢，分别为7℃和10℃。

处在活跃生长期的茶树新梢对温度的反应十分敏感。在适宜的范围内，随着温度的升高而增加生长速度。春季日平均气温不高，极端值很少超过30℃，这时新梢的生长速度与气温呈明显的正相关，由表3-8可见，白天气温高于晚上，因而新梢白天的生长量大于夜间的生长量，1963年春季气温高于1962年春季气温，因而日平均生长量也高于1962年春。而夏季白天气温远高于30℃，夜晚温度恰处于适温范围内，因而晚间生长量反高于白天。

表3-8　　新梢在不同季节的昼夜生长（赵学仁等，1963）

项目	1962年春			1962年夏			1963年春		
	温度/℃	生长量/mm	占日生长量/%	温度/℃	生长量/mm	占日生长量/%	温度/℃	生长量/mm	占日生长量/%
白昼	16.0	3.2	61.5	36.2	0.25	8.0	25.2	6.75	59.3
夜晚	14.7	2.0	38.5	27.9	2.83	92.0	22.4	4.63	40.7
全日	15.4	5.2	100.0	32.1	3.08	100.0	23.8	11.38	100.0

春茶和夏茶品质上的明显差别，主要是气温不同引起茶树物质代谢上的变化而形成的。春茶气温相对较低，有利于含氮化合物的形成和积累，因此，全氮量、氨基酸含量较高；但

是对碳代谢来说，气温较低，代谢强度也较小，因此糖类以及由糖转化而来的茶多酚物质的含量也就比气温较高的夏茶相应低些。

茶树需要的热量范围有其重要的生理学意义。当气温为10～35℃时，茶树的光合作用都能正常进行，以25～30℃为光合最适宜温度，高于35℃光合强度下降，高于45℃光合作用完全停止。由于呼吸强度增加，有效光合强度下降也是高温危害的表现。在0～45℃范围内，呼吸作者随温度上升而增强45℃呼吸作用最旺盛，高于50℃呼吸作用有所下降。由于呼吸作用的消耗会降低光合作用的积累，所以适当降低呼吸作用，把气温控制在适宜茶树生长的温度条件下，在生产上有积极意义。

蒸腾作用可以散热、降低叶温，同时对根系吸收土壤中矿质元素有作用，而温度是影响蒸腾作用的重要因子。正常的蒸腾作用是在30℃左右进行的，而高温会使蒸腾作用加强，过高的蒸腾强度会造成茶树失水，因此也必须控制一定的温度范围。总之，茶树的一切生长、生理活动都需要在一定的温度条件下进行，它是保证茶树高产优质最基本的生态因子之一。

（三）水分

植物的一切正常生命活动都必须在细胞含有一定的水分状况下才能进行。水分既是茶树有机体的重要组成部分，也是茶树生育过程不可缺少的生态因子，同时它也影响生境中的其他气象因子。茶树光合、呼吸等生理活动的进行，营养物质的吸收和运输，都必须有水分的参与。水分不足或水分过多，都会不利于茶树生育。

茶树性喜湿润，适宜栽培茶树的地区，年降水量必须在1000mm以上，月降水量大于100mm的有5个月以上。降水量在生长季节里分配均匀与否，对茶树正常生育和产量有着很大的影响。降水量最多的时期，茶叶收量也最多。据许昌盛等（1983）分析，夏茶采摘期间（6月至7月）的降雨量（x）与夏茶产量（y）的关系（$r=0.8181$）为$y=-5.3062+0.0154x$。

湖南农业大学统计的结果表明，地处长沙地区的高桥茶叶产量与年降雨量的关系（$r=+0.6025$）达$P=0.05$的显著水平（$r_{0.05}=0.4973$），与6月至9月干燥度的相关系数为-0.5846。

李滨沧的研究表明，我国四季雨区始终落在茶树的主要栽培区内，冬季雨区北界刚好是茶树分布的北界，雷暴年平均60日线跟我国茶叶生产区重合。这表明降雨在一定程度上也起着限制茶树分布的作用。

空气湿度大时，一般新梢叶片大，节间长，叶片薄，产量较高，且新梢持嫩性强，叶质柔软，内含物丰富。在生长季节里空气相对湿度在80%～90%比较适宜新梢生长，若<50%，新梢生长就会受到抑制，<40%对茶树有害。

土壤水分是茶树生理需水和生态需水的主要来源。据研究，一般认为70%～90%的田间持水量对茶树生长最为适宜。

对水分状况的考虑除了降水量以外，还有水分的消耗量，如蒸发、蒸腾、土壤流失、下渗等。如浙江茶区7~8月的降水量并不少，但由于气温高、光照强、水分蒸发、蒸腾量大，茶园常会水分不足。因此，常用干燥指数表示茶树对水分的需求。干燥指数是指≥10℃期间蒸发量与降水量的比值。李倬（1988）研究表明，年干燥指数<1的地区，如果其他生态因子满足，基本上适宜茶树栽培；年干燥指数接近0.7的地区，茶树生长更好，茶叶品质也较高。

二、土壤条件对茶树生育的影响

土壤是茶树赖以立足、从中摄取水分和养分的场所，它具有满足茶树对水、肥、气、热需求的能力，是茶叶生产的重要资源。土壤物理因子是指土层厚度、土壤质地、结构、容重和孔隙度、土壤空气、土壤水分和土壤温度等因素。它们直接和间接影响茶树根系生存的基本条件，进而对茶树生育、产量、品质有很大影响。

土壤疏松、土层深厚、排水良好的砾质、砂质壤土适宜茶树生长。砂岩、页岩、花岗岩、片麻岩和千枚岩风化物所形成的土壤物理性状（通气、透水）好。含硅多的石英砂岩与花岗岩等成土母质，能形成适合茶树生长的沙砾土壤，在沙砾土壤上生长的茶树根发生量多，所产茶叶品质好。千枚岩、页岩风化的土壤养分含量丰富。玄武岩、石灰岩与石灰质砂岩、钙质页岩等岩石发育的土壤，因游离碳酸钙或酸碱度偏高，对茶树生长不利。

（一）土层厚度

茶树系深根性木本植物，主根可长达 1m 以上，吸收根群亦可深达 40~50cm。土层深厚是茶树根系得以充分生育、扩展的最基本条件之一。据中国农业科学院茶叶研究所的调查，土层厚度与茶叶产量关系密切。一般认为宜茶土壤，全土层应在 1m 以上，活土层在 50cm 以上。

（二）土壤质地

土壤质地又称土壤机械组成，指不同粒径的土粒在土壤中所占的相对比例或质量百分数，据此将土壤划分为沙土类、壤土类、黏土类三大类别，其间还可细分。不同质地的土壤其特性有所不同。砂土组成以砂粒为主，粒间孔隙大，通气透水性良好，无黏结性、黏着性和可塑性。黏结性指土壤在干燥和含水少时，土壤黏结成块的性质。黏着性指土粒黏附于外物如农具等上的性质。砂土的土壤宜耕期长，耕作阻力小。但砂土保水保肥能力很差，土温变幅大，养分含量少。砂壤土比砂土保水保肥能力强些，但养分、水分含量仍感到不足，必须注意及时灌水和施肥，而且要少量多次。轻壤土在一定程度上保持了砂土的优点，保水保肥能力明显加强；中壤土与上述土类比较，黏粒的性状明显增强，透水变慢，透气减弱，黏结性、黏着性、可塑性增强。重壤土和黏土比中壤土更难耕作，通气透水能力更差。茶树生长对土壤质地的适应范围较广，从壤土类的砂质壤土到黏土类的壤质黏土中都能种茶，但以壤土最为理想。若种在砂土和黏土上，茶树生长比较差。

（三）土壤物理性状

土壤中的三相（固相、气相、液相）分布，是土壤物理性状（容重、孔隙度、水分含量、空气容积）的综合反映，各地高产优质茶园的调查表明，表层土中的固相：气相：液相以 50：20：30 左右为宜，而心土层则以 55：30：15 左右为合适。茶园土壤的质地影响土壤中三相比，影响土壤水、肥、气、热和微生物的活动，与茶园土壤的水分状况有密切的关系。许允文等（1978）测定，茶园土壤质地不同，水分常数和有效水分有很大差异，土壤含水率在 14%时，对细砂土来说，土壤吸力仅在 0. 1Pa 以内，已达到田间持水量状态，有效水分丰富，对茶树生长比较适宜；而对黏质壤土来说，14%的土壤含水率，其土壤吸力已达到 15Pa 左右，已处永久萎凋湿度，很难为茶树吸收利用（表 3-9）。

表3-9 不同质地土壤的水分常数和有效水分

土壤质地	土层深/cm	水分常数（占干土比例）/%				有效水分/%
		田间持水量（0.1Pa）	持水当量（0.5Pa）	初期萎凋湿度（8Pa）	永久萎凋湿度（15Pa）	
黏质壤土	0~30	25.13	24.03	15.50	13.97	9.63
壤土	0~45	21.93	23.28	12.11	9.84	12.82
细砂土	0~45	13.63	8.12	3.89	3.17	9.76

（四）土壤结构

土壤结构是指土粒相互黏结而成各种自然团聚体的状况，按团聚体的形状可分为块状结构、片状结构、柱状结构、棱状结构、核状结构和微团粒、团粒结构。茶树适宜的土壤结构以表土层微团粒、团粒结构，心土层为块状结构较好。团粒结构是土壤中的土粒在腐殖质和钙的作用下，经过多级团聚而形成的直径为0.25~10.00mm的小团块，具有泡水不散的水稳性特点。这种大大小小的团粒组成的土壤松紧适度，大小孔隙配比得当，此类土壤中水、肥、气、热条件协调，土壤理化性质良好。精耕细作所形成的非水稳性团粒结构，对改善土壤通透性、促进根系下扎、养分迅速分解等方面都有良好的作用。土壤结构不良或无结构，则土壤紧实，通透性差，土壤中微生物活动受到抑制，茶树根系生长和发育受阻，水、肥、气、热不协调，茶树得不到水肥的稳定供应。对这类土壤应采取混入客土、多施有机肥、合理耕作、种植豆科及绿肥作物等措施，以改善其结构。

（五）土壤化学性

茶树是喜欢酸性土壤的植物。原浙江农业大学茶叶系对浙江茶区取土样252个，测定结果：0~50cm土层内pH3.5~5.5者占90.8%，pH>5.5者占8.8%。就我国各地茶园土壤测定结果来看，pH为4.0~6.5，而茶树生长最好的pH为5.0~5.5。

有机质含量是衡量茶园土壤熟化度和肥力的指标之一，高产优质茶园的土壤有机质要求达2.0%以上。同时，要求茶园土壤养分含量平衡：全氮0.12%，全磷0.10%，速效氮120mg/kg，速效磷10mg/kg，速效钾100mg/kg，交换性镁0.2cmol/kg。

另外，土壤微生物也可列为茶园土壤肥力的指标之一。据福建农业科学院茶叶研究所郭专（1984）测定，在0~20cm土层范围内：自然红壤每克土中细菌、放线菌和真菌的数量分别为16.44万、10.87万和1.66万个，普通茶园红壤每克土中分别为288.00万、46.40万和14.40万个，高产茶园红壤每克土中细菌为2016.00万个，真菌为882.00万个。

三、其他环境因素对茶树生育的影响

纬度、坡向、坡度、地形、地势、海拔等因子都对气象因子产生重要的影响，从而综合地影响茶树生育和茶叶的品质。

（一）纬度

地理纬度不同，其日照强度、时间、气温、地温及降水量等气候因子均不同。我国茶区最北处于北纬38°，最南在北纬18°~19°的海南省，一般而言，纬度偏低的茶区年平均气温高，地表接受的日光辐射量较多，表现为热量和光照都丰富的生长气候特点。纬度较低的南方茶区，年平均气温较高，在茶树体内的物质代谢上，有利于碳代谢的进行，有利于茶多酚的合成。因此，长期生长在南方的茶树品种，往往含有较多的茶多酚，适合于制造红茶；而生长在纬度较高茶区的茶树，光、温、湿条件利于蛋白质、氨基酸等含氮物质代谢，适合于制造绿茶。就是同一品种生长在不同纬度的地区，其化学成分的含量差异也是很显著的。如云南大叶种，北移至纬度较高的地区后不仅越冬生长困难，而且茶多酚、儿茶素的含量也相应下降。生长在勐海的楮叶种鲜叶中茶多酚、儿茶素含量都比生长在杭州的要高，相反氨基酸和咖啡因的含量都比生长在杭州的低。

（二）地形

地形对茶园小气候的影响很大。地形地势不同，光、热、水、气、土、肥等条件也不尽相同，因此会直接或间接地影响茶树的生长发育和产量品质。高山，云雾多，空气湿度较大，漫反射、散射光多，蓝紫光多，昼夜温差大，茶叶品质较好。我国的传统名茶多产于山地，如黄山毛峰、庐山云雾、苏州碧螺春、敬亭绿雪和沩山毛尖等。但也非山越高越好，因为山越高，气温越低，热量不足，必缩短全年有效生育期，降低栽茶的经济效益。相对来说，在长江中下游茶区，茶树种植的适宜高度多在海拔 1000m 以下。在一定范围内随着高度的增加，茶多酚含量减少，茶氨酸等含氮化合物积累增加。

一般北向山坡光照较弱，夏季东南季风盛行时降雨较少（就高山而言），冬季低温和寒风侵袭厉害，春温上升慢，故北坡茶树生长速度较慢，冻害一般较严重，在高寒山区植茶需注意。南向山坡接受太阳辐射能量多，早春升温快，秋天降温慢，全年总生长期长，产量较高。但在春季也会因茶芽萌发早，易受晚霜为害，在夏季由于高温新梢易老化，冠表层叶片易受热害。茶叶种植者应根据不同坡向的特点，采取相应措施，尽量发挥其有利的一面，克服其不利的一面。就大多数低纬度、低山茶区来说，坡向对茶树生育影响的差异性小，可以忽略。

坡地茶园较平地茶园排水性好，土壤通透性强，酸度稍大，对茶树生育有利；但坡地保水性差，表土剥蚀现象较重。所以，坡地茶园必须增强水土保持工程建设。平地和谷地茶园往往地下水位较高，渍水现象易于发生，必须健全排水防渍工程建设。

（三）水域

水域对邻近地区的小气候有一定的影响。因为水是一种半透明体，太阳辐射能透入几十米的水层，它的热容量比土壤大，水面上的水汽来源充足，消耗于蒸发的热量比陆地多。因此，水的增热、冷却比较稳定。水域上的气温变化比陆地缓和，日、年振幅小，无霜期长，空气湿度大。因而，水域邻近地区的茶园旱热害和冻害都比陆地轻些，无霜期和茶树生长期也较长些，且因水域邻近地区空气湿度大，雾日多，对提高茶叶品质有一定好处。

俗话说："高山云雾出好茶"。说明好茶与良好的生态环境关系密切。我国大多数名茶都产在生态环境优越的名山胜水之间。如黄山毛峰产在黄山风景区境内海拔 700~800m 的桃花峰、紫云峰、云谷寺等一带。

海拔不同，各种气候因子有很大差别。一般海拔越高，气压与气温越低，而降水量和空气湿度在一定高度范围内随着海拔的升高而增加，超过一定高度又下降。山区云雾弥漫，接受日光辐射和光线的质量与平地不同，常常是漫射光及短波紫外光较为丰富，昼夜温差较大。

气温和地温均随海拔而变化，在一定海拔范围内，海拔每升高 100m，气温降低 0.5℃。空气相对湿度则随海拔升高而增加；土壤含水量由于海拔高，空气湿度大，日照时间短（山地），蒸发量小，故也呈现随海拔升高而增加的趋势；光照度和光合强度均是低海拔高于高海拔。因此，春茶低山茶园开采早，而高山茶园开采时间迟；外山茶早，内山茶迟。

思考题

1. 简述茶树在植物分类学上的地位。
2. 茶树根系是如何分布的？茶树根系分布受哪些条件的影响？
3. 茶树的一生可划分为几个时期？各时期有哪些特点？栽培上要做好哪些工作？
4. 茶树开花数量虽然很多，但是能结实的仅占 2%~4%，其主要原因是什么？
5. 气温对茶叶品质有何影响？
6. 光强对茶叶品质有何影响？生产上如何控制？
7. 光质对茶树的生育及茶叶品质有何影响？

第四章

CHAPTER 4

茶园生产管理

第一节　茶树繁育与新茶园建设

一、茶树品种

（一）茶树品种的概念

茶树品种是经人类培育选择创造的、经济性状及农业生物学特性符合生产和消费要求，具有一定经济价值的重要农业生产资料；在一定的栽培条件下，依据形态学、细胞学、分子生物学等特异性可以和其他群体相区别；个体间的主要性状相似；以适当的繁殖方式（有性或无性）能保持其重要特征的一个栽培茶树群体。

（二）茶树品种的属性

1. 特异性

特异性是指作为一个品种，至少有一个以上明显不同于其他品种的可辨认的标志性状。

2. 一致性

一致性是指在采用适合该品种的繁殖方式的情况下，除可以预见的变异外，经过繁殖，品种内个体间在形态、生物学和主要经济性状等方面应相对整齐一致。

3. 稳定性

稳定性是指该品种经过反复繁殖，前后代在形态、生物学和主要经济性状等方面保持相对不变。无性系品种用无性繁殖方法，其后代性状稳定连续遗传。

4. 地区性

地区性是指品种的生物学特性适应于一定地区生态环境和农业技术的要求。

5. 时间性

时间性是指一定时期内，该品种在产量、品质和适应性等主要经济性上符合生产和消费市场的需要。

（三）栽培品种的命名和分类

1. 栽培品种的命名

栽培品种的命名必须按照农业部《农业植物品种命名规定》（农业部令 2012 年第 2 号）

执行，并符合《国际栽培植物命名法规》（*International Code of Nomenclature for Cultivated Plants*，ICNCP）的要求。

根据 ICNCP 的规定：①栽培植物品种的名称是由它所隶属的属或更低分类单位的正确名称加上品种加词共同构成的；②品种加词中每一个词的首字母必须大写，品种的地位由一个单引号将品种加词括起来而表示（‘×××’），而双引号“×××”和缩写“cv.”“var.”不能用于品种名称中表示加词；③为了区分种名（属名和种加词）、品种群名称和品种加词，种名按照惯例采用斜体，品种加词则采用正体，品种加词至少应该与属的名称相伴随；④如果一个名称的品种加词是一个属的名称，或者是一个种的俗名或学名译名，或者是其他命名等级，在该加词的使用不至于引起混淆的情况下，可以使用属或种的名称作为品种加词；⑤品种（或品种群）加词不能使用拉丁语，必须使用现代语言，对中国来说可使用汉语拼音。

例如：“龙井 43”的植物学拉丁文全名是 *Camellia sinensis*‘LongJing 43’。“黔茶 1 号”的植物学拉丁文全名是 *Camellia sinensis*‘QianCha 1’。

2. 栽培品种的分类

不同品种的特征特性差别很大，为了便于品种的识别和利用，有必要对栽培品种进行分类。品种分类与植物学分类不同。生产上习惯根据叶色、叶形、叶面积、发芽期、茶类适制性、繁殖方式和来源等对栽培品种进行分类：

（1）根据芽叶颜色，分为常绿、白化、黄化、紫化品种；

（2）根据叶片形状，分为柳叶种、槠叶种、瓜子种、圆叶种等，如九华大椭圆叶、涌溪柳叶种、祁门槠叶种、独山瓜子种、龙井瓜子种等；

（3）根据叶面积，分为大叶种、中叶种、小叶种；

（4）根据发芽期，分为（特）早芽种、中芽种和迟芽种；

（5）根据茶类适制性，分为适制红茶品种、适制绿茶品种、红绿茶兼制品种和适制乌龙茶品种等；

（6）根据繁殖方式，分为有性系品种和无性系品种。无性系品种是指世代用无性繁殖方法繁衍的品种。如福鼎大白茶、龙井 43、乌牛早等。有性系品种是指世代用种子繁衍的品种。如勐海大叶种、贵定鸟王种、湄潭苔茶、凤凰水仙等；

（7）根据来源，分为本地（当地）和外地（引进）品种。本地品种是指在当地自然条件和耕作制度下经过长期自然选择和人工选择得到的地方品种和当前推广的改良品种。外地品种是指从其他国家或地区引入的品种，它们反映了各自原产地的生态和栽培特点，具有与本地品种不同的生物学和经济上的性状。

（四）良种的作用

现代农业中，品种是重要的生产资料，是农业生产的基础，品种良种化是现代农业的重要技术环节。

水稻产量的提高，品质的改善，除栽培技术的提高，重要的是品种的革新。高秆→矮秆→杂交水稻→超级稻，每次都带来生产力的巨大提升。

茶树是一种多年生作物，一经种植就是数十年，因此，实行茶树良种化，用良种建立高产、稳定、优质茶园是茶叶生产中一项基础建设，是提高我国茶叶市场竞争力的基本工作。选好品种至关重要。

良种是优良品种的简称，是指在适宜的地区，采用优良的栽培技术和加工技术，能够生产出高产、优质茶叶产品的品种。

良种所起的重要作用：①增加茶叶单产。良种一般都具有较大的增产潜力。②提高茶叶品质。虽然生态条件、栽培措施、采摘标准和加工工艺等因素在一定程度上影响茶叶品质的优劣，然而品种不同，遗传物质就不同，芽叶的生化成分和芽叶形状、大小、色泽、茸毛多少等都有很大差异，制成茶叶的色、香、味、形也就不同。因此，茶叶品质的好坏与品种有直接关系。③增强适应性和抗性。优良品种一般都具有较高的自我调节能力，在推广范围内对环境因素的变化造成的胁迫作用具有较强的适应能力。④提高效率，有利于机械化生产。良种新梢生长旺盛、萌发整齐、密度大，采茶功效高，可降低采摘成本。有些良种新梢节间长，有利于机械化采茶。⑤缓和采制“洪峰”。通过不同发芽期品种的搭配，可缓和采制“洪峰”，有效缓解采茶高峰期的用工需求。⑥提高茶叶生产经济效益。

（五）我国茶树品种选育目标的变化

20 世纪 80 年代之前，提高产量，满足出口换汇需求是我国茶叶生产的目标，高产是当时的主要育种目标。20 世纪 80 年代末，名优茶市场迅速崛起，且其价格与春茶上市时间关系密切，早生品种成为当时主要育种目标。

进入 21 世纪，名优茶市场逐步趋向饱和，品质优劣成为市场竞争的主要标准，品质随之成为茶树育种的首要目标。

目前市场已进入一个需求多样化的时代，茶树育种开始向多样化的方向发展，包括低咖啡因、低苦涩味、高表没食子儿茶素没食子酸酯（EGCG）、高花色素、高氨基酸等。其中以新梢白化为特征的高氨基酸、低苦涩味茶树品种的选育成效明显，已经有多个茶树品种得到推广应用。

根据茶产业发展需要，未来一段时期我国茶树品种选育的发展方向包括以“多元利用”为目标的新兴茶（或功能）饮料、超微茶粉等多类型的茶树新品种选育，以“轻简省力”为目标的适合机采茶树新品种选育，以“节本增效”为目标的营养高效茶树新品种选育，以“提升质量安全”为目标的优质多抗茶树新品种选育，以“具有地方特色”为目标的优质专用茶树新品种选育。

（六）茶树品种的选用与搭配

1. 品种的适应性

品种的适应性指一个品种能否在被选用单位的自然条件下正常的生长发育、获得应有的产量和品质的特性。任何一个品种都是在特定的生态条件下选育出来的，因而都有生态环境和农业技术的特定的要求。品种不是万能的，只有提供符合其正常生长的条件，才能使其特性得以表现。

如云南大叶种，在云南的地理气候条件下，产量和品质均表现优秀，但如果引入山东，过不了冬天的寒冷会被冻害致死。所以品种只能在一定的生态条件下正常生长，引种时要注意。

2. 品种的适制性

品种的适制性指一个品种的鲜叶原料最适合制作的茶类。任何一个品种都有它最适合生产的茶类。品种不是万能的，一个品种不可能对六大茶类都是最合适的。如云南大叶种，大叶类，茶多酚含量高，制作红茶品质特别好，红艳明亮，香气鲜浓，茶味浓烈，收敛性强。

但做绿茶就赶不上湖南的黄金茶，达不到香气清香持久、纯正，汤色清澈明亮，滋醇爽口的品质要求。

这就要求在选用品种时注意计划发展的茶类，根据茶类要求，选用合适的品种。只有在选用能够在本地正常生长发育和适合计划茶类要求的品种条件下，才能发挥出品种的优良特性，服务于生产，达到高产优质高效的目的。

3. 品种的选用标准

选用茶树品种时应三性（优质、高产、抗性强）兼顾，突出品质。要充分考虑当地的气候，地理条件的适应性，以及茶类的适制性。重点注意以下几点：

（1）充分了解建园地的生态条件，特别是土壤、光照、温度、水分、植被、天敌以及病虫草害的现状，选择与之相适应、抗性强（尤其是无公害和有机茶园）的茶树品种。

（2）明确企业规划，确定适宜发展茶类的品种，选择适制性好、品质优异且互补的茶树品种进行搭配。

（3）在满足生态条件和适制茶类的前提下，茶树品种应尽可能多样化，充分利用不同茶树品种品质的多样性，以提高成茶品质。根据需要适当关注特殊性状茶树品种。

（4）适应茶园生产机械化的要求，选用相应品种。

4. 茶树品种的合理搭配

（1）作用　①适应不同茶类加工，增强应变力；②适应不同地形地势，因地种植提高效益；③避免茶季“洪峰”，维持生产均衡性；④提高品质（不同品种各有其特点，搭配互补）。

（2）搭配类型　①不同生育期品种搭配：早生、中生、晚生（6∶3∶1）或特早种、早芽种、中芽种（4∶5∶1或3∶6∶1）；②不同适制性品种搭配：红、绿茶类；③不同适应性品种搭配：抗寒、抗旱、抗病虫害；④不同生化特性品种搭配：高茶多酚，高氨基酸，低咖啡因等。

（3）搭配注意事项　①明确主要品种的适应性、适制性及优良特性，要求既能适应当地土壤、气候，又与当地最适宜开发的主要茶类一致；②品种数量在同一单位不宜太多（不便于管理和加工）。

二、茶树繁殖

（一）茶树繁殖的种类

茶树繁殖的方法有多种，如种子繁殖、扦插繁殖、嫁接、压条等，但归纳起来大致可分为两大类：有性繁殖和无性繁殖。

1. 有性繁殖

（1）定义　有性繁殖是通过两性生殖细胞融合形成合子，发育成种子，再利用种子进行繁殖的方式。也称种子繁殖。

（2）方法

①育苗移栽：茶子在苗圃萌发生长成出圃苗木，再栽种。

②大田直播：种子直接种在茶园萌发、生长，再培育成采摘茶园。

（3）有性繁殖的特点

①优点：主根发达，适应环境的能力强；采种、育苗方法简单，成本低，容易掌握；种

子贮运方便；能够提供丰富的选种材料。

②缺点：茶苗后代性状差异大，不便于管理；有些品种结实率低，甚至不结实，这样就难以用种子来繁殖。

2. 无性繁殖

（1）定义 无性繁殖是不经过生殖细胞的两性结合，直接利用茶树营养器官或生殖器官的一部分，培育出新个体的方式。也称营养繁殖。

（2）方法

①扦插繁殖：利用茶树营养体的一部分插入土壤中进行育苗的方法。可分为根插、叶插、茎插。

②压条繁殖：把茶树当年生枝条埋入土中，由于极性现象，近地端分化出根，远地端分化出芽叶，从而长成一株苗。根据操作不同分为轮状压条、伞状压条、弧形压条（图 4-1）、堆土压条（图 4-2）。

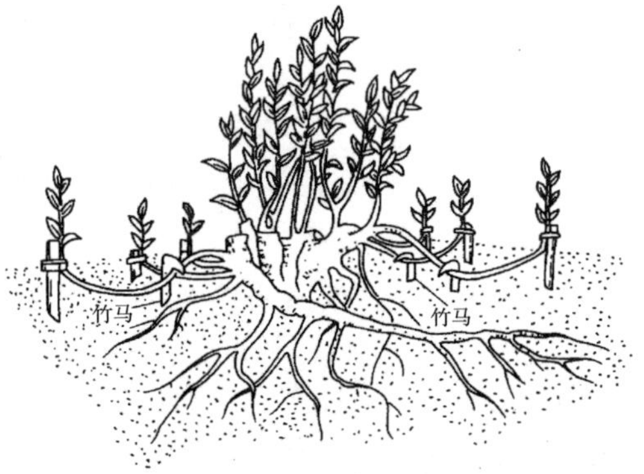

图 4-1 弧形压条

图 4-2 堆土压条

③嫁接繁殖：使接穗和砧木双方的形成层和薄壁组织一起分裂，产生愈伤组织，形成一个新植株。一般选择优良品种、抗性强的作为接穗，而选择易发根或抗性强的品种为砧木。

④快繁技术：茶树快繁技术的研究始于 20 世纪 80 年代中期，现在研究较多的是组织培养，利用芽、花粉、种子胚、子叶柄等。

（3）无性繁殖的特点

①优点：保持母本的优良性状；后代性状一致；用材省、繁殖系数大，可短期内扩繁良种；解决了某些优良品种不结实的问题，如政和大白茶、水仙不结实，我们采用扦插来繁殖。

②缺点：要求有较高的技术条件；成本高，运输不太方便；容易从母树传染病虫害；抗逆能力比种子繁殖差。

（二）茶树大田短穗扦插技术

利用茶树的再生作用和极性现象，取枝条的 1 芽 1 叶约 1 寸（1 寸≈3.3cm）长的短穗，按一定的行株距插入苗圃，经过一段时间的培育，最后形成一株完整茶苗的过程。

1. 采穗母树的培育

（1）母树选择 选择 6~8 年生封园的无性系良种茶园作为母本园，母本园仅采春茶生产名优茶，其他季节留养插穗。

（2）母树培管

①施肥：加强培肥管理，母本园在养穗前一年秋季增施有机肥、磷肥、钾肥等基肥，并根据生长势及时追肥。

②合理修剪：一般青、壮龄母树可进行深修剪，半衰老母树进行重修剪。夏插春剪，秋插夏剪。

③打顶：取穗前 10~15d 打顶，使腋芽饱满膨大。

④防治病虫害：及时防治病虫害，防止病虫通过扦插扩繁。

⑤母树黄化处理：黄化处理能促进发根，一般认为与枝条内吲哚乙酸含量增加，及碳氮比率改变有关。

⑥母树生长素处理：剪前 3~7d，喷生长素类溶液。喷时要求充分湿润枝叶。如 80mg/kg α-萘乙酸，50mg/kg 2，4-D 或 30mg/kg 增产灵，每平方米树冠喷水溶液 500mL。

2. 扦插苗圃的建立

（1）苗圃地的选择

①位置：靠近母本园或今后移栽的茶园，交通方便，避寒风。

②土壤的性质：pH 4.5~5.5，土壤以红壤、黄壤的沙壤为好。

③水源：茶园不耐干旱，特别是发根期晴天必每日浇水，因此要选在水源充足的地方，这样省时省工又经济。

前作是烟草、麻类的地块易引起根结线虫病，不宜作苗圃。植茶数十年以上的土壤也不宜作苗圃用。

（2）苗圃地的整理

①对土壤进行耕作：为了改良土壤理化性质，提高土壤肥力，消灭杂草和病虫害，一般情况下，苗圃地需要进行两次翻耕。第一次深度为 30cm 左右即可，疏松土壤，消灭杂草。第二次在作苗床时耕 15~20cm，做到土块碎、地面平。

②开设排灌和道路系统：四周和中间设排水沟，沟深低于步道 10cm 以上，有条件的还可采用流灌或喷灌。

③整地作畦、施肥、铺心土：苗床宽 100~120cm，畦面高 15~20cm，长不超过 20m，沟道底宽 40cm 左右。尽可能与道路垂直，以便管理。苗床宜东西向。

若土壤微生物较多，可对土壤进行消毒灭菌（0.1%高锰酸钾）。再铺上 3~5cm 厚的红、黄壤作为心土（心土要过 1cm 筛孔），厚薄均匀。用木板将表土压实，做到上实下松。

3. 扦插时间

（1）春插　在华南茶区，一般春插在 2~3 月，江南茶区略迟，在 3~4 月，江北茶区更迟，常在 4 月开始。春插系利用上年秋梢或春季修剪的枝条作为插穗。

春插管理上既省工又方便，但春插一般需 70~90d 才能发根，成活率不高，矮苗和瘦苗比率大。主要原因是枝条中营养物质较少，地温太低。

（2）夏插　在 6 月中旬至 8 月上旬扦插的为夏插，插穗为当年春梢或夏梢。

夏季扦插发根快，成活率高，幼苗生长健壮。由于夏季高温，如果遮阴稍有疏忽，很容易晒死插穗。夏插的插穗在苗圃中培育一般需要一年半左右的时间，管理周期长，生产成本较高。

（3）秋插　秋插一般在8月中旬至10月上旬进行，系利用夏稍或夏秋梢作为插穗。

秋插的成活率与夏插接近。秋插苗的管理周期比夏插缩短很多，管理亦较省工，因而成本较低。

（4）冬插　在10月中旬至12月间扦插的为冬插，系利用秋梢或夏秋梢作为插穗。在气温较高的茶区应用较多，可充分利用枝梢，但对冬春季管理要求较高。

总体而言，从扦插苗木质量来看，以夏插（6月中旬至8月上旬）为优，从综合经济效益来看，早秋（8月—9月）扦插最为理想，即可保证茶苗质量，又降低成本，增加收入。

4. 短穗扦插技术

（1）采穗枝条的选择与剪取　穗条要求：母树经打顶后10~15d，茶树枝梢长度25cm以上，茎粗3~5mm，半木质化呈红色或黄绿色，即可剪穗条。尽量做到当天剪当天扦插。剪穗的标准是3~4cm长的短茎，带有一片成熟的叶片和一个饱满的腋芽（俗称一芽一叶一寸长）。

通常一个节间剪取一个短穗，但枝条上、下两端节间短的部分，可把两节剪成一个插穗，并剪去下端的叶片和腋芽，剪口必须平滑，有一定倾斜夹角，保持与母叶成平行斜面。腋芽要完整无损，不可剪坏。

（2）插穗保存　为保持穗条的新鲜状态，剪下的穗条应放在阴凉、湿润处。尽量做到当天剪的穗条当天插完。如需外运，穗条要充分喷水，堆叠时不要使枝条挤压过紧，以减小对插穗枝条的伤害。贮运一般不能超过3d，期间得注意堆放枝条的内部是否发热，避免因堆压过紧，发热，灼伤枝条。

（3）插穗处理　插穗剪取后一般不经过任何处理就可以进行扦插。但为了促进插穗早发根，特别是提高一些难以发根的品种的发根率、成活率和出苗率，生产上常采用植物生长类药剂处理，促进根原基的形成，提高生根能力。

插穗浸渍：将整个插穗都泡在药剂中，药剂浓度低，浸泡时间短。浸泡后需用清水洗净叶、芽，否则会引起叶片脱落。

基部溶液速浸法：采用稀溶液10倍浓缩液，短穗边蘸边插。

药剂种类：萘乙酸、2，4-D、吲哚乙酸、赤霉素、增产灵、三十烷醇、ABT生根粉等。

（4）扦插方法　扦插前将苗畦充分洒水，经2~3h水分下渗后，土壤呈湿而不黏的松软状态时，进行扦插为宜。这样既防止土壤过干造成扦插过程损伤插穗，又避免土壤过于潮湿，扦插时容易黏手，影响扦插的质量，工效低等问题。

扦插密度：中小叶品种扦插密度应大些，一般行距8~10cm，株距2cm左右，扦插20万~25万株/亩；大叶品种扦插密度可小些，一般行距10~12cm，株距3~4cm，扦插13万~16万株/亩。以叶片不互相遮叠为宜。扦插时，沿畦面按行距划好行线，留下准备扦插行距印痕，按株距要求把插穗直插或稍倾斜插入土中，深度以叶柄着生处下沿接土表为宜。边插边将插穗附近的土稍压实，使插穗与土壤密接，以利于发根。插穗叶片方向应保持一致，朝常年多风的顺风方向。插完一定面积后立即浇水，随时盖上遮阳物。如果在高温烈日下，要边扦插、边浇水、边遮阳，以防热害。

5. 扦插苗培育管理措施

从扦插到苗木出土的整个过程，都需要对苗圃地进行精细管理，任何一个环节的疏忽，就可能导致严重的损失或失败。

（1）水分管理　扦插苗生根前（40d）水分管理是影响苗木成活的关键，在根系未发生前，需天天浇水。一般晴天早晚各浇水一次，阴天一天一次，雨天不浇，浇水以浇到插穗基部的土壤湿润为度，大雨久雨还要注意排水。发根以后，可一天浇一次，或隔数日沟灌一次，灌到畦高的四分之三，经3~4h即可排水。采用薄膜密封育苗，不必每天浇水，需在棚内放置一个温湿度计，每天观察，尽量保持温度在15~28℃（若高于30℃应及时打开薄膜），土壤持水量70%~80%，湿度85%左右。

（2）荫棚管理　阳光是插穗发根和幼苗生长的必需条件。但光照过强，叶片失水，会造成插穗枯萎甚至死亡。光照不足，叶片光合作用较弱，影响发根和茶苗生长。所以，在遮阳时必须控制好遮阳度，一般遮阳度以60%~70%为好。在实际生产中，应结合品种特性和不同生育阶段灵活掌握。大叶种叶片大，耐光和耐热性都较中小叶种差，遮阳度要高些，而中小叶种相对低一些。扦插初期遮阳度要高些，随着根系的形成和生长，遮阳度逐渐下降。

（3）施肥　施肥主要在扦插苗生根后进行，按照“少量多次，先少后多”的原则，开始时可用0.5%的尿素水溶液进行喷浇，施肥频度一般为2周一次；待苗高超过10cm以后，可适当提高尿素浓度并增加少量磷酸二氢钾；随茶苗生长，可直接洒施尿素。

（4）其他管理措施

①扦插苗圃地应及时除草，一般用手拔除杂草，做到拔早、拔小，以防摇动插穗。

②病虫害防治：扦插苗圃的环境比较阴湿，容易发生病害，要做好病虫害防治。

③防寒：要做好防冻防寒，寒潮来临前可盖草、覆盖塑料薄膜等。

④炼苗：为提高出苗率，应进行炼苗。夏插一般于10月始逐步拆除遮阳网。秋插在次年4月选阴雨天拆去遮阴物。拆除遮阴物后要根据土壤状况注意经常浇水。待苗高15~20cm时，应及时打顶，促进茶苗分枝和增粗茎干，并使个别高度低下的苗木能接受阳光，促进迅速生长，提高出圃率。

⑤及时摘除花蕾：苗圃管理除了做好以上工作外，还需及时摘除花蕾，插穗上花蕾的着生会大量消耗体内的养分，也会抑制腋芽的萌发生长。因此如有花蕾应立即摘除，以集中养分促进茶苗的营养生长。

6. 苗木出圃与装运

达到出圃标准的苗木应及时出圃移栽。起苗时，苗圃土壤必须湿润疏松，带土起苗，尽量少伤根。如苗圃土壤干燥，可在起苗前一天进行灌溉。最好在阴天或早晨与傍晚起苗。用锄头或其他取苗用具，过湿时等天晴1~2d取苗。

茶苗起苗后，按生长好坏分级，一般分为二级，尽量缩短出苗至移栽的时间。

外运茶苗：远途运输过程中，茶苗不要互相压得太紧，注意通气，避免闷热脱叶，防止日晒风吹，茶苗运到目的地后，应立即组织劳力及时移栽，如果因故不能及时移栽应假植。假植选择避风背阳的地段，掘沟深25~30cm，一侧的沟壁倾斜度要大，将茶苗斜放在沟中，然后用土填沟并踏实。覆土的深度以占全株的一半或盖至茶苗根茎部上面4~5cm处为度。

三、新茶园建设

（一）园地选择

茶树为长寿常绿植物，一年种，多年收，有效生产期可持续40~50年之久，管理得好可维持更长年限。茶树的生长发育与外界条件密切相关，不断改善和满足茶树对外界条件的需要，能有效地促进茶树的生长发育，达到早期成园、高产优质的栽培目的，为此，建园时必须重视园地的选择。

1. 气象条件选择

茶树是耐阴植物，具有喜光怕晒的特性。一般宜选择日照短、树木成荫、云雾弥漫、漫射光多的山区建立茶园。丘陵和平地茶园可采取茶林间作或种植遮阴树的技术措施来改变光照强度和光质，从而提高茶叶品质。

适宜茶树栽培的地区，要求年平均温度13℃以上，≥10℃的年有效积温5000℃以上。灌木型茶树能耐较低的温度，能忍受最低温度可达-18~-6℃，而乔木、小乔木茶树耐低温性能较差。茶树能忍受的最高临界温度为45℃，一般在35℃以上，生长便会受到抑制。

适宜种茶的地区，要求年降雨量在1000mm以上（最适年降雨量约1500mm），茶树叶片生长季节月降雨量要求100~200mm。年平均相对湿度在70%~80%，在茶树生长活跃期，空气相对湿度以80%~90%为宜，若小于50%，新梢生长受抑制，40%以下时则将受害。

2. 地形地势条件选择

选择海拔1200m以下（最适海拔300~800m），自然坡度25°以下的丘陵和山地。坡度15°~25°的山坡应修筑水平梯形茶园，7°~14°的缓坡地宜水平种植。山坡方向以南向或东南向为宜。海拔800m以上的阴坡、低凹谷地，冷空气容易沉淀，不宜种茶。

在土壤等其他条件基本相同的情况下，提倡发展高山茶（海拔400~1000m）。因为高山茶与平地茶相比，前者的香气特别高，滋味特别浓。这是优越的茶树生态环境造就的。

3. 土壤和生态环境条件选择

应优先选择自然肥力高、土层深厚、质地疏松、通气性良好、不积水、腐殖质含量高、养分丰富的酸性红、黄壤土或紫色土。茶园土壤的基本条件：全土层厚度≥100cm、地下水位在100cm以下、pH（水浸）4.5~6.0（弱酸性，一般生长有杜鹃花、杉树或蕨菜植物的土壤属于酸性土壤）。另外，建立无公害茶园、绿色食品茶园和有机茶园还应满足不同等级茶园对土壤肥力的指标要求。茶园土壤环境质量也应符合相应茶叶生产的要求。

选择远离城市、工厂、居民点、公路主干道的山区或半山区建立茶园，可以避免空气、水源和固形物污染。一般要求茶园周围至少在5km范围内没有排放有害物质的工厂、矿山等；空气、土壤、水源无污染，与一般生产茶园、大田作物、居民生活区的距离在1km以上，且有隔离带。此外，亦应考虑水源、交通、劳力、制茶用燃料、可开辟的有机肥源以及畜禽的饲养等。深山老林、特别偏僻的山区土壤生态环境虽好，但交通困难，不利于茶园的管理、茶叶的采收和运输等，不宜发展茶园。茶园周围有较丰富的森林等植被覆盖，空气清新、水源充足洁净、气候温暖湿润、生态环境良好的地区较为适宜。茶园环境空气质量应符合相应茶叶生产的要求。

（二）园地规划

茶树及配置在生态茶园中的其他作物，大多为多年生木本植物，其经济年龄均可达数十年。因此，在茶园建立时，必须认真做好规划设计，严格以生态学原理和生态学规律为依据，根据茶树生育规律及所需的适宜环境条件的特点，妥为考虑决定。

1. 现代茶园建设规划要求

茶园建设应坚持高标准、高质量，其基本原则是实现茶区园林化、茶树良种化、茶园水利化、生产机械化、栽培科学化。

（1）科学化　对目标地的土壤、空气、水源等按建园要求进行科学的检测和评估，能否达到无公害茶园、有机茶园的相关要求。

（2）规范化　规划时要做到能定量的尽可能形成图表和文字。

（3）系统化　根据茶树对自然环境条件的要求和农业生产整体布局，进行园地的整体规划，包括道路的设置和划区分块、排蓄水系统的设置、生态系统的配置等。

要求：位置适中，交通便利，方便管理，取水方便。与经营内容、规模、性质等相适应，避免相互干扰。

目前的茶场大多数以专业茶场为主，但为了保持良好的生态环境和适应生产发展的要求，茶场除了茶园以外，还应该具有绿化区、茶叶加工区和生活区；在有机茶园建设中，为了保证良好的有机肥来源，可以规划一定面积的养殖区。当然，这是指有一定规模的茶场（如 $10hm^2$ 以上）。以下用地比例方案，可作为茶场整体规划时参考：①茶园用地 70%~80%；②场（厂）生活用房及畜牧点用地 3%~6%；③蔬菜、饲料、果树等经济作物用地 5%~10%；④道路、水利设施（不包括园内小水沟和步道）用地 4%~5%；⑤绿化及其他用地 6%~10%。

2. 园地区块划分

首先按照地形条件大致划分基地地块，坡度在25°以上的作为林地，或用于建设蓄水池、有机肥无害化处理池等；一些土层贫瘠的荒地和碱性强的地块，如原为屋基、坟地、渍水的沟谷地及常有地表径流通过的湿地，不适宜种茶，可划为绿肥基地；一些低洼的凹地划为水池。在宜茶地块里不一定把所有的宜茶地都垦为茶园，应按地形条件和原植被状况，有选择地保留一部分面积不等的、植被种类不同的林地，以维持生物多样性的良好生态环境。按照地形条件大致划块。以各级道路为界，将全部园地划分为若干个生产作业区，作为一个综合的经营单位。每个生产作业区按地形分别划分若干片（小组）。每片按茶园面积大小划分为若干块。便于机械生产和水利设施布局，每块茶园面积为 5~15 亩，地宽以 35~50 行为限，长度以 50m 左右较宜，最长不宜超过 80m。

3. 道路系统建设

茶园道路的设置，要便于园地农用物资及鲜叶的运输和管理，方便机械作业。在规划时应尽量缩短路程、减少弯路。为了少占用地，应尽可能做到路、沟相结合，以排水沟的堤埂作道路。在茶园开垦之前就要划好支道、步道的位置，然后边开垦，边筑路。

（1）主干道　$60hm^2$ 以上的茶园要设主干道，作为整个茶园的交通要道，贯穿园内各作业单位，并与附近的公路等相衔接。主干道路面宽 8~10m，能供两辆汽车来往行驶，纵坡小于 6°（坡比不超过 10%），转弯处曲率半径不小于 15m。小丘陵地的干道应设在山脊。16°以上的坡地茶园应开 S 形。梯级茶园的主干道可采取隔若干梯级空若干行茶树为道路。

（2）支道　又称次干道，连接主道和地头道，是机具下地作业和园内小型机具行驶的通道，每隔 300~400m 设一条，路面宽不小于 5m，纵坡小于 8°（坡比不超过 14%），转弯处曲率半径不小于 10m。

（3）步道　又称园道，是进园作业与运送肥料、鲜叶等物之用，与主干道、支道相接，与茶行或梯田长度紧密配合，通常支道每隔 50~80m 设一条，路面宽 1.5~2.0m，纵坡小于 15°（即坡比不超过 27%），能通行手扶拖拉机及板车即可。设在茶园四周的步道称包边路，它还可与园外隔离，起防止水土流失与园外树根等侵害的作用。

（4）地头道 供大型作业机调头用，设在茶行两端，路面宽度视机具而定，一般宽8~10m，若主干道、支道可供利用的，则适当加宽即可。设置道路网要有利于茶园的布置，便于运输、耕作，尽量减少占用耕地。在坡度较小、岗顶起伏不大的地带，干道、支道应设在水分岭上，否则，宜设于坡脚处，为降低与减缓坡度，可设成S形缓路迂回而上。

4. 水利网的设置

茶园的“水利网”具有保水、供水和排水三个方面的功能。建设茶园水利网时应尽可能缩短渠长，与道路、林带、茶行等相配合，将沟、渠、塘、池、库及机埠等水利设施统筹安排，达到沟渠相通，渠塘相连。雨多时水有去向，雨少时能及时供水。各项设施完成后，要达到小雨、中雨水不出园，大雨、暴雨泥不出沟，需水时又能引提灌溉。各项设施需有利于茶园机械管理。

（1）渠道 主要作用是引水进园、蓄水防冲及排除渍水等。分干渠与支渠。为扩大茶园受益面积，坡地茶园应尽可能地把干渠抬高或设在山脊。按地形地势可设明渠、暗渠或拱渠，两山之间用渡槽或倒虹吸管连通。渠道应沿茶园干道或支道设置，若按等高线开设的渠道，应有0.2%~0.5%比例的落差。

（2）主沟 是茶园内连接渠道和支沟的纵沟，其主要作用是在雨量大时，能汇集支沟余水注入塘、池、库内，需水时能引水分送支沟。平地茶园，还要起降低地下水位的作用。坡地茶园的主沟，沟内应有些缓冲与拦水设施。

（3）支沟 与茶行平行设置，缓坡地茶园视具体情况开设，梯级茶园则在梯内坎脚下设置。支沟宜开成“竹节”沟。

（4）隔离沟 在茶园与林地、荒地及其他耕地交界处设隔离沟，以免树根、杂草等侵入园内，并防大雨时园外洪水直接冲入茶园。随时注意把隔离沟中的水流引入塘、池或水库。

（5）沉沙凼 园内沟道交接处须设置主、支沟，力求沟沟相接，以利流水畅通。

（6）水库、塘、池 根据茶园面积大小，要有一定的水量贮藏。在茶园范围内开设塘、池（包括粪池）贮水待用，原有水塘应尽量保留，每2~3hm^2茶园，应设一个沤粪池或积肥坑。贮水、输水及提水设备要紧密衔接。

水利网设置，不能妨碍茶园耕作管理机具行驶。要考虑现代化灌溉工程设施的要求，具体进行时，可请水利方面的专业技术人员设计。

5. 防护林与遮阳树

凡冻害、风害等不严重的茶区，以造经济林、水土保持林、风景林为主。一些不宜种植作物的陡坡地、山顶及地形复杂或割裂的地方，则以植树为主，植树与种植多年生绿肥相结合，树种须选择速生、防护效果大、适合当地自然条件的品种。乔木与灌木相结合，针叶树与阔叶树相结合，常绿树与落叶树相结合。灌木以宜作绿肥的树种为主。园内植树须选择与茶树无共同病虫害、根系分布深的树种。果树类可选择橘、梨、李、桃、板栗、枣等；经济林木类可选择油茶、油桐、乌桕、棕榈等；落叶阔叶类可选择槐、枫、白杨、泡桐、合欢等；常绿阔叶类可选择杨梅、樟、正木等；针叶类可选择马尾松、湿地松、水杉、水松等。林带必须与道路、水利系统相结合，且不妨碍实施茶园管理使用机械的布局。

茶园四周不植茶的山顶、山坡和受侵蚀沟旁应保留原有植被，并因地制宜广植林木。在容易受到干风、台风或寒风侵袭的茶区建立防护林带。防护林带建设以高大的乔木和矮小的灌木树种相结合，常绿和落叶树种相结合。乔木树种可种4~6行，行距一般以2~3m为宜，两旁栽灌木树种，行数不限，可视情况灵活掌握。林带和茶园之间应留 2m 以上的间隔，并开设隔离沟，防止树根伸入茶园内。防护林带可预防霜冻和冰冻，据 2008 年早春调查，周围有常绿树木的茶园的冰冻灾害相对较轻。

主、支道旁栽行道树，树种应与茶树无拮抗作用或共存的病虫害。树种要以高干树和矮干树搭配，一般采用杉树、油茶、桉树、油桐、棕榈等。夏季日照强烈，为了防止伏旱发生，小于 600m 海拔茶区园内应充分利用茶园梯坎和人行道，适当栽种一些遮阳树。但不可栽种过密（一般 75 株/hm^2），更不能种在茶行里，树冠应高出地面 2.5m 以上，以免妨碍茶树的生长。

（三）园地开垦

茶树系多年生作物，只有根深才能叶茂，才能获得优质高产。因此，在园地开垦时，必须以“水土保持”为中心，采取正确的基础设施和农业技术措施。前者如排灌系统的修建，道路与防护林的设置，梯田的建立；后者如土地的开垦、整理，种植方式及种植后的土壤管理等。

1. 地面清理

在开垦之前，首先进行地面清理，对园地内的柴草、树木、乱石、坟堆等分别适当处理。柴草应先刈割并挖除柴根和繁茂的多年生草根；尽量保留园地道路、沟、渠两旁的原有树木；乱石可以填于低处，但应深埋于土层 1m 之下；坟堆要迁移，并拆除砌坟堆的砖、石及清除已混有石灰的坟地土壤，以保证植茶后茶树能正常生长。平地及缓坡地如不甚平整，局部有高墩或低坑，应适当改造，但要注意不能将高墩之表土全搬走，需采用打垄开垦法，并注意不要打乱土层。

2. 平地及缓坡地的开垦

平地及 15°以内的缓坡地茶园，根据道路、水沟等可分段进行，并要沿等高线横向开垦，以使坡面相对一致。若坡面不规则，应按“大弯随势，小弯取直”的原则开垦。如果有局部地面因水土流失而成“剥皮山”的部分，应加客土，使表土层厚度达到种植要求。

生荒地一般经初垦和复垦。初垦一年四季可进行，其中以夏、冬更宜，利用烈日曝晒或严寒冰冻，促使土壤风化。初垦深度为 50cm 左右，土块不必打碎，以利蓄水；但必须将柴根、竹鞭、金刚刺、狼萁等多年生草根清除出园，将杂草理出成堆集于地面，防止杂草复活。复垦应在茶树种植前进行，深度为 30~40cm，并敲碎土块，再次清除草根，以便开沟种植。熟地一般只进行复垦，如先期作物就是茶树，一定要采取对根结线虫病的预防措施。

为了节省开垦劳力，充分发挥农业机械的作用，开垦新茶园时可采用挖掘机挖掘或拖拉机耕翻，深耕适用的机械有挖掘机、履带式拖拉机牵动的三铧犁等。

3. 陡坡梯级垦辟

茶园的开垦，坡度在 15°~25°，地形起伏较大，无法等高种植，可根据地形情况，建立宽幅梯田或窄幅梯田。陡坡地建梯级茶园的主要目的，一是改造天然地貌，消除或减缓地面坡度；二是保水、保土、保肥；三是可引水灌溉。

（1）梯级茶园建设原则　①梯面宽度便于日常作业，更要考虑适于机械作业。②茶园建成以后，要能最大限度地控制水土流失，下雨能保水，需水能灌溉。③梯田长度在 60~80m，同梯等宽，大弯随势，小弯取直。④梯田外高内低（倾斜度呈 2°~3°），为便于自流灌溉，两头可呈 0.2~0.4m 的高差，外埂内沟，梯梯接路，沟沟相通。

（2）梯面宽度确定　梯面宽度随山地的坡度而定，还受梯壁高度所制约。从各地经验看，梯面宽度在坡度最陡的地段不得小于1.5m，梯壁不宜过高，尽量控制在1m之内，不要超过1.5m。可用测坡器等测出坡度。

（3）梯级茶园的修筑　梯级茶园建设过程中除了对梯级的宽、窄、坡度等有要求外，还应考虑减少工程量，减少表土的损失，重视水土保持。

①测定筑坎（梯壁）基线：在山坡的上方选择有代表性地方作为基点，用步弓或简易三角规测定器测量确定等高基线，然后请有经验的技术人员目测修正，使梯壁筑成后梯面基本等高，宽窄相仿。然后在第一条基线坡度最陡处用与设计梯面等宽的水平竹竿悬挂重锤定出第二条基线的基点，再按前述方法测出第二条的基线……直至主坡最下方。

②修筑梯田：包括修筑梯坎和整理梯面。修筑梯坎的次序应该由下向上逐层施工，这样便于达到“心土筑埂，表土回沟”，且施工时容易掌握梯面宽度但较费工。由上向下修筑，则为“表土混合法”，使梯田肥力降低，不利于今后茶树生长，同时，也常因经验不足，或在测量不够准确的情况下，又常使梯面宽度达不到标准，但这种方法比较省工，底土翻在表层又容易风化。两种方法比较，仍以“由下向上逐层施工”为好。

修筑梯坎材料有石头、泥土、草砖等几种。采用哪种材料应该因地制宜，就地取材。修筑方法基本相同，首先以梯壁基线为中心，清去表土，挖至新土，挖成宽50cm左右的斜坡坎基，如用泥土筑梯，先从基脚旁挖坑取土，至梯壁筑到一定高度后，再从本梯内侧取土，直至筑成，边筑边踩边夯，筑成后，要在泥土湿润适度时及时夯实梯壁。

如果用筑草砖构筑梯壁，可在本梯内挖取草砖。草砖规格是长40cm，宽26~33cm，厚6~10cm。修筑时将草砖分层顺次倒置于坎基上，上层砖应紧压在下层砖接头上，接头扣紧，如有缺角裂缝，必须填土打紧，做到边砌砖、边修整、边挖土、边填土，依次逐层叠成梯壁。

梯壁修好后进行梯面平整，先找到开挖点，即不挖不填的地点，以此为依据，取高填低，填土的部分应略高于取土部分，其中特别要注意挖松靠近内侧的底土，挖深60cm以上，施入有机肥以利于靠近基脚部分的茶树生长。

在坡度较小的坡面，按照测定的梯层线，用拖拉机顺向翻耕或挖掘机挖掘，土块一律向外坎翻耕，再以人工略加整理，就成梯级茶园，可节省大量的修梯劳动力。种植茶树时，仍按通用方法挖种植沟。

③梯壁养护：梯壁随时受到水蚀等自然因子的影响，故梯级茶园的养护是一件经常性的工作。

第一，雨季要经常注意检修水利系统，防止冲刷。每年要有季节性的维护。

第二，种植护梯植物，如在梯壁上种植紫穗槐、黄花菜、多年生牧草、爬地兰等固土植物。保护梯壁上生长的野生植物，如遇到生长过于繁茂而影响茶树生长或妨碍茶园管理时，一年可割除1~2次，切忌连泥铲削。

第三，新建的梯级茶园，由于填土挖土关系，若出现下陷、渍水等情况，应及时修理平整。如遇梯面内高外低，应在修理水沟时，将向内泥土加高梯面外沿。

（四）种植前整地与施底肥

茶树能否快速成园及成园后能否持续高产，与种前深垦和底肥用量有关。因为种前深垦既加深了土层，直接为茶树根系扩展创造了良好的条件，又能促使土壤发生理化变化，提高蓄水保肥能力，为茶树生长提供了良好的水、肥、气、热条件。种植前未曾深耕的必须重新深垦，已经深垦的，则开沟施底肥。按快速成园的要求，应有大量的土杂肥或厩肥等有机肥料和一定数量的磷肥分层施入底肥。各地在种植前底肥用量差异较大。一般种植前底肥施量少的，需在以后逐年加施，才能促使快速成园。

对于原先为茶园，因更新品种而重建新茶园，或以前作为果园、菜园或种植其他农作物改种为茶园，在开垦时要注意土壤忌地残毒（连作障碍），可因地制宜采取深翻土地、土壤消毒、休闲或轮作一季或与其他植物混植等方式进行控制。

（五）茶苗移栽

1. 确定种植规格

种植规格是指专业茶园中的茶树行距、株距（丛距）及每丛定苗数，是“合理密植”的重要参数。

所谓“合理密植”就是要使茶树在一定的土地面积上形成合理的群体密度，充分利用光能和土壤营养，正常地生长发育并获得高产优质。“合理密植”的密度范围，因栽植区域、茶树品种以及管理水平等不同存在差异。一般认为中叶种茶园单行条列式种植的，行距150cm，丛距26~33cm，每丛成苗后有1~3株时比较合适。如采用双行条列式种植，行距150~170cm，丛距26~33cm，列距30cm，每丛成苗后有1~2株比较合适。南方茶区如果用树势高大的半乔木或乔木茶树品种，可放宽行距至160~170cm，丛距40~50cm。气候寒冷的地区，培养低型树冠以提高茶树抵御低温的能力，可适当提高密度，行距可缩小到115cm，丛距26cm左右（图4-3）。未来，为适应机械采茶和茶园机械化管理要求，可进一步适当放宽行距。

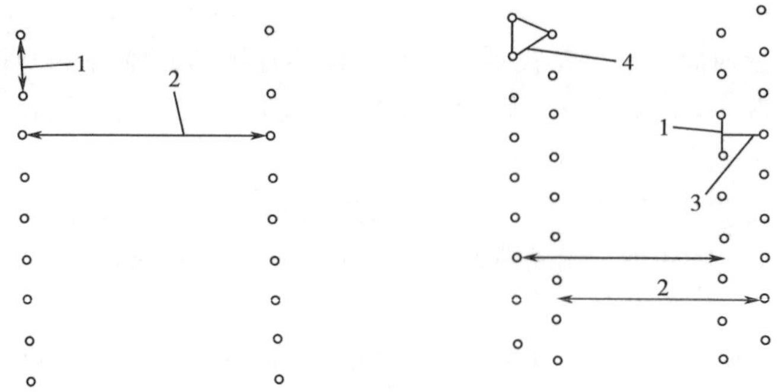

1—株距26~33cm；2—行距150~180cm；3—列距30cm；4— 呈等边三角形。

图4-3 茶树种植形式

2. 画种植线

茶行规格确定后，即按其规格测出第一条种植行作为基线。平地茶园要以地形最长的一边或干道、支道、支渠作为依据，将基线与之平行，留1m宽的边划出第一条线作为基线，以此基线为标准，按所定的行距，依次划出各条种植线。梯级茶园种植时，内侧留水沟，外边应留坎埂。茶行的方向注意几点：①能从道路上很容易进入茶园，以便以后人工和机械化“耕-剪-采”；②考虑景观效果，茶行尽可能连续；③地势较低的地块，一定要考虑排水设施，避免涝害。用石灰粉按照地块实际情况，画出种植线。

3. 茶苗移栽

为提高茶苗的移栽成活率，一要掌握农时季节，二要严格掌握栽植技术，三要周密管理。

（1）适时移栽　移栽适期的依据，一是看茶树的生长动态，二是看当地的气候条件。当茶树进入休眠阶段，选择空气湿度大和土壤含水量高的时期移栽茶苗最适合。以晚秋或早春（11 月或翌年 2 月）为移栽茶苗的适合期，移栽适合期主要根据当地的气候条件决定。具体时间可在当地适合期范围内适当提早为好，因为提早移栽，茶苗地上部正处于休眠阶段或生长缓慢阶段，使移栽过程损伤的根系有一个较长的恢复时间。大部分茶区以秋末、冬初移栽为佳，高寒山区需避开严寒移栽。一般来说，长江中下游茶区在晚秋（10~11 月）或早春（2~3 月）移栽为好，云南茶区在芒种（6 月上旬）至小暑（7 月中旬）移栽为好，海南茶区在 7~9 月移栽为好。

（2）移栽技术

①起苗：起苗前，应做好移栽所需的准备工作，按划好的种植线开好栽植沟，施入基肥，肥与土拌匀，上覆盖一层表土，然后栽植茶苗。栽植沟深 33cm 左右。要一边起苗，一边栽植，尽量带土和勿损伤根系，这样可提高成活率。茶苗如果连同育苗的营养钵移栽，如果营养钵未腐烂，需去除营养钵，以免茶苗根系与土壤不能充分接触而影响其生长。

②修剪：主根过长（>33cm）时，不能自然舒展，阻碍生长，保留侧根较多的部位，适当剪去先端 4~6cm；上部枝叶多，苗较高（>30cm）时剪去 1/3~1/2 枝叶（应至少留叶片 3~4 片）。

③规格：中叶种每丛栽 1~2 株，大叶种单株栽植，亦可 2 株栽植，其规格必须一致，不能同丛搭配大小苗。

④入土深度：在缺水、无灌溉条件的情况下应适当深栽，根茎部入土 5~10cm（图 4-4），并浇足安蔸水 2~3kg/穴。土壤保水性好、灌溉条件好的情况下适当浅栽，根茎部入土 3~5cm。

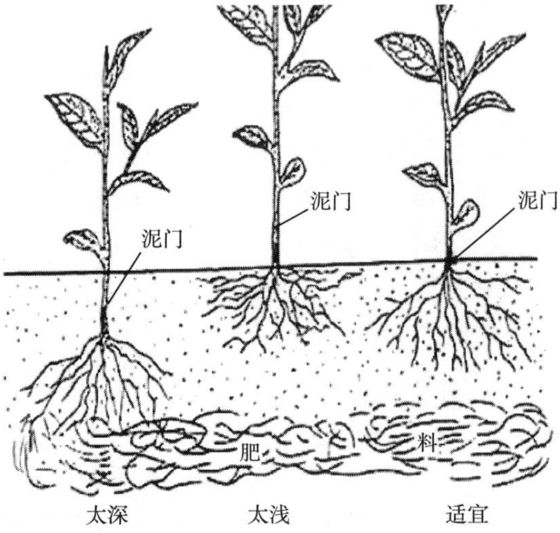

图 4-4　茶苗种植深度

⑤蘸泥浆保水：为了茶苗种植期间及种植后保水，在种植前，用大桶加水后加入黄土，打泥水浆。泥浆蘸根后再进行移栽。

（3）种植要点　移栽时应保持根系的原来姿态，使根系舒展。茶苗放入种植沟中，悬空在种植沟里，覆土固定茶苗，稍微按压后轻轻上提，使茶苗根系自然伸展。然后压实茶苗，使根与土紧密相结，不能上紧下松。待覆土至2/3~3/4沟深时，即浇定根水，水要浇到根部的土壤完全湿润，边栽边浇，待水渗下再覆土，填满踩紧。覆成小沟形，以便下次浇水和接纳雨水。此处关键是要踩紧，栽好后用食指和拇指抓住苗的顶部适当用力向上拔苗，以拔不起来为准。

4. 提高移栽成活率的方法

为了提高茶苗移栽成活率，关键要做好浇水抗旱、遮阴防晒、根际覆盖、间作绿肥等工作。

（1）浇水抗旱　移栽茶苗根系损伤大，移栽后必须及时浇水，以后必要时每隔1~2周浇1次水，浇到成活为止。成活后，可适当施一些发酵过的稀薄人粪尿，以提高苗期的抗旱能力。

（2）遮阳防晒　在幼苗期由于茶园防护林、行道树和遮阳树等都未长成，生态条件差，相对湿度小，夏天强烈阳光照射和高温干旱会使茶树叶子灼伤，严重会使整株茶苗晒死，在“伏旱”季节表现更为明显。在第1~2年的高温季节，必须进行季节性遮阳。具体做法：用狼箕草、杉枝和稻草、麦秆等扎成束，插在茶苗的西南方向，挡住部分阳光。高温干旱季节过后，及时拔除遮阳物或作为铺草材料铺于茶行之间，既保水，又可以增加土壤有机质。

（3）根际覆盖　根据经验，旱季根际铺草，有利于提高茶苗成活率，促进茶苗的生长势。一般无公害茶园可采用稻草、麦秆、绿肥等作为根际覆盖的材料，绿色食品茶园和有机茶园应以山草、绿肥为主。具体做法：在茶苗根颈两旁根系分布区覆盖，上面再压碎土。在缺水地块，更应大力采用。秋冬移栽的茶苗，在移栽结束后立即覆盖，可以起到抗寒保温的作用。其他时间移栽的茶苗，则应在干旱季节到来之前覆盖好。

（4）间作绿肥　幼龄茶园合理间作绿肥不仅可解决肥源问题，还可以增加土壤覆盖率，防止水土流失，护梯保坎，增加茶园生物多样性等，也是有机农业生产的重要技术措施。比如在裸露严重的茶园行间，套种白三叶草，白三叶草用作绿肥翻埋和覆盖物，既增加了茶园的土壤肥力，又提高了土壤的抗蚀性。

（5）其他处理方法　①假植。若苗圃起出的茶苗，当天未能移栽和等待装运，或运到目的地后不能及时定植时，则应将其集中埋植在泥土沟内，或用地衣植物包扎根部，放于阴凉处，防止茶苗失水，提高茶苗成活率。②药剂处理。用50mg/L的萘乙酸（NAA）处理根系（黄泥浆蘸根）的方法可以明显提高运输茶苗移栽成活率。

（六）种植初期茶园管理

实践证明，茶树如果在一二年生时不能全苗，成园后就很难补齐，这是应该引起重视的经验教训。在这段时间中必须千方百计地达到全苗壮苗，才能为以后的茶叶高产优质奠定基础。

（1）抗旱保苗　一二年生的茶苗，既怕干，又怕晒，要促进其加速生长，必须抓住除草保苗、浅耕保水、适时追肥、遮阳、灌溉等项工作。

（2）间苗补苗　保证单位面积有一定的基本苗数，是正确处理个体与群体关系的一个方面，是争取丰产的基本因素；及时查苗补苗，凡每丛已有1株茶苗成活的苗不必再补苗，缺丛则每丛补植3株茶苗。这是达到全苗、壮苗的重要措施。凡出苗迟、生长差的茶苗，要增加水、肥抚育。齐苗后当年冬季或次年，要抓紧补苗，否则，待成园以后再补，所补的茶树参差不齐，更严重的是有些不能成丛，故需在一二年生内将缺丛补齐，保证全苗。补缺用苗，必须用同龄茶苗，一般应用“备用苗”补缺，若用间苗补缺，苗木不能拔，而要挖，否则根系损伤，不易成活。补缺的方法和补后的管理与移栽茶苗相同。

（3）防寒防冻　防寒防冻是茶苗移栽后初期管理的重要内容。新植的第一年，尤其是一些乔木型的大叶品种，若在长江流域一带种植，防寒防冻更加重要。

第二节　茶园土壤管理

一、茶园耕作

耕作是改善土壤肥力水平最重要的技术措施之一。茶园耕作有许多作用，如疏松土壤，改善水、肥、气、热条件；促进土壤风化，提高供肥能力；清除杂草，减少病虫害；促进根系更新等。但耕作不当，也会给茶园带来一些负面影响，如损伤茶树根系、破坏土壤结构等。所以，要因树、因地制宜进行合理耕作，才能取得预期的效果。按深浅程度不同，可以将茶园耕作分为浅耕、中耕和深耕。

（一）浅耕除草

浅耕深度不宜过深，一般10cm以内。浅耕时间：一般每茶季结束后，结合追肥进行浅耕，保证茶园表土疏松，无杂草。

（二）中耕除草施肥

中耕深度不宜过深，一般为10~15cm。中耕时间：一般在春季茶芽萌发前进行，可防春季杂草，减少表土水分含量，以利表土吸收太阳辐射，提高土温，促进茶芽提早萌发。

（三）深耕改土

深耕可改善土壤的物理性质，减轻土壤容重，增加土壤孔隙度，提高土壤蓄水量，加深和熟化耕作层，加速下层土壤风化分解，将水不溶性养分转化为可溶性养分。茶园行间深耕要因地因园制宜。幼龄茶园，种植前已全面深耕的茶园，可不必年年深耕；种植前只进行局部深耕的，必须及早在行间未进行深耕的地方深耕，深度不得少于50cm，宽度以不伤根为限。

成龄采摘茶园，根系已密布行间，在生产上可将深耕与施用基肥相结合，很少单独进行深耕。在深耕时，丛间、行间要深，为20~30cm，丛下要浅，为10~15cm，宽度以40cm左右为宜，不要太靠近茶树根颈部位。

衰老改造的老茶园，地上部台刈改造的同时，土壤深耕50cm，并及时施肥。

深耕时间：应选择在全年茶季结束时进行，此时进行深耕对茶树断根的再生恢复有利。

二、茶树施肥

肥料是茶树的食粮，也是保证茶叶优质、高产、高效益的物质基础。无论是一般的茶园还是无公害或有机茶园，都必须按茶树营养规律进行营养管理。

（一）施肥原则

1. 重施有机肥

有机肥营养全面，有机质丰富，其肥效缓慢而持久，对茶树生长、产量和品质都有良好影响。同时，有机肥可改良茶园土壤，改善土壤中的水、温、气、热，增强土壤缓冲和吸附能力，减少养分流失，有利于环境保护，加快茶树根系的生长发育和养分的吸收等。

2. 重施基肥

基肥是指茶芽生育处于相对休止期前后施用的肥料，此时茶树地上部虽然处于相对休止状态，但其根系并没有休止，仍在吸收营养元素。这些被吸收的养分大多贮藏在根系中，是来年春梢生长的物质基础。基肥种类可以单施有机肥，无公害茶园和A级绿色食品茶园还可有机肥和速效性化肥混合施，并配合施入适量的磷、钾肥。

3. 营养元素平衡

氮肥对增加茶叶产量的效果最为明显。尤其采摘茶园，重施氮肥格外重要，但长期大量地单一施氮肥，易造成茶园土壤理化性质变坏，土壤中各种营养元素间的平衡关系失调，土壤团粒结构遭破坏，肥力下降，氮的流失率更高，氮肥的增产效应也受到抑制。施肥时，应以氮肥为主，配施磷、钾肥，有条件的还应及时补充土壤中缺乏的其他微量元素。

（二）施肥关键

茶园施肥的关键是“早施有机肥，配施速效肥，重施催芽肥，巧施根外肥”。做到“一深、二早、三多、四平衡、五配套”。

1. 一深

肥料要适当深施，以促进根系向土壤纵深方向发展。茶树种植前，底肥的深度至少要求在30cm以上；基肥应达到20cm左右；追肥也要施5~10cm深，切忌撒施，否则遇大雨时会导致肥料冲失，遇干旱时造成大量的氮素挥发而损失，而会诱导茶树根系集中在表层土壤，从而降低茶树抵抗旱、寒等自然灾害的能力。

2. 二早

基肥要早，长江中下游茶区，要求肥料在9月上旬至10月下旬施下。催芽肥也要早，以提高肥料对春茶的贡献率。一般要求比名优茶开采期早1个月左右，如长江中下游茶区应在2月份施下。

3. 三多

肥料的品种要多，不仅要施氮肥，而且要施磷、钾肥和镁、硫、铜、锌等中微量元素肥以及有机肥等。肥料的用量要适当多，每产100kg大宗茶，亩施纯氮12~15kg，如茶叶产量以幼嫩芽叶为原料的名优茶计，则施肥量需提高1~2倍。但是，化学氮肥每亩每次施用量（纯氮计）不要超过15kg，年最高用量不得超过60kg。施肥的次数也要多，要求做到“一基三追十次喷”，春茶产量高的茶园，可在春茶期间增施一次追肥。

4. 四平衡

有机肥和无机肥要平衡。要求基肥以有机肥为主，追肥以无机肥为主。氮肥与磷、钾肥，大量元素与中微量元素要平衡。成龄采摘茶园要求氮、磷、钾的比例为（2~4）：1：1。基肥和追肥平衡。一般要求基肥占总施肥量的40%左右，追肥占60%左右。根部施肥与叶面施肥平衡。在根部施肥的基础上配合叶面施肥，才能全面发挥施肥的效果。

5. 五配套

茶园施肥要与其他技术配合进行，以充分发挥施肥的效果。施肥与土壤测试相配套，测土配方施肥。一般要求每两年对茶园土壤肥力水平和重金属元素含量等进行一次监测，以了解茶园土壤肥力水平的变化趋势，有针对性地调整施肥技术。施肥与茶树品种相配套。不同品种对养分的要求有明显的“个性特点”，根据其需肥特性施肥。施肥与天气、肥料品种相配套。避开天气持续干旱和雨水过多或暴雨前施肥。施肥与土壤耕作、茶树采剪相配套。如施基肥与深耕改土相配套，施追肥与除草结合进行，节本增效；幼龄茶园和重修剪、台刈改造茶园应多施磷、钾肥等。施肥与病虫防治相配套。一方面，茶树肥水不足，易导致病虫危害，应注意及时防治；另一方面，对于病虫危害严重的茶园，特别是病害较重的茶园应适当多施钾肥，并与其他养分平衡协调，有利于降低病害的侵染率，增强茶树抵抗病虫害的能力。

（三）施肥技术

1. 幼龄茶园施肥

在生产季节每一两个月施一次速效肥。1~2 年生茶树兑水浇施。农家有机肥应充分腐熟后开深 10~12cm 的浅穴（或沟）施，施后盖土保肥。

对于幼龄茶园的追肥用量，一般按树龄来确定，1 年生茶苗因苗小幼嫩，在旱季可追施稀薄的农家肥。2~3 年生茶树一年追肥 2 次，第 1 次于春茶前，第 2 次于春茶后，按 6：4 比例分配施用。施肥量如表 4-1 所示。

表 4-1　幼龄茶园每亩年施纯氮量

树龄（龄期）/年	单行条植/kg	双行条植/kg
1~2	2~3	3~5
3~4	3~6	5~8
5~6	6~9	8~12

注：氮、磷、钾肥年用量按 3：1：1 或 3：1：1.5 确定。

2. 成龄茶园施肥

基肥每年或隔年施一次，于春茶结束后或秋茶结束后尽快施入，基肥用量按新建茶园的底肥标准，或略少于新建茶园的底肥用量，按纯氮计算，不得少于全年用量的 30%。基肥施用应结合深耕，开沟深 25~30cm，宽 20~30cm，施后覆土平沟，这样有利于把茶树吸收根引向土壤深处，提高逆境下的生存能力，有利于茶树安全越冬。同时，混施厩肥、饼肥和复合肥，保证茶树需要的速效养分和逐步分解的养分，并可以改良土壤理化性质，提高土壤保肥能力。

追肥每年分别于 2 月下旬至 3 月上旬，5 月上旬，7 月中、下旬施用，以速效氮肥为主。如茶园专用复合肥、尿素、硫酸铵、碳酸氢铵、过磷酸钙、硫酸钾等。3 次追肥量的比例为

4：3：3。在春耕春施时间上应做到宜早不宜迟，因为施肥时间不同对春茶的贡献率不一样。试验表明，3 月下旬春耕春施，春茶的回报率只有 12.6%，一般春肥在春茶开采前 40d 施下，即春梢鳞片萌动时最适宜。春耕深度要适中，深了会伤根，浅了又不利于提高地温，一般深为 10～12cm。

以产定肥，一般每采摘 100kg 鲜叶施入纯氮 4～5kg，过磷酸钙或钙镁磷肥 7～8kg，磷酸钾 2～2.5kg。也可以采用测土配方施肥，定期测定土壤中各种肥料要素含量，当某种元素含量过低时，就应适当补充该种元素。

3. 茶树根外营养

微量元素类：0.05%硫酸锌、0.01%～0.05%硫酸镁等。时间应选择阴天或晴天的早晚，施后 8～10h 内无降雨。

三、茶园水分管理

水分的存在及其代谢对茶树的生命活动是至关重要的。据研究，茶树生长适宜的环境水分指标是土壤含水量为 60%～90%、空气相对湿度为 70%～90%。

（一）茶园保水

雨季注意给水池蓄水，供旱期使用。改善耕锄、覆盖、造林工作，增强茶园土壤涵养水分的能力。主要从以下两个方面入手。

1. 扩大土壤蓄水能力

建园应选择相宜的土类，并注意有效土层的厚度和坡度等。深耕改土，增施有机肥，加深有效土层厚度和改良土壤质地。坡地茶园在上方和园内加截水横沟，并做成竹节沟形式，能有效地拦截地面径流，使雨水蓄积于沟内，再慢慢渗入土壤中，这是有效的茶园蓄水方式。同样，梯级茶园内侧也要求开设竹节沟（图 4-5）。

图 4-5　坡地茶园截水横沟

山坡坡段较长时，适当加设蓄水池（图 4-6），对提高茶园蓄水能力也有一定作用。选择园区低洼地段开挖蓄水池，起到多雨能蓄、涝时能排、缺水能灌的作用，这对改善园区生态环境有显著作用。按平均 $1hm^2$ 布设容积 $5～10m^3$ 的蓄水池的要求设计。

此外，在茶园路边、田边、地角植树造林，扩大园区树木覆盖率，增加绿化也是加强水源涵养的主要技术措施之一。植被素有“绿色水库”之称，具有涵养水源、调节气候的功效，保护植被是促进自然界水分良性循环的重要途径。在茶园周围多植树木还具有缩小环境温差，使气候变化趋向和缓，增加空气湿度的作用，十分有利于茶树生长和提高茶叶品质，这是改善生态条件、涵养水源的有效方法。森林树木还具有削洪抗旱功能和净化水质等

图 4-6　茶园蓄水池

作用。

2. 降低土壤水分的散失

（1）地面覆盖　地面覆盖是控制土壤水分散失效果最好的措施，最常用的方法是铺草。这是我国许多茶区的一项传统栽培经验，其保水效果十分显著，尤其在夏季能大幅度提高保水效果。

（2）合理布置种植行　茶园的水土流失一般是丛式大于条列式，单条植大于双条或多条植，稀植大于密植；顺坡种植茶行大于横坡种植的茶行；尤其是幼龄茶园和行距过宽、地面裸露度大的成龄茶园流失严重。

（3）合理间作　虽然茶园间作物本身要消耗一部分土壤水，但相对于裸露地面，仍可不同程度地减少水土流失，坡度越大作用越显著。

（4）及时中耕除草，既可免除杂草对水分的消耗，又可有效地减少土壤水的直接蒸散，但中耕必须合理，例如不宜在旱象严重、土壤水分很少的情况下进行，否则往往因锄挖时带动根系而影响吸水，加重植株缺水现象，这在幼龄茶园尤需注意。最好掌握在雨后土壤湿润且表土宜耕的情况下进行。

（5）在茶园附近，尤其是坡地茶园的上方适当营造行道树、水土保持林，或园内栽遮阳树，不仅能涵养水源，而且能有效地增加空气湿度，降低风速和减少日光直射时间，从而减弱地面蒸发。

（6）合理运用其他管理措施　例如适当修剪一部分枝叶以减少茶树蒸腾水。通过定型和整形修剪迅速扩大茶树本身对地面的覆盖度，不仅能减少杂草和地面蒸散耗水，而且能有效地阻止地面径流。施用农家有机肥能有效改善茶园土壤结构，从而提高土壤的保蓄水能力。

（二）茶园灌溉

1. 灌溉的经验指标

幼龄茶园在夏秋干旱时持续 5~7d 时应进行灌溉。产量较高的茶园夏秋干旱时也应进行灌溉。

2. 灌溉的方式

茶园灌溉的方式有四种，即浇灌、流灌、喷灌和滴灌，其中喷灌最理想，无喷灌条件时，可进行流灌。

（三）茶园排水

土地不平整的茶园或山间稻田改建茶园易发生对茶树的湿害。坡脚茶园，一般说来，山坡下段土层肥厚，宜茶生长；但有时也有坡下段的茶树长势反较上段茶树差，这种情况往往与湿害有关。透水性越差的土壤，茶树越易受到湿害。排湿的根本方法是开深沟排水，降低地下水位。茶园排水还必须与大范围的水土保持工作相结合。被排出茶园的水还应尽可能收集引入塘、坝、库中，以备旱时再利用或供其他农田灌溉以及养殖业用。

四、茶园间作

幼龄茶园前两年可在行间合理间作 1~2 行绿肥作物或其他适宜的矮秆、短蔓农作物，如三叶草、紫苏、香茅草、茶肥 1 号、黄豆、绿豆、蚕豆、满园花、马铃薯、辣椒、白菜等。研究表明，茶园中种植白三叶草、紫苏、香茅草等能够起到有效抑制杂草、抵抗茶树病虫害的效果。

五、茶园覆盖

一般选择铺草的方式。茶园铺草有许多优点，可以减少土壤水分蒸发，改良土壤结构，增强土壤保水蓄水能力，防止土壤冲刷，增进土壤肥力，抑制杂草生长等。因此，推行茶园铺草覆盖，是实现茶园优质高产无公害的一项不可忽视的重要措施。

（一）草料来源及处理

用作茶园土壤覆盖的有机物料很多，如山草、稻草、麦秆、豆秸、绿肥等，最好以山草等为主。因它属自然生长的天然物，不受农药、化肥等化学物质的污染。但山草往往带有许多病菌、害虫及草种等，如不加以适当处理，会把这些东西带入茶园，增加茶树的病、虫、草害，因此，要做必要的处理。山草处理方法：一是曝晒。利用阳光中的紫外线杀死病菌，一些害虫也因曝晒而自然死亡；二是堆腐。将山草与有益微生物群（EM）菌液或自制的发酵粉等堆腐，一层山草喷洒一层菌液，使其发酵，利用堆腐时的高温把病菌、害虫及草种杀死；三是石灰水消毒。喷洒 5%的石灰水，堆放一段时间再把草料搬到茶园。

（二）铺草覆盖量

铺草要有一定的厚度，一般要求 5~8cm，以铺草后不露土为宜。覆盖物数量应根据茶树行间裸露面积而定。生草覆盖每亩盖 2000~3000kg，干草覆盖每亩盖 500~800kg。

（三）铺草时间和方法

茶园铺草全年均可进行。幼龄茶树行间覆盖，在茶树移栽后，为防止水土流失，应立即进行秸秆覆盖，同时进行生草栽培。茶树生长季节的 7~9 月容易产生干旱，在旱季来临之前的 6 月下旬就要做好行间覆盖。高山茶区茶树容易发生冻害，在 10 月中旬以前覆盖，以免茶树遭受冻害。

第三节　茶园树体管理与茶叶采摘

茶树是采叶经济作物，培养枝条茂盛、芽叶密集、采摘面广的优质高产树冠是茶园管理的主要任务。修剪是培养良好树冠的重要手段，是茶树优质、高产、稳产的保证。

一、茶树优质高产树冠的构成与培养

良好的树冠不仅有利于采摘，也是优质高产的基础。优质高产茶树树冠必须具备下列条件。

（一）骨干枝粗壮，分枝层次分明，分布均匀

茶树分枝接近地面的较粗壮，数量较少，离地面向上生长，分枝数量逐渐增加，至采摘面时生长枝健壮而茂密。茶树树冠呈扇形结构，而不是伞状的结构。

（二）树高适中

树冠太低不易达到一定的覆盖度和芽叶密度；如果树冠太高，又会降低光合作用产物和矿质养分的利用率，同时也不利于采摘操作。灌木型平面或机采树冠的茶树高度适宜控制在80cm左右；手采立体树冠采摘前则可提高到100~120cm。

（三）树冠广阔，覆盖度大

在适当控制树高的前提下，尽可能地扩大树冠幅度，使茶树具有宽大的采摘面。一般要求树幅在130~135cm，树冠覆盖度在90%左右。覆盖度过高，茶园密不透风，影响茶叶产量和品质，对病虫害和不良环境的抵抗力也较弱。但树冠狭窄，覆盖度过低，茶园裸露面积大，水土冲刷严重，杂草多，不仅产量低，也不利于茶叶生产的可持续发展。

（四）冠面叶层较厚

茶树叶片既是采摘的对象，又是光合作用合成有机物供应新梢生长的场所。因此，要获得高产优质的鲜叶原料，树冠面应维持一定的叶层厚度。一般平面或机采树冠应有20cm左右的叶层，立体树冠应有40cm以上的叶层。

二、茶树修剪技术

修剪是茶树树冠培养最重要的技术。修剪的种类很多，有定型修剪、轻修剪、深修剪、重修剪、台刈和边缘修剪等。其中最重要的是幼龄茶园的定型修剪和成龄茶园的重修剪。

（一）定型修剪

1. 定型修剪的目的

定型修剪是塑造优质高产树冠的关键环节。通过剪去幼龄茶树和重修剪、台刈复壮后茶树的部分主枝和高位侧枝，控制树冠高度，促进分枝和扩大树冠，培养健壮的骨干枝和骨架层，从而形成高产型树冠。新种植的茶树，一般要经过3次定型修剪（表4-2和表4-3）。

表 4-2 幼龄茶树的定型修剪

修剪次数	主要任务	修剪时间	修剪工具	修剪技术
第一次	抑制主枝的生长优势，促进一级骨干枝的发生与形成	2 月中旬~3 月上旬或扦插苗移栽后立即进行，定植时树高 25cm 左右	整枝剪、15cm 或 20cm 高的竹板	剪离地面 15~20cm 的主茎，侧枝（一级分枝）不剪，要求剪口平滑、剪口下有分枝的留柄宜短。当年切勿打顶采摘
第二次	抑制一级分枝顶端优势，促进二级分枝的生长，巩固一级骨干枝	第一次定型修剪一年后的 2 月下旬~3 月上旬，树高达 45cm 左右	整枝剪、25cm 或 30cm 高的竹板	剪去离地面 25~30cm 的一级分枝，即提高 10cm。从留下的一级分枝上发出的分枝（二级分枝）不剪。秋末，对离地面超过 45cm 的嫩梢，可适当打顶采摘
第三次	增加分枝密度，扩大树冠，促进采摘面的形成	第二次定型修剪一年后的 2 月中旬~3 月上旬，树高达 60cm 以上	篱剪或水平修剪机，40cm 或 45cm 高的竹板	在离地面 35~40cm 处施剪，将根茎和树蓬内的下垂枝、弱枝剪去。剪成水平树冠

表 4-3 重修剪、台刈复壮后茶树的定型修剪

修剪时间	修剪工具	修剪技术
重修剪后的第二年 2~3 月	水平剪或修剪机、50cm 或 55cm 高的竹板	在离地 50~55cm 处（生长势强的品种 50cm，生长势弱的品种 55cm）剪平树冠
台刈后的第二年 2~3 月	水平剪或修剪机、35cm 或 40cm 高的竹板	在离地 35~40cm 处（生长势强的品种 35cm，生长势弱的品种 40cm）剪去上部枝条，同时疏枝，清除纤弱枝，留蓄健壮枝
台刈后的第三年 2~3 月	水平剪或修剪机、50cm 高的竹板	当新萌发的枝条长到离地面 60cm 以上时，在离地 50cm 处剪去上部枝条，同时疏枝，清除纤弱枝，留蓄健壮枝

2. 定型修剪的时间

以春季茶芽萌动前进行较为合适。修剪高度不能过高，一般稍低为好，以便形成粗壮的骨干枝。特别是乔木型和直立型的品种，高度还应略低一些，这样不仅可以控制茶树高度，还可以促进侧枝生长，扩大树冠。

3. 定型修剪后的管理

幼龄茶树经过三次定型修剪（图 4-7~图 4-9）后，重修剪、台刈复壮后茶树经过定型修剪后，第四年、第五年以养为主、采摘为辅，春季打顶轻采；秋季用水平剪或弧形修剪机将树冠剪成弧形。深施有机肥和磷肥，新稍萌发时，及时追施催芽肥。

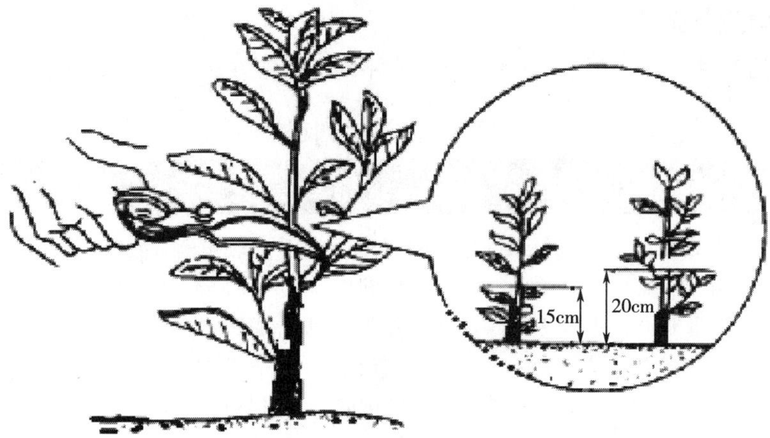

图 4-7 幼龄茶树的第一次定型修剪

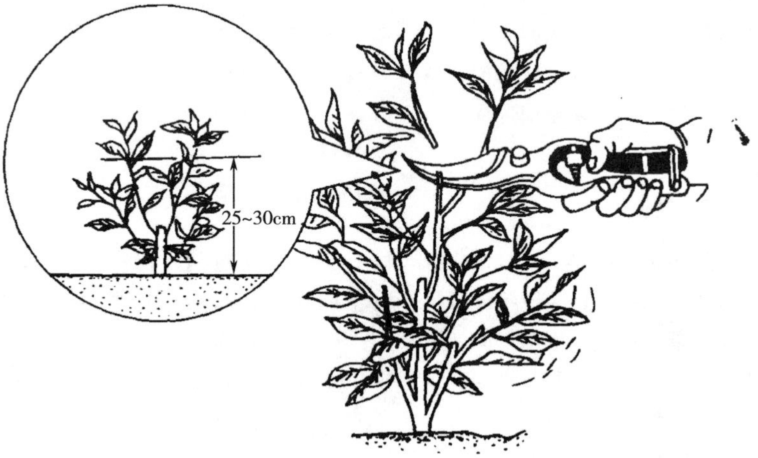

图 4-8 幼龄茶树的第二次定型修剪

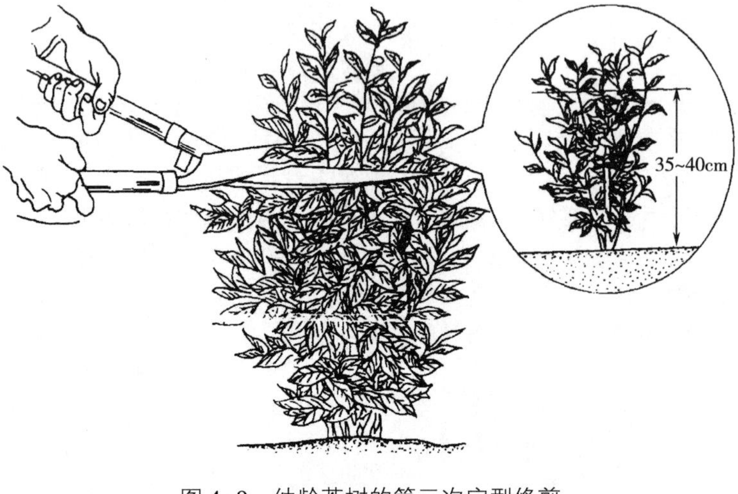

图 4-9 幼龄茶树的第三次定型修剪

(二)其他修剪技术

不同时期的茶树，根据修剪目的不同，还有不同的修剪方式（表4-4，图4-10~图4-12）。

表4-4 其他茶树修剪类型比较

修剪方法	修剪目的和对象	修剪时间	修剪技术	剪后管理
轻修剪	刺激芽叶萌发生长，解除顶芽对侧芽的抑制作用。调节成龄茶树生产枝数量和粗壮度，平整树冠面，便于采摘而剪去树冠面较突出的枝叶	一般每年进行一次。时间一般在秋茶后的10月中下旬~11月上中旬或春茶前的2月中、下旬~3月初进行，但以生产名优茶为主的茶园应将春茶前轻修剪推迟到夏茶前进行	用篱剪或弧形轻修剪机，将树冠剪成弧形；机采茶园必须使用与采茶机相匹配的修剪机修剪，以形成适合机采的采摘面。修剪深度一般在原有剪口上提高3~5cm，要求剪成弧形、剪口平滑。对茶园行间与周旁进行修边，保持15cm宽的通道	
深修剪	茶树经过多年轻修剪和采摘后，树冠面枝条变得密集而瘦弱，为了使茶树得到更新而剪去上层“鸡爪枝”	第一次轻修剪后的第五年进行第一次深修剪，以后每隔3~5年进行一次。为减少春茶损失，一般将修剪时期改在春茶后（5月下旬）进行	修剪深度因树冠面貌不同而异，以剪除“鸡爪枝”为原则，一般要剪去叶层的一半，即10~15cm，要求剪口平滑，避免枝梢撕裂，同时进行“清蔸亮脚”。机采茶园一般要剪去15~20cm	深修剪当年留养1~2季，再打顶轻采，同时加强肥培管理，防治病虫害
重修剪	为重新培育树冠，对未老先衰的茶树或骨干枝及有效分枝仍有较强再生能力的茶树，剪去有效分枝以上的枝条	应在春茶结束后立即进行，越早越好，对于长江中下游茶区，最迟不要迟于6月上旬。因各种原因未能在此前修剪的则推迟到下年进行，或改为深修剪	离地40~45cm处修剪较为合适。若采用机器修剪，应掌握在离地40cm左右进行	重修剪后，全面进行清园、中耕。剪前的秋、冬季应施足基肥（以有机肥为主），剪后要立即施肥。剪后当年不采茶，秋末可适当打顶；第二年春芽萌发前在剪口上提高10~15cm轻修剪，春、夏茶留1~2叶采，秋茶留鱼叶采。下年度同样如此。此后可按采摘茶园管理

续表

修剪方法	修剪目的和对象	修剪时间	修剪技术	剪后管理
台刈	对主干出现枯枝、根颈部萌发枝条，枝干上寄生着苔藓或地衣且呈灰白色的衰老茶树，砍掉全部枝条	最佳时间在立春前后，其次是春茶后，以春茶快结束时抓紧进行为宜。	可选用台刈剪或锋利的砍柴刀进行，枝干粗的采用锯除。一般以离地 5cm 砍去地上部为宜。剪口力求平滑，并略呈倾斜。切忌破裂，否则影响发芽	台刈前施足基肥，台刈后必须加强肥培管理，当年一律留养，第二年立春前和秋茶后，参照幼龄茶树的定型修剪技术分别进行一次定型修剪。结合打顶采摘技术，开头二、三年，在养好茶蓬的基础上进行打顶采摘，待茶园基本封行方可投入正常采摘

图 4-10　成龄茶树的深修剪

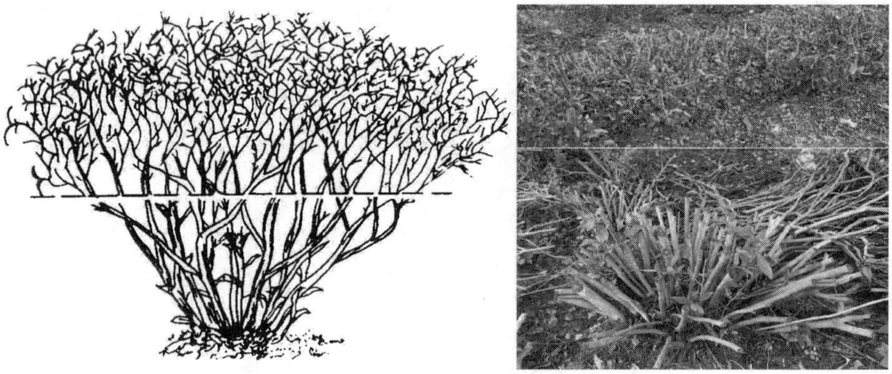

图 4-11　衰老茶树的重修剪

图 4-12 衰老茶树的台刈

（三）茶园立体采摘树冠培养技术

立体采摘茶园是指树冠垂直向具有一定采摘深度，水平向具有一定幅度和分枝密度，以同一级分枝为主要生产枝，以纯采春季名优茶原料为目标的茶园模式。研究和实践表明，立体采摘茶园具有投产快、进入高效期快的优点；春季茶芽质量和芽叶产量明显优于同龄平面采摘茶园；表现出茶芽萌发季节集中，采摘季节缩短的萌展规律；抗倒春寒能力明显好于平面茶园。这样一方面可以提高春季名优茶的产量，提升春季名优茶的品质；另一方面可大幅提升茶鲜叶的采摘效率，同时降低茶园采摘全年对劳动力的需求。该技术目前在各产茶区已有较大的应用面积，可供以发展名优春茶为主的茶叶生产管理者参考。立体采摘茶园的树冠培养技术要点如下。

在新茶园种植当年 8 月上旬，当树高超过 30cm 时，在 20~25cm 位剪去主梢；树高不足 30cm 时，在 20~25cm 位摘去主梢顶端；不足 20~25cm 时当年不修。第 2 年春茶留鱼叶采，春茶后离地 25cm 位平剪，7 月上旬提高 15~20cm 平剪，8 月上旬再提高 20cm 剪去突出枝，蓄养到翌春留鱼叶采。

第 3 年起，每年春茶后在上年春后修剪口每年提高 5~10cm 进行修剪。7 月上旬和 8 月上旬分 2 次按上述方法进行控梢，以优化采摘层的枝梢平衡生长。当春后定剪位超过 60cm 时，下一年春后回剪到 30cm 以下，夏秋季控梢方法不变。

在上述修剪方式基础上需配套合理的肥培管理措施，适当重施、深施有机肥。全年可分 2 次施用基肥，第一次在春茶后修剪前一周进行，第二次在 9 月底至 10 月中下旬进行。修剪后可选用石硫合剂进行封园。

三、茶叶采摘标准与技术

茶叶采摘既是茶叶生产的收获过程，也是增产提质的重要树冠管理措施。茶叶采摘是否科学合理，不仅直接关系到茶叶产量高低、品质优劣，而且还关系到茶树生长的盛衰、经济生产年限的长短。所以，在茶叶特别是名优茶的生产过程中，茶叶采摘具有特别重要的意义。

（一）采摘标准

1. 依茶类不同划分

细嫩采：是各类名优茶的采摘标准，即指芽初萌发或初展 1~2 片嫩叶时采摘。特点：花工多，产量低，品质佳，季节性强，经济效益高。

适中采：是当前红、绿茶最普遍的采摘标准。当新梢伸长到一定程度，采下一芽二三叶或细嫩的对夹叶。特点：产量高，品质较优，经济效益较高。

开面采：采摘标准是待新梢长到 3~5 叶将要成熟，而顶叶六七成开面时采下 2~4 叶新梢，俗称“开面采”。闽南采摘驻芽二三叶；闽北采摘驻芽三四叶。开面采按新梢伸展程度不同，又分为小开面、中开面和大开面。

成熟采：是我国边销茶所采用的采摘标准。新梢成熟，基部已木质化，呈红棕色时，用刀割去新枝基部一二片成叶以上全部枝梢。

2. 依树龄、树势强弱确定

在采摘的同时，要注意适当地留叶养树，维持茶树正常而旺盛的生长势。

幼年茶树：1~3 龄的茶树基本不采。

成年茶树：3~5 龄的茶树采用“打顶养蓬”的方法采摘；5 龄以上茶树按茶类要求进行采摘。

更新茶树：1~2 年不采。

3. 依新梢生育和气候特点合理确定采摘标准

生产同一茶类，可依据新梢生育和气候情况，采制不同等级的茶叶。例如龙井茶原料的采摘：

（1）清明前后　特级——芽、一芽一二叶初展（芽长>叶长）；一、二级——一芽一二叶初展（芽长=叶长）。

（2）谷雨后　三~五级——一芽二叶和一芽三叶初展，部分对夹叶。

（3）夏季　五级——芽叶长度 4cm 以上，部分对夹叶。

（4）秋季　一芽二叶初展或开展。

4. 采用多茶类组合生产的方式进行采摘

采用多茶类组合生产的方式进行采摘，使不同地区、不同茶树品种、不同嫩度的鲜叶、不同采茶季节都有最佳的适制茶类的鲜叶原料，充分发挥原料的经济价值。组合方式：名优茶（清明、谷雨）→大宗绿、红茶（5 月）→青茶、黑茶（6 月~8 月）→大宗绿、红茶或青茶、黑茶（9 月、10 月）。

（二）采摘技术

1. 技术要求

（1）按标准及时采摘　确定采摘适期的方法：

①根据有效积温推测；

②根据生产经验确定：各地生产大宗红、绿茶以有 10%~15%的新梢符合采摘标准时即应开采，开采后约 10d 便可进入旺采期。在旺采期内，每隔 2~3d 采一批。

按标准及时采摘，就是及时采下达到采摘标准的芽叶或同等嫩度的对夹叶，这样不仅采下的芽叶质量相对较好，而且打破了顶端优势，加速腋芽和潜伏芽萌发，促进新梢轮次增加，采摘间隔期缩短，提高全年茶叶的产量、质量。若延迟时间则新梢老化，不仅影响当季茶叶品质，还会抑制下轮茶的萌发和生长，产量也还是上不去。夏茶产量可达全年的30%~40%，仍不可忽视，尤其在高寒茶区，夏茶往往是构成全年茶叶产量的主体，更不能抓了春茶而忽视了夏茶。秋季常受伏旱困扰，影响秋茶产量和品质，有时甚至无收，但在雨水较好的年份或有灌溉条件的茶区，秋茶仍可获得优质高产，应尽力争取。

（2）分批多次采摘　茶树因品种、树势和新梢生长部位不同，发芽时间也不同，合理分批采摘就是要做到先发的先采，后发的后采，先达到采摘标准的先采，未达到标准的不采。保证芽叶整齐、大小均匀。

春茶2~3d采一批，分7~10批采。

夏茶3~4d采一批，分5~8批采。

秋茶6~7d采一批，分7~12批采。

若采一芽一叶幼嫩原料做高级名优茶，需要每天都进行采摘。

（3）依树势、树龄留叶采

①留鱼叶采摘法：成年茶园的基本采摘法，适合名优茶和大宗红、绿茶的采摘，即等新梢长至一芽一叶、一芽二叶或一芽三叶时，只留下鱼叶采。

②留真叶采摘法：采养结合的采摘方法。既注重采，也重视留。一般待新梢长至一芽三四叶时，采摘一芽二叶为主，兼采一芽三叶，留下一两片真叶在树冠上不采。但遇二三叶幼嫩驻芽梢，则只留下鱼叶采摘，强调采尽对夹叶。

③打顶采摘法：又称打头、养蓬采摘法。这是一种以养为主的采摘方法，适用于扩大茶树树冠的培养阶段，一般在二三龄的茶树或更新复壮后一两年时采用。在新梢长到一芽五六叶以上，或者新梢将要停止生长时，实行采高养低，采顶留侧。摘去顶端一芽一二叶，留下新梢基部三四片以上真叶，以进一步促进分枝，扩展树冠。

留叶组合模式：理想模式为夏留一叶，春、秋留鱼叶采。产量品质均好，且能高产稳产，但树势比春留1~2叶者差。春季多采少留，产量较高，并能为以后各季茶芽萌发、刺激腋芽多发创造有利条件。为了使在春季采摘所受到的创伤能迅速恢复，同时由于夏季气温高、光照强的特点，在夏梢上少采多留，留一二片真叶在梢上，补充春季留叶的不足，并为秋梢和翌年春梢生长打下物质基础。

另外，当前部分茶区为提高春季名优茶效益，采用立体采摘。在春茶采摘后，立即对茶树进行重修剪，并深施重施有机肥，通过夏秋茶留养，达到第二年春茶提早发芽和开采一周以上，茶芽萌发量比平面留养的增加约60%，春茶质量和产量大幅提高，而且芽叶粗壮好采摘，并能维持数年优质高产。

不同树龄的采摘与留叶方法：

①幼年茶树：以养分主，以采为辅。

对于茶园基础好、肥培管理水平高、生长势良好的幼年茶园，二足龄（第一次定型修剪后）：春、夏留养，秋季树冠高度超过60cm时分批打顶至茶季结束。三足龄：春茶末时打头采，夏茶留二三叶采，秋茶留鱼叶采。四足龄：茶树春末留一二叶采，夏留一叶采，秋留鱼叶采。

对于多条密植修剪茶园，一足龄修剪的茶树当树冠高度达40cm以上时打头采，夏留二叶采。二足龄第二次修剪的茶树，春留二三叶采，夏留一二叶采，秋留鱼叶采。二足龄第一次定型修剪的茶树，当树高达45cm以上时春茶打头采，夏留二叶采，秋留鱼叶采。三四足龄茶树，春前轻修剪，春、夏各留一大叶采，秋留鱼叶采。

②成年茶树：以采为主，以养为辅。

全年应有一季留真叶采。春、秋留鱼叶采，夏留一叶采。

③更新茶树：以养为主，采养结合。

深修剪茶树：当年春茶留鱼叶采，于5月上旬深修剪后，留养夏梢，末期可打头采，秋留鱼叶采；第二年轻修剪后，即可按成年茶树正常采摘。

重修剪茶树：当年夏茶留养不采，秋茶末期打头采；第二年春茶前定型修剪，春茶打头采，夏茶留二叶采，秋茶留鱼叶采；第三年春茶前轻修剪，春茶留一二叶采，夏茶留一叶采，秋茶留鱼叶采。

④台刈茶树：以养为主。

当年夏茶留养不采，秋茶末期打头采；第二年春茶前第一次定型修剪，春、夏茶末期分别打头采，秋茶留鱼叶采；第三年春茶前第二次定型修剪，春茶留二三叶采，夏茶留一二叶采，秋茶留鱼叶采；第四年春茶前轻修剪，正常留叶采。

2. 手采方式

（1）折采　左手接住枝条，用右手的食指和拇指夹住细嫩新梢的芽尖和芽下第一片、第二片细嫩叶，轻轻地用力将芽叶折断采下。打顶采、细嫩标准采时应用此法，但采摘量少，效率低。

（2）提手采　掌心向下或向上，用拇指、食指配合中指，夹住新梢所要采的部位向上着力，采下投入茶篮中。此法为手采中最普遍的方式，现大部分茶区红、绿茶的适中标准采，大都采用此法。

（3）双手采　两手掌靠近于采面上。手心向上或向下，轻提芽叶，使之脱落，采摘时两手相互配合，交替进行，思想集中，双手距离相隔不宜过远，保持在10~15cm为宜，做到手掌动而手臂不动，采下的芽叶不能握在手中过紧，应及时投入篮中，避免发热，伤害芽叶品质。捋采、抓采和扭采都不提倡。不要采伤芽叶，采碎叶片。

3. 采摘用工

目前，我国名优茶鲜叶采摘大部分通过手工的方式进行，相比于机械采摘，人工采摘受思想、技术及自身安全等方面因素的制约而影响采摘效率与质量，因此，茶企或茶叶合作社需对采茶工进行合理的组织与管理。

采摘占茶园管理用工的50%~60%，茶园进入丰产期，需根据茶树品种及长势，按照1~1.5亩/人，或者根据采摘季节总的鲜叶产量（1芽2叶标准）225~350kg/人配备采茶工。根据茶园实际情况，提前计划好每个区域采茶工的数量，可以分成若干小组，每个小组负责一个区域，避免采茶时“一窝蜂”“满园跑”、乱采、抢采、漏采等不良现象的发生。

一般来说，一方面，在采茶以前应举办短期培训，通过培训了解采摘的重要意义；另一方面，应掌握采留的标准，提高鲜叶的匀度、净度和新鲜度，同时，通过留叶数量维持茶树高产优质状态。

（三）机械采茶

在茶园生产中，采茶占整个劳动力用量的60%左右。在春茶“洪峰”期因采摘不及时而造成损失屡见不鲜。

机采优点：机采比手工采工效高 10~20 倍，成本低，节约 30%以上，品质好，芽叶完整率达 80%以上，产量高，比手采提高 10%左右。实行大宗茶机采是必然方向。

1. 机采茶园具备条件

茶树品种：需选择茶树株型紧凑、发芽整齐、持嫩性强、节间长、芽叶再生力强的无性系品种，以保证鲜叶质量和机采效果。当然这类品种还是以优质高产为前提。

茶园地形：平地或坡度在 15°以下的缓坡茶园，梯级茶园应宽在 2m 以上；行距：1.5~1.8m，行间有 15~20cm 操作道。行长不超过 50m。无人机行走障碍物，操作安全。

种植方式：条列式种植，缺株少。

树冠要求：平形或弧形，树高 60~80cm。

2. 机采适期、批次

采摘大宗红、绿茶的产区，春茶期间当 80%的新梢符合采摘标准、夏茶期间当 60%的新梢符合采摘标准时为机采适期。为提高经济效益，在春茶机采之前，可以先进行人工采摘，采下早发芽，加工名优茶，能够增加茶园的收益。

机采茶园的采摘批次较少，一般春茶采摘 1~2 次，夏茶 1 次，秋茶 2~3 次。

3. 机采茶园的留养

园相指标：长期机采后，会造成叶层变薄、叶形变小等现象，影响茶树的生长发育。机采 5~6 年的茶树可留蓄一季秋梢。

叶层厚度小于 10cm，叶面积指数小于 3 时，留养；树冠表层机械经常切割部位已形成鸡爪枝或树体过高的茶树，应先行深、重修剪，再行留养。

留养时期：长江中、下游茶区，选择秋季留一轮新梢不采或留 1~2 张大叶采。要根据茶树生长情况合理选择留养时期，尽可能选择一年中产量比重小、经济效益低的轮次进行留养。

4. 机采作业要求

茶机的选择：平地茶园、缓坡茶园，可选用双人抬式采茶机，坡度较大的茶园则选用单人操作的小型采茶机械较为合适。

幼龄茶园以扩大树冠为主，宜用平形采茶机，生产茶园以采摘鲜叶获取产量为主要目的，宜选用弧形采茶机（平形树冠的茶园只能选用平形采茶机）。

单人采茶机：由 2 人配合进行操作，一人双手持采茶机头采茶，另一人提集叶袋协助机手工作。机头在茶行蓬面作“Z”字形运动，从茶行边部采向中间，分别在两侧各采 1 次。一般 1 台单人采茶机可管理茶园 25 亩左右。

双人采茶机：双人采茶机一般需 3~4 人共同工作，其中主机手 1 人、副机手 1 人、集叶手 1~2 人。每条茶行在两侧来回各采 1 次。一般 1 台双人采茶机可管理茶园 80 亩左右。

第四节　茶园安全生产

一、茶园病虫害防治

（一）茶树病虫害种类

茶树病虫害包括虫害和病害两大类，病害按发生部位不同可分为叶病、茎病和根病；害虫按为害部位和为害方式不同可分为吸汁性害虫、食叶性害虫、钻蛀性害虫和地下害虫（表4-5）。

表4-5　茶树病虫害种类

为害部位	重要性	茶树表现与病虫类型	主要种类
嫩叶	★★★★★	吸汁性害虫：叶病 食叶性害虫：叶病	茶小绿叶蝉、茶尺蠖、茶橙瘿螨、茶饼病等
成叶	★★★	吸汁性害虫：叶病 食叶性害虫：叶病	茶黑毒蛾、黑刺粉虱、茶毛虫、茶网蝽、茶炭疽病等
茎	★★	吸汁性害虫：茎病 钻蛀性害虫：茎病	茶梢蛾、天牛、蚧、苔藓等
根	★★★★	地下害虫：根病	白蚁、根腐病、茶根结线虫病等

注："★"越多表示越重要。

1. 茶树害虫种类

中国茶树害虫种类较多，常见茶树害虫有400多种，其中经常为害茶树的有50~60种。发生特点：害虫的种类并非固定不变，随着时间和空间的转移，虫情也会发生变化，次要害虫可以上升为主要害虫，主要害虫也可以沦为次要害虫。各类害虫在生活习性、发生情况与环境的关系以及防治方法上都有其特点，也有其相似之处，应结合实际，防治上要注意兼治。

（1）食叶性害虫　主要指咬食茶树叶片、嫩梢的咀嚼式口器害虫；为害后往往造成透明枯斑、缺刻、孔洞、潜道、卷叶或嫩梢折断，甚至蚕食整张叶片，仅剩叶脉、叶柄或枝干，严重时状如火烧。代表种类主要包括鳞翅目的尺蠖、毒蛾、刺蛾、蓑蛾、卷叶蛾、斑蛾、夜蛾、细蛾和蚕蛾等科的幼虫，以及鞘翅目的象甲、叶甲和金龟甲等科的成虫。

（2）吸汁性害虫　指口器为刺吸式或锉吸式的一些害虫，以若虫和成虫刺吸为害茶树的芽梢、叶片、枝干、果实或根。这类害虫隶属于半翅目、缨翅目和双翅目等，主要包括叶蝉类、蚧类、粉虱类、蝽类、蚜虫类、蓟马类和螨类等。

（3）钻蛀性害虫　茶树钻蛀性害虫主要包括钻蛀茶树枝梢、枝干、根部和茶果的害虫。

一般均为鳞翅目和鞘翅目的幼虫。全国常见的局部发生较重的主要有茶枝镰蛾、茶梢蛾、咖啡木蠹蛾、茶红颈天牛、茶枝小蠹虫、茶天牛、茶吉丁虫、茶籽象甲等。

2. 茶树病害种类

已发现的茶树病害100多种，其中常见的有30余种。按发生部位不同可分为叶部病害、枝干部病害和根部病害。茶树病害主要是由一些真菌侵染所致，除此之外还有藻类、线虫和寄生性种子植物等。茶树病害的发生也随地理条件和生态环境的差异而变化。全国发生较普遍的如茶云纹叶枯病、茶轮斑病、茶枝梢黑点病、茶藻斑病等。根腐病类在华南茶区较严重，茶白星病、茶饼病在高山茶区往往造成灾害，茶芽枯病在江南茶区的春茶季节常普遍发生，而苔藓类则主要为害湿度较大的老龄茶树。

（1）叶部病害　主要包括茶饼病、茶炭疽病、茶轮斑病、茶白星病、茶褐色叶斑病、茶云纹叶枯病、茶藻斑病、茶圆赤星病、茶芽枯病、茶煤病、茶赤叶斑病等。主要特点为种类多，对茶叶产量和品质影响最大；从发病部位看，可分为嫩芽嫩叶病害和成叶老叶病害，在茶树不同生长季节均有发生；高湿度往往是叶部病害流行的重要条件。

（2）枝干部病害　种类较多，普遍发生的主要有茶枝梢黑点病、寄生性种子植物和寄生藻类等。除此之外，茎干部病害还有茶膏药病、茶毛发病等。患病茶树养分和水分运输受阻，造成树势衰弱，芽叶稀少；主要以人工防除，结合搞好茶园卫生的方式进行控制。

（3）根部病害　主要包括茶根结线虫病、茶根癌病、茶苗白绢病、茶紫纹羽病等。其中茶根癌病、茶根结线虫病和茶苗白绢病一般均发生在苗期，常引起茶苗的大量死亡。根部病害主要影响水分和养分的吸收，引起全株死亡，一旦流行，破坏性极大。主要控制措施有建立无病苗圃、严禁病苗出圃、挖除病株、土壤处理等。

（二）茶树病虫害防控策略

1. 农业防治

（1）加强茶园管护

①及时修剪与采收：保持茶园的通风采光，降低病虫害的发生。

②加强肥水管理：及时、科学、合理施肥和灌溉，通过增强茶树的生长势提高茶树抵御病虫害的能力。

③及时清理枯枝落叶：将修剪、采收后带有病菌、虫体、虫卵的枯枝落叶，集中高温沤制作为肥料，避免蔓延传播。禁止焚烧。

④不得使用除草剂：茶园管护过程中，应实施割草就地覆盖茶园，以维护茶园生态体系、保护天敌，减少病虫害的发生。

（2）清洁茶园

①集中处理废弃物：在茶园设置相对密闭的垃圾桶或垃圾回收池，及时收集、清理茶园中的塑料袋、药瓶等影响茶园清洁或茶园管护安全的废弃物，并分类集中处理。废弃物的处理不得对环境有二次污染。

②保持茶园道路清洁：避免将茶园中的泥土等带入茶园机耕道或观光道路。

2. 物理防治

（1）悬挂诱虫灯

①防治对象：茶毛虫等鳞翅目趋光性害虫的成虫。

②布局：每20~30亩茶园悬挂1盏。

③悬挂时间：5~10 月。

④维护：及时清理、检查线路、注重安全。

（2）悬挂诱虫板

①类型：黄板、绿板、天敌友好型色板。

②防治对象：蚜虫、茶小绿叶蝉等趋黄（绿）性害虫成虫。

③布局：每 15~20m^2 悬挂 1 块（大号），高于茶棚 20cm。

④时间与维护：5~9 月；及时更换。

⑤自制诱虫板：选择不小于 30m^2 的纸板或木板，用黄色或绿色油漆+10 号机油混合调制至不滑落滴油为宜，均匀涂布在纸板或木板两面，油漆干后按比例悬挂于茶园。每个月清理一次，并重新涂布油漆再悬挂。

（3）实施诱杀

①悬挂性诱剂。

②糖醋+农药诱杀。

③灯光诱杀。

3. 生物防治

（1）保护“天敌”　禁止使用除草剂和高毒、高残留农药或不按农药安全间隔期使用农药。“以虫治虫”“以菌治菌”“以螨治螨”。使用微生物或微生物制剂防治病虫害，主要有苏云金杆菌（Bt）制剂、核型多角体病毒制剂、白僵菌制剂等，可防治多种茶树病虫害。利用茶园中的瓢虫、蜘蛛、捕食螨、寄生蜂等有益生物或人工释放捕食螨、寄生蜂等防治虫害。

（2）释放“生物导弹”

①“生物导弹”：系捕食螨+白僵菌制剂。可防治茶毛虫、红蜘蛛、茶小绿叶蝉等多种茶园害虫，一次施用可控制一年以上。

②使用时间：晴天下午日落后或阴天下午 5 点后，忌晴天有阳光照射期间和雨天施用。储存和施用中不得接触有异味的气体和物质，最好一次施用完毕，若当天不能施用完毕，应将剩余的捕食螨用容器装好（不得剪开口），放置于空调房间，并将室内温度调至 22℃左右。

③大袋撒施+挂空袋：每亩 40 袋。用容器盛装捕食螨至茶园，分批次先用剪刀将袋口上端剪开，将捕食螨倒出，用容器盛装，并将空袋子收集好另用容器盛装。将盛装捕食螨的空袋，按每 10m^2悬挂一袋的标准，悬挂在茶树中部枝丫上。分批次将瓶装捕食螨倒出，将捕食螨均匀撒施在茶棚表面。以 1 亩为单位，先悬挂小袋再进行撒施。

④小袋悬挂：每亩 100 袋。用容器盛装捕食螨至茶园，先用剪刀将袋口上端部沿侧面剪开长 2~3cm 的缝隙，按每 10m^2 悬挂一袋的标准，将捕食螨袋悬挂在茶树中部枝丫上。避免阳光直接照射。剪一袋悬挂一袋。

⑤小袋悬挂+瓶装撒施：每亩悬挂 50 袋+撒施 5 瓶。悬挂方法同④，撒施方法同③。

（3）施用生物农药

①按有机标准选择生物农药。

②严格控制使用浓度与间隔时间。

③主要产品：0. 3%印楝素等、植物蛋白。

4. 化学防治

(1) 辅助手段　非爆发性或对茶园危害严重时不用。

(2) 禁止使用茶园禁用农药　禁止使用高毒、高残留的水溶性农药，选择高效、低残留、脂溶性农药。

(3) 农药选择　应选择针对性的单剂，尽可能不用混合剂和复配剂农药。

(4) 控制用量　严格按安全浓度与间隔期使用，不得超标准、超数量使用。

(5) 防治指标　控制在对茶园无严重危害和经济损失的亚致死量为宜。

(6) 增效剂　适度加入中性洗衣粉等，提高防效。

(7) 安全措施　戴口罩、手套等，逆风喷药。

5. 其他措施

(1) 生产资料的采购

①看资质：肥料、农药（灯、板）等应到具有资质而且手续完备的经销店购买，查实是否具有营业执照、肥料或农业经营许可证、产品合格证等。

②看产品包装：查看生产企业名称、生产许可证号、主要成分或元素的含量与比例、使用或防治对象、毒性、保质期、使用说明书等。茶叶不得使用含氯复合肥。

③索要发票：加盖公章的正规发票或收款收据、联系电话等。

(2) 生产资料的储存与使用

①独立存放：不得与茶青、茶产品、食品等混合放置，具有独立密闭的储藏间，避免日晒雨淋。

②安全措施：不得与皮肤接触，喷施农药应采取戴口罩、手套等防护措施。

③规程：不得随意混配使用，不得使用过期产品。

(3) 检测

①环境检测：土壤、灌溉用水、重金属。

②茶青检测：农药残留。

③产品检测：农药残留、水分、非茶类物质。

(4) 生产档案建立

①进出库记录：品名、数量、规格、生产企业、进库日期、出库日期、经手人、库存等。

②使用记录：品名、地块与面积、用途（用作基肥或追肥，或用于防治哪种病虫害）、标准与数量、使用人等。

③分类：肥料、农药、器具、灯、板等分别存放与记录。

④档案：制作表格、完善手续（购买人、领用人、复核人等签字认可）、装订成册、存放保管备查。

(5) 管理

①制定企业管理制度：茶园管护、产品加工（收青至包装全过程）、安全、卫生、销售等。

②明确管理人员与职责：生产、加工、质量、仓库等管理人员。

③制定企业质量管理制度：按《中华人民共和国食品安全法》等国家法律法规结合企业实际制定企业质量管理制度。

④实施全程视频监测与企业资源计划（ERP）管理。

6. 茶树病虫害综合防控策略

为全面保障茶叶质量安全，茶树病虫害防控应坚持“生态为根、农艺为本、生防为先、应急防控为辅助”的绿色防控理念。按照生态学的基本原理，将茶园、病虫、天敌及其他环境因子看作一个整体，在充分调查、掌握茶园生态系统及周围环境的生物群落结构的基础上，了解各种生物与非生物因素之间的联系；研究各种益、害生物种群的发生消长规律及相互关系；全面考虑各种措施的控制效果、相互联系、连锁反应及对茶树生长发育的影响，充分发挥以茶树为主体、以茶园环境为基础的自然调控作用，将对茶园干扰较大的各项管理措施化害为益。对于新发展茶园不要强调大面积集中，使茶园和周围的其他植物融为一体，在丘陵和平地茶园种植遮阳树，或在茶园周围栽植防风林、行道树，或与其他作物镶嵌栽培，以增加茶园生物群落多样性，增强茶园自然调控能力。

应坚持以农业防治为基础，选育抗病虫良种，增加磷、钾肥和有机肥的施用，增强茶树生长势与抗性。推广分批多次及时采摘。茶园除草不必务尽，适当保留一些弱害杂草。保护和利用自然天敌，引进有益微生物治虫。要严格控制化学农药的使用，非用化学农药不可时，要严格选药，规范用药。要抓准防治适期，选用高效、低毒、低残留的农药品种，降低农药用量和使用次数，严格按照安全间隔期采茶。

二、茶园气象灾害预防及灾后恢复

（一）冻害

茶树冻害主要是冰冻、雪冻、霜冻和风冻。按茶树生物学时间可分为越冬期冻害和萌芽期冻害。低温是产生冻害的主要原因，一般茶树处在-4℃以下的低温条件下，受冻叶片细胞便结冰破裂造成不可恢复的损伤，而干旱和大风可显著加深冻害的发生程度。

1. 冻害预防

（1）重视寒潮预报　加强对灾害性天气的预测预报工作，提前做好预防。在寒潮预报发布后，对茶芽已经萌发的茶园，要集中人力抢采幼嫩芽叶，以减少冻害损失。

（2）覆盖防冻　充分利用山区现有资源，用稻草、杂草、修剪的茶树枝条等覆盖于茶行中，以不露地面为原则。对易受冻的迎风面茶园，用稻草、杂草、修剪的茶树枝条或遮阳网覆盖茶树蓬面，待寒潮过后及时掀去覆盖物。

（3）熏烟防冻　根据风向、地势、面积设堆，气温降至2℃左右时点火发烟，既可防止热量扩散，又可使茶园升温。

（4）灌水防冻　水源充足、灌溉设施较好的茶园，在寒潮到来之前向茶园喷水、灌水，可保持茶园土温，增加茶园空气湿度，使冷空气不易侵入，茶树不易受冻。越冬期保持茶园土壤0~20cm土层中土壤含水率在15%以上，可减轻冻害。对于茶树苗圃，要注意苗圃的水分管理，防止冻土抬苗造成茶苗出现脱水现象。

（5）及时施肥　秋季寒潮来临前及时施足基肥（有机肥为主，忌施纯氮肥），有机肥发酵可提高地温，既可补充养分，也可提高茶树抵御低温的能力。

（6）合理修剪　掌握好夏茶的修剪留叶技术，秋茶及时打顶采摘并采尽秋末幼嫩枝梢，留足当年的成熟叶片，既可提高茶树抵抗低温的能力，又可使来年春茶提早萌发并高产。

（7）及时清除茶篷积雪　雪停后及时用木棒或扫把清除茶篷积雪，一是防止因积雪过厚压伤茶树，二是防止融雪时遇低温叶面和茶树结成冻壳造成冻害。

2. 冻害后恢复

（1）茶园肥培管理

①增施早春肥：茶树受冻后损耗了体内较多的营养物质，必须及时补给才能恢复生长和发芽。早春肥应在2月下旬~3月上旬尽早施下，施肥量比常规早春肥适当增加，用量为每亩施纯氮24~30kg，以施茶叶专用有机肥和复合肥为主。成龄茶园施尿素25~30kg/亩，或普通复合肥（氮磷钾总养分不低于25%）50kg/亩，或高浓度含硫复合肥（氮磷钾总养分不低于45%）30kg/亩。幼龄茶园施肥量是成龄茶园的1/4~1/3。

②喷施叶面肥：茶树冻后喷施叶面肥，可刺激茶树根部对水分和养分的吸收，使茶树较快恢复生机，促进芽叶萌发。叶面肥建议喷施：0.1%~0.2%硫酸锌、0.1%~0.3%硫酸镁、0.5%~1.0%磷酸二氢钾、0.5%~1.0%尿素。也可选用喷施宝、爱多收等植物营养液。时间选在3月上旬前阴天或晴天早晚，喷施后要求8~10h无雨。

（2）茶树水分管理　春季雨水较多，茶园中若有积水，及时开沟排水，保持茶园干爽。

（3）茶树修剪　冻害轻微的茶树，春茶前可不进行轻修剪，把修剪时期改在春茶后的5月中旬进行，春梢可以提早萌发，早采名优茶；对于受冻严重（枝叶冻死、冻枯）的茶树，在气温回暖后，应立即对受冻枝叶进行修剪，山区茶园考虑可能有低温天气出现，修剪适当推迟，宜剪去冻害层，做到因树制宜。轻冻轻剪，重冻重剪，以剪口比冻死部位深1~2cm为宜。重剪顾面不顾点，以整块茶园实施统一的技术管理为要求。

（4）茶树树冠恢复　修剪程度较轻的成龄茶园，春茶前期正常采摘名优茶，春茶后期留叶采，以便蓄养树冠。受害幼龄茶园或修剪程度较重的成龄茶园，应留养春梢，夏茶打顶采摘，以促进茶园早封行早成园。

（5）及时补植换种　对受冻严重、采用补救措施难以补救的老茶园，应进行改种换植。清除植株，栽植无性系抗寒品种，加强肥水管理，保证茶苗移栽成活率和幼苗生长。新植茶园的幼龄茶树冻死后，翌年早春须及时进行茶苗补植，应尽早开展茶苗的购买调运工作，以确保茶苗的及时补植。对受灾的幼龄茶园和改种换植茶园，可在行间套作一年生粮食和矮秆经济作物，弥补受灾损失。

（二）旱害

发生旱害的茶园如图4-13所示。

图4-13　发生旱害的茶园

1. 茶园旱害防御技术措施

（1）加强肥培管理，提高茶树抗旱能力 可在春茶生产结束后旱季来临前进行中耕除草，耕作深度5~10cm，减少地面水分的蒸发和消耗，提高土壤的保水能力。适时追施速效肥料，每亩施复合肥15~20kg，也可喷施0.5%尿素或多元素液肥2~3次，增加茶树养分的吸收和贮存量，提高抗旱能力。习惯在春茶后修剪的茶区，应掌握在“梅雨”前进行，避免修剪后就立即进入旱季，加速旱害的发生。干旱期间，幼龄茶园适当施肥补充肥水，可提升茶树本身抗逆能力，减轻土壤板结和促进土壤保湿。肥料可选用腐熟稀薄的人粪尿进行浇施，也可用0.5%的磷酸二氢钾水溶液进行根外施肥，下午5：00以后叶面喷雾，每隔5~7d喷雾一次，连喷2~3次，有效增强茶苗抗旱能力，缓解旱情。

（2）间作绿肥、种植遮阳树，改善茶园生态环境 茶园行间间作夏季绿肥，不但可以大量增加土壤的有机养分含量，改善土壤结构，同时还可以增加茶园行间的绿色覆盖度，降低地温，减少土壤裸露，降低地表径流，促进雨水向土壤深层渗透，有效保持土壤含水量。可选择叶疏、秆高、枝干呈伞状的大豆、花生、绿豆、大叶猪屎豆、柽麻等。在茶园行间种植遮阳树，如杜英、乌桕、桂花、樱花等阔叶树种，每亩种植5~8株。也可茶果间作，改善茶园小气候。

（3）茶园灌溉 具备灌溉条件的茶园，要因地制宜采取浇灌、喷灌、滴灌、流灌等不同方法进行抗旱。其中以喷灌整体效果最佳，滴灌节水效果好，沟渠流灌、人工水管浇灌简单方便。灌溉时间多在上午10：00之前和下午5：00之后。对水源条件差的部分山区茶园，可修建蓄水池，在雨季时蓄满水，旱季时就可作为灌溉、喷药、喷肥用水。

（4）铺草覆盖 茶园行间铺草，一是可以稳定土壤热变化，减少地表水分蒸发量，防止或减轻茶树旱热害；二是可以增加土壤有机养分，保持土壤疏松，抑制杂草滋生，有利于改善茶叶品质，提高茶叶产量；三是可以减缓地表径流速度，防止或减轻土壤冲刷，并促使雨水向土壤深层渗透，增加土壤蓄水量，起到保土、保水、保肥效果。茶园行间铺草以铺草后不见土为原则，要求铺草厚度在8~10cm。草料以不带草籽、不带病菌虫害的稻草、绿肥、豆秸、山草、麦秆等为佳，一般每亩铺草1000~1500kg。有条件的平地和缓坡地茶园，旱季也可选用塑料遮阳网遮阳，离地1.8~2.0m搭架，以遮阳网高出茶树篷面50~60cm为宜。

（5）加强病虫害防治 干旱期间病虫害加重，要尽量避免旱灾和病虫害叠加危害。此间主要茶树病虫害有茶小绿叶蝉、茶棍蓟马、黑刺粉虱、茶毛虫、螨类等。尤其是幼龄茶园，易遭茶小绿叶蝉、茶棍蓟马等危害，可采用农业、物理、生物等措施进行综合绿色防控。喷药时间可选在阴天或晴天的上午或傍晚。

（6）旱情发生时应注意的事项 茶园连续高温干旱一周后，应注意避免除草，必要时可割高草就地覆盖；避免采摘、修剪、施肥、耕作等茶园农事活动，以免加重旱热害。

2. 旱灾后茶园恢复技术措施

（1）修剪 受害茶树叶片有焦斑或脱落，但枝条顶部茶芽仍然存活的茶树，可暂不修剪，让茶树自行发芽，恢复生长。对于受害特别严重，篷面枝条出现严重枯死的茶园，需进行修剪，将枯死枝条剪去，但要注意宜轻不宜重。

（2）施肥 当降雨2~3次，旱情缓解、土壤湿透后及时施用复合肥和叶面肥，促进茶树尽快恢复生长。这次施肥可作为茶园基肥，每亩施有机肥300~500kg或菜籽饼150~200kg，再加氮磷钾养分总含量为45%的高浓度复合肥20~30kg，或氮磷钾养分总含量为

25%左右的普通复合肥 50~60kg，开沟深施。

（3）留养秋茶　8 月 20 日前如旱情仍无法缓解的茶园，8 月 20 日后不宜采摘和打顶，应留养秋茶。对于手工采摘名优茶的立体茶园，封园前（10 月底）剪去篷面嫩梢（如有）；对于采摘大宗茶的机采茶园，在 10 月中下旬剪平茶树篷面，机采叶可加工片茶。

（4）重新种植　对于死亡率较高的幼龄茶园，可于 10~11 月将原旱死幼苗挖除，补种上同一品种的茶苗，确保茶行不缺株断行。补种后要及时浇水，提高补栽茶苗成活率。

（三）冰雹灾害

冰雹灾害会造成茶树生理功能下降，严重阻碍茶树正常生长发育，影响茶叶产量和品质，给茶农、茶企带来巨大的经济损失（图 4-14、图 4-15）。

图 4-14　遭受冰雹灾害的茶园

1. 茶园冰雹的危害

冰雹对茶叶生产的危害，主要取决于冰雹的大小、密度、持续时间和茶树所处的生育期。

（1）直接危害　冰雹直接冲击茶树树冠，击落芽叶，打断枝梢，损伤篷面，枝断叶裂，茶青破碎率增高，直接影响茶叶产量、品质和经济效益。

（2）间接危害

①影响茶树根系生长：冰雹融化、冰水入土，土温急剧下降，根部须根和根尖受到异常低温的突然刺激而产生冻害，根系活力下降。

②影响茶树光合生理：雹粒解冻吸收土壤和大气中的热量，再加上伴随冰雹的连续阴雨

图 4-15　冰雹过后的茶树状况

天气，使冰雹地区温度骤降。蓬面新芽萌发减少，新梢滞育不伸，节间变短，叶张变薄，驻芽和对夹叶增多，树势衰退，茶树光合作用、灾后产出的百芽重严重降低。

③影响茶树生化品质：冰雹不同程度地降低了茶鲜叶水浸出物、茶多酚、氨基酸、咖啡因等生化成分的含量，直接影响茶叶产品的品质。

④影响茶树抗病能力：冰雹造成的芽叶伤口和空气湿冷环境，更有利于低温高湿型的茶饼病、茶赤星病等病原微生物的侵染。

2. 灾后补救

（1）及时查看灾情　冰雹停止后尽早检查受害情况，摸清降雹面积、降雹密度、持续时间、雹粒大小和堆积厚度等基本情况。用方框测定被击落的芽叶数量、尚存蓬面芽叶数量、蓬面破损芽叶与完好芽叶的数量，以确定雹害程度。

轻度雹害，击落芽叶比例≤15%，破损芽叶比例≤30%；中度雹害，15%<击落芽叶比例≤30%，30%<破损芽叶比例≤50%；重度雹害，击落芽叶比例>30%，破损芽叶比例>50%，有枝梢折断。

（2）补救措施

①清理冰雹，及时松土：清理茶树蓬面和行间地表的冰雹，待雹粒融化后，及时浅耕松土，提高土壤透气性和土壤温度，缓解茶树根系的低温损伤。

②整枝修剪，复壮树冠：对轻度、中度、重度雹害茶区，新梢休止的茶园分别进行轻修剪、深修剪，甚至重修剪，培养茶树骨干枝，复壮树冠；轻度雹害且仍在生产的茶园应强采

轻度受损芽叶，及时加工，避免或减轻受损芽叶红变；中度雹害且仍在生产的茶园，在尚存蓬面新梢有一半以上达到采摘标准时，必须先强采标准芽叶，再修剪损伤芽叶，整蓬促进新芽萌发，减少经济损失。

③重施有机肥，增施磷钾肥：重施有机肥，提高土壤温度和肥力，促进根系活性，忌单施尿素；在氮、磷、钾配合施用的情况下，增施磷钾肥，在复壮树体的同时提高茶树抗性，推荐施用茶叶专用有机无机复混肥。

④绿色防控，保护树体：喷施灭菌剂，防止病原微生物由破损口侵入；新芽萌发过程注意防控茶小绿叶蝉和蓟马。

⑤建立生态防护屏障，避免年年雹灾：对于冰雹发生频率较高的茶区，可建立生态茶园，利用乔木树种的遮挡作用，缓解冰雹对茶园的危害。

第五节　茶园生产管理常用机械及维护

茶叶机械化生产是茶产业发展的必然趋势，茶园管理机械化是实现茶叶生产全程机械化的关键。

一、茶园生产管理常用机械

当前，我国茶园生产应用的设备主要有茶园耕作机、施肥机、除草机、修剪机等。

（一）耕作机

1. 机型 1——茶园管理机（3TG-4.0）

茶园管理机（3TG-4.0）如图 4-16 所示。

图 4-16　茶园管理机（3TG-4.0）

主要技术参数：功率 4.0kW；整机质量 60kg；单模块最大质量 21kg；旋耕或开沟作业深度 80mm 或 100mm，作业宽度 600mm；生产效率 1.2~1.5 亩/h。

特点：质量轻，模块化快速拆装设计，功耗低，适用于坡度较高的茶园。

2. 机型 2——茶园深耕机

茶园深耕机如图 4-17 所示。

图 4-17 茶园深耕机

主要技术参数：动力 4.4kW；耕作宽度 400mm；耕作深度 200mm；设备质量 150kg；工作效率 0.8~1.5 亩/h。

（二）施肥机

常用设备：手扶式施肥机（图 4-18）。

图 4-18 手扶式施肥机

主要技术参数：动力 2.9kW；撒播幅度 3000mm；设备质量 75kg；设备尺寸（长×宽×高）1200mm×570mm×880mm；工作效率 7~9.5 亩/h。

（三）除草机

茶园割草机如图 4-19 所示。

图 4-19 茶园割草机

特点：操作简便，此款机械有两种打草头，一种为刀片，可用于切割茎秆较粗的杂草；另一种为打草绳，可专用于打贴近地面或茶树树干旁茎秆较细的杂草。机身稳定，除草效率高。进口机械较稳定，但配件及维护价格稍高。

（四）修剪机

茶园修剪机（图 4-20）包括单人修剪机、双人修剪机、自走式双面修边修剪机等。

特点：单人修剪机机器轻巧，灵活机动，既可用于茶树的轻修剪和深修剪，还能用于茶行的修边作业。刀片切割能力强，直径 10mm 以内的中等老化枝条可顺利切断，切口平整。自走式双面修边修剪机可同时对两行茶园进行修边操作，手扶式操作，修剪宽度 200～420mm，修剪高度 1000mm，省力、效率较高，工作效率可达 10～12 亩/h，但要求茶园比较平坦。双人修剪机切割器有平形和弧形两种形状（图 4-20 中所示为弧形），修剪工效高，劳动强度低，工作效率约为人工的 16 倍。适宜于平地、缓坡茶园和规模经营茶园。

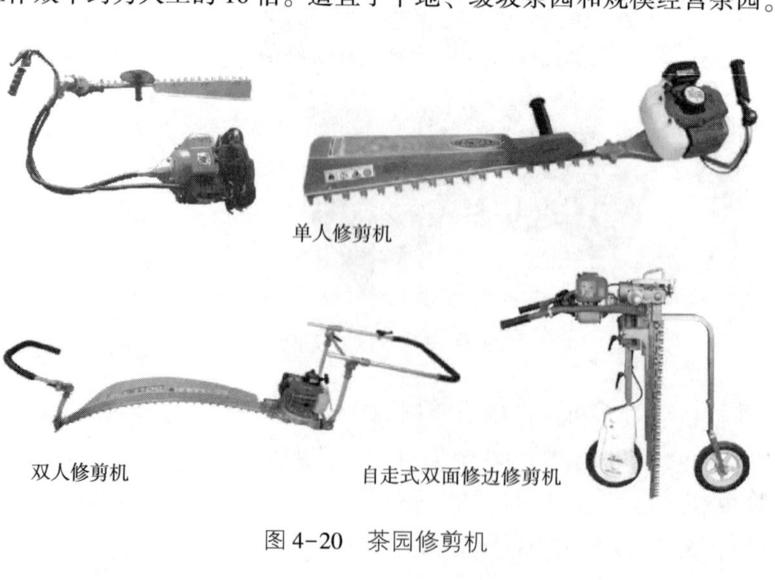

图 4-20 茶园修剪机

(五) 多功能茶园管理装备

1. 低地隙履带式多功能茶园作业机

低地隙履带式多功能茶园作业机如图 4-21 所示。

图 4-21　低地隙履带式多功能茶园作业机

(1) 负压吸虫；(2) 螺旋施肥；(3) 螺旋施肥；(4) 旋耕除草；(5) 仿生耕作；(6) 风送植保

特点：采用低地隙、窄幅宽、履带式通用底盘，可在茶（果）园行间行走，具有爬坡性能强、作业半径小、稳定性高和成本低等优点，通过更换不同机具，可完成耕作、施肥、修剪、植保等作业。

主要技术参数：设备尺寸（长×宽×高）1500mm×800mm×1400mm；动力 22kW；工作效率 2~6 亩/h；配套作业机具：可配套安装中耕、深耕、除草、风送植保、物理吸虫、修剪、螺旋施肥（有机肥/无机肥）等方面的作业机具。

应用领域：适用于行距为 1.5m 以上的平地和缓坡茶园的耕作、施肥、修剪、植保等作业。

2. 高地隙自走式茶园作业机

高地隙自走式茶园作业机如图 4-22 所示。

装备简介：采用高地隙变幅式作业底盘，全液压驱动，通过更换不同作业机具，实现中耕除草、深松、施肥、植保、吸虫等作业，具有性能可靠、配挂方便、一机多用和适用性高

图 4-22　高地隙自走式茶园作业机

等优点。

主要技术参数：整机质量 1500kg；轮距 1500～1800mm；动力 37.5kW；工作效率 4～10 亩/h；配套作业机具包括可配套安装立式旋耕、深耕、除草、喷杆植保、物理吸虫、修剪、施肥等方面的作业机具。

应用领域：适用于行距为 1.5m 以上的平地及缓坡茶园多功能作业。

3. YTH 系列果菜茶园区域遥控多功能管理机

YTH 系列果菜茶园区域遥控多功能管理机如图 4-23 所示。

图 4-23　YTH 系列果菜茶园区域遥控多功能管理机

特点：针对果菜茶园复杂地形、地貌的特点，采用中小马力动力平台机液并联传动技术和无线多载波高清图像传输技术，可实现区域遥控、监控驾驶。通过更换作业机具可完成耕作、施肥、修剪、收获等田间管理作业，具有集成度高、低重心、窄宽幅、全局监控作业等特点，适用于复杂地形果菜茶园无人驾驶与自动导航作业。

主要技术参数：设备尺寸（长×宽×高）1300mm×800mm×1300mm；遥控距离 1.3km；动力 22kW；工作效率 2～6 亩/h；配套作业机具：可配套安装中耕、深耕、螺旋施肥（有机肥/无机肥）等方面的作业机具。

应用领域：适用于缓坡茶园、桑园、果园及其他种植作物，可以挂载不同种类机具实现耕作、施肥、修剪、植保等作业。

4. 遥控自走式采茶管理一体机

遥控自走式采茶管理一体机如图 4-24 所示。

图 4-24　遥控自走式采茶管理一体机

特点：以跨行自走式采茶技术为基础集成了模块化、复式多功能作业技术模式，可完成采茶、植保、修剪、耕作 4 种复式作业，具有通过能力强，高度、作业幅度可调等优点。

主要技术参数：动力 37.5kW；割幅 1500mm；采摘或修剪高度 220～1200mm（可调）；遥控距离 1.3km；工作效率 3～10 亩/h。

应用领域：适用于标准化规模种植的茶园多功能作业（采摘、植保、耕作、修剪）。

二、采茶机和茶树修剪机的冬季维修保养

在茶季结束之后，采茶机和茶树修剪机的维修保养工作应注意以下几方面：

（1）全面擦拭采茶机和茶树修剪机的表面，清除机器上残留的枝叶，用水（可加适量的洗洁精）彻底清洗刀片和汽油机等处的茶汁和油渍，特别是减速箱等处的油污要注意洗干净。

（2）将采茶机或茶树修剪机油箱内的燃油彻底倒出，并卸下火花塞，拉动启动绳几次，将油管和化油器中的燃油排净。

（3）对机器进行全面检查，发现零件松动或损坏，应及时固紧或更换。

（4）向刀片上滴注机油，更换减速箱内的机油。单人采茶机和茶树修剪机的软轴应更换黄油，并单独挂起来保存。

（5）用塑料薄膜覆盖好采茶机和茶树修剪机，贮放在室内通风干燥处。应注意避免将采茶机和茶树修剪机与化肥、农药等腐蚀和有毒物资一起存放。

思考题

1. 简述茶树品种的概念和基本属性。
2. 茶树栽培性品种分类与茶树植物学分类有何区别？
3. 如何合理选用和搭配茶树品种？
4. 简述茶树有性繁殖和无性繁殖的特点。
5. 茶树短穗扦插的技术要求有哪些？
6. 进行茶园园地规划应注意哪些问题？
7. 试述茶苗移栽技术。如何提高茶苗移栽成活率？
8. 简述茶园耕作的技术要求。
9. 茶园合理施肥的原则有哪些？
10. 试分析茶园间作的利弊。
11. 茶园覆盖有何作用？
12. 茶树高产优质树冠有何特点？
13. 茶树修剪方式包括哪几种？每种方式分别在何种情况下应用？
14. 简述合理采茶的技术内涵。
15. 茶园病虫害包括哪几类？有哪些防控方法？
16. 茶园冻害的预防措施有哪些？
17. 茶园发生旱灾后如何补救？

扫描二维码阅读本章知识拓展资料

3. 第四章知识拓展资料

CHAPTER 5

第五章 茶叶的分类与加工

第一节 茶叶的分类与命名

茶自神农氏发现到如今成为百姓日常生活的“必需品”，历经了数千年。在这几千年的历史过程中，茶因其独特的品饮属性和健康属性，形成了琳琅满目的品类，种类繁多，命名各异。为了便于人们识别和利用茶的自然属性和商品属性，依据其制法和品质特征进行命名和分类非常必要。本节将介绍茶叶的分类与命名规则。

一、茶叶分类

中国茶叶生产地域辽阔，茶类繁多，但几大茶类的生产方式在明末清初已基本形成。为便于研究与比较茶类及其各花色品种之间的异同，分门别类，根据已逐渐形成的茶叶生产特点，建立系统的分类方法显得尤为重要。近代来，茶业界前辈做了大量的努力，为茶叶分类工作奠定了坚实的基础。

1979 年，安徽农学院陈椽教授提出，以茶叶加工工艺和茶多酚氧化程度为依据将茶叶分为绿茶、黄茶、黑茶、白茶、青茶、红茶六大茶类，该方法已被国内外茶叶科技工作者接受并广泛应用。我国茶叶出口部门则根据出口茶类将茶叶分为绿茶、红茶、乌龙茶、白茶、花茶、紧压茶和速溶茶七大茶类。陈宗懋主编的《中国茶经》（1992）将茶叶分为两类，分别是基本茶类和再加工茶类，基本茶类是绿茶、黄茶、黑茶、白茶、青茶和红茶六大茶类，而以六大茶类为原料进行再加工的茶类称为再加工茶类。再加工茶类又根据其制品的发展而定，可以细分为花茶、紧压茶、萃取茶、果味茶、保健茶、含茶饮料等（图 5-1）。中国农业科学院茶叶研究所程启坤研究员也提出，将中国茶叶分为基本茶类和再加工茶类的分类方法。

在国外，茶叶的分类则比较简单，欧洲按茶叶的商品特性进行分类，分为红茶、乌龙茶、绿茶三大茶类。日本则多根据茶叶发酵程度，将茶叶分为不发酵茶、半发酵茶、全发酵茶和后发酵茶。

二、茶叶命名

我国茶叶生产历史悠久，生产方法众多，品种类型多样，品质各异，加上产地、民族、

- 基本茶类
  - 绿茶
    - 炒青绿茶
      - 眉茶炒青（特珍、凤眉等）
      - 珠茶（珠茶、雨茶、贡熙等）
      - 细嫩炒青（龙井、大方、碧螺春、雨花茶、松针等）
    - 烘青绿茶
      - 普通烘青（闽烘青、浙烘青、徽烘青、苏烘青等）
      - 细嫩烘青（黄山毛峰、太平猴魁、华顶云雾、高桥银峰等）
    - 晒青绿茶（滇青、川青、陕青等）
    - 蒸青绿茶（蒸茶、玉露）
  - 红茶
    - 小种红茶（正山小种、烟小种等）
    - 工夫红茶（滇红、祁红、川红、闽红等）
    - 红碎茶（叶茶、碎茶、片茶、末茶）
  - 乌龙茶（青茶）
    - 闽北乌龙（武夷岩茶、水仙、大红袍、肉桂等）
    - 闽南乌龙（铁观音、奇兰、水仙、黄金桂等）
    - 广东乌龙（凤凰单枞、凤凰水仙、岭头单枞等）
    - 台湾乌龙（冻顶乌龙、包种、乌龙等）
  - 白茶
    - 白芽茶（白毫银针等）
    - 白叶茶（白牡丹、贡眉等）
  - 黄茶
    - 黄芽茶（君山银针、蒙顶黄芽等）
    - 黄小茶（北港毛尖、沩山毛尖、温州黄汤等）
    - 黄大茶（霍山黄大茶、广东大叶茶等）
  - 黑茶
    - 湖南黑茶（三尖、三砖等）
    - 湖北黑茶（老青茶等）
    - 四川黑茶（南路边销茶、西路边销茶等）
    - 滇桂黑茶（普洱茶、六堡茶等）
- 再加工茶类
  - 花茶（茉莉花茶、珠兰花茶、玫瑰花茶、桂花茶等）
  - 紧压茶（黑砖、茯砖、方砖、饼茶等）
  - 萃取茶（速溶茶、浓缩茶等）
  - 果味茶（荔枝红茶、柠檬红茶、猕猴桃茶等）
  - 保健茶（苦丁茶、减肥茶、甜菊茶等）
  - 含茶饮料（茶可乐、茶汽水等）

图 5-1　我国茶叶分类方法

地理、风俗习惯不同，对茶叶的命名也多种多样。

茶叶命名同其他商品一样，都只是其商品的符号，主要用于对商品（包括茶叶）的认识、区别、分类和研究。

茶叶命名主要以茶叶形状、色香味、茶树品种、产地、采摘时期、制茶技术以及销路等不同命名，少有以创制人命名。

以茶叶形状命名最多，如珍眉、瓜片、紫笋、雀舌、松针、毛峰、毛尖、银峰、银针、牡丹等都是形容外形的。

以茶叶色香味命名较多，如黄芽、（敬亭）绿雪、白牡丹、白毫银针形容干茶色泽，温州黄汤形容汤色，云南十里香、（安徽舒城）兰花和（安溪）香橼乃指香气，（泉州）绿豆绿、（江华）苦茶、（安溪）桃仁乃指滋味。

以采摘时期和季节命名，如探春、次春、明春、雨前、春蕊、春尖、秋香、冬片、春茶、夏茶、秋茶等。

以加工方法和制茶技术作为茶叶的命名，如全发酵茶、半发酵茶、不发酵茶、炒青、烘青、晒青、紧压茶、速溶茶、工夫红茶、红碎茶、白茶、窨花茶等。

以茶树品种不同命名，如乌龙、水仙、铁观音、毛蟹、大红袍、黄金桂等。

以销路不同命名，如内销茶、外销茶、侨销茶、边销茶等。

以茶叶产地不同命名，一般称为地名茶，如顾渚紫笋、西湖龙井、洞庭碧螺春、武夷岩茶、南京雨花茶、安化松针、信阳毛尖、六安瓜片、桐城小花、黄山毛峰、祁门红茶、蒙顶甘露、霍山黄芽、都匀毛尖、屯绿等。

第二节　绿茶初制加工

绿茶是我国茶叶加工中最早的茶类，是以茶树的芽、叶、嫩茎为原料，经杀青、揉捻、干燥等生产工艺制成的产品。其产量和品质历居世界之冠，已形成了完整的加工理论和体系。本节主要介绍绿茶的发展过程和品质特点；绿茶的加工过程中的摊放、杀青、揉捻、干燥等初加工工艺，以及对其工艺的目的、原理、技术和要求进行了较系统的阐述；同时介绍了炒青、烘青、蒸青和晒青绿茶的加工技术要求以及主要名优绿茶的加工技术。

一、绿茶概述

（一）绿茶发展简史

我国茶叶加工，一般认为绿茶最早，同时其产量和品质也居世界之冠。远在1000多年以前的唐代，我国已采用蒸青方法制作茶叶，其制法先后传播到日本、俄国、印度和越南等国家。唐代发明蒸青制法制成团饼茶，可以说是绿茶加工的起源时期。到了宋代，改为蒸青散茶，到了明代，发明了炒青制法，利用干热来发展茶叶的香气，这是茶叶加工技术的大革新。

明代发明炒青制法后，先有烘青，后有晒青，再发展到全炒，在明代的茶书里，其炒青绿茶制法已有详细描述。如明代许次纾所著《茶疏》中说："生茶初摘，香气未透，必借火力，以发其香，然性不耐劳，炒不宜久，多取入铛，则手力不匀，久于铛中，过熟而香散矣，甚至枯焦。"明代闻龙所著《茶笺》中说："炒时须一人从旁扇之，以祛热气，否则色黄，香味俱减。余所亲试，扇者色翠，不扇则黄……"详细地阐述了绿茶的炒制方法。这些茶叶加工经验至今仍然有现实意义。

新中国成立以来，全国茶产业一直呈现持续增长势头，除1960—1970年产量没有明显增加外，其余年份都是持续增产。进入新世纪以来，中国茶产业继续保持高速发展，茶叶面积和产量持续稳定增长。从茶类结构来看，近年来绿茶一直是我国的主产茶类，2023年我国绿茶产量为193.40万t，占六大茶类总产量的57.91%；在满足内销的同时，我国绿茶在世界绿茶市场上依然居主导地位，2023年我国绿茶出口量和出口额均占较大比重，分别占总出口量、总出口额的84.18%与67.88%，有着十分广阔的销售市场。

（二）绿茶品质特点

绿茶属于不发酵茶，其基本加工原理是利用高温杀青，抑制酶的活性，阻止多酚类的酶促氧化，避免产生红梗红叶，保持清汤绿叶的绿茶汤色。其根据杀青方式的不同可分为炒青、蒸青、汽热杀青、微波杀青；根据干燥方式的不同可分为炒青、烘青、晒青和烘炒（滚）等；炒青干燥由于作用方式不同，形成不同的外形，可分为长炒青、圆炒青和扁炒青等。目前我国生产的绿茶主要是炒青、烘青以及少量蒸青绿茶，其中炒青和烘青是供应出口、内销的大宗绿茶。外销绿茶主要是做珍眉茶的长炒青，其次是做珠茶的圆炒青，以及少量的名优绿茶；内销绿茶主要为烘青及大部分名优绿茶。

根据绿茶制法特点及外形差异分为若干“目”，再根据绿茶的外形内质特点分为“种”（表5-1）。

表5-1　绿茶分类

纲	目	种	花色名称
绿茶	炒青绿茶	圆形	珠茶、泉冈辉白
		类圆形	贡熙、涌溪火青、金龙玉珠
		直圆条形	珍眉、茗眉
		弯圆条形	碧螺春、都匀毛尖
		扁条形	西湖龙井、顶谷大方、大佛龙井、敬亭绿雪
		片形	天柱剑毫
		针形	秀眉、绿片
		花形	雨花茶、信阳毛尖、庐山云雾（特级）、绿牡丹、菊花茶、舒城小兰花
	烘青绿茶	直圆条形	黄山毛峰、香芽、华山银毫
		条形	岳西翠兰、霍山黄芽、九华佛茶、兰香
		扁条形	香芽、六安瓜片（经揉捻的）
		尖形	太平猴魁（传统做法）、黄花云尖
		片形	六安瓜片、太平猴魁
		细粒形	绿碎茶
	蒸青绿茶	条形	日本眉茶
		圆形	日本玉露茶
		类圆形	日本、印度贡熙和付熙
		片形	日本碾茶、印度秀眉
		针形	恩施玉露、日本玉露、日本煎茶
	晒青绿茶	粗条形	滇青、川青、陕青

二、绿茶初制加工技术

绿茶加工以茶鲜叶为原料，通过杀青、做形（包括揉捻）和干燥等技术环节逐渐形成绿茶所特有的品质特征——“清汤绿叶”。在绿茶品质形成的过程中，茶鲜叶是绿茶品质形成的物质基础。绿茶的各种加工方法、工艺技术及过程均在鲜叶原料的基础之上，促进茶鲜叶在加工过程中发生一系列的物理化学变化，最终形成绿茶的品质特征。

（一）鲜叶采摘及摊放

1. 鲜叶采摘

绿茶产品花色众多，各种绿茶对鲜叶的嫩度、新鲜度及匀度要求也各不相同。大宗产品眉茶、珠茶和烘青，一般要求鲜叶具有一定的成熟度，采摘标准为一芽二三叶；而名优特种绿茶除少数特殊茶品外，大多要求芽叶幼嫩，有的要求一芽二叶初展，有的要求一芽一叶，还有的则要求只采一个嫩芽。

2. 摊放

刚采摘下来进厂的鲜叶一般不会直接开始加工，而要摊放一段时间，这一工序就是鲜叶的摊放，是茶叶加工特别是名优绿茶加工中首要的工序。

摊放的目的：①降低运输过程中产生的热量，从茶树上采摘下的鲜叶，生命活动不会立刻停止，在刚采摘下来的一段时间内鲜叶呼吸作用加强，鲜叶中化合物不断分解，产生二氧化碳、水和热量。因此，适当摊放可降低叶温；②促进鲜叶内一系列理化变化，提高细胞液浓度，增强氧化酶和水解酶的活性，促进化合物的降解；③散失部分水分，有利于茶叶的做形。在鲜叶摊放的过程中，水分逐步散失，叶色也逐渐由鲜绿转为暗绿或黄绿，叶质变软，可塑性增加；同时叶内水解酶、转化酶、氧化酶活性增加，茶叶中蛋白质、碳水化合物、茶多酚等多种物质被氧化，水溶性产物增加，叶绿素的含量和比例发生变化，有利于绿茶“清汤绿叶”品质的形成。

摊放时间不宜超过 24h，同时，如果鲜叶摊放不当，如摊放过厚、时间过长、通风不良或气温过高等影响，鲜叶自身呼吸产生热量不能及时散发，叶温升高，可能会导致鲜叶进行无氧呼吸，甚至产生酒精等不良气味，使鲜叶变质；摊放过薄则可能会造成鲜叶失水过多，不利于绿茶加工。

3. 摊放技术

鲜叶中嫩叶含水量高于老叶含水量，因此鲜叶摊放过程中应遵循“嫩叶老摊、老叶嫩摊”的原则。

鲜叶进厂经验收后，应按品种、采摘时间、鲜叶级别等因素及时归类摊放。摊放时，选择清洁、阴凉、没有阳光照射的场地，下铺竹垫或条布等。摊叶厚度 15~20cm，约 $20kg/m^2$，时间一般 12h 以内。中间每隔 2h 左右要适当翻动鲜叶，防止鲜叶发热，一般当鲜叶含水量减少到 70%左右，即可开始付制，要做到先进厂的先付制。名优绿茶的原料应摊放在竹垫或竹匾内，要求均匀薄摊，摊叶厚度一般为 2~3cm，摊放量 $1kg/m^2$ 左右，摊放时间 6~8h，气温低、湿度大或雨水叶可适当延长，摊放中一般不宜翻动鲜叶，如鲜叶发热，可小心翻动。

（二）杀青

1. 杀青目的

杀青是绿茶加工的关键工序，同时也决定绿茶品质的好坏。其基本原理是通过高温使鲜叶中的酶活性钝化或抑制，进而阻止多酚类物质的酶促氧化过程，是绿茶能否获得清汤绿叶和浓厚、清高香气的关键。

杀青的主要目的：首先，通过高温破坏鲜叶中的酶活性，有效防止多酚类化合物的酶促氧化，从而确保绿茶呈现出特有的清汤绿叶品质特征，避免红梗红叶的出现；其次，杀青能够消除鲜叶原有的青臭气味，使绿茶的清新香气得以充分展现；最后，这一过程还能蒸发掉部分水分，使茶叶叶质变得柔软，为后续的揉捻成条工序提供便利。

2. 杀青原理

温度是影响酶活性的重要因素，温度对于酶具有两重性。研究表明，温度每增高 10℃时，酶的反应速度大约增加一倍。酶的最适宜温度为 40~50℃，超过最适宜温度时，酶活性就开始下降，当叶温升到 80℃时，几乎所有酶都在顷刻间就失去催化作用。

酶活性被破坏后是不会再生的，但如果杀青过程中温度不够，虽然能暂时抑制酶的活性，一旦离开高温环境，酶会部分恢复活性。因此，如果杀青杀不透，杀青叶在揉捻或干燥过程中，就会发生红变的现象。

杀青过程中，不止酶发生化学变化，杀青叶也在进行一系列的化学变化。叶绿素 a、叶绿素 b 在鲜叶中的比例是 2∶1，经过杀青后其含量和比例发生变化，叶绿素 b 的含量会略高于叶绿素 a，叶色由鲜绿转为暗绿；在高温作用下，鲜叶中带有青臭气的青叶醇、青叶醛等低沸点物质散失，高沸点的芳樟醇等芳香物质逐渐显露；蛋白质、淀粉、原果胶物质部分水解，氨基酸、可溶性糖、水溶性果胶含量增加；茶多酚总量减少，其组成也发生变化，酯型儿茶素含量减少，简单儿茶素含量增加，有利于茶汤苦涩味的减少；维生素类物质在杀青过程中损失明显。

3. 杀青技术

影响杀青的因素主要是温度、时间、投叶量、鲜叶原料的质量以及特征等，要达到杀青的目的，必须把握好这些因素及它们之间的辩证关系。杀青的三原则：

（1）高温杀青，先高后低　根据杀青的目的和要求，杀青就是利用高温破坏酶的催化作用。高温杀青的主要标志是能迅速地使叶温到达 80℃以上，以便尽快地抑制酶活性，在极短的时间内破坏酶的催化能力，同时散发出青草气。但是，高温杀青并不是温度越高越好。温度过高，叶绿素破坏较多，使叶色泛黄，同时焦边焦叶出现的概率大大升高；在杀青后期，当酶活性已被破坏，叶片水分大量蒸发的情况下，锅温则应降低，防止烧焦芽叶。故此，在掌握高温杀青时，还必须做到先高后低，从而达到杀匀、杀透的目的。

实践表明，鲜叶在下锅后必须听到爆声，下锅一段时间后爆声逐渐消失。如爆声始终没有减少，则说明温度太高，必须立即降温。

（2）抛闷结合，多抛少闷　在高温杀青条件下，叶子接触锅底的时间不能过长，必须用抛炒来使叶子蒸发出来的水蒸气和青草气迅速散发，掌握得当，则叶色往往较为翠绿，成茶香气较好。如果抛炒时间过长，则容易使芽叶断碎，甚至炒焦，也容易造成杀青不匀，甚至红梗红叶。闷炒主要是减少汽化热的损失，提高叶温，有利于迅速破坏酶的活性，但时间过长，青草气不能充分散发，容易产生水闷气，还会导致叶子变黄等。同时，由于芽叶各部位的水分含量和酶的活性是不相同的，顶芽和嫩茎含水量较高，酶活性也较强，在杀青时顶芽水分蒸发快，容易炒焦；而嫩茎水分蒸发慢，最易出现红变。

因此，在杀青中应注意采用抛闷结合的方法，发挥二者的优点，取长补短。开始杀青时，因鲜叶温度较低，利用闷炒形成的高温蒸汽穿透力，使顶芽和嫩茎内部迅速升温，以克服抛炒中芽叶各个部位升温不一致的矛盾，随后进行抛炒，防止温度过高，产生湿热作用，引起芽叶黄变。这是防止顶芽炒焦断碎和产生红梗红叶的有效措施。

在生产实践中要灵活掌握，一是看锅温，如果锅温高，则应少闷多抛，锅温较低时，可适当提早闷炒，并适当延长闷炒时间，以免产生红梗红叶；二是看鲜叶质量，即根据鲜叶老嫩、软硬及含水量多少，随时增减抛炒、闷炒的时间或次数。如粗老而硬或含水量少的鲜叶，适当增加闷炒时间或次数，以免炒焦而降低品质；如鲜叶细嫩而软或含水量多，适当增加抛炒次数或时间，使水分及时蒸发，以免闷黄而降低品质。

（3）嫩叶老杀，老叶嫩杀　所谓老杀，主要标志是叶子失水多些；所谓嫩杀，就是叶子失水适当少些。一般说，嫩叶要老杀，是因嫩叶酶活性较强，水分含量较多，若不老杀，酶活性钝化往往不充分，容易产生泛红现象。同时会因杀青叶含水量过高，在揉捻中液汁易流失，加压时又易成糊状，芽叶易断碎。但粗老叶则相反，要嫩杀，因粗老叶含水量较少，纤维素含量较高，叶质粗硬，如果杀得过老，则容易产生焦边和焦斑，而且揉捻时难以成条，加压时又易断碎。无论嫩叶老杀或老叶嫩杀，都要掌握好老杀而不焦，嫩杀而不生，杀匀杀透。

4. 杀青设备

目前我国绿茶加工基本实现机械化生产，各地普遍推广使用杀青机。早期是锅式杀青机，后发展出滚筒杀青机、槽式杀青机、汽热杀青机、热风杀青机、微波杀青机等类型，其中又以滚筒杀青机杀青叶质量好、香气高、成本低、可连续生产，使用最为广泛。

（1）锅式杀青机　以炒锅为主要工作机构的杀青机械。锅式杀青机代表了中国传统杀青风格，杀青质量好，成品茶叶香鲜爽，滋味浓烈，但锅式杀青机工效较低，逐渐被滚筒杀青机所取代。

（2）滚筒杀青机　以滚筒作为主要工作机构的杀青机械。其特点：①连续作业，单一转向；②叶量少，传热快，2~3min 即完成杀青，适用于绿茶杀青；③生产率高；④杀青均匀一致，无焦边焦叶。目前滚筒杀青机在我国茶叶杀青机中约占 80%。操作时，当炉膛生火后，应立即开动电机使滚筒运转，让筒体均匀受热，以免筒体变形。约经半小时，温度达 220~280℃时，即当筒体加温处微微泛红，或见火星在筒内跳跃时，开始从进叶斗向筒内投叶；开始投叶时应适当多投快投，以免焦叶，待筒体出叶后，即正常均匀适量连续投叶，并启动排汽罩电动机，将水蒸气排出。

在杀青过程中，由于火温不稳或投叶不匀，会出现杀青过度或不足等情况，故要随时检查杀青叶的质量，如果杀青过度，则要增加杀青投叶量或降低炉温（打开炉门）；如杀青不足，应适当减少投叶量或提高炉温；在杀青停止前 30min，要降低炉温，以免结束时产生焦叶。采用滚筒杀青机，保证杀青叶质量的关键是掌握好炉温和投叶量。

（3）蒸汽杀青机　蒸汽杀青机又分为纯蒸汽杀青机和汽热杀青机。二者都是利用蒸汽与鲜叶进行对流传热，迅速抑制酶的活性，软化叶质的杀青机械。蒸汽杀青机的特点是升温快，保色保绿，清爽嫩香型风味突出，不苦涩，且比滚筒杀青机节约能耗 15%~20%。

（4）微波杀青机　利用微波使茶青水分子发生激烈摩擦而使茶叶快速升温汽化蒸发水分的杀青机械。微波杀青机的特点是升温迅速，受热均匀，清洁卫生，保色保绿，滋味鲜爽甘醇，比远红外杀青机节约 1/3~1/2 的能量。

（5）远红外杀青机　利用远红外辐射线作为热源的杀青设备。其具有杀青均匀、连续化作业、节能环保和有效降低苦涩味等特点。

5. 杀青程度

杀青程度的掌握，一般是在出茶口取叶通过感官来判断。杀青适度的特征：手握茶质柔软，紧握成团，稍有弹性，嫩梗折不断；眼看叶色由鲜绿变为暗绿，表面光泽消失；鼻嗅无青草气，并略有清香。如叶边焦枯，叶片上呈现焦斑并产生焦屑，则为杀青过度。反之，杀青叶仍鲜绿，茶梗易折断，叶片欠柔软，青草气味重，则为杀青不足。

（三）揉捻

1. 揉捻目的

揉捻是通过手工或机械力的搓揉，由于高温杀青破坏了酶活性，所以叶子在揉捻中实质性的化学变化不大，揉捻对于叶子的影响是物理作用大于化学作用。揉捻的作用是使部分茶汁挤出，黏附于茶叶表面，以便沏茶时茶汁比较容易泡出又能耐冲泡。

2. 揉捻原理

目前，我国茶叶加工，除少量高档名优绿茶仍需手工揉捻外，揉捻已基本由揉捻机完成。揉捻机由揉盘、揉台、揉桶、揉盖及传动装置等组成。茶叶在揉捻机中相对于揉盘中心做偏心回转运动。茶叶在揉桶中受浮式压盖加压和揉盘上棱骨的搓揉作用进行揉捻作业。因此除受揉台和揉盖两个平面的压力外，还受桶壁及芽叶之间的相互摩擦力作用。在各种力的综合作用下，茶叶揉捻成团，在桶内翻滚；叶片在力的作用下，沿叶片主脉发生皱褶、卷曲，并随着压力的增大和时间的延长，叶片皱褶增多，体积缩小，卷曲成条；同时，叶细胞组织在力的作用下发生破损，茶汁被挤压外出，有利于冲泡时进入茶汤。

3. 揉捻技术

揉捻解决的主要矛盾是外形问题，杀青叶通过揉捻在外形上要做到五要五不要：一要条索，不要叶片；二要圆条，不要扁条；三要直条，不要弯条；四要紧条，不要松条；五要整条，不要碎条。另外，还要求叶色绿翠不泛黄，香气清高不低闷，要达到这些要求，必须考虑影响揉捻技术的各种因素。与揉捻有关的技术因子和影响因素主要是揉捻叶的温度、投叶量的多少、加压的轻重和揉捻时间的长短。

（1）冷揉与热揉　冷揉是指杀青叶出锅后经摊晾，使叶温降到室温时再揉捻，它有利于保持茶叶的香气和色泽；热揉是指杀青叶不经摊晾趁热揉捻，它往往易使叶色变黄，并有水闷气，但有利于茶叶卷曲成条。

揉捻中采用热揉和冷揉应根据茶叶的老嫩分别加以处理。较嫩的鲜叶特别是高级绿茶的原料，由于纤维素含量低，又具较多的果胶等物质，揉捻时容易成条，揉捻中的主要问题是保持其良好的色泽和香气，应该采用冷揉。热揉只适用于粗老叶，老叶中含有较多的淀粉，趁热揉捻有利于淀粉的糊化，有利于增加叶表的黏稠度；同时，在热力作用下，纤维素软化，有利于叶片卷曲成条。而对中等嫩度的叶子，宜采用温揉，即杀青稍经摊放，叶片仍有一定温度时揉捻。总之，应掌握嫩叶冷揉，粗老叶热揉，一般叶温揉，兼顾外形和内质的原则。

（2）投叶量　揉捻时投叶量的多少关系到揉捻的质量和工效。各种型号的揉捻机，都有一定的投叶量范围。如果投叶量过多，揉捻中由于叶团翻转冲击桶盖或由于离心力作用叶子被甩出桶外，甚至发生事故；同时由于摩擦力的增加，杀青叶在桶内发热，不仅影响外形，也影响内质；更重要的是由于杀青叶在揉桶内翻转困难，揉捻不均匀，不仅条索不紧，还会造成松散条和扁碎条多。投叶量过少，茶叶间相互带动力减弱，不易翻动，也起不到揉捻的良好作用，所以投叶必须适量。生产实践中，在不加压的情况下，投叶量以装满揉桶为度。

(3) 揉捻时间与压力 压力的作用，主要是破坏一定的叶细胞组织，使内含物挤出附着于叶表，并把茶叶揉成紧、圆、直的条索。较嫩的芽叶茶汁容易外溢，揉捻中压力宜轻，时间宜短，否则，造成碎片多、茶条不整、滋味苦涩。粗老原料，叶质硬化，细胞较难破损，茶条不易卷曲，因而加压宜重，揉捻时间也要相应延长。

在揉捻过程中，不论原料老嫩，加压均应掌握“轻—重—轻”的原则。在揉捻开始阶段不加压，待揉叶略现条形，黏性增加时，根据叶子的老嫩，掌握压力的轻与重，如果加压过早或过重或一压到底，往往使条索扁碎和茶汁流失。

比较眉茶、烘青和珠茶的揉捻，因各自对外形与耐冲泡的要求不同，揉捻掌握也不同。眉茶、烘青为了条索紧结，揉捻时间稍长。高级嫩叶 30~40min（中小型揉捻机），中级茶 40~50min，低级茶 50~60min。珠茶的形状主要依靠锅炒成圆，所以揉捻时间较短，一般嫩叶揉 15~30min，老叶揉 20~30min。

4. 揉捻的程度

揉捻适度的标准：①揉捻均匀，三级以上的叶片成条率要求达 80%以上，三级以下的叶片成条率达 60%以上；②揉捻叶细胞破损率在 45%~55%；③茶汁黏附于叶表，手摸有润滑黏手感，即茶条紧结不扁、嫩叶不碎、老叶不松为适度。

（四）干燥

1. 干燥目的

干燥的目的：①在揉捻基础上整理条索，塑造外形；②发展香气，增进滋味，形成品质；③蒸发水分，防止霉变，便于贮运。

2. 干燥过程

烘炒过程对于化学反应的影响主要是温度。温度是化学反应的条件，提高温度，增加了物质分子的能量。烘炒使叶温增加，提高了水分子的运动量，加速了水分子的蒸发，从而达到干燥的目的。温度也提高了其他化学成分的分子运动能量，加速了反应。这种以加温促进反应的作用，在茶叶文献中有的称作热物理化学作用。

干燥过程中，茶叶在外力的作用下，茶条紧缩，外形得到进一步塑造，由于干燥方式不同，茶叶的外形各异。因此，控制干燥温度和作用力，将直接影响茶条的松紧、曲直、整碎、风味和色泽。

干燥前期，茶叶含水量较多，后期含水量很少，所以干燥前期在水热共同作用下的茶叶内含物质变化和后期干热情况下的变化不一样。在干燥过程中，可溶性糖、氨基酸总量有所下降，还原性糖与氨基酸发生美拉德反应而减少，在热作用下部分多糖裂解，非还原性糖有所增加，叶绿素被进一步破坏，含量减少 20%~25%，多酚类有所减少，咖啡因略有增加（表 5-2）。

表 5-2 不同干燥过程中的内含物质变化 单位：%

成分	揉捻叶	烘青毛茶	炒青毛茶
多酚类	19.62	18.85	19.00
还原性糖	1.20	0.79	1.09

续表

成分	揉捻叶	烘青毛茶	炒青毛茶
非还原性糖	1.06	1.68	2.27
可溶性糖	2.25	2.47	2.36
可溶性果胶	2.18	2.20	2.30
全氮量	4.24	4.50	4.54
游离氨基酸	0.73	0.64	0.66
咖啡因	2.42	2.69	2.65

此外，干燥过程中，温度可以消除水闷味、青草气等不良气味，使得茶叶香气进一步发展。同时，温度的掌控对茶叶香型的形成有很大影响，如高温下茶叶产生高火香，甚至会产生焦煳味；适当的高火茶叶产生熟香，俗称板栗香；低温下茶叶产生清香。因此，干燥进程中只有掌握好温度，才能获得较好的茶香。

3. 干燥技术

干燥是在控制水分散失的同时，控制热化学反应的程度，炒青绿茶还要把干燥过程和做形结合起来，逐步形成外形的塑造。

目前绿茶的干燥要求分次进行，一般烘干采用 2 次，炒干采用 2~3 次，期间要进行摊晾。干燥时叶温上升，水分散失，摊晾时叶温下降，叶片内水分重新分配，叶质变软。这种方法既可使茶叶干透、干匀，又可避免高温焦茶。

影响茶叶干燥的因素主要有进风温度、投叶量和干燥时间。一般要求前期干燥温度要高，投叶量宜少，时间较短；后期干燥温度稍低，投叶量增加，时间稍长。而炒青绿茶要求做形，要掌握好各影响因素间的关系，失水与成形同步。即在杀青阶段完成后逐步降温，控制干燥速度，延长炒制时间，才能做好外形。

4. 干燥方法

干燥方法各地不一致，但主要的干燥方法：

（1）晒干　晒干是一种原始的干燥方法，运用晒干这一干燥方法制作出来的茶主要用于紧压茶。在日光条件下，温度很难达到60℃以上，水分散失较慢，内含成分的化学反应依然进行，成茶色泽欠佳，香气低下，有日晒味。

（2）烘干　烘焙有焙笼烘干和机械烘干。烘干一般采用两次进行，俗称毛烘和足烘。大多数绿茶的温度掌握要求先高后低，干燥后期采用高温提香，但要求高温快速，防止高火焦茶，清香型高档烘青绿茶，不宜采用高温提香。

（3）炒干　炒干分手工和机械两种。高档炒青绿茶，采用手工全程炒干，逐渐摊晾和并锅，外形紧细，栗香显露；机械干燥分为 2~3 个工序，即二青、三青和辉锅，一般先烘后炒，即二青多采用烘干。由于揉捻叶含水量较高，叶汁黏附在叶表面，先用高温快烘，能使茶叶在不黏着锅面的同时保持芽叶完整，色泽翠绿；内质上能使苦涩味减轻，滋味浓厚，汤色清澈明亮，叶底嫩绿，而且能够缩短干燥时间，节省工时。水分控制由 35%~40%下降到 15%~20%，炒干结合摊晾并锅，可炒紧外形，又可以减少碎末茶，是炒青绿茶做形的关键。

第三节　红茶初制加工

一、红茶概述

红茶加工历史悠久，是世界上生产和消费最多的茶类，约占世界茶叶总产量的70%，已有300多年的历史。

16世纪初期，福建省武夷山市首创小种红茶制法，是历史上最早的一种红茶。18世纪中叶，在小种红茶制法的基础上，发展了我国传统产品工夫红茶的制法。1875年前后，工夫红茶制法传到安徽省，原盛产绿茶的祁门县开始生产红茶，因其毛茶加工特别精细，香高味浓而驰名天下。

新中国成立后，由于国际市场的需要，于1951年在一些绿茶区推广生产工夫红茶，其中安徽的“祁红”历史悠久，品质超群，在国际市场上素有“群芳最”之美誉；湖南的“湘红”产区广阔，产量曾在全国占主要位置；福建的“闽红”，因产区品种不同，品质互异，有“坦洋工夫”“白琳工夫”“政和工夫”之分；江西的“宁红”、湖北的“宜红”、台湾的“台红”、云南的“滇红”均有悠久的历史，迄今仍为我国传统工夫红茶的主要产品。

在19世纪80年代前，中国红茶一直在世界红茶生产和贸易中处于垄断地位。1886年，中国茶叶出口量急剧增加到13.41万t，约占世界茶叶出口总量的82%。其中红茶出口10万t。20世纪初期，红碎茶逐渐取代工夫红茶，成为国际茶叶市场的主销产品。20世纪50年代后，转子揉切机、红碎茶加工机（CTC）和劳瑞式锤击机（LTP）等加工机械的诞生，大大促进了红碎茶的发展。传统工艺加工的红碎茶产品逐步减少，工夫红茶在国际茶叶市场的占比也逐步下降。同时，我国在茶叶主产省份发展红碎茶生产，高峰时全国有10多个省（自治区）生产红碎茶，产量和出口量远超过红条茶的生产量和出口量。1990年前后，荷兰、英国等国家开始在其殖民地印度、斯里兰卡等地引种中国茶树并生产红茶，同时我国因为体制改革，茶叶生产结构调整，红茶的生产，特别是红碎茶的生产急剧萎缩。印度、肯尼亚、斯里兰卡等国家成为全球最主要的红茶生产、出口国，其生产总量占到全球红茶产量的60%左右。2008年开始，我国红茶的生产有所回升，目前红茶生产约占我国茶叶生产总量的15%。

二、红茶初制加工技术

红茶是我国生产和出口的主要茶类之一，根据其加工方式的不同分为条形红茶和红碎茶，其中条形红茶又分为工夫红茶和小种红茶。红茶最基本的品质特征是红汤、红叶、味甘醇。红茶加工分为萎凋、揉捻（切）、发酵和干燥4道工序。

（一）萎凋

1. 萎凋目的

萎凋是制红茶的第一道工序。在正常的气候条件下，鲜叶薄摊开始一段时间内，以水分蒸发为主。随着萎凋时间的延长，鲜叶内含物质的自体分解作用逐渐加强。伴随着鲜叶水分的不断散失，叶片逐渐萎缩，叶质由硬变软，叶色由鲜绿转为暗绿，同时内质发生变化，香味也发生改变，这个过程称为萎凋。

萎凋的目的：①散失部分水分，减少叶细胞张力，使叶质柔软，便于揉捻做形；②萎凋过程中，酶活性逐渐提高，为发酵工序多酚类酶促氧化打下基础；③促使不溶性物质水解为可溶性物质，芳香成分改变，散失青草气。

2. 萎凋原理

红茶的萎凋与绿茶的杀青目的和作用完全不同。

（1）物理变化　鲜叶在萎凋过程中，物理状态的变化主要是水分蒸发，叶片含水量减少，细胞萎缩，导致叶面积缩小，芽叶质量减轻。萎凋叶水分散失的途径，主要是通过叶片背面的气孔和叶面角质层两个部位。由于鲜叶的老嫩程度不同，叶面角质化程度不一，对水分的散失有较大影响。老叶角质化程度高，失水速度明显慢于角质化未发育完全的嫩叶，因此，萎凋过程中要做到老叶嫩叶分开。

（2）化学变化　化学萎凋伴随着物理萎凋而进行，萎凋过程的化学变化形式很多，主要是水解作用。萎凋过程中鲜叶堆放在一起，随着萎凋时间的变化，酶活性增强，水解酶类促使叶子中部分有机物质产生分解，部分水解酶如淀粉酶、蔗糖转化酶、原果胶酶、蛋白酶等活性提高，促进鲜叶中一些不溶性化合物的水解，提高了萎凋叶中水溶性成分如单糖、水溶性果胶、氨基酸等的含量。可溶性糖是茶汤甜醇滋味的组成因素，在热的作用下发生焦糖化反应生成有色物质和香气。另外，鲜叶中以糖苷形式存在的结合型香气在糖苷水解酶的作用下，香气化合物游离出来。原果胶在原果胶酶作用下转化为水溶性果胶，是萎凋叶变柔软的原因之一，它增进茶叶的黏稠度，有利于做形，并参与组成茶汤的醇和度。鲜叶中的不饱和脂肪酸在脂肪氧化酶的降解下形成具有清香气的挥发性化合物。一些非挥发性成分如氨基酸、咖啡因在萎凋中也有所增加。同时，由于水分不断散失，叶绿素受儿茶素的氧化产物邻醌氧化和叶绿素酶的分解而减少。

这些水解产物对红茶色、香、味的形成均有积极的意义。

3. 萎凋条件

萎凋中采取的一切技术措施，都是为了使萎凋叶的理化变化程度均匀、适度，以满足发酵所需要的条件。影响萎凋叶质量的外部条件，首先是水分蒸发，其次是温度的影响，再次是时间的长短，其中以温度对萎凋叶质量的影响最为显著。

鲜叶失水的快慢，主要取决于外界环境温度的高低，而温度的高低又与空气的相对湿度有密切关系。一般是气温高，相对湿度小，空气干燥，水分易于散失，萎凋进展快；反之，气温低，相对湿度大，空气潮湿，水分散失困难，萎凋进展慢。因此，在春雨连绵的季节或高山多雾天，不利鲜叶进行萎凋，往往造成理化变化不协调，容易造成乌茶暗片，不利于红茶品质形成。遇到这种情况，生产中必须进行加温萎凋。但如果温度过高，不仅叶片内化学反应加速，不利于有效产物的形成，而且叶片内部水分散失不匀，造成叶片枯红，干茶色泽枯竭，茶汤色浅味淡。据试验，叶温最高不宜超过40℃，以30℃左右为宜。具体温度的掌握要依鲜叶含水量、嫩度等而定。原则上采取“先高后低”。

萎凋时，由于叶片仍在进行呼吸作用，需要有充足的氧气，所以萎凋室的空气要流通，否则不仅氧气供应困难，而且由于鲜叶水分的不断散发，空气湿度容易接近或达到饱和状态，不利于萎凋的继续进行。因此，萎凋室要安装通风排气设备，以使空气流通，调节室内温湿度。

4. 萎凋方法

茶叶萎凋主要有日光萎凋、室内萎凋和萎凋槽萎凋等方法。自然萎凋又分为室内萎凋和室外萎凋两种。

（1）日光萎凋　又称室外萎凋，利用日光热力散失水分。选择避风向阳、清洁平坦的场所，将鲜叶均匀地摊在晒垫上，摊叶量为 0.50~0.75kg/m^2，萎凋时间根据日光强弱而异。优点：方法简便，萎凋速度快。缺点：受自然条件限制大，只能在晴天阳光不太强的情况下采用，如在阳光很强的夏秋季节，尤其是中午前后，萎凋叶易发生焦尖、焦叶、红变和萎凋不均匀等问题。

（2）室内萎凋　室内萎凋要求萎凋室宽敞清洁，通风良好，避免日光直射。在萎凋室内装设支架，架上平铺竹帘，鲜叶摊于帘上萎凋，摊叶量0.50~0.75kg/m^2，室温20~24℃，相对湿度60%~70%，萎凋时间约需18h；如空气干燥，相对湿度小，可根据萎凋程度适当减少萎凋时间。这种萎凋方式需要厂房面积大，萎凋时间长，操作不方便，因此，目前生产中多采用萎凋槽萎凋。

（3）萎凋槽萎凋　萎凋槽萎凋的原理是利用鼓风机压送一定温度的空气，透过萎凋叶层，及时带走叶间的水蒸气，加快叶内水分散失，达到萎凋的目的。萎凋槽萎凋应掌握好温度、风量、摊叶厚度、翻动次数和时机、萎凋时间等因素。春茶气温低，为保证萎凋的顺利进行，通常会鼓入热风来进行萎凋工作。进口温度最高不能超过38℃，否则叶子失水过快，萎凋时间过短，理化变化不够，萎凋不匀，容易使芽叶叶缘焦枯。萎凋时间也不宜过长，萎凋时间过长易引起红变，萎凋也不匀。夏秋茶气温高，一般不需加温，直接鼓冷风。雨露水叶应先鼓冷风，吹干表面水后再加温，以免产生闷蒸现象。萎凋槽鲜叶的摊叶量较日光萎凋和室内萎凋要多得多，其中小叶种摊叶厚度为20cm左右，大叶种略薄为18cm。

为使萎凋均匀，萎凋中要翻动1~2次，翻动时要停止鼓风，翻动动作要轻，以免损伤芽叶。雨露水叶萎凋时应增加翻动次数。萎凋时间以达到萎凋适度为准，一般8~10h完成萎凋的品质较好。

5. 萎凋程度

萎凋的好坏，对后继工序和制茶品质影响极大。萎凋不足，水分散失较少，叶质硬脆，揉捻茶叶时芽叶易断碎，茶汁流失，毛茶条索疏松，碎片多，滋味淡薄，叶底花杂；萎凋过度，易焦尖焦边，叶质干硬，发酵困难，毛茶多碎末，香低味淡，叶底发暗。

萎凋适度的特征：叶质柔软，手捏软绵，紧握萎凋叶成团，松手不散，嫩茎折不断；叶表光泽消失，叶色暗绿；青草气消失，诱发清香。

（二）揉捻（切）

1. 揉捻目的

①破损叶片细胞组织，使茶汁揉出，加速多酚类化合物的酶促氧化，便于发酵。

②使叶片紧卷成条，体积缩小，外形美观。

③使茶汁黏附于体表，干燥后乌润有光泽，冲泡时易溶于水，增加茶汤浓度。

2. 揉捻原理

红茶的揉捻在造型上与绿茶相同，就是利用机械力，使叶片卷曲成条索状，体积缩小，使叶细胞组织损伤，液泡和原生质体的半透性膜发生破损，由半透变为全透，液泡汁液与原生质中的酶接触，从而促使叶内发生一系列酶促和非酶促化学反应，可溶性物质减少，多酚类物质开始氧化，缩合物增加，淀粉、蛋白质和叶绿素开始分解。红碎茶是揉切，对叶细胞组织的破损强度更大。

3. 揉捻方法

现在红茶的揉捻多采用机械进行，分次揉捻，解块筛分再发酵。揉捻机转速应掌握“慢—快—慢”的原则。先慢，才不会使叶条折叠揉碎，也不会因热揉或摩擦发热，使叶温升高过快。后快，叶条卷转成螺旋形的可能性就大，可以使叶条卷得更紧。再慢，可使结团叶条松开，使未揉紧的叶条进一步揉成圆直的叶条。红碎茶采用揉切机具进行揉切。

影响红茶揉捻的因素主要有投叶量、揉捻时间、揉捻次数、加压轻重、萎凋叶的老嫩以及揉捻室的温湿度等。这些因素相互联系又相互制约，在实践中要根据具体情况，分出主次来掌握。如夏季必须注意温度，避免叶温过高而影响品质。揉捻室要求低温高湿，以室温20~24℃、相对湿度85%~90%为好。

4. 揉捻程度

充分揉捻是发酵的必要条件。如揉捻不足，细胞破损不充分，致使发酵不良，茶汤滋味淡薄有青气，叶底花青。若揉捻过度，茶条断碎，茶汤浑浊，香低味淡，叶底红暗。

揉捻适度的标准：叶片90%以上成条，条索紧卷；茶汁黏附于茶表，用手紧握，茶汁外溢，松手不散；茶坯局部泛红，并发出较浓厚的青草气；叶细胞破损率达80%以上。

（三）发酵

发酵是制作红茶的关键过程，没有发酵就不能形成红茶的品质特征。红茶发酵是鲜叶细胞组织受到损伤，多酚类化合物得以与内源氧化酶类接触，引起多酚类化合物的酶促氧化聚合作用，形成茶黄素、茶红素等有色物质，与此同时，偶联发生一系列内含物质的化学反应，从而形成红茶特有的香味物质的过程。

1. 发酵目的

发酵的目的是使茶叶中的多酚类化合物，在酶促作用下产生氧化反应，其他化学成分也发生深刻的变化，使绿叶变红，形成红茶独特的色、香、味。红茶发酵在揉捻过程中就已经开始，但揉捻时间太短，无法支撑其完成内质的转变，因此必须经过发酵工序，才能完成内质的变化，达到红茶的品质特征。

2. 发酵原理

红茶“发酵”的实质是以多酚类化合物氧化为核心，并带动其他物质变化的化学过程，对红茶品质的形成起着决定性的作用。

它以儿茶素类的变化为主体，儿茶素类物质在多酚氧化酶的催化下，很快被氧化成初级产物邻醌，进而氧化成茶黄素，茶黄素转化为茶红素，茶红素又进而转化为茶褐素。其中茶黄素是影响红茶汤色亮度、香味的鲜爽度和浓烈度的重要成分。茶红素是茶汤浓淡的主体，收敛性较弱，刺激性小。两者的含量和比例直接影响红茶的成茶品质。

发酵过程中蛋白质的水解产物氨基酸部分地与邻醌作用，形成有色物质和芳香物质。叶绿素在发酵中被大量破坏，叶色发生红变。淀粉和原果胶的水解可增进茶汤滋味和香气。

发酵过程中咖啡因减少，但减少幅度不大。咖啡因能与茶黄素、茶红素分别形成螯合物，在茶汤冷却后产生浑浊现象，俗称“冷后浑”，是品质好的表现。品质差的红茶茶汤缺乏“冷后浑”现象，主要是茶黄素含量太低的原因。

3. 影响发酵的因素

影响发酵的主要因素有温度、湿度、时间和通气（供氧）等，其中又以温度为主。

温度通过影响酶的活性来影响发酵过程。温度过低，氧化反应缓慢，发酵难以达到适度；温度过高，氧化过于剧烈，毛茶香低味淡，色暗。因此，高温季节要采取降温措施。通常情况下，叶温要比室温高出2~6℃，发酵叶温度保持在30℃为好，因此发酵室温度一般要求控制在20~30℃。

发酵叶水分取决于萎凋程度，发酵作用只有在发酵叶含有一定水分的情况下才能正常进行。发酵叶含水量过高，发酵速度较快，叶底虽红亮，但香味偏青涩。发酵叶水分低于50%，则发酵困难，发酵叶叶底乌暗、香低味淡。如果将含水量正常的揉捻叶放在相对湿度较低的条件下发酵，叶层表面的叶子因水分蒸发很快，同样会出现叶底乌暗、香低味淡的情况。通常情况下，发酵室相对湿度在90%以上为好。

一般而言，工夫红茶需发酵2~3h，红碎茶为80~90min，具体发酵时间要根据叶子老嫩、气温高低、颗粒大小、不同品种、叶细胞损伤率高低等因素而定，主要以保持茶黄素、茶红素在较高水平，同时控制茶褐素的大量形成为目的。

发酵时还应注意摊叶厚度，一般摊叶厚度在8~15cm，叶层厚薄均匀，不要压紧，保持通气良好，不会影响供氧和叶温即可。

4. 发酵程度

目前，鉴定红茶发酵程度的方法主要是看叶色和闻香气。

发酵过程中叶色的变化，一般由青绿、黄绿、黄色、红黄、黄红、红色、紫红到暗红色。但是，不同红茶产区，由于受茶树品种、栽培管理以及萎凋、发酵技术措施不同等因素影响，叶色的变化规律有所不同。再者因光源不同，对发酵叶色的观察，也难以统一标准。

尽管不同红茶产区的发酵叶色变化有差别，但发酵叶的香气变化则有较明显的规律性。因此，人们多以闻香气为主、察叶色为辅来判断红茶的发酵程度。其变化进程一般由强烈青草气到青草气消退，继而透发出清香、清花香、花香、果香、熟香，最后香气逐渐低淡，发酵过度时还会出现轻度酸馊味。如红碎茶要求具有浓、强、鲜的品质特征，其发酵程度通常以发酵叶出现清香或清花香，叶色呈黄或黄红色为适度。而工夫红茶的品质特征是浓、甜、醇，其发酵程度则以发酵叶出现花香或果香，叶色呈黄红至红色为适度。

另外，在发酵过程中，不论是哪种红茶，在掌握其发酵程度时“宁可偏轻，不可过度”，因为如果发酵程度稍有不足，还可以在后续干燥工序的前期加以弥补；而一旦出现发酵过度，后期不仅难以采取补救措施，后续的干燥工序还会加速发酵，必将给红茶品质带来不可挽回的损失。因此，发酵适度的叶子要立即上烘，以防发酵过度。

（四）干燥

1. 干燥目的

干燥是红茶制作的最后一道工序，与制茶品质有密切关系。干燥是利用高温迅速蒸发水分，固定和提高红茶品质，达到保质要求的过程。一般采用高温烘焙。

干燥的目的：①利用高温迅速破坏酶活性，停止发酵；②蒸发水分，紧缩条索，固定外形，便于贮藏和运输；③固定已形成的品质，提高和发展香气。

2. 干燥原理

干燥的主要特点是叶内水分汽化。在干燥过程中，叶内水分蒸发到空气中，一般分为两步：湿茶坯受热时，首先是表层水分逐渐汽化蒸发；接着是内层水分逐渐向表层扩散，再由表层蒸发到空气中。因此，只有茶叶表面的水蒸气压大于空气中的水蒸气分压时，叶子水分才能蒸发到空气中。要加速叶内水分蒸发速度，一方面要升高温度，使叶内水分向外扩散并汽化；另一方面要加速外部空气流通，及时将叶表面的水分带走。如果叶子的表面水分不能及时被带走，叶内水分的蒸发就会受阻，茶叶就会产生闷蒸现象。

3. 干燥方法

目前红茶的干燥采用烘焙干燥，有烘笼烘焙和烘干机烘焙。烘笼烘焙，采用木炭烘焙，烘焙简单，烘茶质量高，特别是香气好，但劳动强度大，工效低，适于少量茶的加工；大生产中，目前多用自动烘干机烘焙。红茶的干燥要点：①红茶的干燥分两次进行，掌握“毛火高温，足火低温”，“嫩茶高温，老茶低温”。②烘干机毛火进风温度为110~120℃，不超过120℃，以10~15min为宜；足火温度85~95℃，不超过130℃，以15~20min为宜。③毛火与足火之间摊晾40min，不超过1h，以促使叶脉内的水分重新分配，以利干燥均匀。

4. 干燥程度

干燥时须勤加检查，严防产生高火香或焦茶现象。毛火后，用手握茶略有刺手感，但叶片尚软，折而不断，也即七八成干为适度。足火后，茶叶色泽乌黑油润，有浓烈茶香，用手指碾茶条成粉末，即含水量4%左右为适度。下机宜摊晾散热，按质归堆，严防茶叶受潮变质。

第四节 黑茶初制加工

一、黑茶概述

黑茶是我国的独有茶类，嘉靖三年（1524年）御使陈讲在奏疏中说：“商茶低伪，悉征黑茶，产地有限，乃第为上中二品，印烙篦上，书商名而考之，每十斤蒸晒一篦，送至茶司，官商对分，官茶易马，商茶给卖。”隆庆五年（1571年）又规定：“各商收买好茶，无分黑黄正附，一律运送洮州（今甘肃临潭）茶司，贮库中马。”说明黑茶始于明代中期。

古代时期由于交通不便，运输困难，常将茶叶蒸制为团块，压缩体积，便于长途运送。团饼绿茶由于长时间的烘焙干燥和长时间的非完全密封运输贮存，湿热氧化作用导致绿茶由绿色变褐色，人们在长期运输中认识并研究变色的过程，发明了黑毛茶的加工方法。明嘉靖年间（1525年以前），湖南的安化采用绿茶湿坯堆积渥堆，松材明火干燥法制作，使干茶色泽变黑变褐，故名“黑茶”，是为“黑茶”的最早定名。

我国黑茶种类较多，加工技术不尽相同，品质不一，但存在共同特点：①茶鲜叶原料采摘标准较粗老，一般都是茶树形成驻芽后开采，叶老梗长，产品外形粗大；②加工过程都有其特有工序——渥堆，有的采用毛茶干坯渥堆，如湖北老青茶和四川茯砖茶，有的采用湿坯渥堆，如湖南黑茶和广西六堡茶等，在渥堆过程中，在水、温度、微生物等因素的共同作用下，茶叶中的内含物质发生了一系列复杂的变化，形成黑毛茶特殊的风味；③具有共同的品质特征，即外形条索卷折，色泽黄褐油润，忌暗褐；内质香味醇和或纯和，汤色橙黄或橙红，叶底黄褐，忌红叶。

黑毛茶主要在湖南、湖北、四川、云南、广西等地生产。黑毛茶经加工后的成品茶有湖南的“三尖”（天尖、贡尖和生尖）、“三砖”（黑砖、花砖和茯砖），以及花卷，还有湖北青砖茶、广西六堡茶、四川南路边销茶和西路边销茶、云南的紧茶等。黑茶由于独特的保健作用已引起人们广泛的关注，目前年产量约占全国茶叶总产量的13%。

二、黑茶初制加工技术

黑茶品质要求叶张宽大厚实，色泽油黑，汤色橙黄，香味醇厚。为达到这种品质要求，黑茶加工分杀青、揉捻、渥堆、干燥等工序。其中渥堆是黑茶品质形成的关键。

（一）杀青

黑茶杀青的目的与绿茶相同，但因为黑茶原料粗老，纤维素和半纤维素含量高，水分含量低，所以杀青前要洒水灌浆，利用水分产生高温蒸汽来提高叶温，制止多酚类化合物的酶促氧化，使其杀匀杀透；一般按每100kg鲜叶洒水10kg的比例，即10∶1的比例，灌浆时要边翻动鲜叶边洒水，使之均匀一致。

杀青适度的标准：嫩叶缠叉，叶软带黏性，茶梗不易折断，叶色由青绿转为暗绿，并发出一定的清香。

（二）揉捻

黑茶揉捻分初揉和复揉两次进行。初揉的目的是使茶叶初步成条，茶汁揉出黏附于叶表，为渥堆创造条件。复揉是把渥堆后回松的茶条卷紧。揉捻方法与绿茶相同，但由于黑茶原料比较粗老，初揉应掌握以下要求。

（1）趁热揉捻，因鲜叶较粗老，纤维素含量高，质地粗硬，水溶性果胶物质含量少。采用趁热揉捻，能使原果胶物质在湿热作用下，部分分解为水溶性果胶，增加有效成分，促进叶片卷折成条，塑造良好的外形。

（2）采用“轻压、短时、慢揉”原则，如揉捻加压、长时、快速，则易造成叶肉叶脉分离，茎梗表皮剥脱，不利于品质形成，故揉捻中要轻压或中压，时间8~15min，揉捻机转速以37r/min为宜。

（3）保持叶温，因为渥堆开始要求叶温在30℃以上，有利于进行渥堆工序。因此揉捻叶不需解块，以免茶坯散热，不利于黑茶品质形成。

揉捻适度的标准：叶片的细胞破损率为20%，茎梗细胞破损率约40%，大部分叶片呈现折叠条，少部分叶片呈现泥鳅条或扁平片，叶色由暗绿转为暗绿泛黄。

（三）渥堆

1. 渥堆目的

渥堆是将揉捻叶进行堆积12~24h，在茶叶内湿热和微生物的共同作用下，内含成分发生一系列深刻的氧化、分解，形成黑茶独特品质的过程，是黑茶初制中的特有工序，也是形成黑茶品质的关键工序。

渥堆的目的：①使多酚类化合物氧化，除去部分涩味；②使叶色由暗绿或暗绿泛黄转为黄褐。

2. 渥堆原理

黑茶渥堆过程中，同时存在着湿热、微生物、酶促作用，它们之间相互影响，相互促进，形成了黑茶特有的风味品质。

适宜的温度、水分是启动渥堆的基础，为微生物的生长和代谢创造了条件。经过研究发现，原本黏附在鲜叶上的微生物，经高温杀青后几乎全部被杀死，渥堆过程中的微生物是在杀青后重新沾染的。杀青叶趁热揉捻后，当叶温在30~35℃时，立即成团取出，开始渥堆。渥堆过程中微生物大量繁殖，它们呼吸以及分解物质所产生的大量热能，使堆温迅速上升达40~45℃。叶温的升高，为后续的湿热作用和微生物酶促作用打下了基础。

微生物在吸收利用茶叶内含物满足机体发育（同化作用）的同时要吸收一定的水分，然后通过呼吸、水解作用又要释放能量和水分（异化作用）。因此渥堆前期堆内含水量常常呈现“下降—平稳—回升”的趋势。杀青前期粗老叶的洒水灌浆其目的之一就是为此。

渥堆过程是黑茶微生物快速增长的阶段，渥堆过程中微生物的变化是有一定规律的，细菌数目在渥堆初期大量增加，当渥堆达到一定温度时，霉菌大量繁殖，产生的双糖和多糖物质为酵母提供养分，使酵母大量繁殖，细菌数目则减少。普洱茶渥堆一般堆温50~65℃、渥堆叶pH变化范围3~6，黑曲霉等嗜热真菌可以在50℃生长，塔宾曲霉和热带假丝酵母可在25~45℃、pH为5左右的条件下生长。微生物在代谢活动过程中，为了满足自身对碳、氮的需求，通过分泌胞外酶，实现各种物质的转化，同时呼吸放热加剧了湿热作用，促进黑茶品质的形成。渥堆末期，各类微生物新陈代谢使堆内温度增高、酸度增大时，又限制了细菌和霉菌的生长发育。

刘仲华等（1991）系统研究了黑茶渥堆过程中的酶活性变化，结果发现渥堆过程中新的酶系统源自微生物代谢分泌的胞外酶，为满足自身生长繁殖的需要，微生物通过代谢过程产生纤维素酶、果胶酶和淀粉酶等水解酶系，并使包括多酚氧化酶、过氧化物酶等在内的氧化酶系发生根本性变化，促进茶叶中内含物质的改变。其中，黑曲霉能产生多种水解酶，分解包括多糖、脂肪、天然纤维、蛋白质、果胶等有机物，产物多为单糖、氨基酸、水化果胶和可溶性碳水化合物，从而形成黑茶甘滑、醇厚的品质。

3. 渥堆技术

茶叶含水量、温度、渥堆时间是影响黑茶渥堆作用的重要因素。水是渥堆过程中化学变化和生物化学变化的必要介质和直接参与者。渥堆开始是在湿热作用下进行的，因此，适宜的渥堆条件：相对湿度85%左右，室温一般应在25℃以上，茶坯水分含量保持在65%左右。同时，还要有一定的空气流通，以保障渥堆过程中茶叶内含成分的适度氧化。

渥堆适度的标准：待茶坯表面出现水珠，叶色由暗绿变为黄褐，茶团黏性变小，一打即散，即为渥堆适度。如叶色黄绿，粗涩味重，则渥堆不足；如叶色乌黑，手握茶坯感到泥滑，并有严重的馊酸气味，则为渥堆过度。渥堆过度的茶叶不宜复揉，应单独处理，不与正常茶叶混合。

（四）复揉

茶坯经过较长时间的渥堆，茶条常有回松现象。复揉的目的是使回松的茶条揉捻卷紧，整饰外形的同时，进一步破损叶细胞，揉出茶汁附着在叶片表面，增进茶汤的浓度。在开堆复揉时，要先揉堆内茶坯，外层茶坯继续渥堆，以弥补外层茶坯的渥堆不足。揉前须将茶坯解块抖散，以小型揉捻机效果较好，复揉中同样要采取轻压、短时、慢揉的原则，时间8~12min，揉后须经完全解块，使条索匀直，没有团块。

（五）干燥

干燥的目的：散失水分，巩固已形成的品质特征，进一步发展和形成黑茶特有的品质风格。但黑茶干燥产地不同，风格各异。目前，干燥方法主要有以下几种。

1. 晒干

这仍然是黑茶传统的干燥方法。利用太阳光能去除水分，同时利用阳光促进茶叶内含成分的理化变化，含水量为13%左右时为宜。

2. 明火烘干

这也是黑茶传统的干燥方法，一般采用松木进行明火烘干，既去除了茶叶中的水分，也在松木的燃烧下产生了特殊的松烟香味，含水量8%~10%时为宜。

3. 机械干燥

目前大多数黑茶的干燥已采用了机械，既能保证产品的质量和安全，也提高了生产效率，其含水量在10%左右为宜。

第五节　白茶初制加工

一、白茶概述

白茶是我国的特种茶之一，发源于中国福建福鼎。其加工特点为不炒不揉，成茶满披白毫，色泽银白灰绿，汤色清淡，属微发酵茶类。产品分为白毫银针、白牡丹、贡眉和寿眉四类，主产于福建的福鼎、政和、建阳、松溪等地，产量占世界白茶的96%以上，近年来台湾也有少量生产。

根据茶树品种、采摘标准和加工工艺的不同，白茶可分为以下几种：①根据茶树品种区分。采自大白茶品种的成品称为大白，采自水仙品种的称为水仙白，采自菜茶的称为小白。②按采摘标准和加工工艺可划分为白毫银针、白牡丹、贡眉、寿眉和新工艺白茶，同时该方法也是目前最常用的白茶分类法。白毫银针通常由大白茶或水仙品种的肥芽制成；白牡丹则常以大白茶品种的一芽二叶初展嫩梢制成；贡眉以茶嫩梢一芽二三叶制成；制白毫银针抽针时剥下的单片叶制成的白茶称为寿眉。

白茶性清凉、退热降火、祛暑，有治病之功效。白茶因外形美观素雅，被海外侨胞视为珍品，欧美国家茶叶常以白茶拼配点缀。白茶主要销售到我国港澳、新加坡、马来西亚、德国、荷兰、法国、瑞士等地。

二、白茶初制加工技术

白茶品质的主要特征是外形满披白毫，“绿面白底”（叶面黛绿，背面白色银毫），汤色杏黄明亮，滋味甘醇爽口，叶底柔软明亮。相较于其他茶类来说，白茶加工工序简单，只有萎凋、干燥两道工序。

（一）萎凋

萎凋是白茶加工的关键工序，其目的是通过长时间的萎凋，以蒸发鲜叶水分，提高细胞膜透性和酶活性，促进叶内含物发生缓慢的水解和氧化作用，挥发青臭气，发展茶香，形成白茶自然的外形和内质特征。

鲜叶萎凋过程中，随着叶内水分蒸发，鲜叶呼吸作用增强，细胞膜透性随之增强，同时也增强了酶活性，使叶细胞在未受损情况下发生一系列的缓慢水解、氧化反应。如叶绿素酶促使叶绿素水解，鲜叶发生叶色转变；蛋白酶使蛋白质水解为氨基酸；多糖水解酶促使大分子化合物水解为小分子的单糖；酯型儿茶素水解为非酯型儿茶素；多酚类经酶促氧化产生茶黄素和茶红素等；结合态非挥发性香气前体物质经水解酶作用转化为游离态挥发性香气成分，从而形成白茶色、香、味的品质基础。

萎凋叶芽叶毫色银白，叶色转为灰绿或深绿，叶缘自然干缩或垂卷，芽尖、嫩梗呈“翘尾”状为适度。采用全萎凋法则萎凋至手捻茶叶成末，含水量达8%~9%即为适度；半萎凋法则萎凋至九成干即可烘焙；遇阴雨天气，叶色转翠绿或黛绿，达六七成干即应及时烘焙。

萎凋方式主要分为室内自然萎凋、复式萎凋、加温萎凋三种。

①室内自然萎凋：要求室内通风良好，无日光直射，并要防止雨雾侵入，场所清洁卫生，配置萎凋帘、水筛、萎凋架等。自然萎凋白茶质量最佳，但萎凋时间较长，占用厂房面积大、设备多，并受自然气候条件影响制约，不适用于大规模生产，应用范围有一定限制。

②复式萎凋：即将室内自然萎凋与日光萎凋相结合，日光萎凋应在阳光微弱时轻晒。春秋季的晴天可采用复式萎凋。

③加温萎凋：阴雨天气宜采用萎凋槽或增温排湿设备进行萎凋，多为热风萎凋，可缩短白茶制造生产周期，提高生产效率，解决白茶阴雨天萎凋困难的问题。

为了保持白茶的色泽，萎凋过程中不可随意翻动。白茶萎凋历时较长，一般室内自然萎凋历时48~60h，不宜超过72h；热风萎凋20~36h。

（二）干燥

干燥是白茶排除多余水分，提高香气和滋味的重要阶段。通过高温烘焙，破坏酶活性，终止酶促氧化，固定烘焙前形成的色、香、味品质；去除水分，紧缩茶条；在高温作用下，促使内含物发生热化学转化，挥发低沸点香气，在叶片内糖、氨基酸、多酚类等物质的相互作用下，发展白茶品质。主要采用烘干机和焙笼干燥两种干燥方法。干燥适度的标准：手捻茶叶呈粉末，茎梗一折即断，含水量在6%以下。

第六节　乌龙茶初制加工

一、乌龙茶概述

乌龙茶又称为青茶，是我国六大茶类之一。乌龙茶起源于明代，据清代宫廷陆延灿《续茶经》（1734年）引王草堂《茶说》（1717年）谓：“武夷茶……采茶后，以竹筐匀铺，架于风日中，名曰晒青，挨其青色渐收，然后再加炒焙。”又云：“独武夷炒焙兼施，烹出之时，半青半红，青者乃炒色，红者乃焙色。”把乌龙茶的加工和品质说得十分清楚。

乌龙茶属半发酵茶，发酵程度介于红茶与绿茶之间，加工精细，以其特有的做青工艺，结合炒青、造型和别具一格的干燥方法，形成了独特的品质风格。

乌龙茶的品质特点是绿叶红镶边。汤色金黄，香高馥郁，滋味醇厚，回味甘爽，是特定生态环境、茶树品种和采制技术综合作用的结果。高级乌龙茶必须有特殊的韵味（如岩茶的岩韵，铁观音的音韵）和香型（如肉桂的桂皮香，黄旦的蜜桃香，凤凰单丛的天然花香）。

乌龙茶主产于福建、台湾、广东三省，以福建生产历史最悠久，花色丰富，品质最佳，是乌龙茶的发源地和主要产地。近些年来，广西、四川、湖南、浙江、江西等地也有少量生产。我国香港、澳门是主要的侨销市场。近年来贸易逐渐扩大，乌龙茶已外销 30 多个国家和地区，如美国、日本和欧洲等国。

二、乌龙茶初制加工技术

（一）乌龙茶品种与鲜叶

鲜叶原料是决定乌龙茶品质的物质基础。乌龙茶具有天然花果香和品种的特殊香，是适制乌龙茶的茶树品种在得天独厚的自然环境栽培下，所获鲜叶经加工而成的结果。

乌龙茶品种一般为中叶种、大叶种，研究表明，适制乌龙茶茶树品种鲜叶叶片组织结构和生化组分基本具有以下特点。

（1）角质层、蜡质层较厚。角质层外被有蜡质层，蜡质层的主要成分是高碳脂肪酸和高碳一元脂肪醇。在加工过程中，蜡质可分解与转化为芳香物质，这是乌龙茶香气来源之一；此外角质层的厚薄影响气孔的开闭，对乌龙茶做青过程的水分散失速度有着重要影响。

（2）叶片的下表皮大都具有腺鳞（除大叶乌龙外），腺鳞有分泌芳香物质的功能，是乌龙茶香气的又一来源。

（3）叶绿体趋向衰老，类胡萝卜素增加，片层中出现一至多个巨型淀粉粒。类胡萝卜素是乌龙茶香气的先质，乌龙茶的特殊风味可能与此相关；大量的淀粉粒在萎凋与做青过程中逐渐水解，使毛茶中可溶性糖有所增加，而可溶性糖一方面参与乌龙茶香气的形成，另一方面可增加滋味的浓厚与甜醇。

（4）在较成熟的叶片中脂类颗粒增多，这种生理结构在一芽一叶的嫩梢中是没有的。这些脂类物质和大量的淀粉是乌龙茶初制中形成浓郁香气和醇厚滋味的物质基础。

（二）鲜叶采摘

乌龙茶鲜叶原料是具有适宜成熟度的茶树新梢，通常要求顶芽形成驻芽，采摘小开面至大开面的嫩梢，即俗称“开面采”。

若鲜叶太嫩，不仅滋味苦涩重，而且经萎凋做青后，叶片可能全部变红，做青容易出现过重，致使成茶外形出现红褐或暗青；内质香低味淡，不符合青茶品质要求。若太老，则成茶外形粗大，色枯绿，味薄，香短，也不利品质形成。生产实践上认为同一驻芽梢上第二三叶加工乌龙茶品质最佳。

采摘当日的气候条件对乌龙茶品质影响较大。宜选择晴天或晴至多云的天气采摘午青，阴雨天不采或少量采制，对茶叶品质最为有利。

（三）乌龙茶初加工

乌龙茶的花色、品种较多，但加工工艺基本相似，其初加工工艺为萎凋、做青（摇青，晾青）、炒青、揉捻（包揉）、烘焙等工序。

1. 萎凋

乌龙茶的萎凋过程通常分为晒青和晾青两个过程。

（1）晒青　晒青对乌龙茶品质的形成具有重要作用，首先可使鲜叶快速轻度散失水分，扩大叶片与茎梗之间含水量的差异，提高叶片细胞的吸水力，为做青加速“走水”准备条件；其次可加速光化学反应、酶促反应、湿热作用等化学和物理反应变化，为提高香气和除去苦涩味准备物质基础，如萎凋叶中氨基酸、可溶性糖和水浸出物等的含量提高，叶绿素破坏，叶色变浅淡，促进低沸点的青气芳香物质挥发减少，促使高沸点花香组分形成或显露。晒青萎凋叶质量高，是乌龙茶最佳的萎凋方式。

鲜叶采摘进厂后，即刻进入摊青，其主要目的是散发鲜叶中的热气和表面水分，以保持鲜叶的新鲜度。小规模摊青时，取 0.3~0.5kg 鲜叶，放于水筛中央，双手执筛轻轻甩动，鲜叶随之均匀地铺满筛面，基本达到叶片不相重叠，这种方法俗称“开筛”（“开青”）。大规模生产时，多用晒青布晒青，用手轻撒鲜叶于晒青布上，尽量做到叶叶见阳光，以便晒青均匀。晒青期间，翻拌或移动萎凋叶时尽量让叶子不受损伤、红变，以免造成死青。收叶时掀布，不用扫叶，尽量避免叶子损伤。

室外气温在 20~35℃时宜进行晒青，35℃以上时应终止晒青，否则叶片容易红变，因此晒青通常在阳光较弱的早晚进行，早春的中午气温低也可晒青。晒青时间视阳光强弱、气温高低、空气湿度、鲜叶含水量多少、鲜叶理化性质而灵活掌握，历时 10~60min 不等。若鲜叶肥大、含水量多，还可采取两晒两凉的方式进行晒青。

萎凋叶适度的标准：叶面光泽消失，叶色转暗绿色，发出微青草香，第一或第二叶垂软。

在晒青无法进行的情况下，可采用加温萎凋。目前，采用的主要设备有萎凋槽和综合做青机：①萎凋槽萎凋。风量大，时间短，即使温度高些也不会红变；萎凋程度与晒青相比宜偏轻。②综合做青机萎凋。风温控制同萎凋槽，装叶量约为做青机容量的 2/3，慢转、吹热风。

（2）晾青　晾青是在晒青或加温萎凋之后进行。晾青的目的：一是降低叶温，避免叶片红变“死青”，继续促使叶表水分蒸发和叶内水分平衡分布，增强细胞膜透性；二是继续促使多酚类、色素类等内含物质发生酶促氧化降解、转化与水解，以及香气组分的转化形成；三是使梗脉中的有效成分随水分往叶肉细胞输送，使晒青叶的萎软状态消失，转现复苏现象。

通常将晒青后的鲜叶移入室内，翻松后均匀摊放散热，防止风吹和光照，叶温降至室温，叶色由暗转亮，叶态由软变硬为适度。一般历时约 60min。

2. 做青

做青是形成乌龙茶品质风格的关键工艺，全过程由摇青和晾青（或静置）交替进行组成，是形成乌龙茶色、香、味的品质特征过程。

（1）摇青　摇青过程是叶细胞在机械力的作用下部分摩擦损伤，形成以多酚类化合物酶促氧化为主导的化学变化，以及其他物质转化与积累的过程，逐步形成花香馥郁、滋味醇厚的内质和绿叶红镶边的叶底特征。

摇青的目的：①促使部分叶缘细胞组织摩擦，造成损伤，促使多酚类、色素等内含成分发生酶促氧化和水解；②促使茶叶水分蒸发和叶内水分的均匀分布，增强细胞膜透性；③促使青草气挥发和香气组分的转化形成。

（2）晾青 摇青后将茶叶置于水筛上进行室内萎凋的过程，称为晾青，又称静置。

晾青的目的：①继续促使叶片水分蒸发和分布均匀，增强细胞膜透性；②继续促使茶多酚的氧化和其他物质的转化；③继续促使香气物质的转化形成。

在摇青和晾青过程，叶片呈现紧张与萎蔫的交替过程，称为走水。摇青时，叶片碰撞、摩擦，促使水分与内含物由梗向叶运输转移；晾青前期，水分继续向叶片转移，叶片呈现紧张状，叶面光泽恢复，青气显，俗称“还阳”；晾青后期，水分运输减弱，蒸发大于补充，叶片呈现萎蔫状，叶面光泽消失，青气退，俗称“退青”。退青与还阳的交替过程即是走水。

做青的原则是要求时间由少到多，晾青的时间由短到长，摊叶的厚度由薄到厚。做青技术性强，时间长，化学变化复杂，应根据气候条件、茶青老嫩、晒青程度而灵活掌握，生产实践中往往采取“看青做青、看天做青”的方法。

做青程度：一摸叶片柔软度，若柔软如绵，并略有温手感为适度；二看叶色、叶相，叶色由鲜绿转为暗绿，又转为黄绿、淡绿，叶缘及叶尖呈红色，叶表出现红点，叶脉透明，叶缘垂卷，叶背翻成“汤匙状”为适度；三闻香，以青气消退、显露花香为适度。

3. 炒青

乌龙茶炒青原理与绿茶基本一致。即通过高温，在较短时间内破坏多酚氧化酶活性，制止酶促氧化作用，防止做青叶继续氧化，巩固做青形成的品质；同时，高温作用下加速鲜叶中低沸点芳香物质的挥发与高沸点芳香物质的显露，以及叶绿素、蛋白质与氨基酸、糖类及茶多酚等内含物质的转化，形成大量新的色、香、味物质；此外还可适量蒸发水分，使叶片呈柔软状态，便于揉捻造型。

以青气消失，花果香显露，叶色转暗黄绿色，失去光泽，梗折弯不断，手握叶略成团，有刺手感，松手即散开为度。

4. 揉捻（包揉）

其目的、原理与其他茶类相同，其中包揉是乌龙茶（铁观音）根据其产品外形品质的要求所采用的造型工艺。包揉与烘焙多次交替进行，以促使乌龙茶形成外形卷曲、颗粒状的独特造型。

包揉的目的：①促使茶叶紧结形成卷曲、颗粒状；②增加叶细胞的组织破损，揉出茶汁；③促使内含成分发生生化转化，发展香味。

以通过揉捻茶汁外溢，紧直成条达80%以上为适度。

5. 烘焙

乌龙茶烘焙的目的、原理与其他茶类的干燥是相同的，但在干燥方法上乌龙茶主要采用烘焙方式，包括初焙、复焙、足干等工序。初焙又称毛火、初烘，复焙又称复火、复烘，足干又称足火、炖火。需包揉的乌龙茶，干燥中复焙与包揉多次交替进行，而乌龙茶的足干采用文火慢焙，以增进滋味的醇爽度。

茶叶烘至足干（梗和茶条折之脆断，茶叶揉搓成粉状），感官达到色泽砂绿乌润、气味清纯，或色泽乌褐油润为度。

第七节 黄茶初制加工

一、黄茶概述

黄茶是我国特有茶类，由绿茶演变而来。黄茶生产历史悠久，早在唐代，四川的蒙顶黄芽即为贡茶。安徽霍山黄芽古时被称为寿州黄芽，在唐代已很有名气。古代黄茶有两种，一是该茶树品种的叶色发黄，二是加工中闷黄。目前黄茶的分类主要是根据加工特点和品质特征，首先，在初加工过程中采用了闷黄技术，其次是茶叶品质特征为黄汤黄叶，不仅叶底黄，汤色黄，干茶叶显黄亮，而且香气清锐，滋味爽口。必须具备上述两点，才能称为黄茶，这也是与绿茶的主要区别所在。

按鲜叶原料的嫩度，黄茶可分为黄大茶和黄小茶，黄大茶有皖西黄大茶、广东大叶青茶。黄小茶有君山银针、蒙顶黄芽、霍山黄芽、沩山毛尖、北港毛尖、平阳黄汤、远安鹿苑茶等，其中君山银针、蒙顶黄芽又属于黄芽茶。

黄茶品质特征除了具有黄汤黄叶的共同点外，各种黄茶的造型和香味各具特色。

我国黄茶以内销为主。君山银针主销京、津及长沙等地，近年来有少量外销；蒙顶黄芽主销四川及华北；远安鹿苑茶销武昌、汉口；平阳黄汤主销营口，京、津次之，沪、杭少量；皖西黄大茶主销山东和山西等省，在沂蒙山区有较好的消费市场。

二、黄茶初制加工技术

黄茶有别于其他茶类的关键在于其加工过程中有个特殊的“闷黄”工序，形成了“黄汤黄叶”的品质特征。黄茶加工就是根据茶叶变黄的实质，采取适当的加工技术，创造条件促进黄茶品质的发展和形成。黄茶加工分杀青、闷黄、干燥等基本工序。

（一）杀青

杀青的作用同样是通过高温钝化酶的活性，制止多酚类化合物的酶促氧化，同时挥发部分水分、青草气。但是，黄茶的杀青原则是“高温杀青，先高后低”，在保证杀匀杀透、完全钝化酶活性，防止产生红梗红叶及烟焦味的基础上，尽可能促进在制品黄变。因此，相比较于绿茶原料来说，杀青时要做到“投叶多、锅温低、多闷少抛”，使得杀青叶在高温湿热条件下的作用时间更长，促进叶绿素、多酚类等的转化，从而促使叶色黄变。

（二）闷黄

闷黄是黄茶加工中促进在制品黄变的工序，也是黄茶品质形成的关键工序。影响在制品黄变的因素主要有在制品含水量、温度。在制品含水量越高，叶温越高，则湿热条件下的黄变进程也越快。因此，闷黄过程中要控制好叶片的含水量变化，防止水分的大量散失，尤其是湿坯闷黄要注意环境的相对湿度和通风情况，必要时茶坯要盖上湿布或控制空气流通。一般杀青或揉捻后的湿坯闷黄，由于叶片含水量多，黄变较快，闷黄时间短。但黄变程度要求不同，闷黄时间差异较大。北港毛尖只需 30~40min；平阳黄汤需要 2~3d，最后还要闷烘；

沩山毛尖、远安鹿苑茶和广东大叶青茶介于两者之间，时间为5~6h。一般初烘后茶坯闷黄，由于含水量少，变化慢，闷黄时间较长。

（三）干燥

黄茶干燥一般采用分次干燥，其干燥过程是与闷黄交替进行的，干燥方式有烘焙和炒干两种。干燥温度的掌握较其他茶类偏低，且有先低后高的趋势。在较低温度下烘焙干燥，叶片缓慢失水，促进多酚类、叶绿素等物质在湿热作用下进行缓慢转化，进一步促进黄变。在最后干燥环节用较高的温度烘炒，固定已形成的黄茶品质，同时在干热作用下促使酯型儿茶素裂解为简单儿茶素和没食子酸，增加了黄茶的醇和味感。烘炒时，茶坯发生焦糖化反应，使低沸点香气物质挥发，高沸点香气物质显露，达到色黄、香高、味浓的品质要求。

第八节　茶叶精制加工

茶叶初加工生产的产品称为毛茶，因茶叶品种、生产季节、加工工艺等因素影响，毛茶品质存在差异，要经过精加工处理，使其达到商品茶的目的。从毛茶付制开始到成品包装为止的一系列加工过程称精加工或复加工，又叫毛茶加工，即根据毛茶的形态和性状，采用相适宜的机具和合理的工艺技术，将混杂的毛茶进行分离，然后拼配组合成符合要求的成品茶。

一、茶叶精制加工的目的

我国茶区广阔，气候、土壤条件不同，品种、采摘和初加工技术各异，毛茶品质规格非常复杂。通过精加工使产品规格统一，外形美观，净度提高，符合商品茶销售规格。概括地说，茶叶精制加工的目的如下。

（一）划分等级

毛茶往往是老嫩、粗细、长短、轻重不一，通过精加工，分类拼配，达到品质纯净、档次分明的目的。

（二）整饰外形

毛茶的形态十分复杂，有的紧直，有的弯曲，很不整齐。通过精加工处理，使粗细、轻重、整碎分别开来，然后再对照加工标准样进行拼配，成为各种花色，使之符合品质规格要求，达到增进外形美观的目的。

（三）剔除杂次

通过精加工除去劣质和杂物，提高纯净度。

（四）补火去水

由于毛茶干燥程度不一，水分含量有异，同时毛茶在贮藏和精加工过程中，也会吸收空气中的水分导致毛茶水分含量增加。通过精加工，去掉过多的水分，达到适度干燥、便于运输和贮藏的目的。

二、茶叶精制加工的原理

毛茶精加工的目的就是“形状划一、质量纯净、统一规格、稳定质量”，并通过相应的加工技术措施和环节来实现。

（一）精加工原理

茶叶精加工就是通过选择符合成品茶的毛茶原料，根据毛茶性状，利用茶叶散落性和自动分级的特点，采取筛分、切轧、风选、挑剔以及干燥等技术，将质量差别特别大的毛茶分离改形，分成各路、各号、各级的半成品，并通过火工提高内质；再根据成品茶标准，将筛号茶拼配成各花色等级符合标准的成品茶。精加工具体分为以下五个方面。

1. 筛切取料

筛分有圆筛和抖筛。①圆筛是茶叶在筛面做回转运动，分出茶叶的长短或大小。长形茶条就可取做珍眉或雨茶；圆形的颗粒则可取做珠茶或贡熙。经圆筛筛出的碎末，一般只能取做碎茶、副茶或片末茶。②抖筛是茶叶在筛面做往复抖动，主要功能是分开茶条粗细和茶叶的长圆。通过抖筛分离出茶条的粗细，也就在一定程度上分出了茶叶的老嫩。细紧茶条一般嫩度较好，可取做高档精茶；粗松的茶条外形和嫩度都差，则取做中、低档精茶。抖筛不能细定级别，需要进行风选取料定级别。

筛分过程中分离出的粗大头子茶，外形不符合成品茶的规格，必须改造。通过切轧，把大的切小，长的切短，勾曲的切成短条，切过再筛，筛出来的头子再切，反复筛切直至符合规格为止。因此，茶叶精加工主要利用筛分和切轧来整饰外形，分做花色。

2. 风选

风选的主要目的是分清茶叶轻重，除去茶叶内的沙石、黄片和其他杂物。在正常情况下，茶叶质量总是与其嫩度相一致。因此外形相同（长短、粗细一致）的毛茶，总是身骨越重实，品质也越好。因此可以按其轻重不同排队来决定茶叶级别的高低。茶叶精加工就是在毛茶筛切整形的基础上，利用风选取料作业进行各花色定级。

3. 干燥处理

毛茶水分含量的多少关系到筛分取料的难易和产品质量的保持，所以，在毛茶加工时，首先要解决是“生做”还是“熟做”。凡毛茶含水量在7%以下可采取“生做生取”，即毛茶和毛茶头均不需补火，直接筛分；毛茶含水量为7%～9%，可采取“生做熟取”，即本身茶生做，含水量较高的头子茶复火熟做；毛茶含水量在9%以上者，加工前必须复火，称作“熟做”。

因此对于含水量较高的毛茶，要采取干燥技术除去多余水分，便于加工分离，同时利用火功提高茶叶香味。

4. 拣剔除杂

毛茶质量混杂，有些夹杂物是筛分、风选无法剔除的。因此，必须采取必要的拣剔措施，如手拣、机拣等，剔除夹杂物以提高茶叶净度。

5. 拼配调剂

茶叶精加工是将质量混杂的毛茶加工成符合标准的成品茶。不仅外形要符合规格，而且内质要符合标准，产品质量还要稳定。因此，必须采用拼配技术，调剂茶叶质量，稳定产品质量。成品拼配的两大原则：一是保证产品合格和保持品质的相对稳定；二是要加强经济核算，严防走料，充分发挥茶叶的最高经济价值，提高效益。

成品拼配是一项细致而复杂的工作，技术性强，应掌握好拼配的技术要领，即“一大诀窍”“两个看准”“三个有数”“四个掌握”“五点注意”。拼配的诀窍是“扬长避短，显优隐次，高低平衡”。拼配必须对样，对样方法是两个看准，即看准标准样和参考样。拼配前一定做到三个有数，即对半成品的原料来源有数，对半成品的质量情况有数，对半成品的数量有数。拼配中的四个掌握，要掌握基准茶、调剂茶、拼带茶的品质关系和拼配比例；要掌握各种品质缺陷的纠正技术；要掌握传统规格；要掌握“以高带低”，缩小离样幅度。拼配中的五点注意：注意扦准半成品小样；注意留有余地；注意及时扦取大样核对；注意快出成品，减少库存；注意相关部门和客户的验收意见。

（二）精加工原则

（1）减少重复工序，力求筛分简单。

（2）提高正茶制率，降低副茶比例　在精加工中，应尽量避免不必要的切断、粉末的产生或副茶混入正茶，以免影响品质，降低经济价值。

（3）做好拼配工作，发挥经济价值　拼配匀堆的原则是以“外形定号，内质定档”。

总之，要减少损耗，提高正茶制率，缩短加工过程，充分发挥茶叶经济价值，这是各类毛茶精加工的基本原则。

三、茶叶精制加工技术

针对不同的毛茶性状和加工目标，制定合理的加工程序，是毛茶加工的首要工作。精加工的作业有筛分、切轧、风选、拣剔和干燥（绿茶包括车色）。根据取料要求，这些加工作业按一定程序排列组合在一起，就构成了精加工作业流程。精加工程序是否合理，直接关系到作业的繁简和取料的效果。因此，制定合理的加工程序，是提高产品质量和经济效益的重要前提。

（一）茶叶精加工程序

为了便于取料加工，需要将筛分、切轧、风选、拣剔、干燥各加工作业排列组合，程序的先后必须遵循一定的原则，即先筛分后风选，先复火后紧门，先干燥、去杂后上切，先筛分、风选后拣剔，先手拣后补火，先补火后清风。

1. 先筛分后风选

风选是利用风力分离茶叶轻重的作业，只有在茶叶体形匀齐一致时才最有效。因此，就需要先进行筛分工作，即通过圆筛和抖筛，分出长短、大小和粗细后，再分筛号茶分别进行风选，才能分清轻重，并根据茶叶轻重定级。

2. 先复火后紧门

对于眉茶来说，紧门是根据茶坯条索的粗细来取料的作业。越高级的成品茶，其茶条越细。如果茶叶含水量多，茶身松软，紧门时就难于穿过一定规格的筛孔，容易造成筛面走料，降低高一级茶的通过率，从而降低茶叶的经济效益。因此，必须先经过复火，并在复火过程中滚条车色，使茶身失水收缩，外表磨光后再过紧门，以便多抖取细紧的茶条，有利于提高高档茶特别是高一级茶的制率。

3. 先干燥、去杂后上切

需要切轧的头子茶，如果含水量较多，茶叶潮软，叶质较韧，就难于被切断。因此必须先进行火功处理（复火或做火），使茶叶干燥收缩，叶质变得较脆，从而避免不必要的断碎。

上切茶之前要先剔除部分硬质夹杂物，可保护切刀不被硬质夹杂物损坏。上切茶先上阶梯拣梗机，拣除部分长梗，就避免了这些长梗混夹在上切茶中，被切成多个短梗而增加拣剔的困难。

4. 先筛分、风选后拣剔

拣剔是精加工中费工最多的作业，特别是手工拣剔，操作原始，效率极低，是精加工中的薄弱环节，但又不可缺少。因此，尽量减少拣剔的环节可大大节省工作量。常用的方法：①先筛分，分出长短、大小不同的筛号茶，一般只需拣上、中段茶，重点拣上段茶，下段茶就可不必付拣，从而减少付拣量；②利用梗茶的几何形状不同来拣剔的阶梯拣梗机和利用梗、叶含水量及身骨不同来拣剔的静电拣梗机也要求分筛后单上拣，才能有效地发挥其拣梗作用。③利用撩筛取梗和抖筛抽筋。这些方法均能减少付拣量，提高上拣茶净度。

风选，既可扇除部分重质的砂石等和轻质的朴、片、毛衣，提高付拣茶净度，又分出了级别，可根据各级茶对净度的不同要求分别付拣。先风选后拣剔，主要对集中拣梗而言。对分散拣梗来说，主要是指先风选后手拣。

5. 先手拣后补火

手工拣剔作业进度缓慢，而且付拣茶必须摊散在拣板上，与空气充分接触，并经拣工手抓指拣，极易吸收水分。而补火是精加工过程最后一次干燥作业，是成品内质把关和出厂水分控制的最后一道技术关口。先手拣后补火，可以最大程度上保证成品水分含量合格和保持干茶色泽。

6. 先补火后清风

先经过补火干燥，使茶叶含水量一致，再通过风选分轻重，就可以把一些轻质茶清扇出来，有利于进一步分清规格，提高质量。

（二）分路加工取料

由于毛茶外形复杂，为了便于分级取料，不仅要分料付制，而且在同一批原料的精加工中常根据毛茶的形状不同，实行分路加工，即分为本身、长身、圆身、轻身四路以及筋梗路来加工，这种加工也称四路做法。

1. 本身路

本身路的茶是直接通过滚圆筛或抖筛，其大小长短都符合标准，未经轧切的细嫩紧结的茶，其条索、颗粒紧实，锋苗好，香高味浓，叶底嫩匀。大部分符合主级成品茶的品质要求，少数品质好的还可能提级，做好本身茶是保证完成取料计划的关键。

2. 长身路

长身路的茶是从平圆筛、抖筛、捞筛等筛分出来的头子茶，粗细符合标准，而长度超过标准，经切短所取的长形茶叶。长身茶中含梗较多，处理的好坏，是提高付拣茶叶净度的关键。

3. 圆身路

圆身路的茶叶是各次抖筛的抖头和毛茶头，外形粗大，需经合理的轧切，筛分整形。由于毛茶头与抖头的外形差距较大，应分别切抖。做好圆身茶是减少碎片末茶，提高精加工率的关键。

4. 轻身路

轻身茶包括本身、长身、圆身各路茶叶经风扇后的各孔子口茶。它身骨轻飘，但常夹有细嫩芽叶，由于来路不明，数量零星，加工比较复杂。

5. 筋梗路

筋梗路包括第一次抖筛取出的毛筋梗，经撩筛、风选后再抖出的净筋梗，以及机拣、电拣的拣头。其特点是筛号多，数量少，净度差，但茶细长弯曲，嫩度好。应采取精工细作，把细嫩芽叶取出。

（三）眉茶精加工

出口眉茶在茶叶走向市场化前，其质量规格是国家统一的，但由于毛茶的质量存在茶树品种、产区、初加工技术不同等造成的差异，精加工工艺并不统一。分析各个眉茶精加工厂的精加工工艺，可归纳以下较有代表性、比较合理的几种眉茶精加工工艺。

1. 生熟兼做，先抖后圆，集中拣梗，一次紧门

这种流程本身茶采用生做毛坯，圆身茶烘干切做。先抖筛套头，再圆筛后上扇毛剖，然后复火紧门、熟取定级，集中拣梗，最后补火、车色、割脚、清风做成半成品。屯绿、婺绿的传统工艺多采用这种工艺。

2. 熟做，先抖后圆，分散拣梗，一次紧门

即毛茶复火熟做毛坯，先抖后圆，上段茶经一次机拣后上扇毛剖，分别紧门，风选定级，再经一次拣剔，然后补火、车色、割脚、清风做成半成品。

3. 熟做，先圆后抖，分散拣梗，二次紧门

即毛茶复火熟做毛坯，先圆后抖，上段茶经一次机拣、毛剖，然后紧门（前紧门）、风选定级；经拣剔、补火、车色，再筛分（包括后紧门）、拣剔、上扇清风做成半成品。

4. 先圆后抖与先抖后圆的程序

毛茶开始筛分时，先用圆筛机分长短，后用抖筛机分粗细，这种做法叫先圆后抖；反之，先用抖筛机套头，后用圆筛机分长短，这种做法叫先抖后圆。两种做法各有利弊。

（1）先圆后抖　优点：①长形茶容易穿过筛网，粗细抖得匀净，特别是一些细筋容易被抖出，有利于提高抖筛的效果；②采用先圆后抖，把一些粗大的头子茶先用圆筛分离出来，不必经过抖筛套头，可以减少付抖量，加快生产进度和减轻刮筛劳动强度。缺点：①由于抖筛机的产量只有圆筛机的 1/3 ~ 1/2，而且目前还需人工刮筛，劳动强度较大，工效较低；②圆筛机的功能主要是分离长短，不能分粗细，部分条索紧细的长条茶，统统被当作头子茶进入切茶机切轧，增加了不必要的断碎，而且长条被切成短条，减少了上段茶的数量，会影响成品茶外形匀整；③由于抖筛时需要刮筛，不可避免要造成部分茶条断碎，抖后的茶叶又会出现长短混杂，比先抖后圆直接毛抖多了一道毛撩工序。

（2）先抖后圆　优点：①长形的本身茶，不论长短均被抖出，避免了不必要的切轧，有利于保持条索完整，增加面张；②一般不必设置毛撩工序，工艺简化，联装方便。③在毛茶头中混入的长形茶不多的情况下，先抖后圆有利于套清圆头、抖净细筋和提高做坯阶段的工效。缺点：毛茶的长短、大小混杂，直接上抖筛，且投入量又大，其效果不及分号抖筛抖得匀净，尤其不易抖净细筋。

第九节　花茶加工

花茶又称熏花茶、香花茶、香片，为我国独特的一个茶叶品类，属于再加工茶类，由精制后的烘青茶坯与具有香气的鲜花拌和，通过多窨次的加工，促使茶叶吸附鲜花的芬芳香气而成，同时具有鲜花的香气和茶的滋味。

花茶历史悠久，早在1000多年前的宋初（960年），就在上等绿茶中加入一种香料——龙脑香。到12世纪宋朝宣和年间，便在茶中加入“珍菜香草”，以增进茶香。清朝咸丰年间开始大量窨制茉莉花茶。1890年前后，各地生产的茶叶运到福州窨制花茶，当时福州便成为我国窨花茶的中心。新中国成立以后，花茶产区已遍及福建、广西、江苏、浙江、安徽、四川、广东、台湾、江西、湖南、云南等地。目前，我国花茶年产量约10万t，其中广西横县年加工茉莉花茶约5.5万t，占全国茉莉花茶产量的60%~70%，居全国第一。

花茶深受我国北方地区和西南地区消费者的欢迎，20世纪在我国其销量一度仅次于绿茶。从1955年开始，我国花茶对外试销，现已畅销五大洲40多个国家和地区，且销路甚广。

一、花茶加工原理

花茶质量的高低，取决于茶坯、鲜花质量优次和窨制技术是否合理。花茶的窨制是利用鲜花吐香和茶坯吸香，这样一吐一吸的两个方面是形成品质特征的过程。

（一）茶叶吸附性

1. 茶坯内在吸香特性

茶叶为疏松多孔物体，内部有许多细微小孔，具有毛细管作用，容易吸附空气中的水汽和气体。这些细小孔隙导管形成大量的孔隙表面，这就是茶叶具有较强吸附性能的原因。加工中细嫩茶，炒青干燥的茶叶，孔径小，孔隙短，吸附能力强，吸收香气量多，但吸香速度慢；粗老茶，孔径大，孔隙长，吸附能力弱，吸收香气量少，但吸香速度快。因此，细嫩的茶叶窨制时，拼花量要大，窨花次数多；而粗老茶叶窨制时，配花量少，窨制次数少。

茶叶的吸附作用主要是物理吸附，能吸附任何气体。其吸附作用可分为三个过程：①外扩散，吸附质气体向茶叶外表面的扩散；②内扩散，吸附质气体沿着茶叶的孔隙深入至吸附表面的扩散；③茶叶孔内吸附表面的吸附。

2. 影响茶坯吸香的因素

影响茶坯吸香的因素有茶叶结构、茶坯含水量、温度、窨制时间、茶花拼合均匀性等。

（1）茶叶结构　茶叶的吸附能力取决于单位表面积、孔隙的数量和性状、孔隙的大小和分布状况。

（2）茶坯含水量　茶叶着香效果主要决定于鲜花的吐香能力，而较高含水量的茶坯在窨制过程中能保持好鲜花的活力，提高鲜花的吐香能力，因而对花茶的香气浓度和鲜灵度有较好的效果。茶叶含水量为15%~20%着香效果最佳。

（3）温度　温度高，花香扩散速度快，香气浓度大，茶坯吸香能力也增大，但应根据鲜花的类型和特点灵活掌握温度。

（4）窨制时间　窨制时间的长短虽取决于扩散时间的长短，但与鲜花的种类、气候、坯温、配花量、茶堆的大小和厚度有关。时间过长，被吸附的香气量大，但吸附热也大，影响吸香质量；时间过短，吸附量小，花香未被充分吸附。

（5）茶花拼合均匀性　茶叶吸附过程先是水与芳香物混合气体的分子向茶叶外表扩散，然后向内扩散，被吸附。吸附的快慢取决于外扩散和内扩散的快慢，扩散快，吸附过程快。扩散面积大，扩散量也大。茶花拼合时，鲜花越分散，拼合越均匀，扩散面积越大，扩散量越多。

（二）鲜花吐香特性

鲜花香气是窨制花茶的物质基础，鲜花吐香的本质主要是鲜花内芳香物形成和挥发的结果，外界温度、相对湿度等对其影响较大。

1. 鲜花吐香特性

鲜花种类不同，香气挥发的特性也有区别。根据鲜花香气挥发的特性，窨制茶叶的鲜花可分为体质花和气质花两种。

体质花的特点是不管花朵开放与否都能闻到其特有的香气，影响体质花吐香的主要因素是温度。温度越高，芳香物质扩散越快，挥发也越快。茶用鲜花中属于体质花的有白兰花、珠兰花、代代花、玫瑰花。

气质花的特点是要花开了以后才能闻到其特有的香气，因此，在即将成熟但未开放时采下，通过外界条件使其达到生理成熟，开放吐香最好。茶用鲜花中属于气质花的主要有茉莉花。

茶用鲜花开放吐香有时间性，开放前期香浓芬芳，后期香气低淡。应根据鲜花吐香的最佳时期及时付制。

2. 影响鲜花吐香的因素

（1）温度　在一定温度范围内，温度升高，酶活性增强，鲜花开放吐香加快，芳香物质扩散加快。不同鲜花对温度的要求不一样，茉莉花在45℃以下，开花吐香较好；代代花则要求在60℃左右，香精油才能挥发。若温度过高，会影响鲜花的生理活性，鲜花甚至会凋亡。因此，在花茶窨制过程中，要及时通花散热。

（2）水分　茶坯含水量对拼合后鲜花的影响较大。鲜花芳香物质是随着水蒸气的蒸发而挥发的，一般空气相对湿度应控制在70%~90%，茶坯含水量应控制在20%以下为宜。

（3）氧气　鲜花是活体，体内有机物的转化和芳香物的合成仍在不断进行中，芳香物质的释放取决于鲜花的呼吸代谢，氧气供应不足，花朵不能完成生理成熟和开放吐香，甚至会因无氧呼吸产生酒精味。因此，花茶窨制中不能完全封闭进行。

二、花茶加工技术

（一）茉莉花茶加工

茉莉花茶也是花茶的大宗产品，其香气馥郁芬芳，滋味醇厚，深受广大消费者喜爱。目前，茉莉花茶产量占我国花茶产量的90%左右。下面主要介绍茉莉花茶的传统窨制工艺。

茉莉花茶的传统工艺较为复杂，分为茶坯处理、鲜花处理、茶花拼合、静置窨花、通花散热、收堆续窨、起花、压花、烘焙与冷却、转窨与提花等工序。

1. 茶坯处理

窨花前的茶坯需在100~110℃、水分含量4%~5%的条件下烘焙干燥。烘焙后的茶坯需及时摊晾冷却，待茶叶堆温不高于室温3℃时，可进行付窨处理。

2. 鲜花处理

茉莉花最适的开放温度在38~40℃，释香温度在30~36℃。鲜花一般在下午至傍晚前送到茶厂，由于鲜花在运送期间呼吸作用产生热量没有及时发散，经验收后必须及时摊放，摊放目的是降低鲜花温度，散发青气和表面水分。厚度不超过10cm，雨水花要薄摊。摊放地点要阴凉、清洁、通风，必要时可以用风扇加速空气流通。当花温降至比室温高2~3℃时收堆，堆高40~60cm，堆放时间约30min，当堆温升至38~40℃时，开堆摊晾。如此反复3~4次，当花蕾开放率达70%，开放度达50%~60%即可筛花。待开放率90%以上，开放度90%以上即可付制。

3. 窨制工艺

茶花拼合必须根据规定的窨次及配花量进行。

（1）窨次与配花量　配花的基本原则：高级茶坯配花量多，所用鲜花质量好；中低级茶坯配花量少，鲜花质量稍次；高中级茶坯窨次多，头窨配花量较多，以后各窨配花量逐次减少。茉莉花的质量受季节和气候影响较大，配花量也应随季节和鲜花质量高低进行适当调剂。

（2）打底　部分茉莉花茶的制作过程中会采用玉兰花与茶坯拼合，进行打底调香，以提高成品茶的香气，衬托鲜灵度，但玉兰花用量过多容易“透兰”，影响茉莉花茶的质量。

（3）茶花拼合与静置窨花　窨堆高30~35cm，每个窨堆茶坯量在50kg左右，窨制时间以10~12h为宜。窨堆太小，窨制时温度不易升高，窨堆太大，则会导致香气低闷；窨制时间太短，无法充分利用花香，窨制时间太长，则成品茶鲜灵度下降，香气浑浊。

（4）通花散热　通花散热是指窨花过程中，当窨堆温度达到设定水平时，将窨堆扒开，通气散热，使窨堆温度降低。窨制4h左右，窨堆中部温度达40~45℃时，应及时进行通花散热。

（5）收堆续窨　收堆续窨是指通花散热后，堆温下降到设定温度时，收堆后继续静置窨花。收堆时温度不能低于30℃，也不能高于38℃。一般通花前后温差为10~14℃，花茶香气正常。

（6）起花　窨制10~12h后，及时起筛过花。起花时要求及时、快速，茶坯与花渣分离干净。起花时掌握“高窨次的先起，低窨次的后起；高档茶先起，低档茶后起；提花先起，顺序起花”的原则。

（7）压花　压花是用质量较好的花渣窨制中低级茶坯。目的是充分利用窨花的余香，去除或减少低级茶的粗老味。花渣用量为100kg茶坯压花渣40~50kg，压花时间4~5h。

（8）烘焙与冷却　窨花或压花过程中，茶坯在吸香的同时，也从花中吸收了大量水分，因此，起花后茶坯要及时干燥，来减少花香损失，提高花香浓度。正常烘焙过程中，厚度2cm左右，历时8~10min。

烘干后坯温高达70℃，应立即摊晾散热降温，避免因热影响花茶鲜灵度，产生闷浊等不良气味。冷却后立即装袋，避免回潮。

（9）转窨与提花　茶坯经茶花拼合至烘焙干燥为一次窨制，上述过程反复循环多次则为多次窨制，窨次间的转接称为“转窨”。提花是用少量鲜花窨制后不再烘焙，把花筛出后直接包装贮运，目的是增强花茶的表面香气，以提高花茶的鲜灵度。提花配花量，一般茉莉烘青每 50kg 配 2.5~3.5kg，提花后茶坯含水量不超过 9%。

（10）匀堆装箱　提花后的花茶，扦小样进行水分、碎茶、粉末等检测，内质审评，对品质进行必要的调整，使其符合规格标准。然后匀堆，立即装箱，以免香气散失。

（二）白兰花茶加工

白兰花除用作茉莉花茶“打底”外，还可以加工白兰花茶。白兰花香气浓烈持久，但不及茉莉花芬芳，也不及珠兰花清雅，所以，一般只窨制中低级茶和茶片、茶末。

1. 茶坯与鲜花处理

（1）茶坯处理　茶坯经复火后，冷却到 34~36℃时即可付窨。

（2）鲜花处理　白兰鲜花是采摘的成熟花。鲜花进厂后的处理首先是摊晾，以防止花温过高所造成的香气散失和花朵红变，一般摊晾厚度为 3~5cm。白兰花窨制时可以采取整朵、净花瓣及切碎后窨制，其中，拆瓣窨制的花茶质量较好，但在生产高峰期间，白兰花数量多，手工拆瓣难于实现，可采取切碎窨制，但必须做到边切碎边付制，否则切口易红变，影响花茶香气品质。

2. 配花量

白兰花香气浓烈，配花量少。根据茶坯质量来决定白兰花的添加量，常以 100kg 茶坯里配 4.0~6.0kg 白兰花为好。

3. 拌和窨花

将处理好的茶坯与白兰鲜花均匀拌和窨制。白兰花茶一般采用囤窨，囤高 70~90cm，若室温在 38℃以上，囤高不宜超过 70cm。静置窨制中，坯温达 42℃左右时，可进行一次通花散热，待坯温降至 32~36℃时，收堆续窨。三级以下的茶坯因下花量少，一般中途不进行通花散热。囤窨 4~5h，即可匀堆装箱。一般起窨茶坯含水量为 4.5%~5.0%，窨制后含水量多为 8.0%~8.5%，符合产品水分含量要求，不需要再进行复火干燥。

4. 匀堆装箱

装箱时，为了保持整批花茶品质一致及含水量符合出厂规定标准，应注意不让花瓣集中在一起或落到箱的四角处，以免发生霉变。密封保存，保持箱内窨坯有一定的温度，以利茶坯吸收花香和防止香气挥发散失。

（三）珠兰花茶加工

珠兰花茶生产历史悠久，是我国特色花茶产品之一，香气清雅。

1. 茶坯与鲜花处理

（1）茶坯处理　茶坯进行复火，烘干机进风温度 100~110℃，使水分含量达到 4%~5%，然后冷却，茶坯温度降至室温，即可进入窨制工序。

（2）鲜花处理　鲜花进厂折枝薄摊，每天早晨采摘一定成熟度的珠兰花，一般在上午 8：00 以前结束采摘，待花朵的花瓣正处盛开时（一般是中午 12：00 左右），进入窨制工序。

2. 配花量

鲜花用量一般控制在每 50kg 茶坯使用鲜花 1.5~3.5kg。

3. 拌和窨花与通花散热

鲜花和茶叶进入烘箱或烘房后，关闭烘箱或烘房，茶叶开始吸附珠兰花香，待 24~36h，观察珠兰花变化情况，若珠兰花朵已经呈萎缩或略干扁状，说明鲜花吐香完成。当窨堆温度上升到38~40℃时，需通花散热。如果一次窨制的珠兰花茶达到了所需要的质量要求，即可以从烘箱或烘房取出，成品珠兰花茶窨制完成。如果一次窨制没有达到所需要的质量要求，则必须进行二次窨制乃至三次窨制。每重复一次，用花数量递减一次。

4. 复火干燥与匀堆装箱

窨制完成后及时带花复火干燥。烘干机温度为95~105℃。出烘茶叶含水量掌握在7%~8%。趁有微热即可进行匀堆装箱。

(四) 桂花茶加工

桂花茶主要产于浙江杭州、广西桂林、福建安溪、湖北咸宁、四川成都以及重庆等地，如浙江杭州的桂花龙井茶、福建安溪的桂花乌龙茶等。

1. 桂花烘青茶

(1) 茶坯与鲜花处理

①茶坯处理：茶坯复火，其含水量在4%~5%，茶坯温度下降到26~30℃时付窨。

②鲜花处理：在桂花含苞初放时采摘，采摘运输过程尽量小心，以免花朵破伤而变红。采回鲜花要及时剔除花梗、树叶等杂物，尽快窨制。

(2) 拌合窨花　一般按50kg精制茶坯配用鲜桂花15kg，可视花茶的档次适当增减。

(3) 通花散热　当窨堆温度上升到38~40℃时，即可通花散热。待茶坯温降至接近室温时，即可收堆续窨。

(4) 复火干燥　因桂花体积太小，烘前起花工作量过大，一般采用带花复烘。复火温度以100℃为宜，烘至茶叶含水量7.0%~7.5%。起花烘干比带花烘干鲜爽度好。

(5) 匀堆装箱　复火后的茶叶经过冷却方能装箱。

2. 桂花乌龙茶

以茶为原料，用桂花为花源而窨制的乌龙茶称为桂花色种，大部分销往泰国等东南亚国家。

(1) 茶坯与鲜花处理

①茶坯处理：复火干燥到含水量为4%~5%，冷却到室温。

②鲜花处理：鲜花进厂及时薄摊处理，去除杂物。

(2) 茶花拌和　窨制桂花乌龙茶一般采用单窨单提。配花量为25~30kg/100kg（茶坯）。一般采用堆窨，通常为一层茶坯一层鲜花。堆高视气温高低灵活掌握，一般在50cm左右，间隔3~5层。

(3) 通花散热　窨经4~5h，堆温上升至45℃时，需进行通花。整个窨制过程通常要通花散热2~3次。

(4) 干燥起花　带花烘干，当鲜花变为褐色，应立即起花，避免花渣腐熟黄变，产生不良气味，影响花茶香气。温度控制在90~100℃，烘干后茶叶含水量控制在8.0%左右。

(5) 匀堆装箱　烘干摊凉后即可拼配匀堆。桂花乌龙茶香气浓郁，常与中低档乌龙茶拼配，调节中低档乌龙茶香气，桂花乌龙茶和普通乌龙茶的拼配比例为4：96。拼配后，过磅装箱。

思考题

1. 简述我国茶叶的基本分类。
2. 简述冷揉及热揉的特点。
3. 在红茶的加工生产过程中，影响红茶发酵的因素有哪些？
4. 我国黑茶主要包括哪些品类？其品质特征有何差异？
5. 在黄茶的生产加工过程中，黄茶的闷黄原理是什么？
6. 简述白茶的基本分类。
7. 简述乌龙茶晒青对其品质的影响。
8. 成品拼配的目的和内容是什么？怎样实现茶叶的成品拼配？
9. 简述茶叶的吸附特性及影响茶叶吸附的主要因素。

扫描二维码阅读本章知识拓展资料

4. 第五章知识拓展资料

CHAPTER 6

第六章 茶叶深加工与茶的综合利用

第一节 茶叶深加工

一、概述

茶叶深加工主要是指以茶叶生产过程中的茶鲜叶、茶叶、茶叶籽、修剪叶以及由其加工而来的半成品、成品或副产品为原料，通过集成应用生物化学工程、分离纯化工程、食品工程、制剂工程等领域的先进技术及加工工艺，实现茶叶有效成分或功能组分的分离制备，并将其应用到人类健康、动物保健、植物保护、日用化工等领域的过程。深加工是实现茶叶资源可持续利用、提高茶制品科技水平和附加值的有效途径。随着社会生产力水平的快速提高和人们健康意识的不断增强，具有天然、保健、方便、安全等特性的茶叶深加工产品深受广大消费者的青睐。

（一）发展茶叶深加工的意义

1. 茶叶深加工促进茶叶的消费

茶叶深加工产业的形成是科技成果产业化的结果，它的发展与科技水平和人民群众的生活水平密切相关。茶天然产物主要用于食品、保健品、日用品、化妆品、水产品和化工产品等行业，并取得了显著的经济效益。茶天然产物的利用为茶叶开辟了新用途，寻找到新市场，从而增加了对茶叶的消费量。

茶饮料的发展也扩大了茶叶消费。据调查，多数茶饮料消费者以前并不饮茶，主要原因是不能接受传统的饮茶方式和茶叶的苦涩味，但能接受茶饮料的香气和甜（酸甜）滋味。这部分消费者通过接受茶饮料，开始关注和喜爱茶叶。

茶叶深加工产品，如速溶茶、袋泡茶、药茶、香味茶、茶叶食品等，使茶叶以特定的形态满足不同消费者的需求，扩大了茶叶消费。

2. 充分利用茶叶资源，发掘茶叶剩余价值

目前，世界茶叶产销趋势总体是供过于求，加之各茶叶生产国茶园面积仍在不断扩大，茶叶产量将持续增长，茶叶供需矛盾将日渐凸显。当前，我国茶叶单产水平较低，增产潜力巨大，大部分低档茶、夏秋茶因为品质、市场价格等原因而滞留在茶树上老化，使茶叶资源

没有得到充分利用。为进一步促进茶叶消费，提高茶农和茶叶生产企业的经济效益，综合利用茶资源，开发出新颖、实用的新型茶制品已是大势所趋。因此，发展茶叶深加工产品，使茶叶广泛应用于食品、日用化工、保健制品及医药原料等新领域，不仅可以开拓茶资源综合利用途径，提高茶叶特别是中低档茶及夏秋茶的产品附加值，也可缓解因茶叶产量快速增长所带来的市场压力。

3. 提升茶叶产品技术含量，增强市场竞争力

茶叶深加工是茶产业从低技术含量向高技术含量，从单一用途向多用途，从传统的农副产品加工变为现代化的新型食品工业，从低附加值向高附加值转变的重要途径。我国茶叶产品之所以在国际市场上缺乏竞争力，除缺乏知名品牌和营销宣传外，还与其加工技术落后、产业链延伸不够、产品技术含量低有关。因此，只有促使茶叶深加工产业的飞速发展，开发出适应市场需求的新型茶叶产品，进一步开辟茶叶新的功能，延长茶叶产业链，才能优化产品结构，提高我国茶叶产品在国际市场上的竞争力，实现茶产业良性发展。

4. 茶叶深加工为消费者提供新用途的茶产品和便捷的饮茶方式

长期以来，茶叶一直是通过热水冲泡饮用。茶饮料和速溶茶加工技术的发明，使消费者饮用茶叶无需冲泡，或缩短冲泡时间，即可直接饮用，无需处理茶渣，使饮茶更方便。随着茶产品加工技术的发展，茶叶已不再仅作为饮料。迄今为止，已经有 200 多种茶产品开发出来，广泛应用于保健、食品、化工等领域，并取得了显著的经济效益。

（二）茶叶深加工发展趋势

中国茶叶深加工产业要突破瓶颈，获得进一步发展，高新技术的集成创新应用是重中之重。茶叶深加工产品所面临的安全性、品质、成本与效益等问题，只有通过一系列新技术的应用才能得到有效解决。深加工产业必须由传统分离纯化技术向绿色节能环保技术集成，由专注提取分离纯化技术向重点开展茶的有效组分和活性成分的功能开发与应用技术转移，并建立一套完善的技术标准体系，实现产品的标准化。由过去单一的追求纯度，发展到全面考虑安全性、纯度、消耗、成本、效率、效益等综合质量指标体系。对产业的硬件条件、技术水平、人员素质、管理水平都要有更高的要求，以提高茶叶深加工产业的国际竞争力。同时，还应考虑茶资源的综合利用效率，将各种茶叶功能成分得到全面的利用，实现一投多产的效果，达到资源利用效益最大化。生物技术等其他高新技术应用到茶叶深加工产业之中也是不可或缺的，将其与传统工艺技术紧密结合起来，实现加工原料的优质化、产品的多样化、成本的低廉化发展。

因此，茶叶深加工理论与技术创新需要聚焦以下几方面：①以提高茶叶提取物的安全性、高效性为目标的高效安全分离纯化技术研究；②以改善茶叶提取物的稳定性、溶解性、生物利用度、剂型为目标的茶叶功能成分利用基础研究；③基于基因组学、蛋白质组学、代谢组学的茶叶功能成分作用效果与作用机制研究；④市场规模大、附加值高的茶叶深加工终端产品研制。

随着茶叶有效成分与人类健康关系的研究深入，茶叶功能成分应用的领域越来越广，依据所开发新产品的功能、特性、消费人群不同，对茶叶提取物的质量规格要求越来越精细化、特殊化，越来越多的溶解性好、稳定性好、安全性高、生物利用度高、功能独特的茶叶功能成分制品面市，以满足来自天然药物、健康食品、功能茶饮、个人护理品、植物农药、动物保健品等终端产品开发的个性化需求。

二、茶叶深加工技术

茶叶深加工技术是指以茶鲜叶、各类成品茶以及茶园或茶厂的废弃物为原料，运用现代高新加工技术以改变茶叶原有产品形态，生产出含茶制品的加工过程。茶制品可能以茶为主体，也可能是以其他物质为主体。

茶叶深加工的产品类型极为丰富，如果从加工形式上看，茶叶深加工产品可大致分为两个类型：第一类是通过机械或物理方法仅改变传统茶叶物理形态后形成的新产品，包括袋泡茶、速溶茶、液体茶饮料、茶粉和茶食品等；第二类是通过化学或生物化学方法彻底改变传统茶叶本质形态后产生的新产品，如以提取的茶叶功能性成分（茶多酚、儿茶素、咖啡因、茶氨酸、茶皂素、茶色素等）为原料生产的医药保健品、日化产品、食品添加剂等，以及用茶叶为原料经发酵生产的茶叶酒类饮料等。

（一）速溶茶

1. 速溶茶概况

速溶茶又名萃取茶，是以成品茶或鲜叶为原料，通过提取、浓缩和干燥等工序加工成的一种粉末状或碎片状或小颗粒状的新型产品。该产品冲水即溶，不留余渣，故得名为“速溶茶”，也因外形是晶块状又称“茶晶”。

20 世纪 40 年代，随着速溶咖啡的发展，英国饮料行业首创了速溶红茶，随后，美国、印度、斯里兰卡、东非等国家和地区也陆续生产速溶茶。我国的速溶茶试制工作开始于 20 世纪 60 年代末与 70 年代初，主要在上海和长沙有批量试产出口。但由于当时我国人民生活水平相差甚远，国内市场的消费能力还难以接受，速溶茶未能得到迅速发展。直至 20 世纪 90 年代，速溶茶生产技术水平得到较大提升，产业规模也快速壮大。尤其是进入 21 世纪后，在国内茶饮料和奶茶等茶食品的强劲带动下，加之膜过滤与膜浓缩技术在速溶茶生产中的广泛应用，速溶茶得到了飞跃式发展。

2. 速溶茶加工工艺

根据速溶茶加工的原料、品质与收得率不同，其基本加工工艺流程如图 6-1 所示。速溶茶由于其方便性、天然性、功能性而广泛受到消费者的喜爱，它既可直接冲饮，更可作为茶饮料、茶食品和茶叶功能成分提制的主要原料。根据加工原料的不同，速溶茶可分为速溶绿茶、速溶红茶、速溶乌龙茶、速溶黑茶（含普洱茶）、速溶白茶、速溶黄茶、速溶茉莉花茶等。我国速溶茶加工技术的发展，经历了 20 世纪 90 年代以前的罐式提取、板框过滤（或离心过滤）、转溶、真空浓缩、真空干燥或喷雾干燥等技术体系，发展到 21 世纪的以动态逆流提取、超滤（微滤）、膜过滤、反渗透膜浓缩、喷雾干燥或冷冻干燥为主流的先进技术体系。受技术设备等条件的限制，传统速溶茶产品大多存在冷溶性较差、茶香淡薄、色泽失真、滋味苦涩等品质缺陷。随着人们生活质量的提高和科学技术的进步，集成采用先进技术设备生产的溶解性好（冷溶或热溶）、清澈透明、无苦涩味、香气浓郁、汤色逼真的高品质速溶茶，已成为速溶茶生产与消费的主要发展趋势。

（1）原料　速溶茶提制的原料现分为干茶叶和鲜叶两种。茶叶原料中品质成分的含量水平、组成比例以及原料粗细程度是影响速溶茶加工品质和收得率的主要因素。为提高速溶茶品质与收得率，在加工之前，一方面需对茶叶原料进行适当的切碎、筛分等前处理，便于原料品质成分更多更快地提取出来而又不至于堵塞管道或给过滤工序带来困难；另一方面需对

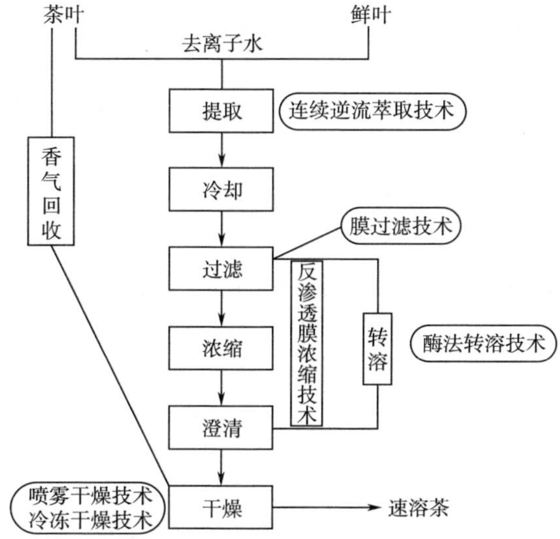

图 6-1　速溶茶加工工艺流程

不同产地、不同季节、不同品种、不同风味，甚至不同茶类等茶产品进行拼配，以提高速溶茶的品质与稳定性。一般而言，速溶茶加工的原料选择，从降低成本出发，以原料的色、香、味和水浸出物为重点评价指标，而不太关注原料的外形规格。因此，速溶茶加工原料是对内质要求很严格而对外形要求较宽松，通常中低档茶原料（片茶、碎茶、末茶）及茶梗等副产物均会与正茶按一定比例拼配加工。

原料拼配对速溶茶加工非常重要。由于不同地区、品种、季节的茶叶其内含成分存在一定的差异，因此只有根据不同批次原料的品质特征或客户的要求对原料进行适当拼配，才能保证质量、改善品质、降低成本。原料选定之后进行粉碎处理。同时，为提高过滤与澄清的作业效率，用于速溶茶加工的原料颗粒粗细控制在 8~24 目为宜。

（2）浸提　浸提是指在一定条件下，把茶叶中的可溶性成分最大限度地浸提出来，并达到茶的有效成分与茶渣分离的目的。浸提是影响速溶茶制率的关键工序，同时，对速溶茶产品的内质影响较大。现在大多数的速溶茶加工中采用的是沸水浸提法，茶水比例为 1：(10~12)，分 2~3 次浸提，每次 15min 左右，浸提温度为 95~100℃，浸提液的浓度为 2.5%~3%。有试验认为，超临界 CO_2 提取法可望获得色、香、味诸佳的产品品质。酶法浸提在提高速溶茶制率方面更有独到之处。

（3）冷却　冷却是速溶茶提制中关系到产品品质优劣的重要工序。茶叶原料经提取后，提取液中固形物的含量通常为 2%~3%。由于提取液是一个以茶叶水溶性物质为基础的多组分料液体系，其中茶多酚等物质对热较为敏感，容易氧化、聚合形成一些大分子物质或浑浊沉淀物质，会严重影响产品的生物活性与冷溶性等品质。因此，需采用热交换系统（如致冷器）将提取液冷却至合适温度，以防止茶叶热敏性成分的氧化、聚合而形成不利于品质的物质。通常，速溶茶分为热溶型和冷溶型，如果是热溶型产品，要求提取液经冷却后的温度在 20℃以下，如果是冷溶型的产品，要求提取液冷却后的温度在 4℃以下。因此，大生产中采用的冷却水的温度越低，冷却的速度和效果就越好。当生产冷溶型速溶茶时，冷却水最好是采用4℃以下的冷冻水。

（4）净化　净化是指除去茶叶浸提液中杂质和沉淀的过程。在浸提液中常会含有少量茶叶碎片悬浮物，冷却至室温或低温时会产生沉淀导致速溶茶的品质下降，故必须除去。速溶茶的净化方式主要有两种：一种是物理净化，以过滤和离心等方法除去抽提液中的杂质；另一种是化学净化，以各种转溶方法为代表，如添加离子法、沉淀法、氧化法等，使茶乳酪混浊胶体转溶，以保证速溶茶具有明亮澄清的汤色。实际上，速溶茶的净化常常是多种方法结合使用的。

①物理净化：物理净化的主要目的是把已抽提过可溶物的残渣除去，即把茶汤中固、液两相混合物相互分离，使茶汤中不含任何固相物质，以获得无任何杂质的茶汤。具体方法是先用三足式离心机将经过浸提的茶叶与茶汤的混合物以一定的速度进行离心分离，所收集的粗滤液再用严密的较厚的过滤层过滤，以除去残留在粗滤液中的不溶物，经过细滤后的茶汤交下一工序处理。

陶瓷膜过滤是一种筛孔分离的过程。在推动力——静压差的作用下，原料液中的溶剂和小溶质粒子从高压的料液一侧透过膜到达低压的一侧，大粒子组分被膜所阻挡，达到分离的目的。周天山等（2006）分别选用0.8μm、0.5μm、0.2μm、0.1μm四支不同孔径的陶瓷膜管，在0.2MPa、20℃条件下过滤绿茶茶汤，所得滤液经浓缩、喷雾干燥，制得速溶茶粉。结果显示：随着膜孔径的减小，速溶茶粉冲泡的茶汤浊度也随之降低，茶汤更加明亮，但都不具备冷溶性。另外，选用0.1μm孔径的陶瓷膜，0.2MPa压力，分别在20℃、15℃、10℃三个不同温度条件下过滤，所得滤液经浓缩、喷雾干燥，制成速溶茶粉。结果表明：在10℃温度下过滤制得的速溶茶具有良好的冷溶性。

②化学净化：经过物理净化后的茶汤，当冷却至10℃以下时，即会出现乳酪状不溶物，俗称“茶乳酪”或“冷后浑”，它是茶叶多酚类，特别是茶黄素（TFs）、茶红素（TRs）与咖啡因结合形成的络合物。顾名思义，冷后浑是在较低温度下形成的，不溶于冷水，但可溶于一定温度的热水。因此是否进一步除去冷后浑将决定最终产品的溶解特性。若产品质量要求具备冷溶性，即在10℃以下的冷水甚至冰水中能溶解，则必须将冷后浑除去。去掉冷后浑最简单的办法是采用离心沉降将其弃除，但茶乳酪的过多弃除，会使茶多酚、茶黄素、茶红素等损失，并将导致茶汤滋味失去浓强度，品质风味降低。因此许多科技人员研究了将冷后浑“转溶”的方法，即通过各种有效的化学手段将不溶的茶乳酪转变成可溶于10℃以下冷水的物质，故称之为化学净化。

（5）浓缩　净化后的抽提液都比较稀，因此必须要进行浓缩，将固形物含量提高到20%~40%，这样既提高了干燥效率，也有利于获得低密度的颗粒速溶茶。

浓缩方法有真空蒸发浓缩、冷冻浓缩和反渗透浓缩等。

①真空蒸发浓缩：速溶茶生产中茶汁需先经减压蒸发浓缩后再喷雾干燥。盘管式真空蒸发器因其结构简单、造价便宜、操作方便而使用广泛。盘管式真空蒸发器为单效间歇式，由锅体、加热盘管、汽液分离器、进料口、出料口等组成。

降膜式真空蒸发设备由进料口、预热器、分配器、加热管、分离器、浓缩茶汁出口等组成。原料茶汁经预热后通过分配器流入加热管，沿着管内壁呈膜状向下流动，同时受热蒸发。该设备生产能力大，节约能源，热交换效果好，受热时间短，特别对黏稠热敏性物料的浓缩最为适宜。

②冷冻浓缩：冷冻浓缩是利用冰和水溶液之间的固液相平衡原理的一种浓缩方法。冷冻浓缩包括两个步骤，第一步是部分水分从水溶液中结晶析出，第二步是将冰晶与浓缩液加以分离。

冷冻浓缩的主要问题是溶质损失和茶香物质损失。通过控制溶液浓度和结晶条件，可得到适当大小的冰晶，使溶质损失减少。

③反渗透浓缩：超滤（ultrafiltration）和反渗透（reverse osmosis）都是20世纪60年代发展起来的分离技术，都利用半透膜把溶液中的溶剂分离出来。

随着膜技术的推广应用，反渗透浓缩技术已经广泛应用于速溶茶加工中，在产品得率、冷溶性或澄清度、香味品质等方面明显优于真空蒸发浓缩。因为反渗透浓缩具有不发生相变、可在常温下进行、历时短等优点，所以料液体系中热敏性物质、挥发性物质的损失与变化少。但反渗透浓缩时，浓缩液的固形物含量一般在20%左右。反渗透浓缩的浓缩工效与质量、作业温度和工作压力有关。通常，浓缩温度越高、工作压力越高，浓缩的效率就越高，但过高的温度会降低浓缩液的香气和滋味品质，工作压力过高会导致膜寿命缩短。因此，工业化生产中，反渗透浓缩的适宜操作条件：浓缩温度35~40℃，压力3.0MPa。

（6）转溶　速溶茶加工的第一步一般是用热水浸提茶叶，提取液在冷却过程中会慢慢变得浑浊，最终形成乳状物，称为茶乳酪。它是由茶多酚及其氧化产物、咖啡因等茶叶内含成分相互作用而形成的络合物及其胶状物质，含量约占茶叶水浸出物的1/3。这些物质易溶于热水而难溶于冷水，是影响速溶茶冷溶性、茶汤透亮度、滋味等品质以及加工得率的主要因素之一。

转溶的目的就是在速溶茶生产过程中将茶乳酪转化为可溶状态或者去除茶乳酪。如果不转溶处理，对热溶型速溶茶无太大影响，但对冷溶型速溶茶，影响其溶解性和外观，限制了速溶茶产品在茶饮料加工中的应用。转溶就是根据这些络合物及其胶状物质的组成、理化性质，采用添加酶、酸或碱等方法，将这些不溶物转化为可溶物的过程，使速溶茶具有较好的溶解性，尤其是冷溶性。

茶乳酪的形成条件主要受茶多酚及其氧化物和咖啡因的浓度、温度和酸碱度等因素的影响。因此，转溶方法主要分为浓度抑制法、碱转溶法和分离剂转溶法等。

①浓度抑制法：浓度抑制法就是除去部分茶乳酪或咖啡因或茶多酚及其氧化物，从而减少“冷后浑”出现的方法。该法主要包括酶转溶法、多酚类物质去除法、非多酚类高分子化合物去除法、咖啡因去除法等。

a. 酶转溶法。速溶茶生产中主要添加单宁酶或木瓜蛋白酶，因为单宁酶能切断儿茶素上没食子酸的酯键，释放出游离的没食子酸，能同茶黄素、茶红素竞争咖啡因，形成相对分子质量较小的水溶物；而木瓜蛋白酶能与茶多酚形成沉淀而除去部分茶多酚，从而达到转溶的目的。酶转溶法条件温和，转溶后的茶汤清澈，转溶效率高，但酶制剂的转溶成本相对较高。

b. 多酚类物质去除法。用聚酰胺、聚乙烯吡咯烷酮、壳聚糖的食用有机酸水溶液除去茶多酚，可抑制茶乳酪的形成，但用此法除去茶多酚后会降低速溶茶的滋味品质。

c. 非多酚类高分子化合物去除法。通过超滤、微孔过滤、交聚葡聚糖柱、聚丙烯酰胺柱、无水乙醇等方法去除茶汤中的蛋白质和多糖类物质，从而解决由蛋白质、淀粉、果胶等物质引起的茶汤低温浑浊及沉淀的形成。

d. 咖啡因去除法。除去部分咖啡因可明显改善速溶茶的冷溶特性。脱咖啡因方法较多，如二氯甲烷和三氯甲烷萃取法、柱色谱吸附分离法、膜分离法、超临界二氧化碳萃取法等。其中，二氯甲烷和三氯甲烷等有机溶剂脱咖啡因法，使产品安全性降低、操作难度增加，并且成本较高，不适宜工业化生产。目前，工业化生产中主要采用膜分离法、柱色谱分离法脱除咖啡因。

②碱转溶法：氢键是一种比较弱的共价键，碱解离的羟基能使茶多酚-咖啡因之间的氢键断裂，切断茶乳酪大分子，并且碱还可以同咖啡因竞争茶多酚及其氧化物形成水溶性盐，从而减少茶乳酪的絮凝，达到转溶的目的。常用碱主要有 NaOH、KOH、$NaHCO_3$。在实际生产中为了减少碱转溶的副作用，同时为提高产品得率，常用冷却后离心除去的茶乳酪部分进行碱转溶，并且要在碱转溶的过程中通入适量的氧气，加入酸调节 pH 等手段改善速溶茶的滋味品质。

③分离剂转溶法：

a. 聚磷酸盐法。在茶汤中添加聚磷酸盐，如偏磷酸盐、焦磷酸四钠、六偏磷酸钠等，可以改变浑浊物颗粒的带电特性，防止茶汤出现絮状沉淀，若以澄清度而言，以六偏磷酸钠效果最优。

b. 稳定剂法。在茶汤中添加黄原胶、卡拉胶、羧甲基纤维素钠（CMC-Na）和乳化剂、麦芽丙糖等稳定剂，可防止茶汤出现沉淀。

④其他转溶法：在茶汤中加入 β-环状糊精可有效抑制茶汤“冷后浑”的形成，但是其分子质量较大，溶解性较差；采用不对称氧化铝陶瓷膜对红茶提取液进行电渗析也可以提高体系的稳定性，改善速溶红茶品质，可望用于无沉淀纯正红茶饮料的生产。此外，柠檬酸可与多酚类物质共同竞争咖啡因，提高产品溶解性，但柠檬酸酸味较重，用量受到限制。

（7）干燥　茶浓缩液须经干燥蒸发大量的水分后，才能成为粉末状、碎片状或颗粒状的速溶茶成品。干燥是速溶茶加工中的一道关键工序，对于产品的外形形状及色、香、味品质都起着决定性的作用。现行加工速溶茶的干燥方法主要有喷雾干燥和真空冷冻干燥两种。

①喷雾干燥：喷雾干燥是速溶茶加工中应用最广的一种比较先进的干燥方法。其干燥原理是通过一定的方法（如高压或离心等）使浓缩液先行雾化，以增大水分的蒸发面，然后与热空气接触，在此过程中雾滴上的水分受热迅速汽化随热风排出，而固形物部分则受重力的作用落入产品收集桶中。

料液喷雾干燥过程主要有四个阶段：第一阶段为雾化阶段，料液经雾化器，分散为极细的雾滴；第二阶段为混合阶段，使雾化后的雾滴与气流充分混合；第三阶段为干燥阶段，使混合后的气流与热空气充分接触，促使水分瞬间迅速蒸发，成为粉末状或碎片状或颗粒状的成品速溶茶；第四阶段为分离阶段，使脱水后的干品与气流分离。上述的四个阶段是由喷雾干燥设备的以下四个系统和装置完成的：空气加热、输送系统：包括空气过滤器、空气加热器和风机等；料液供应、喷雾系统：包括高压泵或送料泵、喷雾器等；气液接触干燥系统：主要是干燥室；气液净化、制品分离系统：包括卸料器、干品回收器和除尘器等。在这四个系统中，决定喷雾干燥特性的主要是料液喷雾系统中的喷雾器和气液接触干燥系统中的干燥室。雾滴直径与雾化器类型及操作条件有关。当雾滴直径为 10μm 左右时，每 1L 液体所成的液滴数可达 19100 个，其总表面积可达 $600m^2$，通常雾滴直径为几十微米，每 1L 料液经喷雾后表面积可达 $300m^2$ 左右，因而表面积很大，传热迅速，水分蒸发极快，干燥时间一般只需几秒到十几秒钟，具有瞬间干燥的特点。尽管在干燥过程中进口热风温度可高达150℃，甚至更高，但雾滴因水分蒸发并未达到高温。在喷雾干燥的开始阶段，由于雾粒中水分的迅速蒸发，粒温瞬间即接近周围空气的湿球温度，大约50℃，待雾滴中大部分水分蒸发后，粉粒内部的水分向外移动的速率减慢，因单个粉粒表面水分很少，这时物料虽然有可能接触高温，但在高温区的时间极短，随即迅速飘落至产品收集区，因而对质量的影响不大。

喷雾干燥的产品在一般情况下呈颗粒状。但依据喷雾方式的不同，其颗粒有空心和实心之分。很显然，空心颗粒的速溶性要比实心颗粒好。根据速溶茶冲泡即溶的品质要求，宜选择生产空心颗粒的喷雾方式，为此，湖南农业大学在20世纪70年代研究了泡沫喷雾干燥的方法，即在专门设计的连续式混合器中，将一定体积的空气或惰性气体混合到一定体积的浓缩茶汁中去，使其产生泡沫，然后使用一定的压力，驱动产生的泡沫经喷嘴进行分散。浓缩茶汁和气体的体积，可分别用液体和气体流量计进行控制。泡沫喷雾干燥能获得造型美观的空心薄皮颗粒。但操作的关键是要控制泡沫的稳定性，否则产品粒径将大小不齐，从而降低正品率。由于喷雾干燥的生产能力大，成本低且产品质量较好，因此在主要生产速溶茶的国家，几乎都是采用喷雾干燥。但喷雾干燥也有一些缺点，如产品香气较差，冲泡时容易产生浮沫等。

②真空冷冻干燥：真空冷冻干燥是将浓缩液先冻结成固体，然后在低温低压条件下，使冻结状态的固态冰不经过液态而直接升华除去水分的一种干燥方法。其干燥原理是依据水的相平衡关系。水分存在状态有固态、液态和气态，这三种状态在一定的条件下可以达到平衡，称“相平衡”。当压力高于612.88Pa时，从固态冰开始等压加热升温的结果，必然要经过液态。但若压力低于612.88Pa，固态冰等压加热升温结果将直接转化为气态，真空冷冻干燥的原理就基于此，因此冷冻干燥又被称为冷冻升华干燥。真空冷冻干燥由于不产生液相，冰冻茶汁失水后，不会发生体积收缩，因而产品特别疏松，冷溶性好，同时是在低温缺氧的环境中干燥，因而化学反应很弱，使产品的色、香、味品质得到了保全。这种产品疏松多孔，色泽鲜艳，呈晶型薄片状，冷溶性好，且冲泡时不产生浮渣。但冷冻干燥的成本高，生产能力小，使其应用受到了限制。

不论采用哪种干燥方法，速溶茶成品都应该具有比较小的体积质量。一般每100mL速溶茶的质量应在12~15g，颗粒直径以控制在200~500μm为宜。速溶茶的容重与茶汤中溶存的果胶含量有密切关系，果胶含量太高或太低都不能使产品达到希望的容重。一般情况下，果胶含量保持在1.0%左右比较适当，若含量太高，如达到2.0%以上，则这种速溶茶在冷的硬水中无法溶解。

（8）增香　在速溶茶加工中，茶叶经提取、浓缩、干燥等工艺过程后，挥发性香气物质损失较多，常导致速溶茶产品的茶香不高。因此，在提取工序中，将茶叶香气进行收集、冷凝，然后在干燥工序添加到速溶茶中，是速溶茶保香的一项重要技术措施。香气回收的方法较多，主要有汽提法、超临界CO_2萃取法和分馏法。

汽提法的原理是以蒸汽或惰性气体为传香介质，激发出茶叶中的香气，通过冷却盘管收集在一定的载体上，然后可以与浓缩液混合干燥制备速溶茶或在干燥后雾化喷洒在速溶茶中，以达到保香的目的，这就是茶叶香气的萃取回收技术。其操作方法通常是高温蒸汽→激发茶叶芳香物质挥发→冷却盘管冷却带茶香的蒸汽→水液精馏→香精油乳状液→按喷雾所需要的茶汁浓度混匀后喷雾干燥，或者均匀地直喷于干燥的速溶茶颗粒上。值得注意的是，在采用直喷法时，必须使雾粒细匀，并使干燥后的速溶茶含水量控制在4%以下。用水蒸气进行汽提时，通常用蒸汽量为茶抽提液的4%~5%（质量分数），分离出来的水溶性香气组分质量是茶抽提液质量的3%~4%。该方法设备简单，操作方便，但采用此法处理得到的香精只含有香气成分，而无味觉成分。

超临界 CO_2 萃取法主要是以 CO_2 作为传香介质抽提茶香，对茶香组分的溶解能力强，抽香过程可以保持较低的温度，CO_2 回收也很容易，因而具有防止香气组分变化的作用。萃取的香气成分也可直接引入浓缩好的茶叶提取液中，起调节速溶茶疏松密度的作用。超临界 CO_2 萃取法提取茶叶香气萃取温度低，对香气成分破坏少，香气的逼真度高，但设备投资大，技术要求高。

分馏法主要是通过特殊装置将那些逸散出的茶香气体组合收集起来，经过精馏后，香液按一定比例浓度与干燥前的茶浓缩液混匀后喷雾干燥，或者微量而均匀地直接喷于含水量在4%以下的速溶茶颗粒上。

此外，还有多种增进速溶茶香气的技术，如以茶香调香、花果香调香、微胶囊技术调香等。以茶香调香就是在原料选配时，加入一些高香茶一道加工成速溶茶，在加工工艺中增加香气回收工序，用回收的茶香来调节速溶茶的香气。以花果香调香就是采用一些有机溶剂先将花果中的香气成分抽提出来，除去溶剂得到芳香油，将此芳香油喷到粉状茶抽提物即可，也可将花果连同茶叶原料一道加工。微胶囊技术调香又称微胶囊化，是指利用高分子包囊材料，将物质包覆在一种微型的、半透性或密封胶囊内的过程，被包囊的物料与外界分离隔绝，以达到最大限度地保持食品、饮料原有的风味、性能和生物活性。通常以萃取回收的茶香精为心材，以 β-环状糊精为微胶囊壁材进行喷雾干燥，可有效保持和增进速溶茶香气。

高香冷溶型速溶茶的加工成为高品质速溶茶的发展趋势。例如，冷溶型速溶红茶粉的加工，通过低温逆流提取技术，使有效成分的提取率有所提高，而且可缩短香气物质经受高温的时间，提高茶汤的品质。膜分离技术可最大限度地保留茶汤中的风味物质，使速溶茶的品质得到较大提高，经膜过滤的茶汤达到冷水溶解澄清透亮。冷冻静置离心、碱转溶处理和高温氧化处理茶汤使红茶汤在开汤审评时达到澄清透亮，并且制作成饮料后品质稳定、无冷后浑现象。通过实验得到低温浸提的最佳工艺参数：温度45℃，时间30min，茶水比1∶20，pH 5.0。膜处理选择的孔径以0.5μm为最佳。冷冻静置的温度为10℃，时间1h，离心转速为5000r/min。转溶的试剂为食品级氢氧化钠（pH=10）。酶的最佳pH为5.0~6.0，温度为40℃，时间为1h，添加量为0.1%~0.2%的单宁酶。通过以上工艺技术和相应的工艺参数，喷雾干燥得到冰水溶解的冷溶型速溶红茶粉。

（二）茶饮料

1. 茶饮料概况

茶饮料是将原料茶经过水浸提、过滤、澄清后制成的茶提取物（水提取液或其浓缩液、茶粉）作为原料，再分别加入水、糖液、酸味剂、食用香精、果汁、乳制品、植物提取物等辅料调制加工而成的液体饮料。

现代茶饮料于20世纪60年代起源于美国，80年代陆续传到日本、欧洲及我国台湾等地，并以天然、保健、方便、可口等优点而得到了快速发展。我国对茶饮料的研究起步较晚，开始于20世纪80年代中后期，主要产品有茶汽水、茶可乐、凉茶等，但未形成市场气候。直到90年代中期，河北某企业向全国推出了冰茶、暖茶，其强大的广告宣传使广大消费者认识了冰茶，也真正接受了茶饮料。随后，一些大型食品企业纷纷参与到茶饮料的开发与生产中，推动了中国茶饮料的快速发展。

茶饮料按照加工工艺与风味品质，可分为碳酸型茶饮料和非碳酸型茶饮料两类，其中非碳酸型茶饮料又分为纯茶饮料、调味茶饮料、奶茶等种类，且调味型茶饮料是当前市场消费的主流，奶茶饮料是消费的亮点。按照加工原料的不同，茶饮料可分绿茶饮料、红茶饮料、花茶饮料、乌龙茶饮料、黑茶饮料等多种。

国家标准 GB/T 21733—2008《茶饮料》的分类方法又分茶汤、复（混）合茶饮料、果汁茶饮料和果味茶饮料、碳酸茶饮料、奶茶饮料和奶茶味饮料、其他调味茶饮料、茶浓缩液七种。

2. 茶饮料加工工艺

（1）茶叶提取液、茶浓缩液或速溶茶制备　茶饮料生产中，可根据生产实际情况，选用茶叶提取液、茶浓缩液或速溶茶中的一种作为生产原料。从茶饮料保色、保香、防沉淀的角度来说，一般以茶叶提取液直接作为生产原料较好，其次分别为茶浓缩液、速溶茶。在我国目前实际的饮料生产中，三种原料形态都有采用，鉴于加工、贮运与投资问题，现阶段采用茶浓缩液和速溶茶的比较多。

（2）饮料配制　参照 GB/T 21733—2008《茶饮料》的理化指标（表 6-1），在确保固形物、茶多酚等品质指标符合国家标准的条件下，计算用于茶饮料加工的茶叶提取液、茶浓缩液或速溶茶的稀释倍数，同时根据加工茶饮料的品质风味需要，按照配方分别添加相应的酸味剂（柠檬酸、苹果酸、甘草酸等）、甜味剂（白砂糖、甜菊糖、罗汉果提取物等）、食用香精（柠檬香精、苹果香精、玫瑰香精、绿茶香精、红茶香精等）、色素（紫葡萄皮色素、β-胡萝卜素等）、保健功能物（如人参提取物、金银花提取物、甘草提取物、牛奶等）等辅料，然后再用纯净水调配均匀，并精密过滤。

表 6-1　　不同茶饮料的理化指标［《茶饮料》（GB/T 21733—2008）］

项目		原味茶饮料（茶汤）	调味茶饮料						复（混）合茶饮料
			果汁	果味	奶	奶味	碳酸	其他	
茶多酚/（mg/kg）≥	红茶	300	200		200		100	150	150
	绿茶	500							
	乌龙茶	400							
	花茶	300							
	其他茶	300							
咖啡因/（mg/kg）≥	红茶	40	35		35		20	25	25
	绿茶	60							
	乌龙茶	50							
	花茶	40							
	其他茶	40							

续表

项目	原味茶饮料（茶汤）	调味茶饮料						复（混）合茶饮料
		果汁	果味	奶	奶味	碳酸	其他	
果汁含量/%（质量分数）		≥5.0						
蛋白质含量/%（质量分数）				≥0.5				
二氧化碳气体含量/%（20℃容积倍数）						≥1.5		

（3）灭菌　目前，应用于茶饮料生产的杀菌技术主要有以下几个方面。

①传统的高温杀菌釜杀菌技术：该技术采用杀菌温度一般为121℃，时间7~15min。这种灭菌方法的温度高、时间长，对茶饮料的风味品质影响较大，主要用于茶多酚含量较低、受温度影响较小的调味茶饮料加工。传统的高温杀菌釜杀菌技术对容器的抗热性和抗压性要求较高，多用于金属瓶或玻璃瓶包装茶饮料的杀菌。

②超高温瞬时杀菌技术和高温短时灭菌技术：超高温瞬时杀菌（UHT）技术是目前茶饮料加工中最常用的灭菌方法。灭菌温度一般采用135~140℃，持续时间2~8s。超高温瞬时杀菌技术的杀菌效果特别好，几乎可达到或接近灭菌的要求，而且高温杀菌时间短，对茶饮料的风味影响较小。配合食品无菌包装技术的超高温瞬时杀菌装置在国内外发展很快。如超高温瞬时灭菌-无菌冷灌装技术、超高温瞬时灭菌-耐热聚对苯二甲酸乙二醇酯（PET）瓶热灌装技术。高温短时灭菌技术中的温度一般采用131℃，持续时间30s，杀菌效果与超高温瞬时杀菌技术相当。

③超高压杀菌法：超高压杀菌法（UHP）是一种新型食品杀菌技术，一般是指采用大于200MPa的高压进行灭菌处理的方法，即将物料以某种方式包装完好后，放入液体介质（通常是食用油、甘油、油与水的乳液）中，在超高压（100MPa以上，常用400~600MPa）和常温或较低温度下（一般指在100℃以下）作用一段时间，以达到灭菌目的，而食品味道、风味和营养价值不受或很少受影响的一种加工方法。

④膜过滤除菌技术：现代膜技术不仅可以过滤去除茶汤中悬浮的颗粒、胶体成分，而且可以截留微生物，起到除菌的目的。通常膜的孔径为0.0001~10μm，而物料中微生物粒子大小一般在0.5~2μm，若选用孔径小于微生物的膜，使料液通过膜过滤器进行过滤，则菌体粒子被截留，称之为过滤除菌。膜过滤除菌技术中，可以通过选择不同孔径的膜达到灭菌目的。如用孔径3μm的膜能截留霉菌孢子，1.2μm能截留酵母孢子，0.45μm能截留大肠埃希菌及各类细菌。还可将滤膜制成带正电荷的过滤膜，利用正、负电荷相互作用的机理进一步去除一些微小、带负电荷的杂质微粒（如内毒素）等。膜过滤除菌技术具有耗能少、常温下操作、工艺适应性强等优点，适于热敏性原料，现已广泛用于食品、生化、制药、用水及空气、乳品、果汁等的过滤除菌。但该技术由于对环境卫生和后续的操作工序要求极高，推广起来受到了一定程度的限制。

⑤高压脉冲电场杀菌技术：高压脉冲电场杀菌技术，是利用强电场脉冲的介电阻断作用，破坏微生物的细胞膜，从而导致菌体死亡，达到灭菌目的。该技术具有处理时间短、能

耗低、传递快速和均匀等优点，杀菌后能保持原料原有的口味和质地。作为一种新兴的非热杀菌技术，高压脉冲电场杀菌技术已成为国际食品科技界最为活跃的研究领域之一，可广泛地用于食品杀菌。有研究报道，高压脉冲电场杀菌技术不仅能够使绿茶饮料达到检测无菌的水平，还可以保持其原有品质不发生明显变化。

⑥其他灭菌技术：除了上述灭菌技术外，食品工程中的杀菌技术还有很多，如辐照杀菌、电子灭菌技术、加热与加压并用杀菌技术、加热与辐射并用杀菌技术、静电杀菌技术、溶菌酶杀菌等，这些技术正在研究和应用，期望今后在茶饮料生产上开拓出更为广阔的应用前景。

（4）灌装　灌装依包装方式的不同而异，玻璃瓶、马口铁易拉罐、铝质易拉罐等包装一般适合于高温高压灭菌；无菌铝纸复合包多适合于无菌冷灌装，饮料品质较好，但设备投资较大。耐热 PET 瓶灌装兼具两者的优势，与易拉罐灌装、无菌铝纸复合包灌装相比，具有设备投资低、加工工艺简单、品质易控制、成本较低等优势，因而得到了快速发展。耐热 PET 瓶包装的核心技术是热灌装技术，其实质就是通过热灌装，利用 90~95℃茶液对包装瓶及盖进行灭菌的过程。

（5）护色、增香及防沉淀技术　茶饮料在我国饮料市场所占的地位越来越重要，生产工艺得到了不断的改善，生产技术也有了较大的提高，尤其是茶饮料在澄清、包装、灭菌、护色、增香等方面都有了较大的改善。国内外在饮料生产中开发出许多高新技术，如膜分离技术、酶技术、微波技术、非热杀菌技术、无菌灌装技术、芳香物质回收技术、冷冻干燥技术等，这些技术逐步替代了传统茶饮料生产技术，有效解决了茶饮料生产上存在的一些技术难题，如营养物质的损失、芳香物质的逸散、浑浊沉淀的产生等问题，从而提高了茶饮料的品质。护色、增香和防沉淀是茶饮料加工与贮藏中的三大技术关键。

①护色技术：茶饮料是一种受热不稳定体系，特别是绿茶饮料，在加工与贮存过程中，茶汤色泽易受光照、氧气和高温等因素的影响而发生变化。茶饮料的护色技术种类繁多，大致可分为化学技术和物理技术两大类。化学技术就是通过外源添加某些化学物质，以达到护色的效果，主要有包埋法、酶处理法、离子护色法、加抗氧化剂法以及 pH 调色法等；物理技术主要包括包装技术、灭菌技术和除氧技术。研究表明，在茶饮料加工中，添加稳定剂（β-环状糊精等）、抗氧化剂（抗坏血酸、植酸、甘草酸等）、护色剂（葡萄糖氧化酶、果胶酶、纤维素酶、蛋白酶等）以及采用满瓶灌装等技术，均是茶饮料护色的有效方法。

②增香技术：茶饮料加工过程中，茶汁的提取、浓缩、干燥以及茶饮料的灭菌等工艺，都会造成茶香的损失或劣变，为此，茶饮料的增香技术日益受到人们的重视。近年来，有关茶饮料增香技术的研究主要是围绕着引起茶香损失或劣变的工艺过程的香气变化而进行的，主要包括原料的选择和处理、香气包埋技术、灭菌技术改善以及茶叶香精的开发等。对茶饮料的增香主要通过回收茶叶提取物中的香精油并将其包埋于茶饮料中，以及添加食用香精两种途径来实现。其中，使用的包埋剂大多为β-环状糊精，而食用香精则大多为柠檬香精、苹果香精、玫瑰香精、绿茶香精、红茶香精、乌龙茶香精等。

③防沉淀技术：茶饮料在加工与贮藏过程中容易产生浑浊沉淀，其根本原因是茶叶内含成分（如茶多酚、咖啡因、蛋白质、果胶、金属离子等）在一定温差条件下相互作用的结果。因此，茶饮料的防沉淀技术主要依据沉淀物质的产生途径，通过对茶饮料加工原料优选、工艺技术控制以及添加防沉剂或转溶剂等方法，尽量防止沉淀的产生、除去已形成的沉

淀或使已形成的沉淀重新溶解，进而达到防沉淀的效果。一般而言，选择咖啡因含量相对较低的茶叶原料和电导率较低的饮料用水，以及通过絮凝澄清、添加稳定剂等防止沉淀的形成；通过低温沉降，并结合精密过滤（如微滤膜过滤）可以很好地去除已形成的沉淀；添加酶制剂（单宁酶、果胶酶、蛋白酶等）、碱试剂（NaOH、KOH、Na_2SO_3 等）以及氧化剂（氧气、过氧化氢、臭氧等），可使已形成的沉淀重新溶解，进而达到防沉淀的目的。

（三）袋泡茶

1. 袋泡茶概况

袋泡茶是一种以一定规格的碎型茶作为原料，使用专用包装滤纸按包装要求分装成袋的茶叶产品，因饮用时带袋冲泡、一袋一泡饮而得名。袋泡茶要求包装前后茶叶风味基本相同，是一种改散茶冲泡为袋茶冲泡，包装和饮用方式与一般传统散茶不同的再加工茶类。袋泡茶是世界上最流行的一种茶产品。虽然历史不长，但发展速度很快，尤其是欧美国家非常普及，如加拿大、意大利、荷兰、法国等国的袋泡茶销售量均占茶叶总销量的80%以上，已成为茶叶的主导消费产品。

随着生活节奏的加快，袋泡茶以冲泡快速、清洁卫生、携带方便、适合调饮等特色，迅速风靡全球，畅销于欧美市场，成为发达国家的家庭、餐馆、咖啡屋、办公室和会议厅等场所最普遍的茶叶包装和饮用方式。到20世纪90年代，袋泡茶已占据世界茶叶总贸易量的25%，当前国际市场袋泡茶的销售每年以5%~10%的速度递增。

我国袋泡茶生产起步较晚，1964年开始生产，1974年开始出口，1974—1978年，每年出口30t左右。改革开放后发展迅速，1979年袋泡茶出口量增加到748t。进入20世纪90年代以来，随着人民生活消费水平的不断提高，袋泡茶在国内已为越来越多的消费者所青睐，因而吸引了许多企业投身于开发、经营袋泡茶的行业。但目前生产的袋泡茶，在包装时为了便于计量和改善物料的流动性，大都需要把茶叶打成扇状碎片，与我国长久以来形成的饮茶文化和名茶评判标准有冲突，在很大程度上制约了袋泡茶的快速发展。可以预见，随着现代生活节奏加快、年轻一代生活的时尚化，以及中国袋泡茶生产技术水平的提高，袋泡茶在中国将有较大的发展空间，中国袋泡茶在国际市场的销售量也会不断扩大。

通常一包袋泡茶由外封套、内包装袋、袋内包装物、提线、标牌等组成。袋泡茶的分类主要以袋内包装物的种类为依据，可分为以下几类。

（1）茶型袋泡茶　包括红茶、绿茶、乌龙茶、普洱茶、花茶等各类不同的纯茶袋泡茶。

（2）果味型袋泡茶　由茶与各类营养干果或果汁或果味香料混合加工而成。这种袋泡茶既有茶的香味，又有干鲜果的风味和营养价值。如柠檬红茶、京华枣茶、乌龙戏珠茶等。

（3）香味型袋泡茶　在茶叶中添加各种天然香料或人工合成香精的袋泡茶。如在茶叶中添加茉莉、玫瑰、香兰素等，由提取的天然香料加工而成的袋泡茶。

（4）保健型袋泡茶　由茶叶和某些具药理功效的中草药，按一定比例配伍、加工而成的袋泡茶。

（5）非茶袋泡茶　不含茶叶的各种袋泡茶，如绞股蓝袋泡茶、杜仲袋泡茶、桑叶袋泡茶等。

2. 袋泡茶加工工艺

（1）袋泡茶的原料　原则上各种茶叶均可作为袋泡茶的原料，但要满足一定的规格要求。茶叶基本要求：①具有本品种茶叶固有的色、香、味品质特征，品质正常，无异味，无异臭，无霉变；②茶叶的颗粒度在12~60目范围内，无灰尘及非茶类夹杂物；③不应着色，无任何添加剂；④卫生指标应符合GB 2762—2017《食品安全国家标准食品中污染物限量》的规定和GB 2763—2016《食品安全国家标准食品中农药最大残留限量》的规定。此外，茶叶还要符合表6-2茶叶感官品质指标和表6-3茶叶理化指标。

为了提高袋泡茶的品质，原料茶一般要经过拼配，包括不同茶品种、不同产地、不同制作方式等原料茶的拼配。

表6-2　　茶叶感官品质指标

项目	指标					
	绿茶	红茶	乌龙茶	黄茶	白茶	黑茶
香气	纯正	纯正	纯正	纯正	纯正	纯正
滋味	平和	尚浓	纯和	纯和	纯正	纯和
汤色	绿黄	红	橙黄或黄绿	黄	浅黄	褐红或橙黄

表6-3　　茶叶理化指标　　单位:%（质量分数）

项目	绿茶	红茶	乌龙茶	黄茶	白茶	黑茶
水分≤	7.5	7.5	7.5	7.5	7.5	10
总灰分≤	7.5	7.5	7.5	7.5	7.5	8.5
水浸出物≥	34.0	32.0	30.0	30.0	30.0	28.0

（2）袋泡茶原料的加工　袋泡茶原料规格和加工工艺均有一定要求。

①袋泡茶原料规格：

a. 外形规格。16~40孔茶，体型1.00~1.15mm，1.00mm者不超过2%，1.15mm者不超过1%。

b. 品质风格要求。滋味、香气、汤色等均应符合要求。

c. 含水量。上机包装原料含水量不得超过7%。

d. 百克容积。上机包装的袋泡茶原料，其百克容积控制在230~260mL。

②袋泡茶原料加工：若袋泡茶包装所使用的是红碎茶或颗粒绿茶等颗粒型袋泡茶原料，则可按袋泡茶包装要求的规格，选择合适原料茶拼配后进行包装。对于非颗粒型的袋泡茶原料，则可采用烘干、切碎、筛分、风选、拼配等工序进行再加工，然后按照成茶品质和规格要求确定各类原料茶的比例，再次进行拼配。

（3）袋泡茶的包装材料

①包装材料的种类：袋泡茶的包装材料，包括袋泡茶的内包装材料（茶叶滤纸）、外封套材料（外袋材料）、包装盒材料和透明塑料玻璃纸等，其中内包装材料是最重要的核心材料。此外，在袋泡茶整个包装过程中，尚需使用提线用棉线、标签用纸，提线和标签黏合采用醋酸聚酯胶，装箱用瓦楞纸纸箱。

②茶叶滤纸：茶叶滤纸是袋泡茶包装材料中最重要的原材料，其性能和质量好坏将直接

影响成品袋泡茶的质量。

①茶叶滤纸类型：国内外使用的茶叶滤纸，有热封型茶叶滤纸和非热封型茶叶滤纸两种。当前最常用的是热封型茶叶滤纸。

②茶叶滤纸的基本要求：作为袋泡茶内包装材料的茶叶滤纸，在茶叶冲泡过程中，既要保证茶叶的有效成分能快速扩散至茶汤内，又要阻止袋内的茶末不会向茶汤中渗漏。对其性能有以下要求：第一，抗拉强度高，在袋泡茶包装机的高速运行拉动下不会破裂。第二，高温冲泡不破损。第三，湿润性和渗透性好，冲泡后可迅速被湿润，茶叶水溶性物质渗出快。第四，纤维细密、均匀一致，纤维厚度一般为 0. 0762~0. 2286mm，滤纸孔径为 20~200μm，滤纸密度和滤孔分布的均匀性好。第五，无味、无臭、无毒，符合食品卫生要求。第六，质量轻，纸质洁白。

为了考核国产茶叶滤纸的性能，中国农业科学院茶叶研究所等有关单位的科技人员先后做过系统试验，并与国际上有关的产品进行了比较，认为中国所生产的茶叶滤纸，在性能和各项技术指标上已基本达到国际同类产品的水平。

(4) 袋泡茶包装机　伴随着袋泡茶包装材料和茶袋形状的发展，袋泡茶包装机也从单一的布袋包装机发展到多功能包装机，包装速度由最初 30~45 包/min 迅速提高到 2000 包/min。袋泡茶包装机的主要生产国有中国、意大利、德国、阿根廷、日本等。

最初的袋泡茶包装机只适用于布袋，其工作原理如同家用缝纫机，包装速度最高 45 包/min。茶叶滤纸发明后，出现了热封型包装机和冷封型包装机。其中，热封型包装机是滤纸茶袋的三边采用加热粘封，冷封型包装机是将滤纸折叠成袋状后用镁铝合金丝钉封。为了方便袋泡茶冲泡，在袋口处热封或钉封一根带标签的棉线，使茶袋容易放入和取出茶杯。

一台功能比较齐全的袋泡茶包装机，应同时具备包内袋、粘吊线和标签、包外袋、装盒等功能。其主要有茶叶贮存、供给和装料装置，内袋滤纸以及滤纸输送、成型、封口装置，外袋纸以及输送、成型、封口装置，标签纸及输送、自动折叠装置，棉线送给机构以及棉线封接在滤纸袋与标签上的机构，自动控制机构等装置和机构。

第二节　茶的综合利用

一、概述

茶的综合利用是指根据茶叶内含成分的特点及其功效，运用现代科学理论和高新技术从茶资源中提取或纯化有效成分，并将其用于即饮饮料、药物、功能食品、日化用品等产品的开发，以实现茶的最大经济、社会和生态效益。简而言之，茶的综合利用是指除了常规饮用以外的所有类型的茶资源利用方式。

茶的发展经历了从野生到栽培，从药用到饮料，从单一茶类到多茶类，从简单的初加工、精加工到深度加工和茶的有效成分开发利用的变化过程。随着科学技术的进步，人们对食品饮料的需求日益苛刻，一无（无化学污染，包括防腐剂、合成添加剂和农药残留）、二高（高蛋白、高纤维）、三低（低脂肪、低胆固醇、低糖）、四化（多样化、简便化、保健化、实用化）已成为饮料和食品的发展方向。无疑，茶叶这一古老的传统饮料正面临着时代的严峻挑战。在当今迅猛发展的饮料工业中，一方面，茶叶面临着与另两大无酒精植物性传统饮料——咖啡和可可的激烈竞争，另一方面，又面临其他软饮料的竞争。近年来，软饮料工业的发展已具有高度机械化，品种与包装多样化，有冷冻手段完善、销售面广、零售点多、投资少、利润高、见效快等优势，这是茶叶所不及的。为应付这些挑战，以液态、固态等形式出现的新型茶叶饮料应运而生，茶叶深加工体系形成并不断发展。同时，茶叶内部的竞争也日趋激烈。印度、斯里兰卡、中国、肯尼亚等产茶国之间的竞争，国际市场日益突出的反复无常的价格波动，使各产茶国都面临巨大挑战。因而各产茶国渴望通过茶叶和副产品的利用，把茶延伸到许多非传统领域，通过增加有附加值的产品（如速溶茶、调味茶、罐装茶、袋泡茶等）来提高利用率，以得到传统茶的补偿。

茶叶作为传统的保健饮料，20 世纪 80 年代以来，人们对其保健功能的认识已远远超出了“生津止渴、提神醒脑、利尿消炎……”的传统范畴，抗癌、抗肿瘤、抗衰老、降血压、降血糖、降血脂、防辐射乃至抗艾滋病毒等奇特功能的发现，使新型保健茶的开发方兴未艾。茶（包括茶叶及茶树的其他器官，如花、果、根）中某些有效成分特有用途的发现，使得以茶的有效成分开发为中心的综合利用已成为茶业发展的热门。

茶的综合利用是研究除传统的绿茶、黄茶、黑茶、白茶、青茶、红茶六大茶类及其再加工产品以外的所有茶制品，以及以茶为原料提制而成的各类产品的加工技术与品质特征。它包括茶叶深加工、茶叶及茶树其他器官中有效成分开发、保健茶制品开发三大部分。具体地说，茶叶深加工是指茶叶经初、精加工后，把提取分离出来的茶汁按一定的加工工艺和技术再加工成保留茶叶特有色、香、味特征的一类新型饮料或食品的过程。茶叶及茶树其他器官中有效成分开发是对茶叶或茶树的其他部位的某一类或综合的有效成分，以不同的形式作为保健药用、食用或工业用的新产品开发，它以保留茶的有效活性成分并以最佳的形式供给人们应用为目的。保健茶制品开发是以茶叶为主要原料，与其他中草药配合加工成各种形态的具保健作用的含茶产品的开发。国内外茶的综合利用迅速发展，已形成了琳琅满目的产品，尤其是茶叶深加工方面的产品在市场上已具有一定的商品量，如纯速溶茶，调味速溶茶系列产品，液态茶饮料中的罐装茶水、茶可乐、茶汽水、各种果味茶等。茶的有效成分的开发利用，其产品更是日益增多，如乳化剂、抗氧化剂、除臭剂、各种食品添加剂、多种药物原料等已在工业、食品业和医药工业上起了较重要的作用。保健茶制品开发已成为目前茶的综合利用的重要途径，如人参茶、绞股蓝茶、杜仲茶、降压茶、健脾茶等，不胜枚举。图 6-2 可粗略地概括当前茶的综合利用产品的分类情况。

二、茶的有效成分开发利用

茶的有效成分开发利用在国内外已全面展开，它们作为天然食品抗氧化剂、高效消臭剂、洗涤剂、工业乳化剂、发泡剂和稳泡剂、食品添加剂（色素、兴奋剂……）、医药原料、生化试剂及生长调节剂等出现在食品工业、医药工业、日化工业领域。其中，以茶多酚为主体的天然食品抗氧化剂已被我国正式列入食品添加剂的行业，在日本早已被采用；以黄酮类为主体的消臭剂已在日本食品工业中广泛应用；以茶色素为主体的工业乳化剂、发泡剂、洗发香波等也在我国发明并推广运用；咖啡因、色素、食用纤维等天然制品正逐步打入食品饮

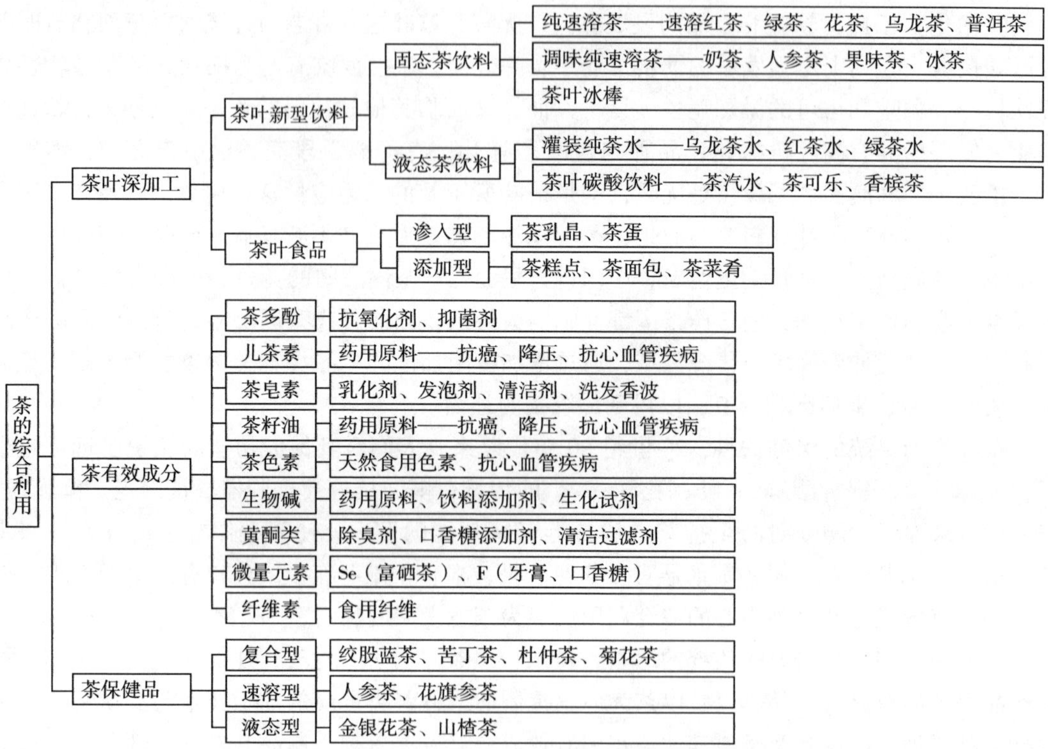

图 6-2　茶的综合利用产品

料行业，取代合成品；儿茶素作为抗癌药物原料已在国内外积极开发利用；三叶烷醇、糠醛等也可以从茶叶副产品中提制出来，这一切展示了茶的有效成分开发具有广阔的前景。

（一）茶叶抗氧化剂的提取

从茶叶中提取以茶多酚为主要成分的抗氧化剂，具有比合成抗氧化剂二丁基羟基甲苯（BHT）、丁基羟基茴香醚（BHA）、没食子酸丙酯（PG）高得多的效力，且安全性高，它正被国内外食品界所重视，逐步推广到所有油脂及含油脂食品的抗氧化保鲜工作中。茶多酚的提取方法主要有以下两种：

1. 萃取法

萃取法主要是利用茶多酚类物质在某些有机溶剂中的分配系数较大，而使之与水分开，得到纯度较高的制品。该法的优点是产品的纯度较好，茶多酚氧化破坏较少，各儿茶素组分能较好地反映原料的特征；不足之处是成本较高，这些有机溶剂的气味重，操作人员受影响较大，技术难度较高。

2. 沉淀法

沉淀法是利用多酚类物质在碱性条件下会与 Ca^{2+}结合而沉淀，且该沉淀在酸性条件下又可溶解，从而将茶多酚从茶叶提取液中提出来。沉淀法与萃取法相比，成本低，技术难度小，操作简单；但由于在酸性及碱性条件下提制，产品中会有一定比例的茶多酚氧化产物，因而成品中儿茶素的组成与原料有所不同，主要表现在表儿茶素（EC）和表没食子儿茶素（EGC）较低。沉淀法提取茶多酚的工艺流程如图 6-3 所示。

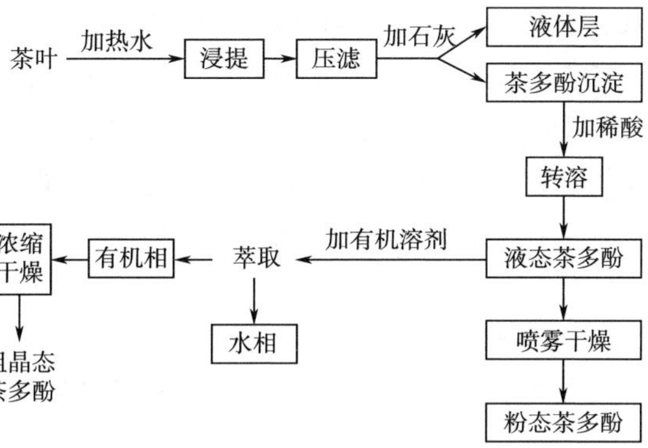

图 6-3 沉淀法提取茶多酚的工艺流程

(二) 茶叶中天然咖啡因的提取

咖啡因是一种著名的药物，具有兴奋和利尿作用，一般用于止痛、退热药以及某些兴奋性饮料。此外，咖啡因还是制备茶碱（利尿剂）、氨茶碱（治喘药）和 bramanine（抗运动药物）的原料。

咖啡因的提取主要有三种方法，其工艺流程如下。

方法 1：茶叶→添加一定量的氧化镁→蒸煮或煮沸→过滤→加硫酸水溶液（1∶9）→过滤→浓缩→加 $CHCl_3$+萃取（分数次）→合并提取液→加 10g/L KOH 洗涤→弃水相→有机相水浴挥干→固体物质烘干（85~90℃）→天然咖啡因（实为咖啡因、茶碱、可可碱的混合物）。

方法 2：茶叶→置于密封罐中→110~160℃升华→冷却→溶解→浓缩→反复重结晶→烘干→咖啡因。

方法 3：茶叶→热水浸提→过滤→冷却→加石灰→过滤→滤液加 $CHCl_3$。萃取数次→合并萃取液→浓缩有机相→纯化→结晶→烘干→咖啡因。

现已有研究发现，1，1，2，2-四氯乙烷（$CH_2Cl_2—CH_2Cl_2$）从茶叶提取液中萃取咖啡因甚为理想。上述三种方法的咖啡因制率均在 1%~2%。

(三) 茶叶天然色素的提取

在形形色色的饮料中，绝大多数为添加了无机物或有机物原料合成的非天然色素。消费者实践与食品、医药工作者的研究表明，合成色素不仅没有营养价值，而且有不同程度的副作用，有的甚至是致癌物（如蓝光酸性红色素）。因此，寻求天然色素替代合成色素已成为饮料发展的必然趋势。茶叶可以说是一个十分丰富的色素源，如脂溶性的绿色色素、水溶性的黄绿色素、橙黄色素、橙红色素、红黄色素等。如何从茶叶中提制这一系列色调的色素，已成为茶叶综合利用的重要领域。

茶叶等绿色植物的叶绿素可以提取利用，但天然食用色素灯光分解问题影响了它们的应用。若将叶绿素制成铜钠盐，不仅能保持其色泽的稳定性，而且还扩大了应用领域，在牙膏、化妆品、食品、肥皂及医药中有着广泛的用途。

(四) 茶叶天然消臭剂的开发

虽然香味的研究已经很盛行，但对消臭方面的系统研究却很少。随着人们生活水平的提高，对食品的消臭日渐关注，故出现了利用天然植物提取消臭剂的商品开发。从茶叶中提取的消臭剂具保鲜和抑菌作用。消臭一般有四种机制，即感觉消臭、物理消臭、化学消臭和生物消臭。茶叶提取物的消臭机理：①黄酮类基团和—SH、—NH 的缩合、聚合、加成反应；②茶多酚类、黄酮类的多酚基和—NH 的结合；③氨基酸的 NH_2—R—COOH 和 SH 的中和反应；④有机酸和—NH 的中和反应；⑤糖类对恶臭物质的吸收、吸附和溶解作用；⑥单宁的酯化、酯交换反应。现已研究证实，茶叶提取物的消臭能力在所有已确认有消除臭味能力的植物提取物中是最强的。

从绿茶提取物中进一步分离提取天然高效消臭剂的方法有两种：水提取法和醚提取法。这两种方法是将本身具有较强消臭能力的绿茶提取物进一步蒸馏、萃取、分离，使其各种消臭组分分开。

绿茶提取物作为天然消臭剂已应用于以下领域：①调味佐料（烧肉汁料）；②谷物类（大豆、小麦粉、玉米粉、淀粉）；③鱼肉炼制品（鱼糕、鱼肉卷、鱼饼等）；④畜肉腊肠类；⑤果汁类；⑥珍味类（上等墨鱼干、上等鲤鱼、小虾）；⑦油脂类；⑧蔬菜罐头；⑨口香糖和冰棒。

（五）茶籽中有关成分的开发

据统计，茶籽产量约为茶叶产量的23%，茶籽中含有粗蛋白 11.06%，粗脂肪 32.44%，淀粉 24.08%，茶皂素 14.00%，双糖 3.82%，单糖 0.15%。茶籽可用于生产油脂、茶籽皂素和动物饲料等。

1. 茶籽油的提取

茶籽油的脂肪酸组成与油茶油相似（表 6-4），其中不饱和脂肪酸的比例略高于油茶油，而不饱和脂肪酸有利于降低血管内胆固醇水平。茶籽油中亚油酸的比例更是显著高于油茶油，而亚油酸不足往往会引起临床性的组织损伤，故茶籽油是一种优质食用油。展望未来，茶籽油在食品工业、医药工业、日用工业等领域应用前景广阔。

表 6-4　　茶籽油和油茶油的脂肪酸组成比较

成分	茶籽油	油茶油	成分	茶籽油	油茶油
固体脂肪酸含量/%	32.48	37.08	不饱和脂肪酸碘价/(g/100g)	115.40	113.81
固体脂肪酸碘价/(g/100g)	39.36	35.90	油酸含量/%	55.80	61.36
异油酸含量/%	14.22	14.81	亚油酸含量/%	23.16	8.93
饱和脂肪酸含量/%	18.26	22.27	亚麻酸含量/%	1.82	6.72
液体脂肪酸含量/%	67.52	62.92	不皂化物含量/%	0.96	0.67
不饱和脂肪酸含量/%	81.74	77.73			

茶籽制油主要有热压榨法和有机溶剂浸提法，比较合理的工艺流程见图 6-4。

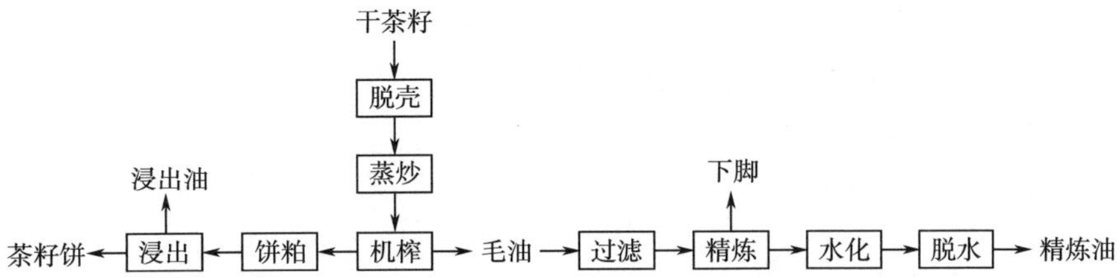

图 6-4　茶籽制油热压榨法配合有机溶剂提制工艺流程

茶籽毛油精炼的目的在于去除游离脂肪酸及醛酮类化合物，消除麻口、苦涩味等，以便食用，精炼的方法主要有碱炼法、水化法和盐析法。碱炼法是把毛油加热至 40℃，边倒入碱液边搅拌，约 0.5h，然后升温至 60℃，静置保温过滤，倾出上层清油，油脚再加 3%食盐水溶液趁热搅拌，静置分层后取上层清油，两次清油合并，再用 80℃温水洗涤至中性为止。然后升温至 105℃脱水，即得到精炼油。水化法是在 40℃温油中加入一定体积的温水搅拌，静置一定时间后取油层过滤，并加温到 105℃脱水。盐析法是在 40℃温油中加入饱和的 NaCl 溶液（油体积的 10%）搅拌，在 60℃下静置分层，取上层清油在 105℃脱水即成。

2. 茶籽皂苷的制备

茶籽皂苷是一种无色的微细柱状结晶体，其分子式为 $C_{50}H_{90}O_{26}$，它可用作乳化剂（如与石蜡制成水包油型乳化剂）、稳泡剂（如中国农业科学院茶叶研究所与郑州加气混凝土工厂协作制造的以茶籽皂苷为主体的加混凝土稳泡剂——TS-861）、洗涤剂（如用茶籽皂苷与香料等成分配制的洗理香波）和清池（塘）剂等，还有抗肿瘤、祛痰消炎、镇痛止咳和抗菌等作用，甚至对植物生长也有一定的生理活性。

在茶籽饼粕中茶籽皂苷含量为 15%左右，从中提取茶籽皂苷的基本工艺：①将茶籽饼粉碎，加入 2.5 倍体积的热水于 80℃浸提 1.5h，趁热过滤，滤液置于热水器中加热至 90℃，再加入 2%明矾，继续加热 1h，静置；②将澄清液于 100℃下蒸发浓缩，快干时加入 3%碳酸钠，然后继续加热，浓缩至干；③将干燥后的块状物用粉碎机粉碎，得黄色粉末，即为粗茶籽皂苷，再进一步纯化便得到白色的结晶状纯品。

3. 茶籽饼粕作饲料

茶籽饼粕中含有多种营养物质，其中粗蛋白 11%~16%，粗脂肪 5%~7%，可消化的碳水化合物约 40%，是很好的动物饲料，但其中含有溶血性的茶皂素，在饲喂之前必须进行相应处理。处理方法：将粉碎后的茶籽饼粕与 5g/L 的碳酸钠水溶液按 1∶6 的比例混合，加热煮沸 3h。静置分层后倾去上层碱液。再用 10~15 倍量的清水洗涤 2 次，除去碱性物质，滤干，即可用作猪、牛等动物的精饲料。但茶籽饼粕用作鱼饲料时，应先将其粉碎拌水适量，然后埋入土坑内密封，令其发酵充分（充分的标志是香气显露，坑内有气泡产生），而后取出喂鱼，这样可避免肠炎、烂鳃、出血等现象。

思考题

1. 试分析影响速溶茶冷溶性品质的主要因素。
2. 简述速溶茶的主要加工技术要点。
3. 试述茶饮料加工与速溶茶加工的异同点。
4. 简述速溶茶加工中茶乳酪转溶的方法及其优缺点。
5. 什么是茶的综合利用？有何内涵？
6. 速溶茶加工中为什么要进行转溶？
7. 简述茶籽油的提取技术。

扫描二维码阅读本章知识拓展资料

5. 第六章知识拓展资料

CHAPTER 7

第七章

茶叶的化学成分与保健功效

茶是世界上三大消费量最大的饮料之一，并被誉为21世纪的饮料，这既是因为茶文化的源远流长，更因为茶是一种天然饮料，对人体具有广泛的营养价值和保健功效。研究表明，茶叶中含有大量的生物活性成分，包括茶多酚、茶色素、茶多糖、茶皂素、生物碱、芳香物质、维生素、氨基酸、微量元素和矿物质等多种成分。近20年来，人们对这些活性成分进行了广泛而深入的研究。

第一节　茶叶的化学成分

迄今为止，茶叶中经过分离鉴定的化合物有700多种，可分为水分、无机成分、有机成分三大部分。茶叶有机成分中除糖类、脂类、蛋白质三大初级代谢产物外，还包括许多重要的次级代谢产物，如多酚类、生物碱、茶氨酸、芳香物质、色素等，这些次级代谢产物有的含量虽然不高，但对茶叶品质的形成起着非常重要的作用。

一、多酚类

茶多酚类（Tea polyphenols）又称“茶鞣质”“茶单宁”，简称茶多酚，是一类存在于茶树中的多元酚的混合物。茶树新梢中所发现的多酚类分属于儿茶素（黄烷醇类），黄酮、黄酮醇类，花青素、花白素类，酚酸及缩酚酸等。除酚酸及缩酚酸外，其他多酚类均具有2-苯基苯并吡喃（图7-1）为主体的结构，统称为类黄酮物质。基本碳架为$C_6—C_3—C_6$。茶多酚是茶树的主要次级代谢产物，占鲜叶干物质总量的18%~36%，对茶叶品质的形成影响很大。多酚类化合物的化学性质比较活跃，在不同的加工条件下，可以发生诸如氧化、聚合、降解、异构等多种形式的变化，其转化产物形式也相当复杂。鲜叶中多酚类化合物的组成、含量和比例，以及在制茶过程中的转化形式及程度，对茶叶品质风格的形成起着决定性作用。

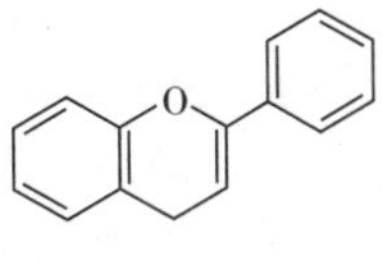

图7-1　2-苯基苯并吡喃

目前，茶树鲜叶中多酚类化合物已发现30多种，依据化学结构的不同，大致可分为四类：黄烷醇类（儿茶素类）、黄酮类、酚酸类、花青素类（表7-1）。

表7-1　　茶鲜叶中的多酚类组分

分类	组分	
黄烷醇类（儿茶素类）	简单儿茶素	表儿茶素（EC）
黄烷醇类（儿茶素类）	简单儿茶素	表没食子儿茶素（EGC）
黄烷醇类（儿茶素类）	酯型儿茶素	表儿茶素没食子酸酯（ECG）
黄烷醇类（儿茶素类）	酯型儿茶素	表没食子儿茶素没食子酸酯（EGCG）
酚酸类（系含有羧基和酚性羟基的化合物）		
黄酮类（花黄素类）		
花青素类（羟基-4-黄烷醇类）		

儿茶素类属黄烷醇类，是2-苯基苯并吡喃的衍生物（图7-2）。鲜叶中儿茶素类含量较高，占多酚总量的70%~80%，占鲜叶干物质总量的12%~24%，是茶树次生物质代谢的重要成分，也是茶叶保健功能的首要成分，对茶叶的色、香、味品质的形成有重要作用。其中，又以表没食子儿茶素没食子酸酯的含量最为丰富，占儿茶素类总量的50%左右。茶树品种、采摘嫩度和季节不同，鲜叶中存在的儿茶素类组分及含量也略有不同。一般来说，大叶种儿茶素类含量较高，小叶种儿茶素类含量较低；嫩度高的，儿茶素类含量较高；夏茶儿茶素类含量较高，春茶较低。其他如土壤、气候、栽培管理等因素也都能影响儿茶素类含量及其组成比例。儿茶素类含量及其组成与制茶品质的关系密切，决定成品茶品质特征，如酯型儿茶素苦涩味较强，非酯型儿茶素苦涩味较弱。在加工过程中，儿茶素类极易发生氧化、聚合、水解等反应，直接影响茶叶的色、香、味品质，也正是由于儿茶素类反应途径和程度的不同，才形成了六大茶类的不同品质特征。

黄酮类物质又称花黄素，可分为黄酮和黄酮醇类。黄酮醇类很少以游离态存在，大部分与糖结合成糖苷。如绿茶中的黄酮醇多以糖苷形态存在，主要包括槲皮素、山柰素和杨梅素（图7-3）的苷类物质。虽然黄酮类物质在茶鲜叶中含量不多，仅占干重的3%~4%，但这类化合物对茶叶品质的贡献较大。黄酮醇类一般难以溶于水，而黄酮苷类在水中的溶解度比其苷元大，其水溶液呈现出黄绿色，被认为是形成绿茶汤色的主要成分。且该类物质易发生自动氧化，是多酚类化合物自动氧化的主要物质，从而导致绿茶汤色劣变，对茶饮料品质的影响极大。有研究表明，黄酮醇类与茶汤滋味的收敛性呈正相关。

花青素又称花色素，是一类性质较为稳定的色原烯衍生物，种类很多，呈青色、铜红色、暗红色、紫色、暗紫色等。一般茶叶中的花青素占干物质重的0.01%左右，而在紫芽茶中则可达0.5%~1.0%。若花青素含量稍高，会使绿茶汤味苦，干茶色泽乌暗，叶底呈靛蓝色。特别是紫芽种和夏茶的鲜叶，花青素含量增高，所以制出的绿茶苦味较重，品质不好。茶叶中主要含天竺葵色素、矢车菊色素或芙蓉花色素和飞燕草色素三种花青素（图7-4）。另外，茶叶中还有花白素和由儿茶素聚合形成的原花色素，酸性条件下这两类物质可部分转

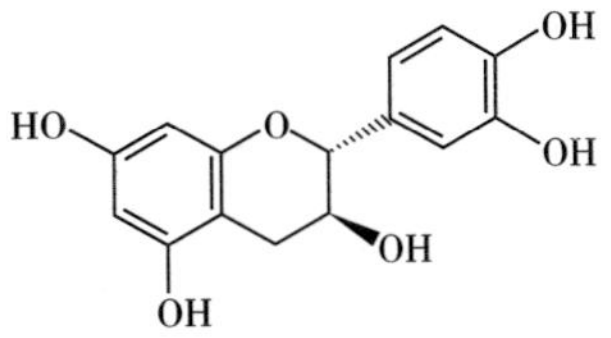

儿茶素（C）

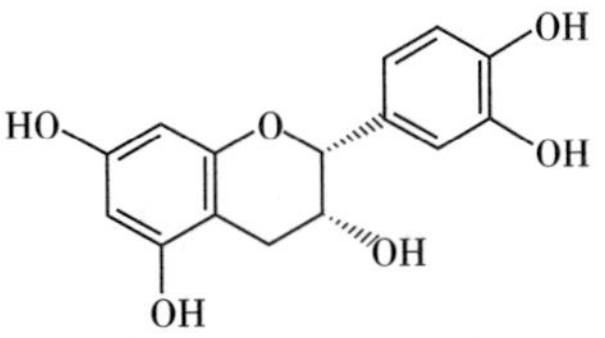

表儿茶素（EC）

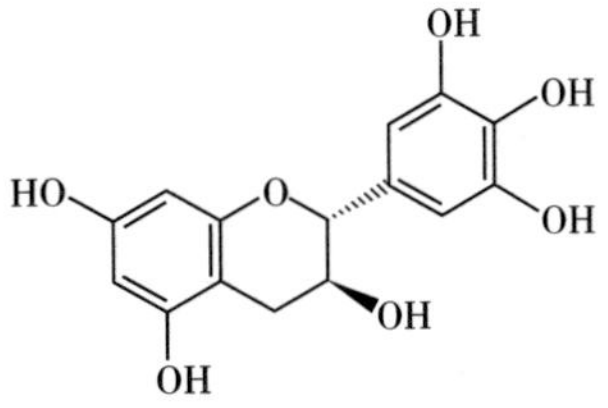

没食子儿茶素（GC）

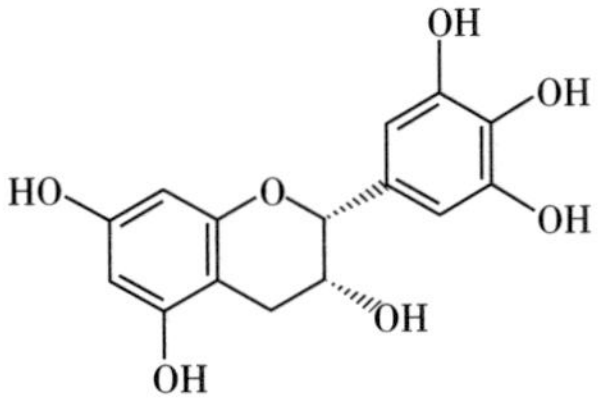

表没食子儿茶素（EGC）

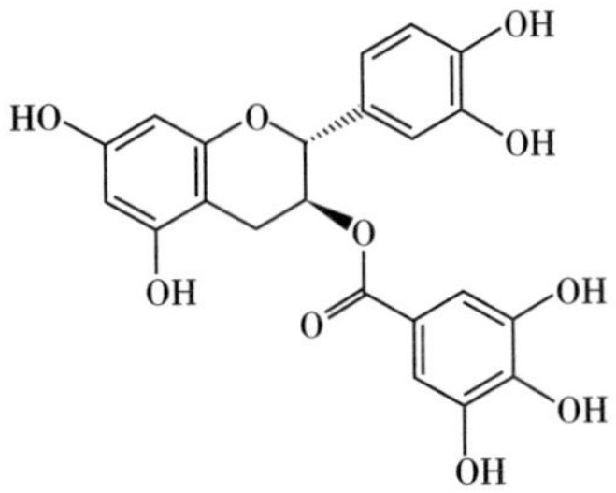

儿茶素没食子酸酯（CG）

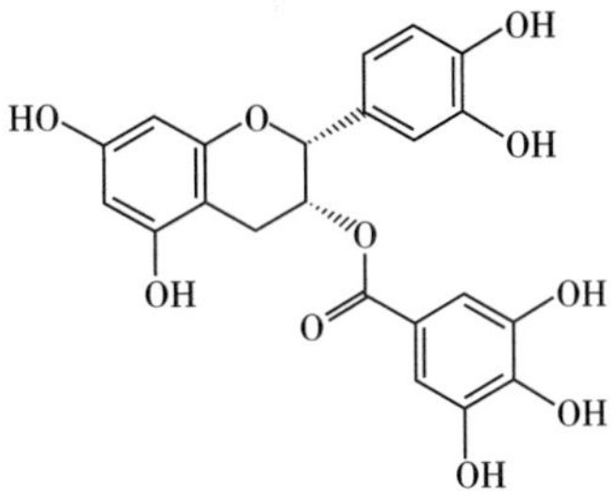

表儿茶素没食子酸酯（ECG）

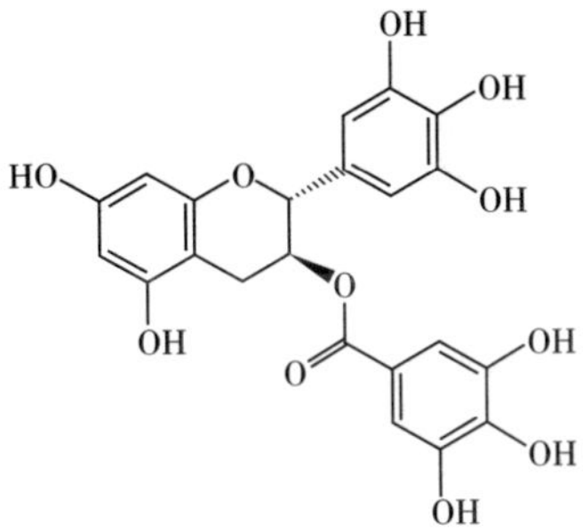

没食子儿茶素没食子酸酯（GCG）

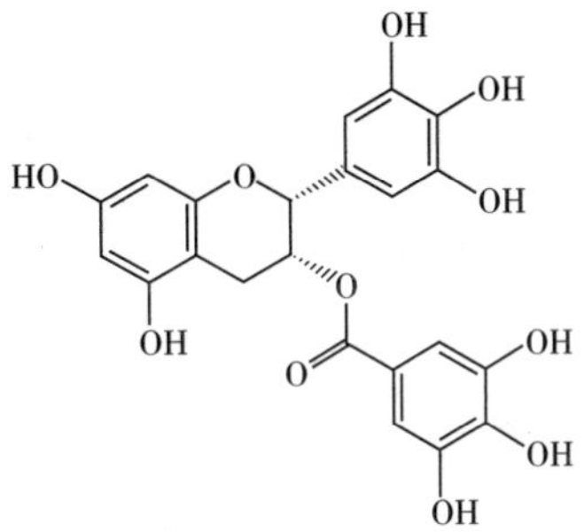

表没食子儿茶素没食子酸酯（EGCG）

图 7-2 儿茶素类化学结构式

化为花青素。在自然条件下，花青素主要以糖苷形式存在，其颜色随 pH 变化而变化，酸性条件下呈红色，中性时呈紫色，碱性时呈蓝色。茶叶细胞液呈弱酸性，故当茶芽叶花青素含量较高时，芽叶呈紫红色。

花白素（Leucoanthocyanidin）又称“隐色花青素”或“4-羟基黄烷醇”。其广泛分布在植物体内，1956 年在阿萨姆变种茶叶中鉴定出芙蓉花白素和飞燕草花白素（图 7-5）。茶树新梢中花白素含量为干物质重的 2%~3%。花白素是无色的，但经盐酸处理后，能形成红色的芙蓉花色苷元或飞燕草花色苷元，隐色花青素的名称即由此而来。

酚酸是一类分子中具有羧基和羟基的芳香族化合物。缩酚酸是由酚酸上的羧基与另一分子酚酸上的羟基相互作用缩合而成的。早在 19 世纪中叶就开始了对茶叶中酚酸的研究。

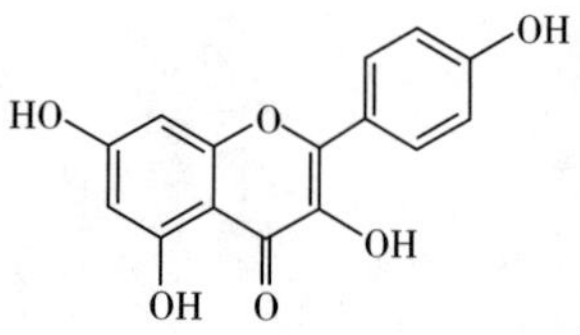

山奈酚

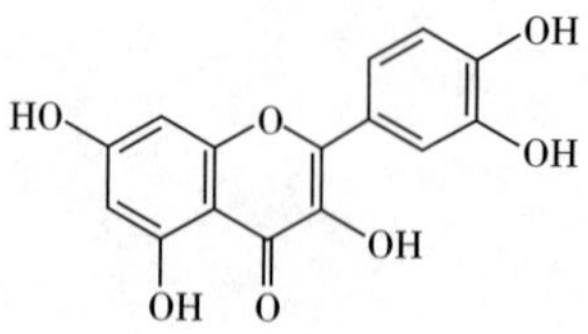

槲皮素

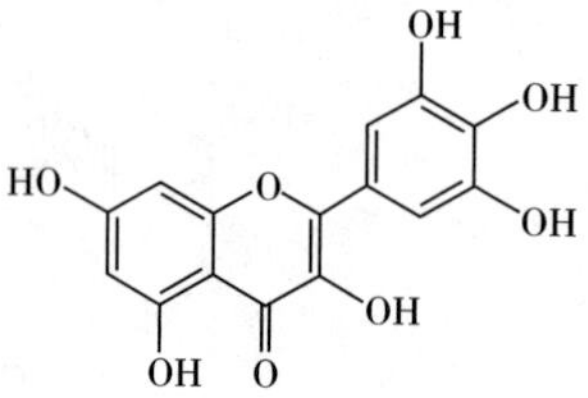

杨梅素

图 7-3　山柰素、槲皮素和杨梅素化学结构式

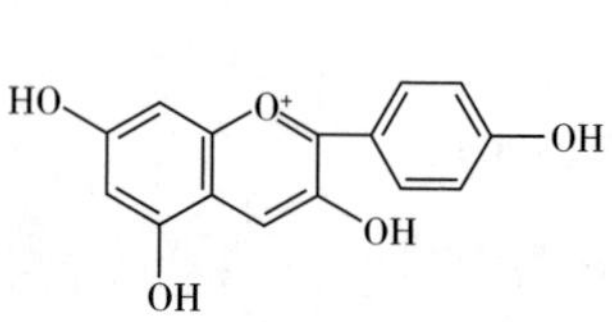

天竺葵色素

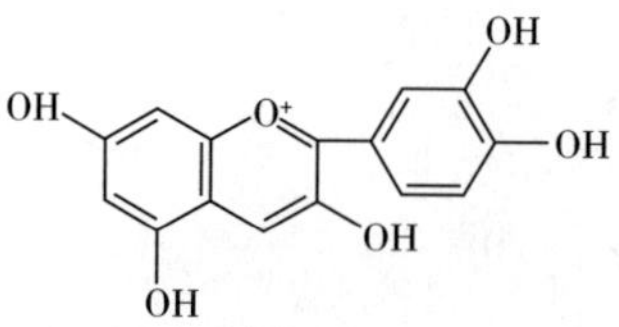

矢车菊色素

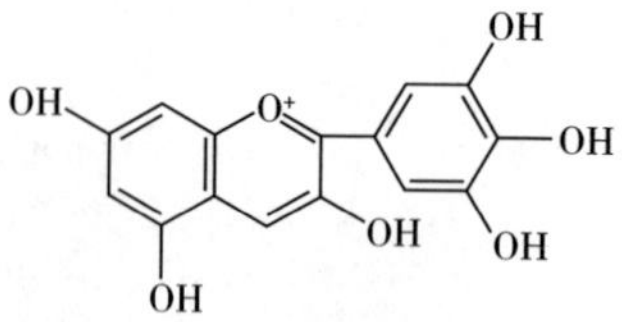

飞燕草色素

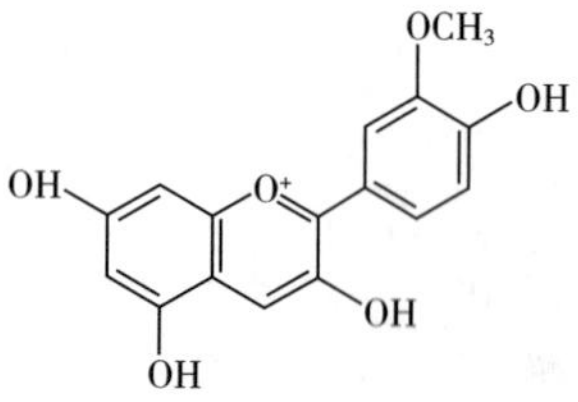

芍药色素

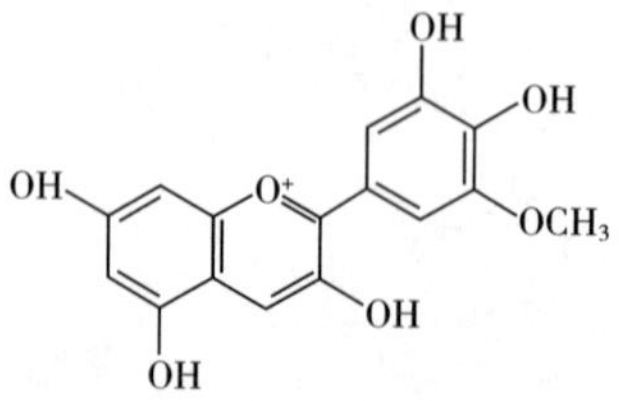

牵牛花色素

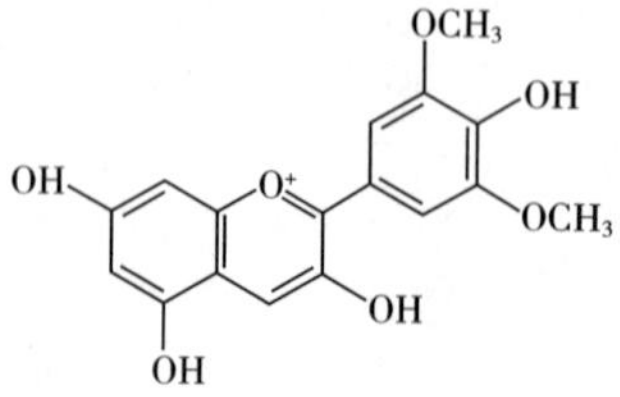

锦葵色素

图 7-4　花青素化学结构式

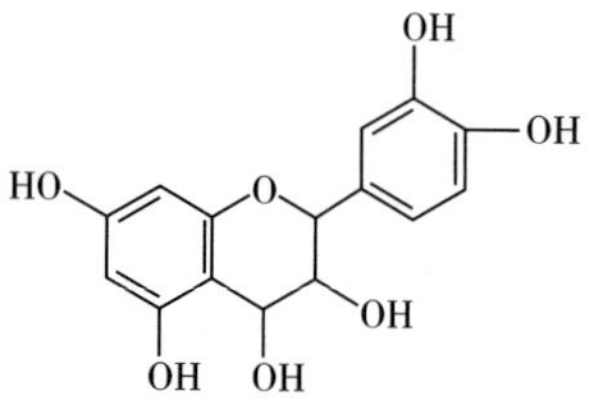

芙蓉花白素

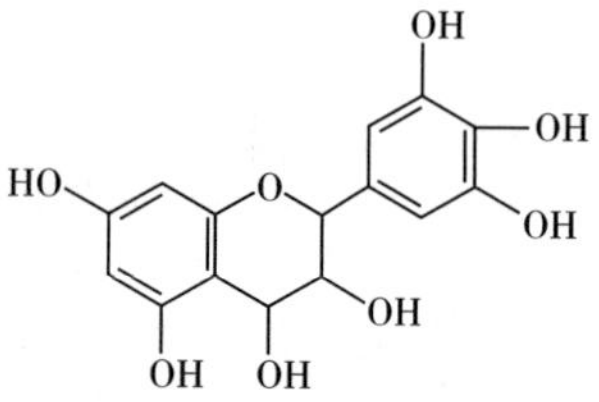

飞燕草花白素

图 7-5　花白素化学结构式

1847 年从绿茶中分离出没食子酸；1937 年从绿茶中分离出对香豆酸，随后又检出鞣花酸；1951—1955 年从阿萨姆茶中检出咖啡酸、间双没食子酸、绿原酸、异绿原酸、对香豆酸和茶没食子素等（图 7-6）。茶叶中的酚酸和缩酚酸类化合物，经纸层析分离与鉴定，多为没食子酸、咖啡酸、鸡纳酸的缩合衍生物，总量大约占茶鲜叶干物质重的 5%。其中，茶没食子素是一类重要的酚酸类衍生物，在茶叶中的含量占 1%～2%（干重），而没食子酸占 0.5%～1.4%（干重），绿原酸约占 0.3%（干重），其他种类的如异绿原酸、对香豆酸、对香豆鸡纳酸、咖啡酸等含量均较低。茶叶中的酚酸类多为白色结晶，易溶于水和含水乙醇。

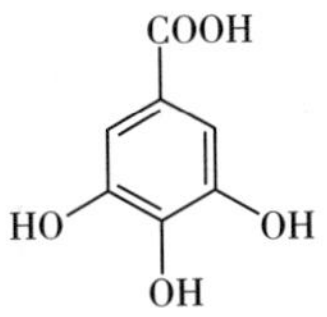

没食子酸

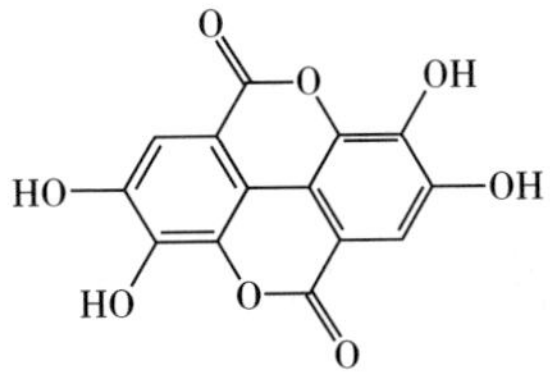

鞣花酸

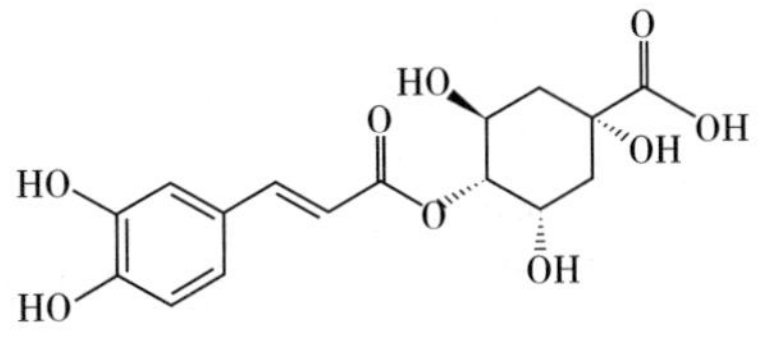

绿原酸

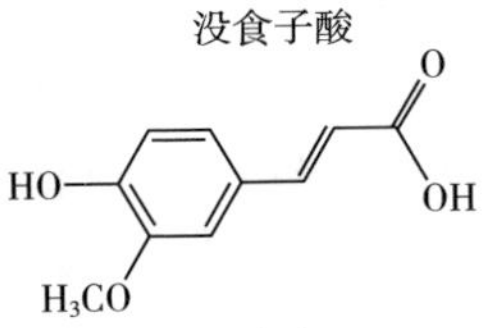

阿魏酸

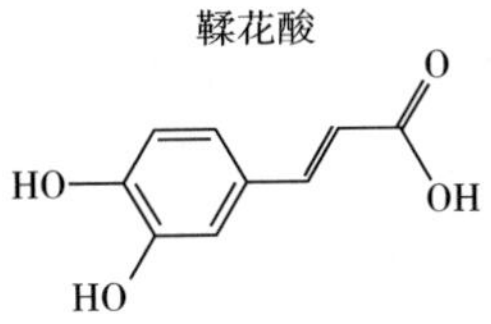

咖啡酸

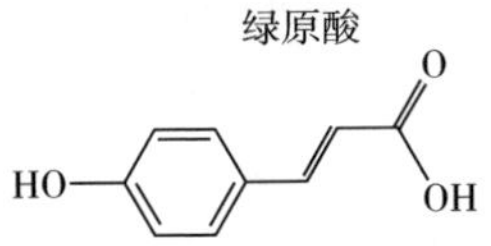

对香豆酸

图 7-6 酚酸化学结构式

二、氨基酸与蛋白质

氨基酸与蛋白质皆为茶树鲜叶中重要的氮含物。在一定的制茶条件下，蛋白质在水解酶的催化下，可转化为具有花香和鲜爽味的氨基酸。目前，茶树鲜叶中已发现的游离氨基酸在26种以上，含量一般占干物质总量的2%~4%，特殊品种中可以达到6%以上，其中以茶氨酸、谷氨酸、天冬氨酸、精氨酸等含量较高，占游离氨基酸总量的73%~88%。茶氨酸是茶树中一种比较特殊的，在一般植物中罕见的氨基酸。它是1950年由日本酒户弥二郎从玉露茶新梢中所发现的，并命名为茶氨酸（图 7-7）。从发现到目前为止，除了在一种蕈（*Xercomus badins*）及茶梅（*Camellia sasangua*）中检出外，在其他植物中尚未发现。茶氨酸占茶树中游离氨基酸总量的50%以上，嫩芽与嫩茎梗中所占比例更大，是组成茶叶鲜爽味的重要物质之一，对绿茶品质影响较大。其他氨基酸也大多具有花香和鲜味，如苯丙氨酸具有玫瑰香味，丙氨酸具有花香味，谷氨酸具有鲜味等。所以游离氨基酸是制茶品质成分中的重要组成之一。

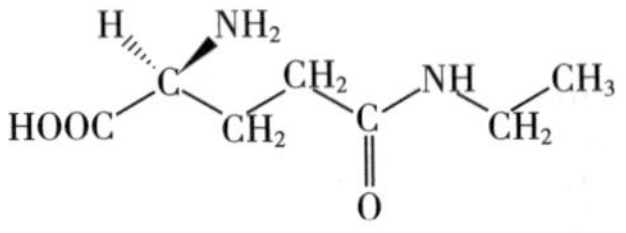

图 7-7 茶氨酸化学结构式

自然界存在的氨基酸均为 L 型，在氨基酸的结构中，既有碱性的氨基（—NH_2），又有酸性的羧基（—COOH），故为两性电解质。天然氨基酸常根据分子中氨基与羧基的数目而分为中性氨基酸（Neutral amino acids）、酸性氨基酸（Acidic amino acids）及碱性氨基酸（Alkaline amino acids）三类。

中性氨基酸：分子中碱性的—NH_2 与酸性的—COOH 数目相等，故名。包括甘氨酸、丙氨酸、亮氨酸、异亮氨酸、半胱氨酸、丝氨酸、甲硫氨酸、苯丙氨酸、色氨酸等。其中甲硫氨酸、苯丙氨酸、色氨酸为必需氨基酸，在茶叶滋味的协调中具有重要作用。

酸性氨基酸：因其分子结构中有 1 个—NH_2 和 2 个—COOH 而呈酸性的氨基酸。主要包括谷氨酸和天冬氨酸。它们是茶叶中最重要的一类氨基酸，在茶叶中的含量高，是构成茶叶鲜爽滋味的重要成分。

碱性氨基酸：分子结构中有 2 个—NH_2 和 1 个—COOH 而呈碱性的氨基酸。茶叶中主要有精氨酸和赖氨酸。

（1）茶氨酸结构特点　茶氨酸属酰胺类化合物，化学系统命名为 *N*-乙基-γ-L-谷氨酰胺（*N*-ethyl-γ-L-glutamine）。

一分子茶氨酸是由一分子谷氨酸与一分子乙胺在茶氨酸合成酶作用下，在茶树的根部合成的。在生长季节，茶氨酸能迅速运输到地上部分生长点，是参与氮素代谢的一种重要化合物，其合成与分解与茶树的呼吸代谢和某些物质的代谢有关，并与茶叶品质的形成和茶树碳、氮代谢的调节和控制有关。

（2）茶氨酸主要性质　茶氨酸纯品为白色针状结晶，熔点 217~218℃（分解）。极易溶于水，而不溶于无水乙醇和乙醚，且溶解性随温度升高而增大。茶氨酸具有焦糖的香味和类似味精的鲜爽味，味觉阈值为 0.06%，而谷氨酸和天冬氨酸的味觉阈值则分别为 0.15% 及 0.16%。茶氨酸经 6mol/L 的盐酸水解后生成 L-谷氨酸和乙胺，茚三酮显色反应呈紫色。在茶汤中，茶氨酸的浸出率可达 80%。茶氨酸对绿茶滋味具有重要作用，与绿茶滋味等级的相关系数达 0.787~0.876，为强正相关。茶氨酸还能缓解茶的苦涩味，增强甜味。可见茶氨酸不仅对绿茶良好滋味的形成具有重要的意义，并可作为绿茶品质的重要评价因子之一。

在绿茶制造过程中，充分利用蛋白质在高温下易发生变性的特性，采用高温杀青破坏酶蛋白活性，防止多酚类化合物的酶性氧化，以保持绿茶“绿叶清汤”的品质特征。蛋白质变性凝固后，结构中较弱的侧链在升温过程中容易发生水解和热解，形成游离氨基酸。此外，在湿热条件下，蛋白质还能与多酚类化合物结合，减少可溶性多酚的含量，从而在一定程度上将绿茶的苦涩味转变为醇和的口感。因此，蛋白质含量高的鲜叶适合加工绿茶。

茶树鲜叶中氨基酸含量受品种、季节、老嫩等因素的影响而有较大的波动，一般而言，春茶的氨基酸含量较夏茶高，而幼嫩芽叶的氨基酸含量也相对较高。近年来，我国培育的茶树新品种，如白叶 1 号、黄金茶、黄金芽等，其芽叶中氨基酸含量可高达约 9%。

三、生物碱

生物碱是一类含氮物质，在植物界分布较广，现已知至少有 50 多个科 120 个属以上的植物中含有生物碱，已发现和分离出的生物碱有近 6000 种。它们绝大多数分布在高等植物中，尤其是双子叶植物，单子叶植物中较少，裸子植物中更少。生物碱的种类很多，大多数生物碱有比较复杂的环状结构和特殊的生理作用。茶鲜叶中的生物碱主要有咖啡因、可可碱、茶叶碱。其中以咖啡因含量最多，是茶叶中重要的滋味品质成分。

（一）咖啡因

在茶叶生物碱中，含量最多的是咖啡因（图 7-8），分子式 $C_8H_{10}N_4O_2$，是 1827 年在茶叶中检出，具有绢丝光泽的白色针状结晶体，失去结晶水后成白色粉末。无臭，有苦味。茶叶中咖啡因的含量一般在 2%~4%，但随茶树的生长条件及品种的不同会有所不同。如遮光条件下栽培的茶树，咖啡因的含量较高，大叶种比小叶种咖啡因的含量高。此外，鲜茶叶的老嫩之间的咖啡因含量差异也很大，细嫩茶叶比粗老茶叶咖啡因含量高，夏茶比春茶咖啡因含量高。因一般植物中所含咖啡因并不多，故咖啡因也属于茶叶的特征性物质。咖啡因是茶叶重要的滋味物质，其与茶黄素以氢键缔合后形成的复合物具有鲜爽味，因此，茶叶咖啡因含量也常被看作是影响茶叶品质的一个重要因素。咖啡因对人体具有一定的兴奋作用，因此还具有一定的药理功能。

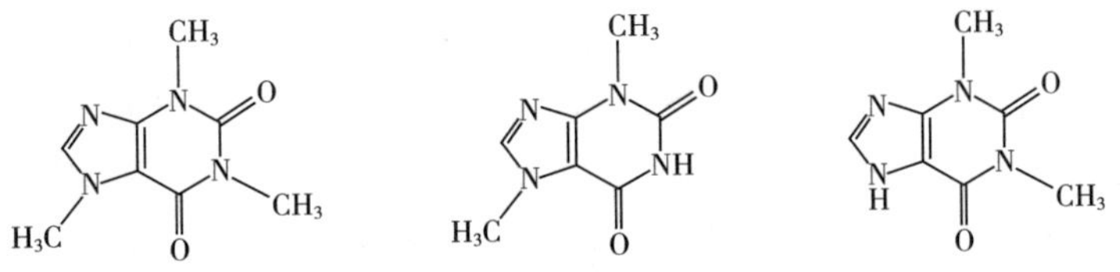

（1）　　（2）　　（3）

图 7-8　生物碱化学结构式

（1）咖啡因；（2）可可碱；（3）茶叶碱

咖啡因的含量高低与茶叶品质呈正相关。据报道，生物碱含量与红茶品质的相关系数为0.859。在红茶茶汤中增加咖啡因后，可提高滋味的鲜爽度。咖啡因能与多酚类的氧化产物茶红素、茶黄素形成不溶于冷水而溶于热水的络合物。当茶汤冷却之后，便出现乳酪状沉淀，这种络合物便悬浮于茶汤中，使茶汤浑浊，俗称为“冷后浑”。这种现象在高级红茶茶汤中尤为明显，是红茶品质良好的象征。

（二）可可碱

可可碱由7-甲基黄嘌呤甲基化形成，为茶叶碱的同分异构体，并是咖啡因重要的合成前体（图 7-8）。化学式 $C_7H_8N_4O_2$，白色粉状结晶，无臭，略有苦味，为茶叶苦味物质之一。熔点 351℃，但加温至 290~295℃时能升华。能溶于热水，难溶于冷水、乙醇，几乎不溶于苯、乙醚及氯仿。存在于茶树各部位。在茶叶中的含量为 0.05%左右，4~5 月含量最高，随后逐渐下降。

（三）茶叶碱

茶叶碱为可可碱的同分异构体（图 7-8）。化学式 $C_7H_8N_4O_2$。1888 年在茶叶中检出，白色粉状结晶，无臭，味苦，熔点 272~274℃，易溶于热水，微溶于冷水、乙醇、氯仿，难溶于苯。在茶叶中的含量只有 0.002%左右。对人体有利尿作用。

四、糖类

茶鲜叶中的糖类物质包括单糖（图 7-9）、寡糖、多糖及少量其他糖类。单糖和双糖是构成茶叶可溶性糖的主要成分。茶叶中的多糖类物质主要包括纤维素、半纤维素、淀粉和果胶等。

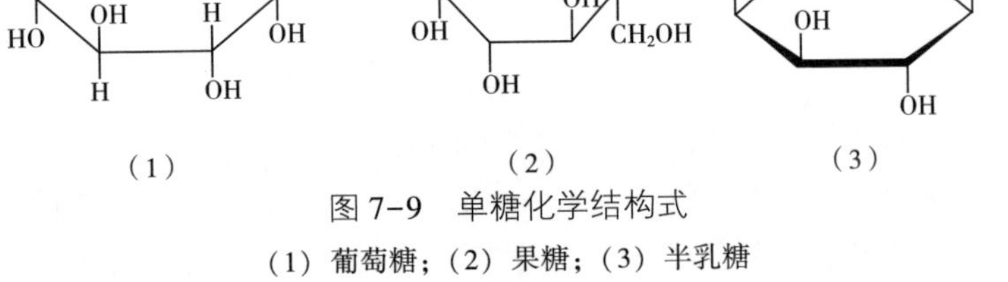

（1）　　（2）　　（3）

图 7-9　单糖化学结构式

（1）葡萄糖；（2）果糖；（3）半乳糖

茶树新梢在合成糖类物质时，因叶片发育阶段的不同，合成糖的种类也有差异。在幼嫩的茶梢中合成的主要是单糖和蔗糖，为细胞的快速增长提供能量；成熟叶片中除合成单糖和蔗糖外，还合成并积累大量的多糖。茶叶中贮存的多糖主要是淀粉和复合多糖等。

随着茶树叶片的生长（从芽萌发到长成第 7 片叶的新梢），叶片中糖类化合物含量显著增加。戊糖（鼠李糖、核糖、木糖和阿拉伯糖）的含量从 0.38%增加到 0.58%，果糖从 0.07%增加到 1.32%，葡萄糖从 0.12%增加到 2.20%，棉子糖从痕量增加到 0.54%，水苏糖从 0.23%增加到 0.80%，蔗糖从 1.50%增加到 6.80%。茶树叶片中蔗糖的含量冬季为最高；淀粉的含量则在 4~6 月最高，冬季最低；半纤维素的含量从 4 月到 8 月有所增长，而后趋于下降，从 10 月起又重新增长，到 12 月保持较高水平。

鲜叶离体后，不能再借助光合作用合成糖类物质，而呼吸作用仍在进行。虽然部分单糖作为呼吸作用的基质被消耗了，但在内源水解酶的作用下，相对分子质量较大的双糖、寡糖和多糖水解成游离态的单糖，往往使其含量有所增加。

多糖是由多个分子的单糖缩合成的高分子化合物，包括淀粉、果胶素、纤维素、半纤维素等，是一类非结晶的固体物质，主要以支持物质和贮藏物质形式存在于鲜叶中，没有甜味，大多不溶于水。但在制茶过程中，多糖可在相关水解酶的作用下，水解产生单糖、双糖、水溶性果胶等小分子水溶性化合物，对增进茶叶的干茶色泽、香气、滋味等有积极的贡献。

茶叶加工过程中，在高温下，氨基与羰基共存时会发生美拉德（Maillard）反应。茶叶中存在着大量的游离氨基酸以及蛋白质热裂解产物游离胺等，与糖类物质热裂解产生的醛、酮等羰基化合物在热的作用下，经过简单缩合转变为席夫碱（Schifbase），再经过环化变为相应的 N-取代糖胺，这一步是热力学可逆的，席夫碱经过阿玛多里（Amadori）分子重排，使醛糖变为酮糖衍生物，最后脱水环化生成糠醛衍生物。另一方面，在美拉德反应中，阿玛多里化合物也可消去氨基，生成甲基二羰基中间体，进一步生成共轭二羰基分裂产物，再经过环化缩合，形成含氮的吡嗪类化合物。在没有氨基化合物存在时，糖类物质受高温作用发生脱水、缩合、聚合反应最后形成黑褐色物质的过程称为焦糖化反应，产生令人愉快的糖色和焦糖香气。焦糖化反应和美拉德反应一样，是脱水干燥过程中常见的褐变作用，二者的区别在于美拉德反应是氨基酸与糖的反应，而焦糖化反应是糖先裂解为各羰基中间物，再聚合为褐色物质。美拉德反应和焦糖化反应生成的吡嗪类、糠醛类衍生物是茶叶烘炒香的物质基础，但超量后又会产生焦煳气。

五、酶类

酶类是一类具有生理活性的化合物，是生物体内进行各种化学反应的催化剂。其本质是生物有机体细胞内的一种特殊蛋白质。生物界酶的种类很多，目前已发现有 1300 多种。茶鲜叶中的酶类也很复杂，归纳起来主要有水解酶类、氧化还原酶类、裂解酶类、同分异构酶类等。自 20 世纪 50 年代以来，国内外学者都十分重视茶叶酶学研究，尤其是近年来我国在这个领域中的研究进展较快，基本探明了一些重要酶类在茶叶加工中的变化规律及其对茶叶品质形成的影响，并积极开展了外源生物酶制剂在制茶中的应用。

茶鲜叶中所发现的众多酶类物质中，已探明的对茶叶品质形成有着重要影响的主要有十几种。其中，与制茶过程中化学变化关系较大的有水解酶类和氧化还原酶类。在水解酶类中有淀粉酶、蛋白酶等。淀粉酶催化淀粉水解成糊精或麦芽糖、葡萄糖。蛋白酶催化蛋白质水解成氨基酸。氧化还原酶类有多酚氧化酶（PPO）、过氧化物酶（POD）和抗坏血酸氧化酶等。多酚氧化酶是影响制茶品质最重要的一种酶，能催化多酚类化合物氧化形成邻醌，邻醌进一步氧化、聚合、缩合，形成茶黄素、茶红素和茶褐素等有色产物，并引发一系列其他化学变化过程，对茶叶品质形成具有重要的作用。如在红茶初制时，通过提供适宜的外部条件，促使发酵叶多酚氧化酶活性增强，催化多酚类化合物适度氧化缩合，生成茶黄素和茶红素，形成了红茶“红叶红汤”的品质特征。在绿茶初制时，采用高温迅速破坏多酚氧化酶的活性，制止多酚化合物的酶性氧化，保持了“绿叶清汤”的品质特征。在乌龙茶制造过程中，则采取做青激活多酚氧化酶，后采用高温迅速破坏多酚氧化酶的活性，形成了乌龙茶“绿叶红镶边”的品质特征。

六、维生素

茶叶中含有多种维生素，分为水溶性维生素和脂溶性维生素两类。水溶性维生素包括维生素 C（抗坏血酸）（图 7-10）、维生素 B_1（硫胺素）、维生素 B_2（核黄素）、维生素 B_3（泛酸）、维生素 B_{11}（叶酸）、类维生素 P（儿茶素和黄酮类物质）、维生素 B_5（烟酸）和肌醇等。脂溶性维生素有维生素 A、维生素 D、维生素 E 和维生素 K 等。

据分析，鲜叶中的维生素以维生素 C 含量最多，由于其属于还原性物质，在制茶过程中很容易被氧化破坏。如红茶发酵过程中，维生素 C 被大量氧化。绿茶在杀青、干燥过程中，维生素 C 受高温影响仅被部分破坏。所以绿茶中的维生素 C 含量比红茶中高得多。

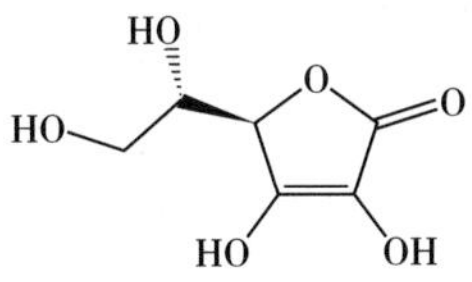

图 7-10　维生素 C 化学结构式

七、芳香物质

茶叶中的芳香物质亦称“挥发性香气组分（VFC）”，是茶叶中易挥发性物质的总称。茶叶香气是决定茶叶品质的重要因子之一。所谓茶香实际是不同芳香物质以不同浓度组合，并对嗅觉神经综合作用所形成的茶叶特有的香型。茶叶芳香物质是由性质不同、含量微少且差异悬殊的众多挥发物组成的混合物。迄今为止，已分离鉴定的茶叶芳香物质约有 700 种，但其主要成分仅为数十种。它们有的是红茶、绿茶、鲜叶共有的，有的是各自分别独具的，有的是在鲜叶生长过程中合成的，有的则是在茶叶加工过程中形成的。一般而言，茶鲜叶中含有的香气物质种类较少，有 150 余种；绿茶中有 260 余种；红茶则有 400 多种。随着分析检测技术的不断发展及气相色谱-质谱联用仪的应用，新的茶叶芳香物质还在不断被发现与鉴定。人们对于鲜叶、不同茶类、不同产地和等级茶叶的香气成分以及制茶过程中香气成分形成的了解日益增多，在广泛分析基础上确定哪些是主要致香成分方面也取得了明显进展。

茶叶中的芳香物质组成极为复杂，可归纳为碳氢化合物、醇类、醛类、酮类、酯类、内酯类、羧酸类、酚类、含氧化合物、含硫化合物和含氮化合物。各类芳香物质分别含有羟基、酮基、醛基、酯基等致香基团，对茶叶香气的形成有不同的影响。脂肪族醇在鲜叶中含量较高，如顺-3-己烯醇、正丁醇、正己醇等，其中顺-3-己烯醇具有强烈的青草气。而芳香族醇有类似花果的香气，如苯甲醇、苯乙醇等。萜烯醇亦具花果香气，如芳樟醇、香叶醇、橙花醇等。脂肪族醛具有强烈刺鼻的气味，如已醛、正丁醛、异丁醛等。芳香族醛和萜烯醛类则有较为愉悦的香气。大多数酯类具有水果香。

（一）茶叶芳香物质的性质

茶叶芳香物质为多种不同成分组成的混合物，多数分子中有一个（或以上）不饱和双键，或含某些对香气形成具有作用的活性基团。常温下多数物质为油状液体，呈无色或微黄色，大多具有香气（或特异气味），极易挥发。易溶于各种有机溶剂、无水乙醇，在水中溶解度极小。常压下沸点一般在 70~300℃。密度差异大，一般情况较水轻，旋光度在+97°~+117°。对光、热、氧气极敏感，易转化为其他物质或起氧化加成作用，失去香气。

（二）茶叶芳香物质的特点

1. 含量少

茶鲜叶芳香物质的含量相对较少，一般只占干物质重的 0.02%。在绿茶中占 0.005%~0.02%，在红茶中占 0.01%~0.03%，在鲜叶中占 0.03%~0.05%。但当采用一定方法提取茶中香气成分后，茶便会无茶味，故茶叶中的芳香物质对茶叶品质的形成具有重要作用。

2. 种类多

茶叶中的芳香物质有醇、醛、酮、酸、酯、内酯、酚及其衍生物、杂环类、杂氧化合物、硫化合物共十余大类，总计约 700 种。

3. 不同茶类香气组成不同

如绿茶加工经高温杀青钝化酶的活性，使原料化学成分在热作用下变化，以及干燥过程的美拉德反应，形成以吡嗪、吡喃及吡咯类具烘炒香的化学成分为主的“板栗香”“烘烤香”等。红茶香气则多来自发酵中酶促氧化及其他一系列化学变化，以醛、酮、酸等化合物为主，从而形成红茶特有的甜花香。

4. 同种茶叶有地域差别

由于不同地区的生态环境及地理状况不同，同种茶类，产于不同的地区，具有不同的香味。如云南红茶具有特殊的甜香，祁门红茶有特殊的玫瑰花香（祁门香），阿萨姆红茶则具“阿萨姆香”。同是绿茶，屯绿具栗香，龙井清香，高山绿茶则具嫩香等。

八、色素

色素是一类存在于茶树鲜叶和成品茶中的有色物质，是构成茶叶外形色泽、汤色及叶底色泽的成分，其含量及变化对茶叶品质起着至关重要的作用。在茶叶色素中，有的是鲜叶中已存在的，称为茶叶中的天然色素；有的则是在加工过程中，一些物质经氧化缩合而形成的。茶鲜叶中的色素主要有叶绿素、叶黄素、胡萝卜素、花黄素、花青素等。叶绿素、叶黄素和胡萝卜素不溶于水，一般称脂溶性色素；花黄素、花青素等易溶于水，称水溶性色素。脂溶性色素对干茶的色泽和叶底色泽均有很大影响，而水溶性色素决定着茶汤的汤色。茶鲜叶中所含色素以叶绿素最多，占鲜叶干物质重的 0.24%~0.85%。正常情况下，叶绿素足以掩盖其他色素，使鲜叶呈现出深浅不同的绿色，只有在花青素含量特别高的情况下，鲜叶才会呈现出红紫色。

（一）脂溶性色素

脂溶性色素是茶叶中可溶于脂肪溶剂的色素物质的总称。主要包括叶绿素和类胡萝卜素。这类色素不溶于水，易溶于非极性有机溶剂中。

1. 叶绿素类（Chlorophyll）

叶绿素是吡咯类绿色色素成分，其由甲醇、叶绿醇与卟吩环结合而成，是一种双羧酸酯化合物（图7-11）。由吡咯构成卟啉并戊酮环，即卟吩环，中间有1个不电离的镁原子，这个与甲醇、叶绿醇结合的卟啉环，称为叶绿酸。

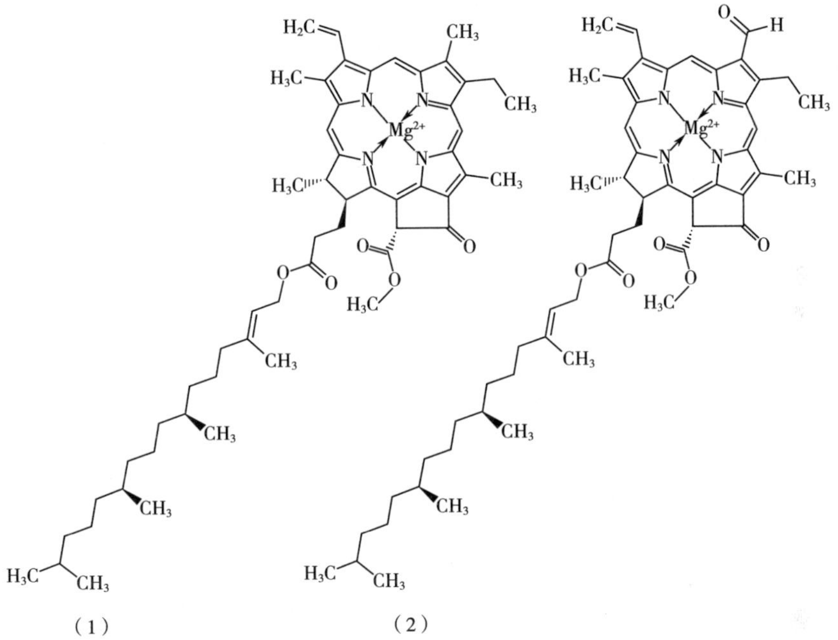

图7-11　叶绿素化学结构式

（1）叶绿素a；（2）叶绿素b

叶绿素主要存在于茶树叶片中。茶鲜叶中的叶绿素占茶叶干重的0.3%~0.8%。叶绿素由于结构上的差异，分为两种类型：一种是呈墨绿色的叶绿素a，其乙醇溶液呈蓝绿色；另一种是呈黄绿色的叶绿素b，它的乙醇溶液呈绿色或黄绿色。叶绿素a的含量为叶绿素b的2~3倍。二者都易溶于乙醇、乙醚、丙酮、氯仿等溶剂。

叶绿素在鲜叶中与蛋白质、类脂物质相结合形成叶绿体，在制茶过程中叶绿素从蛋白体中释放出来。游离的叶绿素很不稳定，对光、热敏感。在稀碱中可以皂化为鲜绿色的叶绿酸（盐）、叶绿醇及甲醇。在酸性条件下，叶绿素中的镁原子可以被氢原子所取代，形成灰褐色至黑褐色的脱镁叶绿素。而在叶绿素酶的作用下可生成脱叶绿醇基叶绿素（叶绿酸酯）。在酸、热条件下，脱叶绿醇基叶绿素会进一步脱镁形成脱镁脱叶绿醇基叶绿素。

叶绿素a和叶绿素b在鲜叶中的含量及比例不同，就使得叶子呈现出不同的绿色。叶绿素总量依品种、季节、成熟度的不同差异较大。叶绿素含量随着新梢老化而逐渐增加，叶色也由嫩叶的黄绿向老叶的深绿转变。叶色黄绿的大叶种叶绿素含量较低，叶色深绿的小叶种叶绿素含量较高，叶绿素是形成绿茶外观色泽和叶底颜色的主要物质。

鲜叶中叶绿素含量不同，对茶类的适制性亦不同。叶绿素含量高的深绿色鲜叶，制成的绿茶香气高而鲜爽，滋味醇厚，汤色、叶底翠绿明亮，品质好；若采用深绿色鲜叶制成红茶，则干茶色泽乌暗，香味青涩，汤色泛青，叶底较暗，品质较差。浅绿色鲜叶制成的红茶，干茶色泽乌润，滋味鲜甜，香气纯正，汤色、叶底红亮。

2. 类胡萝卜素（Carotenoids）

类胡萝卜素（图 7-12）是一类具有黄色到橙红色的多种有色化合物。在自然界分布很广，属四萜类衍生物，结构特征为共轭复烯烃，为茶叶中重要的脂溶性色素。已知结构式的类胡萝卜素化合物在 700 种以上，茶叶中已发现的有 17 种，可分为胡萝卜素和叶黄素两大类。

(1) (2) (3) (4) (5)

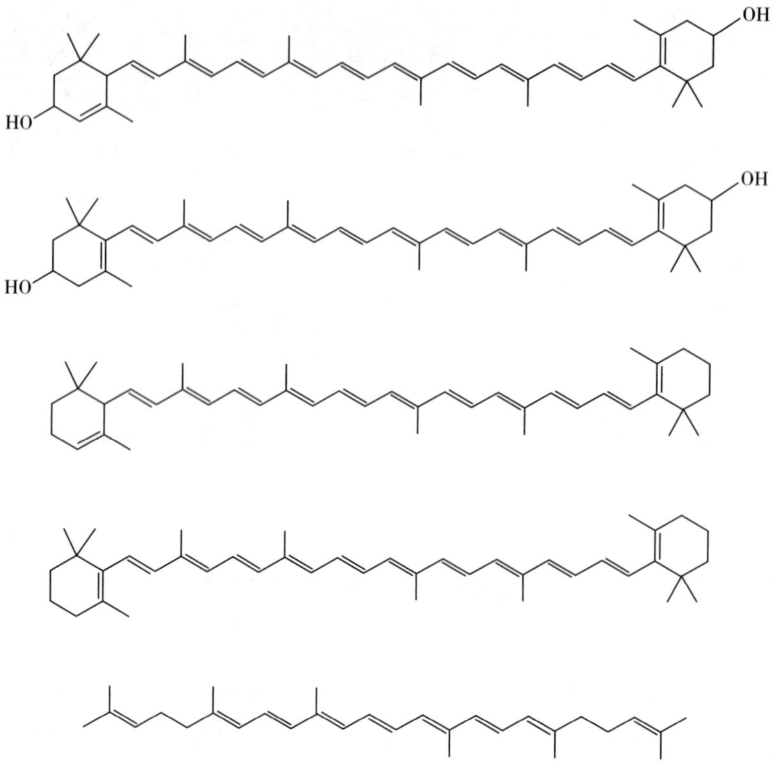

图 7-12　类胡萝卜素化学结构式

（1）叶黄素；（2）玉米黄质；（3）α-胡萝卜素；（4）β-胡萝卜素；（5）番茄红素

（1）胡萝卜素类（Carotenes）为茶叶中重要的脂溶性色素，具有共轭复烯烃类结构。依结构，可分为 α-胡萝卜素、β-胡萝卜素、γ-胡萝卜素、δ-胡萝卜素、ζ-胡萝卜素和番茄红素等（图 7-12）。尤以前三者共存于许多植物的叶子中，这三种胡萝卜素被内服至人体均能表现维生素 A 的生理作用，也称为维生素 A 原。1965 年首次从茶树新梢中分离鉴定出胡萝卜素各种组分。茶叶中的含量约为 0.06%。成熟叶比嫩叶含量多，其中，主要组分 β-胡萝卜素约占胡萝卜素总量的 80%。中国种的胡萝卜素的总量为阿萨姆种的 2~3 倍，但阿萨姆种中有较高的β-玉米胡萝卜素。胡萝卜素的颜色多为橙红色，不溶于水，易溶于石油醚、丙酮、苯、二硫化碳、己烷等，微溶于甲醇、乙醇。作为茶叶脂溶性色素的主要组成成分，胡萝卜素在茶叶叶底色泽和外形色泽中起着重要的作用。

在茶叶制造过程中，尤其是红茶制造过程中，胡萝卜素类会大量氧化降解，形成紫罗兰酮系列化合物，如β-紫罗兰酮、α-紫罗兰酮等。Sanderson 等（1971）证实，在发酵期间，β-胡萝卜素能部分转化为β-紫罗兰酮、二氢海葵内酯和茶螺烯酮等；Ravichandran（2002）发现，在红茶加工过程中，添加β-胡萝卜素对红茶的颜色和香气有利。Sanderson 等（1973）还认为，类胡萝卜素的氧化降解是与黄烷醇类氧化相偶联发生的，因此，儿茶素氧化过程中形成的邻醌，不仅能氧化氨基酸，也可以氧化胡萝卜素类，从而对红茶香气的形成起十分重要的作用。

（2）叶黄素类（Xanthophylls）这类色素也广泛分布在植物界，也是茶叶中类胡萝卜素的主要成分，结构特征为共轭复烯烃的加氧衍生物或环氧化物，以醇、醛、酮、酸的形式存在，为黄色色素。不溶于水，易溶于甲醇、乙醇、石油醚。在茶叶中的含量一般为 0.01%~0.07%，随茶叶新梢成熟度的提高，总含量增加。茶叶中叶黄素类化合物主要有叶黄素、玉米黄素、隐黄素、新叶黄素、5，6-环氧隐黄素、堇黄素等。

叶黄素（Xanthophyl）也称黄体素（Lutein），黄色，化学式 $C_{40}H_{56}O_2$（图 7-12）。熔点 190~192℃，每克茶叶干物中含 0.14~0.80mg。老叶比嫩叶含量高，且在茶树叶片中的变化与生长休止期一致，即生长旺盛时期含量高。中国种比阿萨姆种的含量高 1 倍。红茶加工中较大幅度地降解成 3-羟基紫罗酮等有益芳香物质，是形成茶叶外形色泽和叶底色泽的重要色素。

（二）水溶性色素

水溶性色素是能溶解于水的呈色物质的总称。一般指花黄素类、花青素及儿茶素的氧化产物。茶鲜叶中存在的天然水溶性色素主要有花黄素、花青素等，它们都是类黄酮化合物，广泛存在于植物界，茶叶中已发现有几十种花黄素、花青素，是茶叶中水溶性色素的主体。

（1）花黄素类（Anthoxanthin）　花黄素是黄酮类（Flavonoid）物质的别称，主要包括黄酮醇（Flavonol）和黄酮（Flavone）两类化合物，由于结合的糖的种类不同、连接位置不同，形成各种各样的黄酮醇苷。它们的分子结构中有一个酮式羰基，第一位上的氧原子具碱性，能与强酸成盐，其羟基衍生物多具黄色，故又称黄碱素。花黄素类物质是茶鲜叶水溶性黄色素的主体物质，因而也是绿茶黄绿汤色的重要组分。

（2）花青素类（Antho cyanidin）　花青素又称花色素，是自然界一类广泛存在于植物中的水溶性天然色素。自然状态的花青素都以糖苷形式存在，称为花色苷，很少有游离的花青素存在。一般茶叶中的花青素占干物质重的 0.01%~1.0%，而在紫芽茶中的含量较正常芽叶高得多。其形成和积累与茶树生长发育状态及环境条件密切相关，一般光照强、气温高的季节，较易形成花青素，使茶芽叶呈红紫色。对茶叶的叶底色泽、汤色及干茶色泽均有较大影响。含量较高的紫色芽叶制成绿茶，品质较差，汤色发褐，滋味苦涩，叶底靛青。若加工成红茶，则汤色、叶底乌暗，品质也较差。

（三）茶叶加工过程中形成的色素

在茶叶加工过程中，会形成多种色素物质，其对茶叶品质特点及不同茶类的形成具有重要作用。如在红茶的加工过程中，正是多酚类物质氧化形成了茶黄素和茶红素等色素，使红茶具有了“红汤红叶”的品质特征。

1. 茶黄素类（Theaflavins，TFs）

茶黄素类是红茶中的主要成分，它最早是由 Roberts（1957）发现的，是多酚类物质氧化形成的一类能溶于乙酸乙酯的、具有苯并卓酚酮结构的化合物的总称。茶黄素类包括茶黄素、茶黄素单没食子酸酯、茶黄素双没食子酸酯等。茶黄素类由 13 种不同结构的化合物组成。Bailey 等（1991）利用高压液相色谱仪对红茶茶汤中的茶黄素类的主要组分进行了测定，表明其主要为茶黄素、茶黄素-3-没食子酸酯、茶黄素-3′-没食子酸酯、茶黄素-3，3′-双没食子酸酯（图 7-13）。

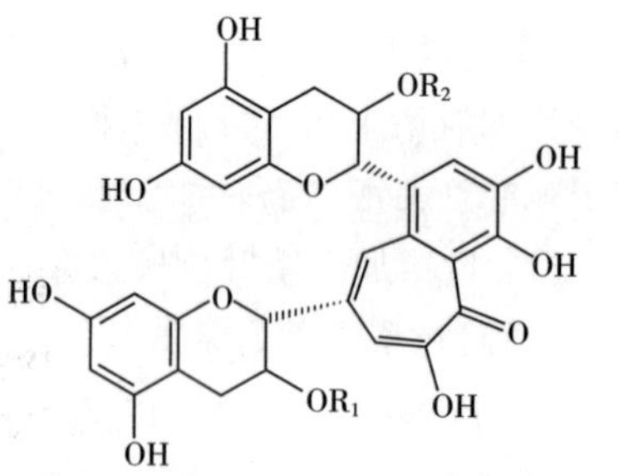

R_1=R_2=H,代表茶黄素
R_1=H,R_2=没食子酰基，代表茶黄素-3′-没食子酸酯
R_2=H,R_1=没食子酰基，代表茶黄素-3-没食子酸酯
R_1=没食子酰基，R_2=没食子酰基，代表茶黄素-3,3′-没食子酸酯

图 7-13　茶黄素类化学结构式

茶黄素类是红碎茶中色泽橙红、具有收敛性的一类色素，其含量占红茶固形物的 1%～5%，是红茶滋味和汤色的主要品质成分。茶黄素类对红茶的色、香、味及品质起着重要的作用，是红茶汤色“亮”的主要成分，是红茶滋味强度和鲜度的重要成分，也是形成茶汤“金圈”的主要物质。茶黄素与红碎茶品质的相关系数为 0.875。Roberts（1958）指出，审评者对色泽的估量大多数是受茶黄素的影响，含量越高，汤色明亮度越好，呈金黄色；含量越低，汤色越深暗。茶黄素与咖啡因、茶红素等形成络合物，温度较低时出现乳凝现象，是茶汤“冷后浑”的重要因素之一。茶黄素含量的高低直接决定红茶滋味的鲜爽度，其含量高低与叶底亮度也呈高度正相关。Hiton 等（1972）和 Cloughley（1980）的研究表明，茶黄素类含量与茶叶价格之间呈显著的正相关，通过茶黄素类含量的测定可以预测红茶市场的价格。

茶黄素的提纯物呈橙黄色的针状结晶，易溶于水、甲醇、乙醇、丙酮和乙酸乙酯，难溶于乙醚，不溶于氯仿和苯。水溶液呈鲜明的橙黄色，具有较强的刺激性，在 380nm 与 460nm 处有最大吸收峰。

2. 茶红素类（Thearubigins，TRs）

茶红素类是一类复杂的红褐色的酚性化合物，包括多种相对分子质量差异极大的异源物质，其相对分子质量为 700～40000，甚至更大些。它既包括儿茶素酶促氧化聚合、缩合反应产物，也有儿茶素氧化产物与多糖、蛋白质、核酸和原花色素等产生非酶促反应的产物。

Roberts 等（1957）根据双向纸层析将茶红素分离为SⅠ和SⅡ两大类型，其中SⅠ为浅色组分，SⅡ为深色组分，并指出SⅡ型茶红素是极性大、呈褐色的物质。Cotteu 等（1977）用葡聚糖凝胶 LH-20 柱层析将茶红素分离为全溶于、部分溶于和不溶于乙酸乙酯的 3 个部分。Ozawa（1982）用一种新型凝胶 Toyopearl HW-40F 柱层析分离红茶茶汤中的酚型组分得到可溶于乙酸乙酯茶红素、可溶于正丁醇茶红素、不溶于正丁醇可透析性茶红素和非透析性褐色高聚合物。

茶红素是红茶氧化产物中最多的一类物质，红茶中含量为 6%~15%（干重）。该物为棕红色，能溶于水，水溶液呈酸性，深红色，刺激性较弱，是构成红茶汤色的主体物质，对茶汤滋味与汤色浓度起极重要作用。参与“冷后浑”的形成。此外，其还能与碱性蛋白质结合生成沉淀物存于叶底，从而影响红茶的叶底色泽。通常认为茶红素含量太高有损品质，使滋味淡薄，汤色变暗，而含量太低，茶汤红浓度不够。Roberts 等（1960）曾认为，过高的茶红素或较低的茶黄素与茶红素比会导致茶汤深暗、鲜爽度降低；比值与红茶品质密切相关，茶红素与茶黄素比值过高时，茶汤色暗且滋味强度不足，比值过低时，亮度好，刺激性强，但汤色红浓度不够。

3. 茶褐素类（Theabrownines，TBs）

茶褐素类为一类水溶性非透析性高聚合的褐色物质，有学者把不溶于乙酸乙酯和正丁醇的水溶性褐色物质也称为茶褐素。茶褐素由茶黄素和茶红素进一步氧化聚合而成，化学结构及其组成有待探明，其含量一般为红茶干物质重的 4%~9%。深褐色，溶于水，不溶于醋酸乙酯和正丁醇，是造成红茶茶汤发暗、无收敛性的重要因素。其含量与红茶品质呈高度负相关（$\gamma=-0.979$），含量增加时红茶等级下降。红茶加工中长时过重的萎凋，长时高温缺氧发酵，是茶褐素积累的重要原因。红茶储存过程中，茶红素和茶黄素会进一步氧化聚合形成茶褐素。

九、茶叶中的微生物

茶叶中的微生物主要包括细菌、真菌和酵母等。这些微生物在茶叶的生长、和加工过程中发挥着重要作用，对茶叶的品质和风味产生一定的影响。

（1）生长阶段的微生物　茶叶表面自然生长着一层微生物群落，其中包括一些细菌和真菌。这些微生物可能来自土壤、空气和茶园周围环境。它们的存在对茶树的健康和生长起到一定的调节作用。

（2）发酵阶段的微生物　在发酵茶的制作过程中，特别是在类似普洱茶和黑茶的制作中，微生物发挥着关键的作用。真菌和细菌参与茶叶的发酵过程，产生有机酸、酶和其他化合物，影响茶叶的风味。普洱茶和茯砖茶中的微生物发酵过程是该茶独特风味形成的重要因素之一。

（3）发霉茶　在某些情况下，茶叶可能会发霉，导致不良微生物的生长。这可能发生在存储或运输过程中，尤其是在高湿度环境中。发霉可能导致茶叶变质，产生不良的味道和香气。

（4）微生物对茶叶品质的影响　一些微生物可以帮助分解茶叶中的复杂有机物，释放出一些有益的化合物。然而，不适当的微生物活动也可能导致茶叶品质下降，产生异味或霉味。因此，在茶叶的种植、采摘、加工和存储过程中，环境卫生和控制微生物的合适性非常重要。

总体而言，茶叶中的微生物对茶叶的品质和风味有着复杂的影响，而茶叶的生产者通常会采取一系列的卫生和加工措施来保证微生物的合适性和对茶叶品质的积极影响。

十、无机物

鲜叶中的无机物总称为“灰分”，占鲜叶干重的 4%~7%。其中含量最多的是磷、钾，其次是钙、镁、铁、锰、铝、硫、硅，微量成分有锌、铜、氟等 20 余种。

根据溶解性不同，灰分可分为水溶性灰分和非水溶性灰分两种。一般而言，水溶性灰分含量与茶叶品质呈正相关。鲜叶越幼嫩，含钾、磷较多，水溶性灰分含量越高，茶叶品质越好。随着茶芽新梢的生长，叶片逐渐成熟，钙、镁等含量增加，总灰分含量增加，而水溶性灰分含量减少，茶叶品质下降。因此，水溶性灰分含量高低也是区别鲜叶老嫩的指标之一。

灰分含量是茶叶出口检验项目之一。一般要求出口茶样（含压制茶的沱茶）的灰分含量不宜超过 6.5%；红碎茶的末茶，绿茶的茶片、秀眉等灰分含量不宜超过 7.0%；压制茶（含普洱散茶）的灰分含量不宜超过 7.5%。

第二节　茶叶的健康功效

茶叶，作为一种千年传统的饮品，不仅以其深厚的文化底蕴和独特的口感受到世界各地的喜爱，更因其丰富的生物活性成分而备受研究者和健康爱好者的关注。茶叶所包含的多种化学成分展现了其在促进健康和预防疾病方面的卓越潜力。本节将深入探讨茶叶的主要健康功效，以揭示茶叶在维护整体健康中的重要作用。

一、抗氧化作用

（一）多酚类及其氧化产物的抗氧化作用

多酚类及其氧化产物的抗氧化作用多指其清除自由基的作用。自由基指含有未成对电子的原子、原子团或分子。生物体内自由基的生成主要途径：①分子氧的单电子还原途径，这一过程产生 O_2、$^1O_2$、$\cdot OH$ 和 H_2O_2；②酶促催化产生自由基，机体细胞液中的一些可溶性酶，如黄嘌呤氧化酶、醛氧化酶、脂氧化酶等都是常见的可产生自由基的酶；③某些生物物质的自动氧化生成自由基，如一些蛋白质、脂类、低分子化合物的自动氧化，过氧化物与某些金属离子的氧化还原均可产生自由基。生物体内自由基处于生物生成体系与生物防护体系的平衡之中。一旦平衡被破坏，就会危害机体，发生疾病。需要外源的抗氧化剂清除自由基，保护机体正常运转。

抗氧化剂清除自由基，依其作用的性质通常分为两大类：第一类为预防型抗氧化剂，这一类抗氧化剂可以清除链引发阶段的自由基，如超氧化物歧化酶（SOD）、过氧化氢酶（CAT）等酶以及金属离子络合剂等；第二类抗氧化剂是断链型抗氧化剂，可以捕捉自由基反应链中的过氧自由基，阻止或减缓自由基链反应的进行。

茶多酚及其氧化产物是一类含有多个酚性羟基的化合物，较易氧化而提供质子，具有酚类抗氧化剂的通性。尤其是 B 环上的邻位酚羟基或连位酚羟基有较高的还原性，易发生氧化生成邻醌类物质，而提供的 H^+ 与自由基结合，可使之还原为惰性化合物或较稳定的自由基，从而直接清除自由基，避免氧化损伤。另外，茶多酚及其氧化产物还可作用于产生自由基的相关酶类，络合金属离子，可间接清除自由基，从而起到预防和断链双重作用。茶多酚及其氧化产物的抗氧化、清除自由基的作用已受到国内外学者的广泛关注，国内外学者对其作用效果和机理展开了广泛的研究。

有学者研究了 4 种儿茶素对猪油的抗氧化力，表明按等物质的量浓度的抗氧化活性顺序是 L-表没食子儿茶素没食子酸酯>L-表没食子儿茶素>L-表儿茶素没食子酸酯>L-表儿茶素；按等质量的抗氧化活性顺序是 L-表没食子儿茶素>L-表儿茶素>L-表儿茶素没食子酸酯>L-表没食子儿茶素没食子酸酯。Oldreive（1998）研究指出，绿茶多酚可清除活性氮自由基引起的酪氨酸硝化作用和 DNA 碱基的脱氨基作用，从而可预防胃癌的发生。另有体外研究表明，茶多酚及 L-表没食子儿茶素没食子酸酯对 $\cdot O_2^-$ 的清除能力强于维生素 E 和维生素 C，并在一定浓度范围内随浓度增加而加强，至 6×10^{-3}mg/mL 时清除率达到最高（>97%），对于芬顿反应产生的 ·OH，在最适浓度（0.043～0.100mg/mL）内清除率可达 99%。Lin 等（2000）对体外的 HL-60 细胞研究表明，清除 $\cdot O_2^-$ 的能力呈如下顺序：表没食子儿茶素没食子酸酯>茶黄素单没食子酸酯（TF_2）>茶黄素（TF_1）>没食子酸（GA）>茶黄素双没食子酸酯（TF_3）>没食子酸丙酯（PG）；对 H_2O_2 的清除能力则为 TF_2>TF_3>TF_1>EGCG>PG>GA。

Vasyl 等（2001）研究指出，茶色素不论是从茶叶中直接提取而来，还是由茶多酚转化而来，都具有清除自由基的能力。茶儿茶素具有抗脂质过氧化作用，从而有益于延缓机体衰老。当机体内由于多种原因引起的自由基增多或维生素 E 和辅酶 Q 的保护不足时，生物膜中的磷脂发生过氧化作用，细胞被破坏而导致细胞的衰老。研究表明，茶儿茶素对脂质过氧化反应有抑制作用，其效果比现有服用的维生素 E 更为明显。

多酚类及其氧化产物具有丰富的活性羟基，它可与蛋白质等生物大分子通过氢键而结合，从而影响许多生理过程。它可以影响到许多酶的活性。如它可增强抗氧化酶（如谷胱甘肽过氧化物酶、过氧化氢酶、醌还原酶等）和Ⅱ相酶［如谷胱甘肽硫转移酶（GST）］活性，抑制鸟氨酸脱羧酶、环加氧酶、鲨烯环氧酶、黄嘌呤氧化酶、胶原酶、细胞间质多属蛋白酶、蛋白激酶 C、芳香羟化酶、还原型烟酰胺腺嘌呤二核苷酸磷酸-细胞色素 C 还原酶、端粒末端转移酶等多种酶活性，从而对许多病理过程起到显著的抑制作用；在大豆脂质系统抗氧化实验中发现，儿茶素和卵磷脂脂质体膜极性部分具有极强的亲和力，从而起到保护作用。Toshihiko 等（1999）也研究发现，儿茶素类可与脂质体系统脂双层膜具有高度的亲和力，但亲和力存在差异，按如下顺序递减：ECG>EGCG>EC>EGC。Jiro 等（1984）等对体外大豆脂过氧化物酶与两种主要儿茶素 ECG、EGCG 的作用机理进行了研究，认为 ECG 和 EGCG 对脂过氧化物酶的络合沉淀作用是主要的机制。

多酚类及其氧化产物可络合诱导氧化的过渡金属离子，如 Fe^{3+}、Cu^{2+}等。Fe^{3+}离子可催化哈勃-韦斯反应，使 O_2 生成危害性更大的 ·OH，Cu^{2+}可催化低密度脂蛋白（LDL）氧化，Ca^{2+}是钙调蛋白和蛋白激酶的组分，是体内的第二信使，当生物体处于逆境时，Ca^{2+}浓度升高，可激活蛋白酶，促进黄嘌呤脱氢酶转变为氧化酶。萧伟祥等（1994）研究表明，茶多酚类及其氧化产物可络合多种金属离子，茶黄素对 Ca^{2+}和 Fe^{3+}的络合性较强，而对 Cu^{2+}络合性较弱。最新体外研究表明，EGCG 与 Cu^{2+}络合后，其抗氧化能力大大提高，达到原有抗氧化能力的2倍以上，另外，Mn^{2+}、Cr^{3+}、Mg^{2+}和Al^{3+}对EGCG的抗氧化能力也有所提高。

（二）茶皂苷的抗氧化作用

抗炎与抗氧化作用，是茶皂苷最早研究的项目之一。学者对茶皂苷抗渗、消炎作用进行了一系列不同类型发炎动物模拟实验。结果表明，剂量2mg/kg茶皂苷的水肿抑制率，最高是对化合物48/80诱发模拟型，达46%，最低是对高岭土诱发模拟型，为10%；水肿的抑制剂量，平均为30%，对卵蛋白诱发型为1.3mg/kg，对鹿角菜精宁诱发型为1.45mg/kg。茶皂苷的明显抗渗漏与抗炎症特性，主要表现在炎症初起阶段使受障碍的毛细血管透过性正常化。

Sagesaka等（1996）发现茶皂苷对由角叉胶诱发的大鼠足浮肿有显著的抑制作用。作为过敏症的慢反应物质之一，白三烯D_4能使血管的通透性增高，引起平滑肌和支气管的收缩，被认为是炎症和哮喘等许多疾病的重要调节因子。实验证明，茶皂苷有很好的抗白三烯D_4的作用，且作用强度与剂量相关。实验中还发现，大鼠口服剂量2000mg/kg没有发生任何中毒症状。其他研究人员也证明从茶叶中提取出的茶皂苷B_1具有抗炎和抗过敏作用。Sur等（2001）从茶根［*Camellia sinensis*（L.）O. Kuntze］提取物（TRE）中分离出两组茶皂苷TS_1和TS_2，在体外实验中两者均被证明有抗氧化和抗炎作用，两者都能抑制由角叉胶诱发的大鼠爪浮肿，并用黄嘌呤-黄嘌呤氧化酶系统验证了这些成分的抗氧化作用。这些研究显示，前人研究的TRE的抗肿瘤活性可能是通过清除自由基和抗炎作用来实现的。

（三）多糖的抗氧化作用

多糖不仅能激活巨噬细胞等免疫细胞，而且是细胞膜的成分，能强化正常细胞抵御致癌物侵袭，提高机体抗病能力。近期研究表明，茶多糖能提高Hep G2细胞的活性；有茶多糖存在的混合成分，其对代谢解毒酶活性提高率均高于任何一种茶叶单体成分，故茶多糖在一定程度上增强了茶叶的防癌能力。另外，研究发现粗老茶有抗氧化作用。对茶叶多糖清除自由基效果和对抗氧化酶活性影响的研究表明，茶多糖对超氧自由基和羟自由基等有显著的清除作用，一定浓度的茶多糖对抗氧化酶活性有一定提高。

二、降血脂、降血压及调节血糖作用

心血管疾病被众多科学家预言为21世纪发病率最高，极大危害人类健康的疾病。其中，动脉粥样硬化（Atheroscleorsis，AS）是科学家更为关注的热点问题，它的发生与血浆脂质关系密切。低密度脂蛋白（LDL）可致动脉粥样硬化，而高密度脂蛋白（HDL）则起拮抗作用。载脂蛋白的缺乏和异常可影响血脂的运输和代谢，低密度脂蛋白的氧化修饰可使血管内皮细胞受损，胆固醇沉积于血管壁而发生动脉粥样硬化。流行病学调查发现，食物中天然多酚含量与冠心病发生率有密切关系。茶叶中含有丰富的多酚类物质，可通过调节血脂代谢、抗凝促纤溶及抑制血小板聚集、抑制动脉平滑肌细胞增生、影响血液流变学特性等多种机制从多个环节对心血管疾病起作用。

（一）调节血脂代谢

1. 茶多酚降血脂

茶多酚能降低血甘油三酯（TG）、胆固醇（CH）及低密度脂蛋白胆固醇（LDL-C），提高高密度脂蛋白胆固醇（HDL-C），降低载脂蛋白apoB100和apoA1，影响低密度脂蛋白的氧化修饰。实验表明，高剂量的红茶提取物减少血浆中的脂水平，促进了总脂和胆固醇的排泄，从而降低体内胆固醇含量。另外，茶多酚能阻止食物中不饱和脂肪酸的氧化，而不饱和脂肪酸能促进胆固醇的流动和转化，还可促进胆固醇转化为胆酸，减少血清胆固醇含量以及胆固醇在血管内膜上的沉积，从而通过抑制不饱和脂肪酸的氧化而起到抗动脉粥样硬化的作用。

2. 茶色素降血脂

茶色素可通过改善红细胞变形性、调整红细胞聚集性及血小板的黏附聚集性，降低血浆黏度，从而降低全血黏度，改善微循环，保障组织血液和氧的供应，提高机体整体免疫力和组织代谢水平，达到防心脑血管疾病的目的。此外，茶色素对活跃微循环具有一定的作用，能有效地降低纤维蛋白原，并能够降低胆固醇，致使膜磷脂下降，增加红细胞的变形能力，减小细胞滤过小孔的难度，在微循环流动中减低了剪切应力，活跃了微循环，从而降低心脑血管疾病的发生。我国相应的临床研究表明，茶色素在调节血脂，抗脂质过氧化，消除自由基，抗凝和促纤溶作用，抑制人胚、主动脉平滑肌细胞增殖，抑制主动脉脂质斑块形成等多方面起作用。

3. 茶多糖降血脂

茶多糖能降低血浆总胆固醇，对抗实验性高胆固醇血症的形成，使高脂血症的血浆总胆固醇、甘油三酯、低密度脂蛋白及中性脂下降，高密度脂蛋白上升。王丁刚和王淑如（1991）的研究结果表明，腹腔注射茶多糖 25mg/kg 和 50mg/kg，正常小鼠血清总胆固醇分别下降 18%和 24%；口服 50mg/kg 和 100mg/kg，可明显对抗小鼠实验性高胆固醇血症的形成，血清总胆固醇分别下降 34%和 43%；每千克体重每 10d 口服 22.5mg 和 45mg，可使高脂血症小鼠血清总胆固醇分别下降 12%和 17%，甘油三酯含量降低 15%和 23%，低密度脂蛋白胆固醇分别下降 6%和 29%，高密度脂蛋白胆固醇均增加 26%。

汪东风等（1994）给正常小鼠腹腔注射茶多糖，12h 及 24h 后，血清甘油三酯和血清胆固醇比对照有所降低，但均未达到显著水平。周杰等（1997）研究认为，茶多糖对血清胆固醇和血清甘油三酯影响不大，但有提高高密度脂蛋白胆固醇的功效。茶多糖还能与脂蛋白酯酶结合，促进动脉壁脂蛋白酯酶入血而起到抗动脉粥样硬化的作用。

（二）降血糖功能

糖尿病本质上是血糖的来源和去路间失去正常状态下的动态平衡，一方面，葡萄糖生成增多，另一方面机体对糖的利用减弱，从而引起血糖浓度过高及血尿。

在中国和日本民间，常有用粗老茶治疗糖尿病的经验。日本的临床观察表明，用茶树老叶制成的淡茶（30 年以上树龄）或酐茶（100 年以上树龄）给慢性糖尿病患者饮用（1.5g 茶叶，40mL 沸水冲泡，每日 3 次），可使尿糖减少，症状减轻。我国早在 20 世纪 80 年代就有用中西医结合茶叶治疗糖尿病有效率达 70%的报道。清水岑夫（1987）分别用冷水、温水、沸水浸提获得的茶叶提取物，让链脲佐菌素诱发的高血糖病态老鼠服用，发现服用茶的冷水提取物的老鼠血糖下降明显，达 40%，同时将茶叶的冷水提取物除去脂、蛋白质等，纯化出茶多糖，仍具有同样的效果。据此认为，茶叶中降血糖的有效成分是水溶性的复合多糖。

汪东风等（1995）用茶多糖空腹注射健康成年昆明雄性小白鼠（0.2mL/只，浓度为 4.0mg/mL），结果表明，12h 后，血液中血糖浓度比对照下降了 11%，差异达 1%显著水平，

24h 后，血糖含量下降了 6.82%，但差异未达到显著水平，血清甘油三酯及血清胆固醇含量比对照组稍有下降，但差异不大。四氧嘧啶糖尿病是四氧嘧啶对胰岛 β 细胞有选择性地特异性坏死作用引起的。李布青等（1996）用茶多糖分别饲喂正常小鼠、肾上腺素高血糖模型小鼠和四氧嘧啶高血糖模型小鼠，发现茶多糖不仅能显著降低正常小鼠的血糖浓度，还能够对抗肾上腺素和四氧嘧啶所导致的高血糖，茶多糖对糖代谢的影响与肝素类似。

（三）抗高血压作用

1. 茶多酚的抗高血压作用

高血压病是我国最常见的心血管疾病，也是导致脑卒中、冠心病的危险因素之一。有报道称，茶多酚能降低家兔血压，使大鼠后肢灌注液流出量增加。这说明茶多酚能降低外周血管阻力，直接扩张血管。茶多酚还通过促进内皮依赖性松弛因子的形成、松弛血管平滑肌、增强血管壁和调节血管壁透性而起抗高血压作用；茶多酚可抑制血管紧张素 Ⅰ 转换酶（ACE）的活性，从而对高血压有一定的预防作用。茶多酚中的黄酮类物质能刺激肾上腺素和儿茶酚胺的生物合成，又能抑制儿茶酚胺的生物降解，从而加强毛细血管弹性，降低了血管的脆性，具有改善血液流变学及抑制血栓形成的作用，达到降血压、抗动脉粥样硬化的功效。

2. 茶皂苷的抗高血压作用

目前，有关茶皂苷对高血压产生影响的报道较少。Sagesaka 等（1996）用茶皂苷分别对幼稚自发性高血压大鼠（SHR）进行了连续给药和一次性给药的降压实验，证明了茶皂苷抗高血压的作用。对 7 周龄大鼠（SHR）连续口服给药 5d 后，茶皂苷有效抑制了大鼠的血压上升。对成熟 15 周龄大鼠以 100mg/kg 剂量连续口服给药 5d 后，血压比对照组低 3893Pa。以 50mg/kg 的剂量一次性给药，实验鼠出现了持久性的降压效果，相当于 3mg/kg 的恩奈普利马来酸盐的药效。

另外，实验证明了茶皂苷对血管紧张素 Ⅰ 诱发的豚鼠血管收缩有抑制作用，而对血管紧张素 Ⅱ 诱发的血管收缩没有作用。另一方面，在体外实验中，茶皂苷对合成的组胺引起的收缩几乎无抑制血管紧张素Ⅰ的效果，抑制血管紧张素Ⅰ转移酶的最小浓度 IC_{50} 大于 10mg/mL。这些研究结果还有待于进一步证实。

3. 茶氨酸的抗高血压作用

茶氨酸是茶树体内所特有的氨基酸，占茶树体内游离氨基酸总量的 50%，占茶树干物质重的 1%~2%（平均）。自 20 世纪 90 年代起，许多国家的科学家就已经关注茶氨酸的功用，特别是它的药用价值的开发。近年来，这方面取得了很大的进展，加深了人们对茶氨酸的全面了解。

1955 年日本静岗大学食品和营养学院的 Yokogoshi 报道了茶氨酸降压的动物实验。实验表明，喂饲高剂量的茶氨酸后（1500~2000mg/kg），人为升压的大鼠的收缩压、舒张压和平均血压均有明显下降，但是这个有效剂量较儿茶素、色氨酸的有效剂量要高 10~15 倍。进一步研究表明，当大鼠饲喂茶氨酸以后，茶氨酸可在脑中积累，同时脑中的 5-羟色胺及其代谢产物 5-羟基吲哚醋酸（5HIAA）含量会明显下降。这和过去实验证实的色氨酸的降压作用机制是通过提高脑中 5-羟色胺含量水平的结论不同，因此认为，茶氨酸的降压机制是通过影响末梢神经或血管系统而不是通过影响脑中 5-羟色胺水平来实现的。茶氨酸降压作用的发现对开发这一在茶叶中含量甚高的氨基酸具有很大的意义。

4. 茶多糖的抗高血压作用

研究表明，茶多糖具有降血压及减慢心率、耐缺氧及增加冠状动脉血流量的作用。用茶多糖22.5mg/mL，十二指肠给药，30min后可使麻醉大鼠血压下降3733Pa，心率减慢15%。茶多糖50mg/kg和100mg/kg可使正常小鼠存活时间延长59%和66%。茶多糖与异丙肾上腺素并用，小鼠存活时间分别延长31%和29%。心脏插管侧支注入1mg/mL茶多糖0.4mL，可增加离体豚鼠心脏冠状动脉血流量37%。所有这些均有利于缓解冠心病。

5. γ-氨基丁酸的抗高血压作用

γ-氨基丁酸（γ-Aminobutyric，GABA）广泛地分布在动物、植物体内。高等动物体内的γ-氨基丁酸存在于脑中，是神经系统的传递物质，并起到降血压的作用。在狗、猫、猪等动物的实验中其降血压的作用已得到确证。植物体内的γ-氨基丁酸由谷氨酸分解产生，在氮代谢中占有重要位置。特别是在低氧、低温或受机械损伤时，植物细胞内结构遭到破坏，谷氨酸脱羧酶活性增加，γ-氨基丁酸便大量生成。这一现象在茶叶中也可观察到。

三、抗辐射作用

1. 茶多酚类抗辐射

茶多酚类物质能防止各种辐射的影响，这些辐射包括日射病、石英灼伤，X射线等放射线疾病。苏联学者用^{90}Sr照射小鼠，然后定期喂给浓缩的儿茶素，结果发现实验组小鼠仍然存活，而对照组却因患放射病死亡。现已证实，儿茶素中的没食子酸酯防辐射作用最强。另外，茶多酚还可防止紫外线A、紫外线B对皮肤的损伤作用。

2. 茶多糖抗辐射

茶多糖不仅具有明显的抗放射性伤害的作用，而且对造血功能有明显的保护作用。白鼠通过γ射线照射后，服用茶多糖的可以保持血色素平稳，红细胞下降较少，血小板的波动也很正常。

1974年，中国农科院茶叶研究所与天津卫生防疫站，用茶多糖粗制品做了小鼠急性放射病防治试验。小鼠皮下注射给药后照射^{60}Co，照射剂量为$1.98\times10^7\sim2.17\times10^7$C/kg。结果表明，茶多糖的防辐射效果显著，提高成活率达30%。

四、抗龋齿作用

茶叶中的抗龋齿成分主要是茶多酚、茶色素以及矿质元素氟。这些抗氧化物质在茶叶中的含量丰富，被广泛认为对口腔健康具有积极的作用，特别是在抑制龋齿的形成方面。

早在神农时期，茶就被用于杀菌消炎。茶多酚具有抗菌广谱性，并具强的抑菌能力和极好的选择性，它对自然界中几乎所有的动、植物病原细菌都有一定的抑制能力。它可通过生物化学和物理化学机理来改变病菌的生理，干扰病菌的代谢而起作用，并能维持正常菌群平衡，并且对某些有益菌的增殖有促进作用。另外，茶多酚抗菌不会使细菌产生耐药性。抑菌所需的茶多酚浓度较低，常见最低抑制细菌的浓度为100mg/kg。

茶多酚能使致龋链球菌JC-2活力下降，还能抑制该菌对唾液覆盖的羟磷灰石盘的附着，强烈抑制该菌葡萄糖基转移酶催化的水溶性葡聚糖合成，减少龋洞数量。给感染有链球菌JC-2的大鼠喂饲致龋食物（含或不含茶多酚），发现茶多酚显著减少龋害。

茶色素具有与绿茶多酚相似的抑菌作用。对肉毒芽孢杆菌、肠炎弧菌、金黄色葡萄球菌、荚膜杆菌、蜡样芽孢杆菌、志贺氏细菌、百日咳菌、霍乱弧菌等病原菌具有明显的抑制或杀死作用，并且还对须发癣菌、红色发癣菌和白癣菌的生长与发育有明显的抑制作用，其抑制能力要强于茶多酚。茶色素可抑制病毒吸附在细胞上，从而可抑制流感病毒 A 和流感病毒 B 对犬肾细胞的侵染。茶色素对艾滋病病毒同样有抑制作用。研究还表明，茶色素是决定变形链球菌致龋能力的葡萄糖基转移酶（GTF）的抑制剂，对葡萄糖基转移酶催化的胞外多糖——葡聚糖的合成有明显的抑制作用，大大减少了菌斑的形成，从而达到抗龋齿的作用。其抑制葡萄糖基转移酶活性的效果优于绿茶。在龋病的发生、发展中，α-淀粉酶也是一个重要因素，因为这种酶能使淀粉分解，转化成葡萄糖，而这是葡萄糖基转移酶转化葡聚糖的重要前提。茶色素能有效地降低此酶活性。另外，Clark 等（1998）在对红茶中茶黄素类物质对牛的轮状病毒和冠状病毒的感染研究表明，茶黄素类中的各单体存在协同增效作用，其混合物抑制率高于各单体。

我国茶叶中的氟含量为 21.0~550mg/kg，比粮食高 114~571 倍。我国大部分地区是低氟区，补充含氟食物，对人体骨组织（骨骼、牙齿）构成是有利的，特别是对低氟区儿童常见病龋齿及老年常见病骨质疏松症的防治有利。但氟的摄取过多，对骨骼和牙齿也有害，如发生氟骨症、氟牙症等。

五、保护神经系统作用

茶氨酸可引起脑内神经传达物质的变化。L-茶氨酸投饲鼠后被肠道吸收，通过血液输送至肝脏及脑中。脑中有特殊调节机构，非特定物质不能通过，L-茶氨酸是可通过物质之一，担负 L 系列物质输送任务。通过实验可以确认 L-茶氨酸进入脑后使脑线粒体内神经传达物质多巴胺显著增加。多巴胺是肾上腺素及去甲肾上腺素的前驱体，是对传达脑神经细胞兴奋起重要作用的物质。

（一）茶氨酸对咖啡因的拮抗作用

研究表明，茶氨酸用量为 1740mg/kg 时，可显著抑制咖啡因引起的神经系统的兴奋。咖啡因通过增加中枢神经系统的兴奋性来缩短睡眠时间，而环己巴比妥则通过抑制中枢神经系统来诱导睡眠。咖啡因和环己巴比妥相互拮抗，咖啡因缩短了由环己巴比妥导致的睡眠时间，而茶氨酸可抵消咖啡因的这种作用。因此，口服和腹腔注射茶氨酸可以减少咖啡因对中枢神经系统的刺激。

（二）茶氨酸的松弛效用

脑电波分为四种：δ-波，熟睡时出现、θ-波，打盹时出现、α-波，松弛时出现、β-波，兴奋时出现。对于 L-茶氨酸松弛效果可测量 α-波变化来确认，即在封闭的环境中（室温 25℃、光强 40lx）给实验者分别口服水和感觉不到味道的茶氨酸水溶液（0.50~2.00mg/mL），1h 后测量，结果表明随着服用量的增加，α-波出现量也明显增加。说明茶氨酸有松弛效用。

（三）咖啡因对中枢神经系统的兴奋作用

早在 1908 年，沙利白（Saleeby）在纽约出版的《健康·体力及快乐》报道："饮茶能使头脑清醒，而咖啡则否。茶中咖啡因是纯兴奋剂，无别作用。"

1912 年《贸易杂志》报道了 Medicochirurgical 药物系伍德（Wood）的研究结果："茶中

咖啡因在脊髓内对神经中枢作为兴奋剂，使肌肉收缩更有力，而无副作用，所以肌肉活动的总和较无咖啡因影响为大。”同年《贸易杂志》报道 Kansas 医学院神经系罗宾逊（Robinson）的研究：“每日一杯茶，其量虽少，亦为神经和肌肉兴奋剂。茶中咖啡因作用于神经系统的通常结果，是使大脑外皮层易受反射刺激，改良心脏的机能，能使思维敏捷，各种意识的起始刺激减低，疲劳的感觉消失，醒觉继续，心智及体力的惰性消失。”

在随后的几十年中，随着研究的深入，人们对咖啡因的兴奋中枢作用有了更深的认识。咖啡因能兴奋中枢神经，主要作用于大脑皮质，使精神振奋，工作效率和精确度提高，睡意消失，疲乏减轻。较大剂量能兴奋下级中枢和脊髓。咖啡因对中枢神经的作用机制如图 7-14 所示。

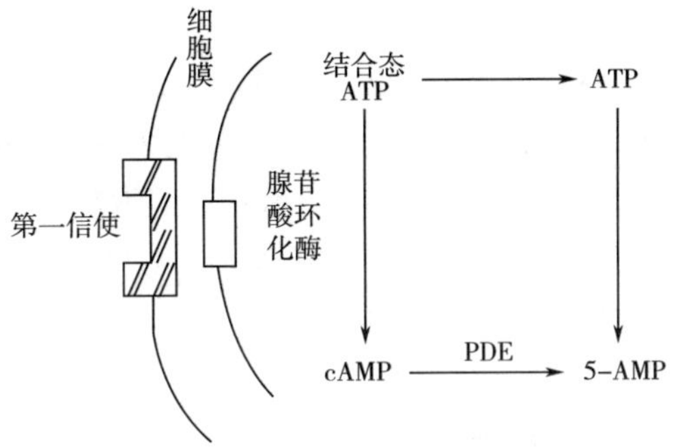

图 7-14　咖啡因对中枢神经的作用机制

资料来源：陈宗道、周才琼，1999。

神经递质（第一信使）作用于细胞膜上受体，激活膜另一侧的腺苷酸环化酶，被激活的腺苷酸环化酶催化三磷酸腺苷（ATP）形成环磷酸腺苷（cAMP）。环磷酸腺苷又称第二信使，能引起细胞内的一系列生化反应。环磷酸腺苷能被磷酸二酯酶（PDE）水解生成 5-磷酸腺苷（5-AMP）而失活。咖啡因的作用在于能抑制磷酸二酯酶的活性，从而提高环磷酸腺苷的浓度水平和细胞内生化反应的水平。

六、抗癌作用

流行病学调查表明，茶叶有抗肿瘤作用（包括试验动物模型和体外试验），而茶多酚是起作用的主要成分。茶多酚在体外有抗诱变活性，能抑制啮齿类动物中由致癌物诱导的皮肤、肺、胃、食管、十二指肠和结肠肿瘤。茶色素是茶叶中儿茶素等多酚类及其氧化衍生物的混合物，主要成分为茶黄素类、茶红素类。茶色素的抗癌作用研究始于近十年。

（一）防癌、抗癌及抗突变作用

1. 对肝癌的抑制作用

日本科学家 1996 年报道了使用 4 个儿茶素单体、茶色素、乌龙茶提取物对大鼠肝癌致癌过程的抑制效应。结果显示，4 个儿茶素单体、茶色素和乌龙茶提取物都可明显减少肝脏中肿瘤前期病变中谷氨酰转肽酶的数量和面积，从而表明茶色素具有与儿茶素单体一样的对肝癌的化学预防作用。还有研究发现，茶色素能强烈抑制纯合子型鼠肝癌细胞和 DS19 小鼠白血病细胞中的 DNA 合成。Srivastava 等（2000）研究表明，绿茶多酚对 12-氧-四葵酰佛波-

13-乙酸（TPA）引诱的小鼠肝细胞中一氧化氮的产生起到明显的抑制作用，抑制率高达90%。推测这与绿茶多酚对一氧化氮合成酶起抑制作用有关，而与多酚的抗氧化能力无关。

2. 对皮肤肿瘤、癌的抑制作用

研究发现，外用茶多酚抑制了TPA、7，12-二甲基苯并蒽致癌作用以及TPA诱导的炎症、鸟氨酸脱羧酶（ODC）活性、增生和过氧化氢形成，外用表没食子儿茶素没食子酸酯、EGC和ECG抑制了TPA诱导的小鼠皮肤炎症。皮肤受到紫外线照射可引起多种生物反应，包括炎症的诱发、皮肤免疫细胞的改变和接触超敏反应（CHS）的削弱，容易引起皮肤病变。现研究显示，过度地暴露于太阳射线，特别是紫外线B（UVB）下，易导致皮肤癌的发生。口服和外用茶多酚能抵抗紫外线B的致癌作用，其中以表没食子儿茶素没食子酸酯的作用最强。应用绿茶提取物（主体为茶多酚）可消除紫外线A（UVA）和补脂骨素共同引起的皮肤光化学破坏，减少皮肤增生和角质增生。

Bickers和Athar（2000）研究表明，绿茶、红茶、茶多酚不仅可预防化学或紫外线B诱发的皮肤癌的形成，还可以抑制皮肤肿瘤的生长；消除紫外线B、紫外线A+补脂骨素引起的皮肤增生和角质增生；在SKH-1大鼠实验中，口服绿茶提取物可消除紫外线A+补脂骨素引起的c-fos和p53的积累以及上皮细胞的增生。红茶提取物可预防紫外线B引起的红斑。Elmets等（2001）用绿茶多酚及其主要组分对引诱的皮肤红斑的作用表明，绿茶多酚可减少日晒细胞的数量和保护表皮胰岛细胞，并可避免DNA损伤，从而起到保护皮肤的作用，其中表没食子儿茶素没食子酸酯和表儿茶素没食子酸酯作用最强，而表没食子儿茶素和表儿茶素几乎无作用。作者最后指出，绿茶多酚可作为一种天然高效的光化学保护剂。

3. 对结肠直肠肿瘤的抑制作用

日本学者研究了茶多酚对雄性大鼠1，2-二甲基肼（DMH）诱导的结肠直肠癌发生的影响，表明茶多酚可使肿瘤发生率显著降低，盲肠内容物中产气荚膜梭状芽孢杆菌（可产生致癌有害物）数量下降。Lodovici等（2000）研究发现红茶多酚可抑制小鼠结肠黏膜由1，2-二甲基肼诱导的DNA氧化性损伤作用。August等（1999）对志愿者的研究表明，饮用一定量的绿茶，可通过抑制直肠黏膜中前列腺素E_2（Prostaglandin E_2）的合成而使前列腺素E_2的水平降低，因而可作为化学预防剂预防结肠直肠癌的发生。茶多酚还可通过质粒中的ARE（一种抗氧化反应元件）刺激Phase Ⅱ脱毒酶的转录，从而达到抗结肠直肠肿瘤的作用。

4. 对前列腺肿瘤的抑制作用

Gupta等（1999）进行了流行病学调查及动物实验。两项结果均表明，饮用绿茶（含有大量的茶多酚）可有效地抑制前列腺肿瘤的发生。通过体外［人前列腺癌细胞（LNCaP）］和体内（Cpb：WU鼠和C57BL/6鼠）实验，研究了绿茶多酚对睾丸激素诱导激活的前列腺肿瘤细胞中鸟氨酸脱羧酶的抑制作用，饲喂0.2%绿茶多酚可降低20%~54%的鸟氨酸脱羧酶活力。Ren等（2000）对人前列腺癌细胞的实验表明，表没食子儿茶素没食子酸酯抑制细胞生长和雄激素（Androgen）调节的*PSA*和*hK*2基因的表达，同时还可显著抑制*PSA*增强子对雄激素的诱导力。表没食子儿茶素没食子酸酯还可通过抑制雄激素受体增强子基因上的Spl位点，从而抑制该基因的表达。

5. 对乳房肿瘤的抑制作用

研究发现，大量饮用绿茶可增加孕酮和雌激素受体的表达，减少经前第Ⅰ阶段和第Ⅱ阶段乳房瘤患者腋淋巴结转移数量。另有研究发现，表没食子儿茶素没食子酸酯会干扰tNOX

（一种与癌肿瘤有关的 NOX 酶）的活性，而对正常的 NOX 活性并无影响。实验显示，表没食子儿茶素没食子酸酯限制了乳腺癌细胞的生长，但似乎对正常的健康乳腺细胞无影响。

6. 对胃癌的抑制作用

Okabe 等（1999）对胃癌细胞系的体外实验表明，多酚及其氧化产物通过抑制肿瘤坏死因子（TNF）基因表达和释放，从而抑制胃癌细胞的生长，且抑制能力为表儿茶素没食子酸酯>表没食子儿茶素没食子酸酯>表没食子儿茶素>茶黄素>表儿茶素。

7. 对肺癌的抑制作用

Chung（1999）对烟草特异性亚硝胺（NNK）诱发的啮齿类动物肺癌的研究表明，绿茶和红茶可抑制烟草特异性亚硝胺诱发的 DNA 氧化性损伤，抑制肺癌的发生。

8. 对口腔癌的抑制作用

Li 等（1999）对 7，12-二甲基苯蒽（DMBA）诱发的仓鼠口腔癌的研究表明，绿茶、茶色素以及绿茶水提物、茶多酚和茶色素的混合物可显著减少口腔癌的发生率、口腔黏膜细胞中 AgNOR 数目和 TVNOR 面积，抑制表皮生长因子受体的表达（$P<0.01$）等，而且饮茶可保护 7，12-二甲基苯蒽引起的金黄色地鼠黏膜组织 DNA 损伤并抑制其增殖，对 7，12-二甲基苯蒽诱发的动物口腔肿瘤有明显的预防作用。李宁等（1998）用混合茶［绿茶水冻干物、茶多酚和茶色素的混合物，口服胶囊，3g/（人·d），同时局部涂抹患处］作为受试物，以口腔癌症前病变口腔黏膜白斑患者为研究对象，以反映 DNA 氧化损伤的指标——口腔黏膜细胞微核形成中间标志物，进行饮茶对人口腔黏膜上皮细胞的 DNA 损伤保护作用的研究。研究结果表明，混合茶可阻断白斑病损的发展。由此可推论，饮茶可阻断口腔癌癌前病变的发展，降低其癌变的危险性，从而对口腔癌有预防作用。

9. 抗突变作用

研究发现，茶多酚及儿茶素单体对诱变剂丝裂霉素 C（MMC）诱发的中国地鼠 V79 细胞基因正向突变及微核发生率均有较明显的抑制作用。用茶色素和鼠肝代谢酶同时处理可抑制由甲基蒽诱致的姐妹染色单体交换（SCE）。另一方面，茶色素可改变用紫外线处理的正常人细胞的姐妹染色单体交换频率。用绿茶或茶色素可抑制甲基蒽诱导的小鼠骨髓细胞染色体畸变（CA）。茶多酚的抗突变机制是通过对代谢的调节、阻断、抑制和 DNA 的复制、修复、增殖、转移等作用而实现的。

（二）防癌、抗癌及抗突变机理

1. 抗氧化作用

防癌方面的抗氧化机制：①诱导体内抗氧化酶活性；②调节Ⅰ、Ⅱ相解毒酶；③抑制致癌物的代谢活化；④减少 DNA 加合物的形成；⑤抑制癌基因的激活，减少癌基因的复制，阻断癌的启动。茶多酚对特丁基过氧化氢引起的大鼠红细胞溶血和丙二醛（MDA）生成增加，以及促癌剂 TPA 引起大鼠多形核白细胞（PMNs）的过氧化氢生成均有明显抑制作用，并呈剂量-反应关系。用 2mg/L 茶多酚、茶色素处理 $HepG_2$ 肝肿瘤细胞 24h 后可引起谷胱甘肽硫转移酶和醌还原酶活性分别升高 35.8%和 58.8%；茶多酚处理 48h 可使谷胱甘肽硫转移酶活性升高 64.6%，同样浓度的茶色素处理 48h 后，谷胱甘肽硫转移酶活性增加 84.3%。体外对 $HepG_2$ 细胞作用的研究结果提示茶多酚、茶色素可能诱导Ⅱ相代谢酶活性，加速致癌剂的结合反应，促进对致癌物活性代谢产物的排泄，从而降低进一步对 DNA、蛋白质等生物大分子的毒性作用。

2. 诱发细胞凋亡

多酚及氧化产物可引发肿瘤细胞的凋亡，但各成分之间存在差异。Li 等（2000）对绿茶多酚和表没食子儿茶素没食子酸酯对成人 T 细胞白血病患者的周围血液 T 淋巴细胞的体外实验表明，它们通过抑制成人 T 细胞白血病病毒 *IpX* 基因的表达和诱导 ATL PBLs 的凋亡，从而抑制 ATL PBLs 生长。Saeki 等（2000）在对儿茶素类诱导的组织淋巴细胞 U937 细胞凋亡研究中指出，儿茶素 B 环上的连苯三酚和 D 环上的顺式没食子酰基具有活力，而 B 环上无连苯三酚基团的儿茶素类则无活性，因而指出儿茶素 B 环上的连苯三酚基团在细胞凋亡中起着重要的作用。Chung 等（1999）在对 *H-ras* 突变基因转变的小鼠上皮 JB6 细胞的研究中指出，绿茶和红茶多酚的主要组分如儿茶素类、茶黄素类都可抑制细胞的生长和激动蛋白 1 的活力，从而通过生长抑制，抑制丝裂原激活蛋白激酶的信号转导途径；并通过各主要组分的构效关系指出，B 环的连苯三酚基团和 D 环的没食子酰基部分都有抑制作用，且 B 环的连苯三酚基团比 D 环的没食子酰基具有更高的抑制活力。Pan 等（2000）在对人 U937 细胞的研究中指出，茶双没食子儿茶素 A（Theasinensin A，由乌龙茶多酚中提取纯化）、茶黄素和茶黄素-3-单没食子酸酯（TF_{2a}）可通过细胞色素 C 的释放和激活半胱天冬酶 9（Caspase9）和半胱天冬酶 3（Caspase3）来诱导该细胞的凋亡，而茶黄素双没食子酸酯和表没食子儿茶素没食子酸酯的活性则较低。不仅如此，绿茶渣在被一种包括纤维素酶、果胶酶和蛋白酶的粗酶——崩溃酶（Driselase）降解后的产物同样具有诱导 U937 细胞凋亡的作用。还有研究指出，来自不同类茶叶中的高相对分子质量成分，即茶汤先后经氯仿、乙酸乙酯和正丁醇提取后剩下的不可透析成分，同样具有诱导 U937 和 MKN-45 细胞凋亡的作用。

3. 调节基因的表达，抑制肿瘤转化、增生

茶多酚及其氧化产物还可与生物膜上的磷酸双酯层相结合，或作用于细胞信号传导过程中的酶，影响细胞间的信号传导。Yang 等（1998）研究显示，绿茶多酚可通过抑制 NFKB 酶的活性，影响部分下游调节肿瘤坏死因子（Tumor necrosis factor-alpha）基因的表达，从而可起到一定的抗肿瘤和消炎作用。Soriani 等（1998）研究表明，表没食子儿茶素对紫外线 A 激活的人皮肤细胞血氧合酶、胶原酶和环氧合酶的活性起到调节作用，从而调节这三种酶的基因表达。茶多酚可明显拮抗促癌物对细胞间通信的抑制作用，加强细胞间信息交流；抑制促癌物诱导的基因突变、微核形成以及癌基因表达。

美国研究人员使用脱咖啡因的绿茶、红茶提取物，观察了对亚硝胺类致癌物诱发小鼠癌变的抑制作用，结果表明，喂饲绿茶与红茶提取物的动物的肿瘤数量分别减少了 67%和 65%。0.6%的红茶提取物约减少 63%的肿瘤发生量。Chen 等（1999）研究了茶黄素、茶黄素单没食子酸酯、茶黄素双没食子酸酯、茶红素、表没食子儿茶素没食子酸酯等五种物质对 TPA 诱发 NIH3T3 细胞的蛋白激酶 C 和转录激活蛋白 1（AP-1）的键合活力的作用，研究表明，在对 TPA 诱发的蛋白激酶 C 活力抑制作用实验中，茶黄素双没食子酸酯活性最高，其抑制率达到 94.5%，而表没食子儿茶素没食子酸酯却只有 9.4%；在对 TPA 诱发转录激活蛋白 1 和 *c-Jun* 基因表达的抑制实验中，也是茶黄素双没食子酸酯的活性最高。转录激活蛋白 1 在肿瘤的增生过程中起着重要作用，而多酚及其氧化产物抑制了蛋白激酶 C 及转录激活蛋白 1 的活力，从而抑制 TPA 介导的肿瘤增生。Nomura 等（2000）在表没食子儿茶素没食子酸酯和茶黄素双没食子酸酯对紫外线 B 诱发 JB6 小鼠上皮细胞的转录激活蛋白 1 活力抑制研究中有相似结论，茶黄素双没食子酸酯的抑制能力强于表没食子儿茶素没食子酸酯，从而更

有利于抑制肿瘤增生。Liang 等（1999）研究表明，表没食子儿茶素没食子酸酯和茶黄素双没食子酸酯通过阻断表皮生长因子（EGF）与其受体的结合，从而抑制丝裂原介导的信号转导途径来抑制细胞的增生，且茶黄素双没食子酸酯的抑制能力要比表没食子儿茶素没食子酸酯强。

众多研究表明，茶多酚特别是表没食子儿茶素没食子酸酯可调节有丝分裂过程中的信号传导，从而抑制肿瘤的增生。如 Liberto 和 Cobrinik（2000）对啮齿动物模型的研究表明，表没食子儿茶素没食子酸酯抑制由表皮生长因子刺激的处于 G0 或 G1 中 MCF10A 乳房上皮细胞进入 S 期。另外，Adrian 等（1999）通过对前列腺细胞 LNCap、PC-3 和 DU145 进行研究，首次报道了绿茶中的活性组分表没食子儿茶素没食子酸酯可诱导前列腺癌症细胞程序死亡。

Cao 和 Cao（1999）在对饮茶抑制癌症的机制研究中发现，表没食子儿茶素没食子酸酯可明显抑制内皮细胞生长以及鸡尿囊绒膜的新血管形成。饮绿茶可明显抑制角膜血管内皮细胞生长因子诱导的血管化。由于所有肿瘤的生长都依靠血管的生长，茶多酚的这种对血管生长的抑制作用可能解释为什么饮茶可抑制多种不同肿瘤的生长。

思考题

1. 简述茶叶中主要的化学成分。
2. 茶叶中的多酚类化合物对人体健康有何影响？尤其是茶多酚的抗氧化性质对预防慢性疾病的潜在作用是怎样的？
3. 茶叶中的咖啡因在茶叶中的作用是什么？咖啡因对神经系统和新陈代谢的影响如何与茶叶的功效相关联？
4. 茶叶中的氨基酸主要有哪些？
5. 茶氨酸对茶叶风味和品质的影响是怎样的？
6. 茶叶中微生物的存在对茶叶的发酵和风味有何影响？
7. 如何在茶叶的生产和储存过程中有效控制微生物，以确保茶叶的品质和卫生安全性？

第八章 CHAPTER 8

茶叶感官审评

第一节　茶叶感官审评基础知识

茶叶感官审评不仅能快速地鉴定茶叶色、香、味、形的品质特征，而且能发现其他检测手段难以发现或判明的茶叶质量上的某些特殊状况。正确的审评结果对指导茶叶生产、改进制茶技术、提高茶叶品质、合理定级定价、促进茶叶贸易均具有极其重要的作用。在整个审评过程中，从审评环境、审评设备、样品扦取、审评操作到评茶员自身，有许多因素会影响茶叶最终的审评结果，从而导致审评结论出现偏差。因此，充分了解影响茶叶感官审评的因素，掌握审评中的误差控制方法，对保证茶叶感官审评工作的顺利进行和审评结果的准确性具有重要意义。

一、茶叶感官审评的定义和目的

茶叶感官审评（Sensory evaluation of tea）是审评人员用感官来鉴别茶叶品质的过程。即按照国家相应的标准和规定的方法，审评人员运用正常的视觉、嗅觉、味觉、触觉的辨别能力，对茶叶产品的外形、汤色、香气、滋味与叶底等品质因子进行审评，从而达到鉴定茶叶品质优次和级别高低的目的。

二、茶叶感官审评的作用

茶叶感官审评在茶叶加工、贸易、销售以及消费领域中能够发挥巨大的指导作用，下面简要介绍。

（一）对茶叶加工工艺的指导作用

茶叶加工过程中每一个环节都需要实时反馈和调整，掌握评茶技能的品质控制技师能够快速地根据相应加工环节中的茶叶品质特点对加工进度和加工方式做出判断，并根据实际情况安排下一环节的工艺参数。在研发茶叶新产品时，茶叶感官审评也同样发挥重要的作用，研发人员可根据消费者的口味需求来设计加工工艺流程；同时在产品加工过程中研发人员通过对半成品开展审评，以其品质特点调整工艺参数；当成品完成时，研发人员可以通过茶叶感官审评对产品品质做出评价，以求完善工艺，逐步提高产品质量，达到消费者的要求。

（二）对贸易的辅助支撑作用

在大宗茶叶商品的贸易中，通常生产厂家会根据采购方提出的要求进行生产，采购方的要求既要以书面的形式诉诸文字，也需要提供实物依据。生产厂家在茶叶加工时既要做到采购方的要求，也要参照贸易标准样来进行。完成交易时，双方都需要对照标准样进行成品验收，茶叶感官审评对于贸易的顺利进行起到了辅助的支撑作用，积极地促进了贸易的信任度。

（三）对消费的引导作用

由于茶叶感官审评能够帮助人们对茶叶的品质有相对客观的了解，在消费环节中，掌握了茶叶感官审评技能的消费者对茶叶冲泡的流程和技术要点以及特定茶叶品种的特征性品质特点有较好的理解，容易快速找到适合自己口味的、喜爱的茶产品。同时消费者利用茶叶感官审评评价茶叶品质之后，在茶叶冲泡和饮用的过程中可以利用投茶量、出汤时间、茶水比等冲泡技术对茶叶的特征扬长避短，这是泡茶者需要具备的一项技能，也是消费者更好地品尝茶叶的较好的方式。茶叶品质特征评得越准，泡茶时就越容易发挥茶叶的优秀特征。

三、审评项目和审评因子

茶叶审评项目一般分为外形、汤色、香气、滋味和叶底，通常又分干评外形和湿评内质。我国因茶类众多，不同茶类的审评方法和审评因子有所不同。红、绿毛茶外形审评分松紧、老嫩、整碎、净杂 4 项因子，有的分条索、色泽、整碎、净度 4 项因子，或分嫩度、条索、色泽、整碎、净度 5 项因子，结合嗅干茶香气，手测毛茶水分。红、绿成品茶外形审评因子与毛茶相同。内质审评包括香气、汤色、滋味、叶底 4 个项目。这样外形、内质共 8 个项目（习惯上又称 8 项因子）。评茶时必须内外干湿兼评，深入了解各个审评因子的内容，熟练地掌握审评方法，进行细致的综合分析、比较，以求得正确的审评结果。

（一）外形审评

外形审评包括形状、嫩度、条索、色泽、匀度（整碎）等内容。压制茶审评松紧度、匀整度、表面光洁度和规格等状况。速溶茶审评形态、色泽、匀整度和净度。

1. 形状

形状主要审评茶叶的造型、大小、粗细、宽窄和长短等，以及茶叶造型的特色性、一致性和优美性。形状由制茶原料的嫩度和加工工艺决定。

2. 嫩度

嫩度指茶叶原料的生长程度，通常是原料越嫩，绿茶品质越好，俗话说“早采三天是个宝，晚采三天不如草”。嫩的原料不仅易于造型，制成的干茶形状优美，而且内含品质成分丰富、协调。

（1）嫩度好　指芽及嫩叶比例大，含量多。审评时要以整盘茶去比，不能单从个数去比，因为同是芽与嫩叶，仍有厚薄、长短、大小之别。凡是芽及嫩叶比例相近、芽壮身骨重、叶质厚实的品质好。所以采摘时要老嫩匀齐，制成毛茶外形才整齐。而老嫩不匀的芽叶初制时难以掌握，且老叶身骨轻，外形不匀整，品质就差。

（2）锋苗　锋苗指细嫩的芽叶紧卷而形成的有一定锐度的尖锋。锋苗锐利，白毫显，则嫩度高。如果嫩度低，即使制工好，条索完整，成茶也不锐无锋，品质也差。一般炒青绿茶看锋苗，烘青绿茶看芽毫，条形扁形茶看芽头。需要注意，以茸毛多少判断的话，只能用于毛峰、毛尖及银针等“茸毛类”茶；而龙井、雀舌等均是体表无茸毛的。芽的多少，毫的疏密，常因品种、茶季、茶类、加工方式不同而不同。同样嫩度的茶叶，春茶显毫，夏秋茶次之；高山茶显毫，平地茶次之；人工揉捻显毫，机揉次之；烘青比炒青显毫。

（3）光糙度　嫩叶细胞组织柔软且果胶质多，容易揉成条，条索光滑平伏。而老叶质地硬，纤维素多，做形难，且条索不易揉紧，条索表面凸凹起皱，干茶外形较粗糙。

3. 条索

叶片卷转成条称为“条索”。外形呈条索紧、身骨重、圆而挺直，说明原料嫩，做工好，品质优；若外形松、扁、碎，并有烟、焦味，则说明原料老，做工差，品质劣。一般地，长条形茶看松紧、弯直、壮瘦、圆扁、轻重；圆形茶看颗粒松紧、匀正、轻重、空实；扁形茶看平整光滑程度及是否符合规格。条形茶的条索要求紧直有锋苗，除烘青条索允许略带扁状外，都以松扁、曲碎的差，青茶条索紧卷结实，略带扭曲。其他不成条索的茶叶称为“条形”，如龙井、旗枪是扁条，以扁平、光滑、尖削、挺直、匀齐的好，粗糙、短钝和带浑条的差。

常用的形状术语如下。

显毫：指芽尖含量高，并且含有较多的白毫。

锋苗：细嫩。紧卷有尖锋。

重实：条索或颗粒紧结；以手权衡有沉重感，一般是叶厚质嫩的茶叶。

匀整：指上、中、下三段茶的大小、粗细、长短较一致。

匀净：匀齐而无梗朴及其他夹杂物。

肥壮：指茶叶的芽头肥、叶肉厚实、形态丰满。

紧结：条索紧卷而重实。

紧直：条索紧卷、完整而挺直。

紧实：紧结重实，嫩度稍差，少锋苗，制工好。

蜻蜓头：通常用来形容水仙、铁观音等叶片肥厚的乌龙茶的外形。茶坯在包揉时，叶片卷成紧结的圆条状，叶蒂由于肥厚而不卷曲，因而在叶柄较软的部位产生弯曲，俗称“蜻蜓头”。

泥鳅条：形容黑茶条索，指紧卷圆直的茶条，壮如泥鳅。

丝瓜瓤：描绘黑茶渥堆过度造成主脉和叶肉分离、侧脉裸露的样子，很像丝瓜瓤。

4. 色泽

色泽是指茶叶的色度和光泽度。色度是茶叶表面的颜色及其深浅程度，光泽度是茶叶表面的亮暗程度。茶叶色泽与原料嫩度、加工技术有关。各种茶均有一定的色泽要求，包括茶叶的颜色、枯润、匀杂等，如红茶乌黑油润、绿茶翠绿、乌龙茶青褐色、黑茶黑油色等。好茶要求色泽一致，光泽明亮，油润鲜活；如果色泽不一，深浅不同，暗而无光，说明原料老嫩不一，做工差，品质劣。

（1）深浅　首先看色泽是否符合该茶类应有的色泽要求。对正常的干茶而言，原料细嫩的高级茶颜色深，随着茶叶级别下降颜色渐浅。

（2）润枯　“润”表示茶叶表面油润光滑，反光强。“润”一般可反映鲜叶嫩而新鲜，加工及时合理，是品质好的标志。“枯”是茶叶有色而无光泽或光泽差，表示鲜叶老或制工不当，茶叶品质差。劣变茶或陈茶的色泽多为枯且暗。

（3）鲜暗　“鲜”为色泽鲜艳、鲜活，给人以新鲜感，表示鲜叶新鲜，初制及时合理，为新茶所具有的色泽。“暗”表现为茶色深且无光泽，一般为鲜叶粗老、贮运不当、初制不当或茶叶陈化等所致。紫芽种鲜叶制成的绿茶，色泽带黑发暗。过度深绿的鲜叶制成的红茶，色泽常呈现青暗或乌暗。

5. 匀整度

匀整度指茶叶老嫩、大小、厚薄和整碎的统一度，即均匀整齐程度。一般是看上、中、下三段茶的比例。审评看茶叶是否脱档，锋苗是否显露及其平伏度。好茶叶的茶条横卧、不起翘、无架空、平伏度好。

（1）整碎　指外形的匀整程度。毛茶基本上要求保持茶叶的自然形态，完整的为好，断碎的为差。精茶的整碎主要评比各孔茶的拼配比例是否恰当，要求筛档匀称不脱档，面张茶平伏，下盘茶含量不超标，上、中、下三段茶互相衔接。

（2）净度　指茶叶中含夹杂物的程度。不含夹杂物的为净度好，反之则净度差。

（二）内质审评

内质审评汤色、香气、滋味、叶底 4 个项目，将杯中茶叶冲泡出的茶汤倒入审评碗，茶汤处理好后，可按照看汤色、嗅香气、尝滋味、看叶底的顺序进行。审评时，汤色主要评比颜色种类与色度、明暗度和清浊度等；香气主要评比纯异、高低和长短；滋味主要评比是否纯正，纯正后评比浓淡、强弱、鲜、爽、醇、和等；叶底主要评比嫩度、色泽和匀度。

1. 汤色

对冲泡后沥出的茶汤颜色、亮暗程度、清浊状况等进行评定。速溶茶需加评溶解速度与溶解率。汤色是茶叶中所含的各种水溶性色素溶解于沸水中而反映出来的色泽。汤色在审评过程中变化较快，溶于热水中的多酚类等物质与空气接触后很易氧化变色，使绿茶汤色变黄变深，青茶汤色变红，红茶汤色变暗。为了避免色泽的变化，审评时宜先看汤色，尤其是绿茶，在嗅香之前先快速看一遍汤色，做到心中有数。

汤色随茶树品种、鲜叶老嫩、加工方法不同而变化，但各类茶均有一定的色度要求，主要是审评茶汤的正常色、劣变色和陈变色。如绿茶的黄绿明亮、红茶的红艳明亮、乌龙茶的橙黄明亮、白茶的浅黄明亮等。茶汤以清澈明亮为好；低档茶汤色一般欠明亮；酸馊劣变茶的汤色混浊不清；陈茶的汤色发暗变深；杂质多的茶会在审评杯底出现沉淀。

审评时的季节、气温、光线及汤温会影响汤色的呈现。在同一温度和时间内，红茶的变色幅度大于绿茶，大叶种大于小叶种，嫩茶大于老茶，新茶大于陈茶。一般在 10min 内观察到的汤色，较能代表茶的原有汤色。

汤色的鉴评主要从色度、亮度、浑浊度三方面进行。

色度主要指茶汤的颜色。正常的茶汤汤色是绿茶绿汤，绿中带黄；红茶红汤，红艳明亮；黑茶橙红或红浓等；劣变色是由于鲜叶采运、摊放或初制不当等造成变质，导致汤色不正；如果杀青后不及时揉捻，揉捻后不及时干燥，会使新茶制成陈茶色。

亮度指茶汤的明亮程度。通常情况下，茶汤亮度好的茶品质较好，茶汤比较暗的品质就比较差。

浑浊度指茶汤清澈和浑浊的程度。清澈指汤色纯净透明，无混杂，清澈见底；浑浊指茶汤不清，视线模糊。但在浑汤中有两种情况要区别对待，其一是红茶茶汤的“冷后浑”或“乳凝现象”，这是咖啡因与多酚类物质氧化的产物形成的络合物，它溶于热水，而不溶于冷水，茶汤冷却后即可析出而产生“冷后浑”，这是红茶品质好的现象。还有一种情况是，鲜叶细嫩多毫，如高级碧螺春、都匀毛尖等，茶汤中茸毛多，悬浮于汤中，这也是品质好的现象。

2. 香气

对冲泡后茶叶所散发香气的纯异、新陈、香型、高低和持久状况等进行评定是茶叶审评的一个重要内容。香气是由茶叶冲泡后随水蒸气挥发出来的各种气味分子共同作用于嗅觉器官而产生的。嗅香气应一手拿住已倒出茶汤的审评杯，另一手揭开杯盖，靠近杯沿用鼻轻嗅或深嗅。为了正确判别香气的类型、高低和长短，嗅时应重复一两次，但每次嗅的时间不宜过久，因嗅觉易疲劳，嗅香过久，嗅觉失去灵敏感，一般是3s左右。同时，杯数较多时，注意嗅香时间拖长，冷热程度不一，就难以评比。每次嗅评时都将杯内叶底抖动翻个身，在未评定香气前，杯盖不得打开。嗅香气应以热嗅、温嗅和冷嗅相结合进行。热嗅，主要辨别香气是否正常、香气类型和高低。温嗅，指在茶叶温热时（约55℃）辨别香气的优次。冷嗅，指茶叶凉后辨别香气的持久性。当两种茶的香气在温嗅时不相上下，可根据冷嗅的余香持久程度来判定优次。审评茶叶香气最适合的叶底温度是55℃左右，超过65℃时感到烫鼻，低于30℃时茶香低沉。审评香气时还要注意，不宜多种类型的茶同时进行，且应注意避免外界因素干扰，如抽烟、擦香脂、用香皂洗手等都会影响鉴别香气的准确性。除了辨别香型，还要比较香气的纯异、高低、长短。

（1）纯异　“纯”指某茶应有的香气，“异”指茶香中夹杂有其他气味。香气纯要区别三种情况，即茶类香、地域香和附加香。茶类香指某茶类应有的香气，如绿茶要清香，黄大茶要有锅巴香，黑茶和小种红茶要有松烟香，青茶要带花香或果香，白茶要有毫香，红茶要有甜香等。

在茶类香中又要注意区别产地香和季节香。产地香即高山、低山、洲地之区别，一般高山茶香气高于低山茶。季节香即不同季节香气之区别，我国红、绿茶一般是春茶香气高于夏秋茶；秋茶香气又比夏茶好；大叶种红茶香气则是夏秋茶比春茶好。地域香即地方特有香气，如同是炒青绿茶的嫩香、兰花香、熟板栗香等，同是红茶有蜜香、橘糖香、果香和玫瑰花香等地域性香气。附加香是指外源添加的香气，如以茶用香花茉莉花、珠兰花、白兰花、桂花等窨制的花茶，不仅具有茶叶香，而且还引入了花香。

异气指茶香不纯或沾染了外来气味，轻的尚能嗅到茶香，重的则以异气为主。香气不纯如烟焦、酸馊、陈霉、日晒、水闷、青草气等，还有鱼腥气、木气、油气、药气等。但传统黑茶及小种红茶均要求具有松烟香气，不属于异气。

（2）高低　香气高低可以从以下几方面来区别，即浓、鲜、清、纯、平、粗。所谓“浓”指香气高，充沛有活力，刺激性强。“鲜”犹如呼吸新鲜空气，有醒神爽快感。“清”指清爽新鲜之感，其刺激性不强。“纯”指香气一般，无粗杂异味。“平”指香气平淡但无异杂气味。“粗”则感觉有老叶粗辛气。

（3）长短　即香气的持久程度。从热嗅到冷嗅都能嗅到香气，表明香气长，反之则短。香气以高而长、鲜爽馥郁的好，高而短次之，低而粗为差。凡有烟、焦、酸、馊、霉、陈及其他异气的为低劣。

3. 滋味

滋味是品尝茶汤的人对茶汤的味觉感受。尝滋味的最佳温度在50℃左右。审评茶汤先要区别是否纯正，纯正的滋味可区别其浓淡、强弱、鲜滞、纯异等方面，不纯的可区别其苦、涩、粗、异。值得注意的是，茶汤太热或冷都会使判断有误差。一般将一浅匙茶汤吮入口中（通常为 10mL），舌头每个部位对滋味的感觉是不同的。所以先让茶汤在舌头上循环滚动，停留一段时间以便感受滋味。同时，既要觉察舌头感受到的味道，又要体会从喉咙扩散到嗅觉器官的香气和来自鼻腔的香气的混合知觉。然后，根据感觉到的茶汤滋味进行分级打分。审评滋味的时候茶汤不宜咽下，在尝第二杯不同的茶汤时，汤匙应该要用白开水冲洗干净。滋味从高到低的基础描述为浓烈-浓厚-浓纯-醇厚-醇和-纯正-粗涩-粗淡等。“浓”指浸出的内含物丰富，有厚的感觉；“淡”则相反，指内含物少，淡薄无味。“强”指茶汤吮入口中感到刺激性或收敛性强；“弱”则相反，入口刺激性弱，吐出茶汤后口中平淡无味。“鲜”似食新鲜水果的感觉。“爽”指爽口。“醇”表示茶味尚浓，但刺激性欠强。“和”表示茶味平淡正常。

滋味不正或变质有异味，常表现为苦、涩、青、粗、酸、馊、霉、焦、烟等。其中苦味是茶汤滋味的特点，对苦味不能一概而论，应加以区别：如茶汤入口先微苦后回甘，这是好茶；先微苦后不苦也不甜者次之；先微苦后也苦又次之；先苦后更苦者最差。后两种味觉反应属苦味。“涩”似食生柿，有麻嘴、厚唇、紧舌之感。涩味轻重可从刺激的部位来区别，涩味轻的在舌面两侧有感觉，重一点的整个舌面有麻木感。

一般茶汤的涩味，最重的也只在口腔和舌面有反应，先有涩感后不涩的属于茶汤味的特点，不属于味涩，吐出茶汤仍有涩味才属涩味。涩味一方面表示品质老杂，另一方面是夏秋季节茶的标志。“粗”指粗老茶汤味，在舌面感觉粗糙。“异”属不正常滋味，如酸、馊、霉、焦味等。

4. 叶底

对冲泡后的茶叶，从嫩度、色泽、完整度和均匀性（包括嫩度和色泽的匀整度）等方面进行评定。以芽与嫩叶含量的比例和叶质的软硬来衡量。芽或嫩叶的含量与鲜叶成熟度密切相关，通常好茶的叶底，幼嫩芽叶含量多，质地柔软，色泽明亮、均匀、一致；而差的叶底表现为暗、粗老、单薄、摊张、花杂等，焦叶、劣变叶、掺杂叶则不允许存在。叶底的色泽也同干茶一样，从色度和光泽度评比，审评本茶类应有的色泽和当年新茶的正常色泽。匀度，主要从老嫩、大小、厚薄、色泽和整碎去看。审评叶底时还应注意看叶张舒展情况，是否掺杂等。因为干燥温度过高会使叶底缩紧，泡不开、不散条的为差，叶底完全摊开也不好，好的叶底应具备亮、嫩、厚、稍卷等几个或全部因子。次的为暗、老、薄、摊等几个或全部因子，有焦片、焦叶的更次，变质叶、烂叶为劣变茶。

第二节　茶叶感官审评方法

一、茶叶感官审评的设备和要求

茶叶品质是依靠人的嗅觉、味觉、视觉和触觉等感觉来评定的。而感官评茶是否客观正确，除取决于评茶人员的审评能力外，良好的环境设备及合理的审评方法也是必不可少的重要条件。

学习茶叶审评与检验，要注意把感官审评的结果与理化测定的结果结合起来去体验与分析，诸如滋味的“浓”“强”“鲜”“醇”“纯”“平”，化学分析得分，或其茶多酚、氨基酸、咖啡因等成分的含量是多少，等级茶的色、香、味等级感受如何，要时刻锻炼自己的感官感受，什么是“地域性”香气，什么是“自然花香”，那是一种什么花的香气。在日常生活中，要捕捉一些自然香味的信息，以丰富感官感知知识，并锻炼反应快捷、判断准确，同时要保护感官的灵敏性。

（一）茶叶审评人员应具备的条件

茶叶感官审评对评茶人员的道德素质、业务水平、感官识别力和健康状况要求较高。从事茶叶品质审评的人员应具有评茶员国家职业资格证书，或具备茶学专业大专及以上文凭，并有多年从事茶叶生产和感官检验的工作经验。另外，还要深入了解制茶工艺、制茶机械的性能、茶叶产区特点、季别特征、市场情况和饮茶习惯等，这样才能正确地评定茶叶的品质。由于审评结果受评茶人员自身的感知水平影响较大，因此评茶人员要具备良好的身体素质，注意保持感官的灵敏度，平时要有意识地积累各种茶或非茶的香味感受，有计划地、长期地进行系统感官训练；工作前和工作中不得沾烟酒，不接触刺激性的物品。

（二）茶叶审评环境及设备条件

1. 审评室

为规范茶叶感官审评的工作环境，我国已发布实施相应的国家标准 GB/T 18797—2012《茶叶感官审评室基本条件》。

茶叶审评场地应独立设立在环境安静、平坦整洁的房间内，条件允许的应设在第 2 层楼以上，以保证干燥无潮气。房间由北面自然采光，但要避免阳光直射，采光面积至少为墙体面积的 1/3，阳光直射茶汤或叶底，产生雀斑光点易产生误差。地处北半球地区的评茶室应背南朝北，窗户宽敞，不装有色玻璃。北面透射的光线早晚都较均匀，变化较小。评茶室内外不能有异色反光和遮断光线的障碍物。为了避免窗外反射光的干扰，宜在北窗外沿，装一突出的黑色斜斗形的遮光板、倾斜度 30°，用以遮障外来直射的光线及窗外其他有色的干扰物，使光线从斜斗上方玻璃射入，评茶台面光线柔和。干评台工作面光线照度要求约 1000lx，湿评台工作面光线照度不低于 750lx。为了改善室内光线，墙壁、天花板及家具均漆成白色。评茶台的正上方，可安装模拟日光的标准光管（4 管或 5 管并列）备作自然光较差时使用。应使光线均匀、柔和，无投影，在恒温评茶室，则作为主要的评茶光源。

评茶时，室内温度最好是恒温，保持在 20~25℃，恒湿即室内相对湿度不高于 70%，环境噪声不超过 50dB（分贝）。东西向墙面不开窗；南面开门与气窗，保持空气流畅。场地面积应根据工作量而定，以 15~30m^2/人为宜。

2. 评茶设备与器具

（1）常用评茶设备

①干评台：检验干茶外形形态与色泽的黑色审评台，也用于放置茶样盘、天平等。其高 80~90cm，宽 60~75cm，长度可依工作室情况而定，台面下可设抽斗。外观光洁不反光，无杂异气味。

②湿评台：审评茶叶内质的白色审评台，也可放置审评杯审评碗、汤碗、汤匙、定时器等，不渗水，台面水痕可拂除，无杂异气味。湿评台一般宽 45~50cm，高 75~80cm，台面镶

边高 5cm，长度视实际需要而定，台面应留一缺口，以利台面茶水流出和清扫台面。

③样茶柜架：审评室要配置适量的样茶柜或样茶架，用以存放样茶罐。柜架放在评茶室的两侧，漆成白色。

除审评用具外，评茶室陈设宜简单、适用，给评茶人员整洁、宽敞、明亮的感觉。

（2）审评器具

①审评盘：也称样茶盘或样盘，是审评茶叶外形用的，用硬质薄木板制成。审评盘有长方形和正方形两种，正方形一般长、宽、高分别为 23cm、23cm、3cm，长方形分别为 25cm、16cm、3cm，木质无异味，漆成白色。盘的左上方开一缺口，便于倾倒茶叶。正方形盘方便筛转茶叶，长方形盘节省干评台面积。审评毛茶一般采用篾制圆形样匾，直径为 50cm，边高 4cm。

②审评杯：用于开汤冲泡茶叶及审评香气的圆柱形白瓷杯，色泽一致。我国审评杯分为初制茶（毛茶）审评杯、精制茶（成品茶）审评杯和乌龙茶审评杯，三者的形状和高度、大小有所区别。常见的精制茶（成品茶）审评杯，杯呈圆柱形，杯高 66mm，外径 67mm，容量 150mL。具盖，盖上有一小孔，杯盖上面外径 76mm。与杯柄相对的杯口上缘有三个呈锯齿形的滤茶口，缺口中心深均为 3mm，宽 2.5mm。初制茶（毛茶）审评杯，杯呈圆柱形，杯高 75mm，外径 80mm，容量 250mL。具盖，盖上有一小孔，杯盖上面外径 92mm。与杯柄相对的杯口上缘为弧形或者三个呈锯齿形的滤茶口，口中心深均为 4mm，宽 2.5mm。乌龙茶审评杯，杯呈倒钟形，杯高 52mm，上口外径 83mm，容量 110mL。具盖，盖外径 72mm。速溶茶审评使用 250mL 透明刻度烧杯或玻璃杯。

③审评碗：为特制的广口白色瓷碗，用来审评汤色和滋味。精制茶（成品茶）审评碗，碗高 56mm，上口外径 95mm，容量为 240mL。初制茶（毛茶）审评碗，碗高 71mm，上口外径 112mm，容量为 440mL。乌龙茶审评碗，碗高 51mm，上口外径 95mm，容量为 160mL。

④叶底盘：用于审评叶底。木质黑色或白色搪瓷盘，黑色叶底盘为正方形，边长 10cm，高 1.5cm，供审评精制茶用。搪瓷盘为长方形，外径长 23cm，宽 17cm，边高 3cm，一般供审评初制茶叶叶底用。现多将叶底倒入杯盖。

⑤茶匙：也称汤匙，是舀取茶汤品评滋味的白色瓷匙。

⑥汤碗：供盛入开水，对茶匙、网匙进行消毒清洗的瓷碗。

⑦水壶：用于制备沸水的电茶壶，水容量 2.5～5L。忌用黄铜或铁质茶壶，以防异味或影响茶汤色泽。

⑧样茶秤：为特制的铜质称茶的衡器，称秤的杠杆一端有碗形铜质圆盘，置有 3g 或 5g 重的扁圆铜片一块，另一端带有尖嘴的椭圆形铜盘，用以装盛样茶。无称秤者，采用小型粗天平（1/10g 灵敏度）也可。

⑨吐茶桶：审评时用以吐茶及装盛清扫的茶汤叶底。吐茶桶有圆筒形或半圆形两种，圆形高 80cm、直径 35cm、蜂腰直径 20cm，两节，上节底设筛孔，以滤茶渣，下节盛茶汤水用。

⑩计量仪器：

a. 天平。用于茶样审评时的取样和鉴定茶样质量的仪器。常用感量为 0.1g 的托盘天平和电子天平，速溶茶审评使用感量为 0.01g 的天平。

b. 定时器。常规使用可预定 5min 自动响铃的定时器（钟）或用 5min 的砂时器，要求精确到秒。

c. 直尺。用于对某些压制茶样的外形规格进行测量的仪器。长度为300mm，最小刻度为1mm。

3. 审评用水

(1) 用水选择　评茶用水的优劣，对茶叶汤色、香气和滋味影响极大。评茶用水应符合国家饮用水规定，清洁无味。可用无污染的深井水、自然界中的矿泉水及山区流动的溪水。要求浑浊物不超过5mg/L，无色透明；原水和煮沸水中无气味，不得有游离氯、氯酚等；总硬度不得超过120mg/L（以 $CaCO_3$ 计）；pH在5.5~6.8，为防止水的酸碱度对审评造成干扰，不得使用碱性水冲泡审评。含铁量低于0.02mg/L。为了弥补当地水质之不足，较为有效的办法是使用瓶装纯净水，这样能明显避免杂质影响，提高审评用水的透明度与可口性。

(2) 泡茶的水温　审评泡茶用水的温度应达到沸滚起泡的程度，水温标准是100℃。沸滚过度的水或不到100℃的开水用来泡茶，都不能达到评茶的良好效果。

陆羽《茶经》云："其沸，如鱼目，微有声，为一沸。边缘如涌泉连珠，为二沸。腾波鼓浪，为三沸。以上水老，不可食也。"明许次纾《茶疏》云："水一入铫，便需急煮，候有松声，即去盖以消息其老嫩。蟹眼之后，水有微涛，是为当时。大涛鼎沸，旋至无声，是为过时，过则汤老而香散，决不堪用。"

以上是古人对烧水煮茶的历史记载，可供参考。评茶烧水应达到沸滚而起泡为度，这样的水冲泡茶叶才能使汤的香味更多地发挥出来，水浸出物也溶解得较多。水沸过久，能使溶解于水中的空气，全被驱逐变为无刺激性。用这种开水泡茶，必将失去像用新沸滚的水所泡茶汤应有的新鲜滋味。

(3) 泡茶的时间　茶叶汤色的深浅、明暗和汤味的浓淡、爽涩，与茶叶中水浸出物的数量特别是呈味物质的浸出量和浸出率有密切关系。实践证明，冲泡时间不足5min，汤色浅，滋味淡。超过5min，汤色深，呈涩味的多酚类化合物特别是酯型儿茶素浸出量多，使味感差。一般，散茶冲泡时间为5min，绿茶冲泡4min，冲泡紧压茶时要先将茶砖（坨）充分解体呈散状，可根据压制原料的老嫩及紧压程度适度延长冲泡时间。青茶和花茶按照各自规定的时间和次数冲泡。

(4) 茶水比　审评的用茶量和冲泡的水量多少，与汤味浓淡和汤色深浅有很大关系。若用茶量多而水少，则茶叶难泡开，并使茶汤过分浓厚。反之，茶少水多，汤味就过于淡薄。等量茶样冲泡用水量不同，或用水量相同而茶量不同，都会影响茶叶香气及滋味的呈现，从而导致审评结果误差。一般审评的茶样量为3g，茶水比是1:50，但审评岩茶、铁观音等青茶时，投入茶量5g，茶水比为1:22。

二、茶叶感官审评操作方法

(一) 茶叶取样

取样又称抽样或扦样，是指从一批或数批茶叶中取出具有代表性的样品供审评使用。

1. 茶叶取样的意义

茶叶审评的对象，一般说是毛茶、精茶、再加工茶和深加工茶。每个样茶，都是由许多形态互异的个体组成，品质则是由构成品质的诸多因子组成，关系十分复杂。即使是同批茶叶，形状上有大小、长短、粗细、松紧、圆扁、整碎的差异，有老嫩、芽叶、毫梗质地的差异，内含成分有组分的多少、比例及质与量的差异。而且因地域、品种、加工条件和工艺技术的不同，外形、内质是有许多差别的。即使经拼配的精茶，也有上、中、下三段品质截然不同的现象：上段茶条索较长略松泡，中段茶细紧重实，下段茶短碎；相应的三段茶内质汤味有淡、醇、浓的区别，且香气品质有稍低、较高、平和的区别；叶底上段茶完整，下段茶短碎带暗，中段茶较为嫩软。正是由于茶叶具有不均匀性，要扦取具有代表性的样品，更需认真细致。从大批茶取样要准确，审评检验时的取样同样要准确。开汤审评需样数量只有3~5g，更需严格，这3~5g茶的审评结果，是对一个地区、一个茶类或整批产品给予客观正确的鉴定，关系着全局。因此说，没有样品的代表性，就没有审评检验结果的正确性。

取样不仅可以判定一批茶的品质等级和经济价值，还能为茶叶生产技术的改进提供科学依据。所以说取样工作是一项非常重要的技术工作，是准确审评的前提，应引起高度重视。

2. 取样数量

1~5件，取样1件。6~50件，取样2件。50件以上，每增加50件（不足50件者按50件计）增取1件。500件以上，每增加100件（不足100件者按100件计）增取1件。1000件以上，每增加500件（不足500件者按500件计）增取1件。

3. 取样、分样步骤

在不使用分样器的情况下，茶叶取样操作的基本方法是四分法：将样茶充分混合，摊平一定的厚度，再用分样板按对角划“X”形沟，将茶分成独立的4份，取相对两份，如此可反复分取，直至所需数量为止。

过去对于毛茶调拨验收的扦样，通常由毛茶的收购单位与毛茶精制经营部门负责办理。毛茶调拨验收是对样复验收购的等级是否符合标准，品质有无劣变情况，以明确和加强调出调入双方责任。为使验收正确无误，必须记明毛茶交货拨运单的批次、等级、数量、收购单价，对照来货扦取。

茶叶精制厂精茶的扦样，是贯彻执行产品出厂负责制的关键。一般在匀堆后、装箱前扦取。在茶堆的各个部位分多次扦取样品，将扦取的样茶混合后归成圆锥形小堆，然后从茶堆上、中、下各部不同部位扦取所需样品，供审评检验之用。规模大的茶厂，作业机械联装，加工连续化，匀堆装箱亦实施连续化及自动化，扦样就是在匀堆作业流水线上，定时分段进行。再加工的紧压茶，则在干燥过程中随时扦样，如砖茶、紧茶、饼茶等从烘房不同部位扦样审验。篓装散茶如六堡茶、湘尖、方包茶等就拣样各件的腰部或下层部扦取样茶。

（1）大包装茶取样方法

①核定取样的件数。

②抽取样品：用取样铲从被抽取茶箱（或袋）的不同部位取出原始样品。

③混合原始样品：混合所有原始样品，充分拌匀。

④缩分茶样：用分样器或四分法逐步缩分到所需数量的平均样品，约500g茶样。

⑤装入茶罐中，盖好茶罐，贴上标志，供检验用。

（2）小包装茶取样方法

①核定本批茶叶所取的件数。

②从堆垛的不同部位随机抽取核定件数的茶叶，逐件开启。

③从每件的上、中、下各部位抽取2~3盒（听、袋），保留一定数量的单盒（听、袋），放入干燥的密闭容器，供单件分别检验。

④其余茶样现场拆封，倒出茶叶拌匀。

⑤用分样器或四分法逐步缩分到所需数量的平均样品，约 500g 茶样。

⑥装入茶罐，盖好茶罐，贴上标志，供检验用。

（3）压制茶取样

①随机从堆放不同位置抽取规定取样件数，逐件开启。

②从各件内不同部位取出 1~2 个（或块）。

③单件在 500g 以上留取 3 个（或块）。

④500g 以下的单件留取 5 个（或块）。

⑤装入密闭容器内供检验用。

（4）毛茶取样

①毛茶取样件数要比出口茶叶规定取样件数增加 10%~30%。

②必要时也可逐件取样审评，以便定级归堆或确保定级定价的准确性。

（二）茶叶审评通用操作方法

茶叶审评的操作流程：取样→审评外形→称样→冲泡→沥茶汤→评汤色→闻香气→尝滋味（如有要求，重复进行冲泡→沥茶汤→评汤色→闻香气→尝滋味）→看叶底。

这个流程对构成茶叶品质的五因子（外形、汤色、香气、滋味、叶底）都进行了审评，因此也称“五因子审评法”，是各大茶类通用的茶叶审评方法。进行审评操作时，要把每个因子的审评结果及时填写到审评表内，有时还要打分。

茶叶感官审评按外形、汤色、香气、滋味、叶底的顺序进行，现将一般评茶操作程序分述如下。

1. 把盘

把盘，俗称摇样匾或摇样盘，是审评干茶外形的首要操作步骤。将缩分后的有代表性的茶样一份 200~300g，置于评茶盘中，双手握住茶盘对角，用回旋筛转法，使茶样按粗细、长短、大小、整碎顺序分层。按照规定的审评内容，用目测、手感等方法进行外形审评。

审评干茶外形，依靠视觉、触觉而鉴定。因茶类、花色不同，外在的形状、色泽是不一样的。因此，审评时首先应查对样茶，判别茶类、花色、名称、产地等，然后扦取有代表性的样茶，审评毛茶需 250~500g，精茶需 200~250g。

审评毛茶外形一般是将样茶放入篾制的样匾里，双手持样匾的边沿，运用手势作前后左右的回旋转动，使样匾里的茶叶均匀地按轻重、大小、长短、粗细等不同有次序地分布，然后把均匀分布在样匾里的毛茶通过反转顺转收拢集中成为馒头形，这样摇样匾的“筛”与“收”的动作，使毛茶分出上、中、下三层次。一般来说，比较粗长轻飘的茶叶浮在表面，叫面装茶，或称上段茶；细紧重实的集中于中层，叫中段茶，俗称腰档或肚货；体小的碎茶和片末沉积于底层，叫下身茶，或称下段茶。审评毛茶外形时，对照标准样，先看面装，后看中段，再看下身。看完面装茶后，拨开面装茶抓起放在样匾边沿，看中段茶，看后又用手拨在一边，再看下身茶。看三段茶时，根据外形审评各项因子对样茶评比分析确定等级时，要注意各段茶的比重，分析三层茶的品质情况。如面装茶过多，表示粗老茶叶多，身骨差，一般以中段茶多为好，如果下身茶过多，要注意是否属于本茶本末，条形茶或圆炒青如下段茶断碎片末含量多，表明做工、品质有问题。

审评精茶外形一般是将样茶倒入木质审评盘中，双手拿住审评盘的对角边沿，一手要拿住样盘的倒茶小缺口，同样用回旋筛转的方法使盘中茶叶分出上、中、下三层。一般先看面装和下身，然后看中段茶。看中段茶时将筛转好的精茶轻轻地抓一把到手里，再翻转手掌看中段茶品质情况，并权衡身骨轻重。看精茶外形一般要求对样评比上、中、下三档茶叶的拼配比例是否恰当和相符，是否平伏匀齐不脱档。看红碎茶虽不能严格分出上、中、下三段茶，但样茶盘筛转后要对样评比粗细度、匀齐度和净度。同时抓一撮茶在盘中散开，使颗粒型碎茶的重实度和匀净度更容易区别。审评精茶外形时，各盘样茶容量应大体一致，便于评比。

2. 开汤

开汤，俗称泡茶或沏茶，为湿评内质的重要步骤。从样盘中撮取略多于 3g 的茶叶，经天平准确称量 3.0g（花茶称量前剔掉审评样中的花干、花萼等非茶成分），倒入审评杯，再冲入沸水至杯满为止，立即加盖。从冲水时开始计时。冲泡时第一杯起即应计时，并从低级茶泡起，随泡随加杯盖，盖孔朝向杯柄，一般 5min（绿茶为 4min）时按冲泡次序将杯内茶汤滤入审评碗内，倒茶汤时，杯应卧搁在碗口上，杯中残余茶汁应完全滤尽。

开汤后应先看汤色，嗅香气，再尝滋味，后评叶底。但收茶站审评毛茶内质，除特种茶外，一般是以叶底为主，香味、汤色作为参考，一般只要求正常。

3. 看汤色

冲水 5min（绿茶为 4min）后，将茶汤沥入审评碗内，评其汤色，审评时应注意光线对茶汤审评结果的影响，必要时可调换审评碗的位置。

汤色靠视觉审评。茶叶开汤后，茶叶内含成分溶解在沸水中的溶液所呈现的色彩，称为汤色，又称水色，俗称汤门或水碗。审评汤色要及时，因茶汤中的成分和空气接触后很容易发生变化，所以评汤色要快。汤色易受光线强弱、茶碗规格、容量多少、排列位置、沉淀物多少、冲泡时间长短等各种外因的影响。冬季评茶，汤色随汤温下降逐渐变深；若在相同的温度和时间内，红茶色变大于绿茶，大叶种大于小叶种，嫩茶大于老茶，新茶大于陈茶，在审评时应引起足够注意。如果各碗茶汤水平不一，应加以调整。如茶汤混入茶渣残叶，应以网丝匙捞出，用茶匙在碗里打一圆圈，使沉淀物旋集于碗中央，然后开始审评，按汤色类型及深浅、明暗、清浊及沉淀物多少等评比优次。

4. 嗅香气

审评香气时，一手持杯，一手持盖，靠近鼻孔，半开杯盖，嗅评从杯中散发出来的香气，每次持续 2~3s，后随即加盖。可反复 1~2 次。嗅香气应以热嗅（杯温约 75℃）、温嗅（杯温约 45℃）、冷嗅（杯温接近室温）结合进行。热嗅重点是辨别香气正常与否及香气类型及高低，但因茶汤刚倒出来，杯中蒸汽分子运动很强烈，嗅觉神经受到烫的刺激，敏感性受到一定的影响。热嗅时，主要辨别香气的纯异度，茶叶在加工和贮存过程中如果有一些异杂味，在这个阶段会更为明显，如焦煳味、闷酸味、霉陈味等，品质好的茶叶干净纯粹，不好的茶叶驳杂不纯。温嗅时，主要辨别茶叶的香型、品质，比如清香、花香、果香、蜜香等。冷嗅时，主要辨别茶香的持久度。总的来说，香型优雅、高长、纯净，就是香气的最高标准。

5. 尝滋味

用茶匙取适量（约 5mL）茶汤入口评滋味，一般尝味 1~2 次。审评滋味时，应移动舌头让茶汤在口腔内循环打转，使茶汤与舌头各部位充分接触，感受舌头不同部位的刺激，随即吐入吐茶桶中或咽下。

审评滋味最适宜的茶汤温度在50℃左右。滋味是由味觉器官来区别的。茶叶是一种风味饮料，不同茶类或同一茶类而产地不同都各有独特的风味或味感特征，良好的味感是构成茶叶质量的重要因素之一。茶叶味感是因茶叶的呈味物质的数量与组成比例不同而异。味感有甜、酸、苦、辣、鲜、涩、咸、碱及金属味等。味觉感受器是满布舌面上的味蕾，味蕾接触到茶汤后，立即将受到刺激的兴奋波经过传入神经传导到中枢神经，经大脑综合分析后，于是有不同的味觉。舌头各部分的味蕾对不同味感的感受能力不同。如舌尖最易为甜味所兴奋，舌的两侧前部最易感觉咸味而两侧后部为酸味所兴奋，舌心对鲜味、涩味最敏感，近舌根部位则易被苦味所兴奋。

6. 评叶底

将杯内茶渣倒入叶底盘中，审评叶底状况。审评叶底时，应将杯中的茶叶全部倒入叶底盘中，其中白色搪瓷叶底盘中要加入适量清水，让叶底漂浮起来。用目测、手感等方法审评叶底。评叶底主要靠视觉和触觉来判别，根据叶底的老嫩、软硬、匀杂、整碎、色泽和开展与否等来评定优次，同时还应注意有无其他掺杂。如感到不够明显，可在盘里加茶汤展平，再将茶汤徐徐倒出，使叶底平铺看或翻转看，或将叶底盘反扑倒在桌面上观察。用漂盘看则加清水漂叶，使叶张漂在水中观察分析。评叶底时，要充分发挥眼睛和手指的作用，手指感受叶底的软硬、厚薄等。再看芽头和嫩叶含量、叶张卷摊、光糙、色泽及均匀度等区别好坏。

（三）评茶计分

评茶计分包括评茶和计分两个部分。我国茶类品种众多，各种茶品质不同，因此在国家收购、出口的评茶计分方法上也各不相同。下面着重介绍怎样评茶和计分，以及各类成品茶的评茶计分方法。

1. 评语中常用名词和副词

（1）常用名词

芽头：指未发育成茎、叶的嫩尖，质地柔软，茸毛多。

茎：尚未木质化的嫩梗。

梗：着生芽叶的已显木质化的茎，一般指当年的青梗。

筋：脱去叶肉的叶柄、叶脉部分。

碎：呈颗粒状，细而短的断碎芽叶。

单张片：单瓣叶子，有老嫩之分，一般指叶形较大、嫩度稍差的单叶。

片：破碎的细小轻薄片。

末：细小呈粉末状。

朴：叶质粗老，外形松大，轻飘，呈块片状。

红梗：梗子呈红色。

红筋：叶脉红变。

红叶：叶片红变。

渥红：鲜叶未杀青前叶片泛红，轻度发酵。

麻梗：隔年老梗、粗老梗，呈麻白色。

中和性：香味不突出的茶叶，适于拼配。

上段：摇样盘后，浮在表面较轻松、长、大的茶叶。面张与此同义。

中段：摇样盘后，集中在中层较紧细、重实的茶叶。腰档与此同义。

下段：摇样盘后，沉积于底层细小的碎茶、片末。下身、下脚与此同义。

（2）常用副词　茶叶的品质情况很复杂，当产品样对照某标准样进行评比时，某些品质因子往往有程度上的差异。此时除使用上述等级评语作为主体词外，可在主体词前加用“较”“稍”“尚”“欠”等比较性辅助词以表达质量差异程度，这种辅助词叫做副词，也称虚词。这类词用来比较样茶与标准样茶间的质差程度，离开作为对照的标准样，这类词便失去意义。

较：用于两茶相比时，表示品质高于标准或低于标准。如较浓、较高、较低、较暗等。

稍、略：用于某种形态不正、稍有偏差及物质含量不多、程度不深时。如略扁、略烟、稍暗、略有花香、稍淡等。

欠：在规格要求上或某种程度上，还不符合要求，且程度上较严重，品质明显低于标准。如欠亮、欠浓、欠匀等。

尚：用于品质略低于或接近于标准样时。如红尚艳、尚浓等。

带：某种程度上轻微时用，有时可与其他副词连用。如带有花香，略带烟气等。

有：形容某些方面存在，如有茎梗等。

显：形容某方面比较突出，如白毫显露、显锋苗等。

微：在差异程度上很轻微时用之，如微烟、微苦涩等。

2. 评茶计分

（1）对样评茶　对照标准（样）进行茶叶感官审评，即为“对样评茶”。这是茶叶感官审评方法的重要和直接应用。对样评茶具有评定茶叶质量等级（目前用化学方法还难以做到）、比较茶叶品质优劣、鉴别真假茶（如真假西湖龙井茶）、确定茶叶价格（按质论价，好茶好价）等作用，广泛应用于茶叶收购、茶叶精制加工、产品调拨、进货和成交验收中。

对样评茶的依据是产品标准或协商实物样品。在对照茶叶产品标准审评时，既可以使用产品实物标准样，也可以对照文本标准中相关茶叶的感官品质要求进行审评比较。对样评茶包括定性审评和定量审评两类。需要注意的是，某些实物标准样因为使用期限长，色泽和风味品质会出现下降，针对这一状况，必须结合文本标准中的感官品质规定进行比较对照。

①三样评茶：“三样”即贸易标准样、交货样和参考样。标准样和成交样是依据，但同时应参考同时期、同销区、同客户的交货样，这对保持前后期的交货品质均衡，正确掌握货样相符是行之有效的。茶叶标准样主要有毛茶收购标准样、加工标准样和贸易标准样等。

毛茶收购标准样：又称毛茶收购实物标准样，是收购毛茶的质量标准，是检验评茶、对样审评茶叶产品的外形和内质，以正确评定毛茶质量等级及价格的实物依据。毛茶收购标准样的审批管理实行统一领导分级管理的办法，一般产量大的主要茶类和品种，由原商业部管理，称为部颁标准；产量较少而有一定代表性的茶叶品种，由省主管部门管理，称为省标准。1984 年国务院批准了商业部《关于调整茶叶购销政策和改革流通体制意见的报告》以后，茶叶产销实行放开搞活，之后，国家就逐步地不再统一制定毛茶收购标准样。现在，毛茶收购标准样主要由各茶叶企业自行制定，作为本企业毛茶收购的依据。

加工标准样：又称加工验收统一标准样，是毛茶加工成各种外销、内销、边销成品茶时对样加工，使产品质量规格化的实物依据，也是成品茶交接验收的主要依据。当前，加工标准样也由各茶叶企业自行制定。

贸易标准样：专指对外贸易标准样，是国际茶叶贸易中成交计价和货物交接的实物依据，分红茶、绿茶、特种茶，其中特种茶又包括花茶、乌龙茶、白茶、压制茶和各类小包装茶。每一茶类按花色各分若干级，编制固定号码作为贸易标准样的茶号。

②双杯评茶：为使审评结果更加正确，评茶时可采取双杯制，如发现两杯之间有差异，一般应泡第三杯或第四杯，直至双杯结果基本一致。

③密码评茶：为防止评茶人员的主观片面性，使审评结果更为客观可靠，可采用密码审评，有时可把交货样比作标准样，把标准样比作交货样，互相对比，衡量交货水平。

（2）对样评分　评茶计分（简称评分法）是用分数来记录茶叶品质优次的方法。评分的高低应以评比样（标准样）为依据，评比样是衡量品质高低的准绳。评分和评语虽然都是表达茶叶品质优次的方法，但作用不同。评分是以数值直观地表示茶叶品质的优劣，从分数上可以看出被评茶叶质差或级差的大小，但不能看出质差的原因，仍需以评语作补充；评语是对被评茶叶品质因素的说明，指出高于或低于对照样或标准样的实况，但不能看出品质差距的程度，需靠分数来表达。

①评分的形式：

a. 独立评分。整个审评过程由一个或若干个评茶员独立完成。

b. 集体评分。整个审评过程由 3 个以上评茶员一起完成。参加审评的人员（3 人以上）组成一个审评小组，推荐其中经验丰富者为主评。审评过程中由主评先评出分数，其他人员根据品质标准对主评出具的分数进行确认或修改，对观点差异较大的茶进行讨论，最后共同确定分数，并加注评语，评语引用 GB 14487—2017《茶叶感官审评术语》。如有争论，投票决定。故审评小组成员必须是单数，一般由 3~9 人组成。

②评分的方法：茶叶按品质次序排列的样品在两个以上时，评分前工作人员对茶样进行分类、密码编号，审评人员在不了解茶样的来源、密码条件下，根据审评知识与品质标准，按外形、汤色、香气、滋味和叶底五因子，采用百分制，在公平、公正条件下给每个茶样每项因子进行评分。并加注评语，评语引用 GB/T 14487—2017《茶叶感官审评术语》。

我国现行评茶计分方法有百分法和七档评分法两种。

a. 百分法。百分法是将各类茶的各个级别定为 100 分，并将每种茶叶的一级作为最高分，例如一级为 90~100 分，二级为 81~90 分，三级为 71~80 分，四级为 61~70 分，以此类推，有特级的，则为 101~110 分。在评比各因子时，分别给予适当的分数，计分则按各茶类各项因子规定的权数，将各因子所得的分数进行加权平均，其值即为本批茶叶的品质总分。

所谓“权数”就是各项品质因子在整个品质中所处的主次地位，也就是各个品质因子得分占品质总分的百分比，不同茶类的各品质因子的权数是不同的。

权分是衡量某审评项目在整个品质中所居主次地位而确定的分数，这个分数即为权数。由于各类茶的品质要求不同，审评因子所确定的权数是不同的，但大体上有两种方法：一是依各项品质因子主次地位所确定的最高分，对样评分，评分之和为品质评定的结果，如绿茶评比各因子的权数，外形占 25%，香气和滋味占 55%，汤色和叶底各占 10%。二是按百分法评各因子的分数乘以权数，依除总权数 100 所得的分数为品质的评定结果。以下为各类茶品质因子评分系数（表 8-1）。

表 8-1　各类茶品质因子评分系数　单位:%

茶类	外形（a）	汤色（b）	香气（c）	滋味（d）	叶底（e）
绿茶	25	10	25	30	10
工夫红茶（小种红茶）	25	10	25	30	10
红碎茶	20	10	30	30	10
乌龙茶	20	5	30	35	10
黑茶（散茶）	20	15	25	30	10
压制茶	20	10	30	35	5
白茶	25	10	25	30	10
黄茶	25	10	25	30	10
花茶	20	5	35	30	10
袋泡茶	10	20	30	30	10
粉茶	10	20	35	35	0

根据审评人员对各项因子的评分，乘以该因子的评分系数，最后将各乘积值相加，即为该茶总得分，按式（8-1）计算。

$$Y=A\times a+B\times b+\cdots+E\times e \tag{8-1}$$

式中　Y——总得分；

A，B，…，E——各项因子的评分；

a，b，…，e——各项因子的评分系数。

b. 七档评分法。

审评结果按式（8-2）计算。

$$Y=A+B+\cdots+H \tag{8-2}$$

式中　Y——茶样审评总得分；

A，B，…，H——表示各审评因子的得分。

七档评分法见表 8-2。

表 8-2　七档评分法

对照标准样的档次	评分	说明
高	+3 分	差异大，大于或等于 1 个等，明显好于标准
较高	+2 分	差异较大，大于或等于 1/2 个等，好于标准
稍高	+1 分	有差异，稍好于标准
相符/相当	0 分	品质相当
稍低	−1 分	有差异，稍低于标准

续表

对照标准样的档次	评分	说明
较低	-2 分	差异较大，大于或等于 1/2 个等，低于标准
低	-3 分	差异大，大于或等于 1 个等，明显低于标准

结果判定方法：任何单一审评因子有得-3 分者，判为不合格。总得分不高于-3 分者，判为不合格。如用七档评分法对某茶进行对样评分：外形-1 分，汤色相当，香气-1 分，滋味+1 分，叶底-1 分，总分为-2 分；若外形-2 分，其他同上，则总分为-3 分，为不合格。如一款茶，外形-3 分，仅此一项即可判其不合格。

第三节　不同茶类的感官审评

一、绿茶审评

我国绿茶花色较多，因制法不同有炒青、烘青、蒸青、晒青之分。以其形状不同，炒青又分长炒青、圆炒青和特种炒青，烘青又分普通烘青和特种烘青。我国生产的绿茶以炒青和烘青为主。长炒青毛茶一般作为出口珍眉绿茶的原料，烘青毛茶主要供作窨制花茶的茶坯。晒青一般是地产地销，有的作为普洱茶、压制沱茶及紧茶、饼茶的原料。

绿毛茶审评分干评外形和湿评内质。评外形先扦取代表性毛茶约 250g，放在茶样盘或评茶簸匾中，经筛转后收拢，使样茶分出上、中、下三段，对照标准样评定优次和等级。评内质时称取样茶 5g，倒入 250mL 容量审茶杯中，沸水冲泡 4min，茶汤倒入审茶碗，按看汤色、嗅香气、尝滋味、评叶底的顺序评定内质优次，最后综合外形和内质审评结果确定等级。

内质审评的重点虽然在叶底的嫩度和色泽，但其他项目的审评仍需要兼顾。质量好的初制绿茶，汤色清澈明亮；而低档茶汤色欠明亮；酸馊劣变茶的汤色混浊不清；陈茶的汤色发暗变深；杂质多的茶审评杯底会出现沉淀。

初制绿茶香气以花香、嫩香、清香、粟香者为优；淡薄、熟闷、低沉、粗老者为差；有烟焦、霉气者为次品或劣变茶。

滋味审评以浓、醇、鲜、甜为好；淡、苦、粗、涩为差；出现烟焦味、霉味或其他被沾染的异味，表明已是劣变或残次茶。

审评叶底，以原料嫩而芽多、厚而柔软、匀整、明亮的为好；以叶质粗老、硬、薄、花杂、老嫩不一、大小欠匀、色泽不调和为差；如出现红梗红叶、叶张硬碎、带焦斑、黑条、青张和闷黄叶，说明品质低下。叶底的色泽以淡绿微黄、鲜明一致为佳；其次是黄绿色；而深绿、暗绿表明品质欠佳。

（一）眉茶审评

眉茶品质要求外形、内质并重。外形比条索、整碎、色泽、净度 4 项因子，内质比香气、汤色、滋味、叶底 4 项。

眉茶形状顾名思义，条索应似眉毛的形状，这是决定其外形规格的主要因子。外形条索比松紧、粗细、长短、轻重、空实、有无锋苗。以紧结圆直、完整重实、有锋苗的好；条索不圆浑、紧中带扁、短秃的次之；条索松扁、弯曲、轻飘的为差。色泽比颜色、枯润、匀杂。眉茶以绿润起霜为好，色黄枯暗的差。整碎比上段、中段、下段茶这三段茶的老嫩和条索的松紧、粗细、长短，拼配比例适当的为匀正或匀齐，忌下段茶过多。净度看梗、筋、片、朴的含量，净度对外形、条索、色泽及内质的叶底嫩匀度、香气、滋味等有不同程度的影响。净度差的条松色黄，叶底花杂、老嫩不匀，香味欠纯。

汤色审评亮暗、清浊，以黄绿清澈明亮为好，深黄次之，橙红暗浊为差。

香气审评纯度、高低和长短，以清香或栗香高长为好，带烟焦气或其他异气的为差。

滋味审评浓淡、醇涩、爽钝，以浓厚爽口、回味带甜的品质为好，浓而不爽的稍逊，淡薄、粗涩的品质差，带烟焦味或其他异味的为劣次品。

叶底审评嫩度和色泽，嫩度看芽头含量，比较叶张厚薄、柔硬，以芽多叶柔、厚实、嫩匀为好，反之则差。色泽看亮暗、匀杂，以色绿匀亮为好，色暗花杂为差。

（二）珠茶审评

珠茶外形看颗粒、匀正、色泽和净度。颗粒比圆紧度、轻重、空实。要求颗粒紧结、滚圆如珠、匀正重实，颗粒粗大或呈朴块状、空松的差。匀正指各段茶拼配匀称。色泽比润枯、匀杂，以墨绿光润者好，乌暗者差。净度指菜叶中含夹杂物的程度，不含夹杂物者为净度好，反之为净度差。

汤色审评颜色、深浅和亮暗，以黄绿明亮为好，深黄发暗、浑浊者为差。

香气审评纯异、浓淡、醇涩，以香气高纯为好，香气低淡次之，香气欠纯、带钝、带烟气、带焖熟气为差。

滋味审评与眉茶的内容相似，以味浓醇厚为好，粗涩为差，欠纯带烟味、闷味最劣。

叶底审评嫩度和色泽，嫩度看芽头量和叶张的匀整度，以盘花芽叶或芽头嫩张比例大的好，大叶、老叶、摊张比例大的差；色泽评比基本与眉茶相同，但珠茶的颜色允许比眉茶稍黄。

（三）蒸青绿茶审评

目前我国蒸青绿茶有恩施玉露和普通蒸青两种。前者保留了我国传统蒸青绿茶制法，外形如松针，紧细、挺直、匀正，色泽绿润，清香持久，味醇爽口，属名茶规格。普通蒸青色泽品质要具备“三绿”，即干茶深绿、汤色浅绿、叶底青绿。高档茶条索紧、伸长挺直呈针状，匀称有锋苗，一般茶条索紧结挺直带扁状，色泽鲜绿或墨绿有光泽。日本蒸青绿茶有玉露、煎茶和碾茶等。

汤色审评颜色、亮暗、清浊，以清澈明亮，色呈浅绿、鲜绿为好；青绿、浅黄绿色次之；深黄、暗浊、泛红的品质欠佳。

香气审评高低、纯异、香型，以鲜嫩带花香、海藻香、清香为上品；带青草气、烟焦气为差。

滋味审评浓淡、甘涩，以浓厚、新鲜、甘滑调和、有清鲜海藻味为好，以涩、粗、熟闷味为差，特别注意应调和温雅，不带刺激性为宜。

叶底审评侧重色泽，以青绿色为宜，黄褐及红梗红叶均为次品。

二、红茶审评

红毛茶主要指条形茶，审评方法和审评因子与绿毛茶相同。外形以嫩度和条索为主，内质以叶底的嫩度和色泽为主，香气、滋味只要求正常。低级红毛茶以干评外形和干嗅香气为主。外形的嫩度是重要因子，嫩叶质地柔软易成条，芽毫显露有锋苗，随着嫩度下降，芽毫少而短秃。审评嫩度时要区分正常芽和休止芽，还要区别毛茶出售前为求得外形平伏而自行过筛加工的断碎茶。红毛茶的色泽因老嫩和制工不同而差异大，乌、黑、润为上，枯、暗、花为下。高级红毛茶香气常带有甜香、果香或花香，低级红毛茶香低带粗老气。

红茶审评时，审评汤色包括深浅、明暗、清浊及颜色等内容。以汤色红艳，碗沿带明亮金圈、有“冷后浑”的品质好；汤色红亮或红明次之；过浅或过暗，以及深暗混浊的汤色最差。审评香气包括纯异、香型、鲜钝、高低和持久性等内容。以香高悦鼻，冷后仍能嗅到余香者为好；香高而稍短者次之；香低而短，带粗老气者品质差，如出现异味，则是残次产品。审评滋味包括纯异、浓淡、鲜陈、醇涩等内容。以醇厚甜润，鲜爽为好；淡薄粗涩为差。审评叶底包括内容基本与绿条茶相同，其中叶底色泽以红艳、红亮为好，红暗、红褐、乌暗、花杂为差。

（一）小种红茶审评

小种红茶是我国福建省特产，初制工艺是鲜叶萎凋、揉捻、发酵、过红锅（杀青）、复揉、薰焙等6道工序。由于采用松柴明火加温萎凋和干燥，干茶带有浓烈的松烟香。小种红茶以崇安（现武夷山市）星村桐木关所产的品质最佳，称为“正山小种”或“星村小种”。福安、政和等县仿制的称为“人工小种”或“烟小种”。

1. 正山小种

外形条索粗壮长直，身骨重实，不带芽毫，色泽乌黑油润有光；内质香高持久，具松烟香，汤色呈糖浆状的深金黄色，滋味醇厚，似桂圆汤味，叶底厚实光滑，呈古铜色。

2. 人工小种

人工小种又称烟小种，条索近似正山小种，身骨稍轻而短钝；带松烟香，汤色稍浅，滋味醇和，叶底略带古铜色。

（二）工夫红茶审评

工夫红茶为我国独有的传统产品，因初制揉捻工序特别注意条索的紧结完整，精制时颇费工夫而得名。外形条索细紧平伏匀称，色泽乌润；内质汤色、叶底红亮，香气鲜甜，滋味甜醇。因产地、茶树品种等不同，品质也有差异。可分为祁红、滇红、川红、宜红、宁红、闽红和湖红等。除少部分供应边销、内销外，主要供应出口。工夫红茶一部分以拼配的号码茶，称中国红茶供应出口，原箱出口的称地名工夫红茶。

工夫红茶审评也分外形、汤色、香气、滋味、叶底5项。外形条索比松紧、轻重、圆扁、弯曲、长秀、短钝。嫩度比粗细、含毫量和锋苗，兼看色泽润枯、匀杂。条索要紧结圆直，身骨重实，锋苗及金毫显露，色泽乌润调匀。整碎度比匀齐、平伏和下段茶含量，要求上、中、下三段茶拼配比例恰当，不脱档，平伏匀称。净度比梗、筋、片、朴、末及非茶类夹杂物含量。高档茶净度要好，中档以下根据等级差别，对筋、梗、片等有不同的限量，但不能含有任何非茶类杂物。香气以开汤审评为准，区别香气类型、鲜钝、粗老、高低和持久性。一般高级茶香高而长，冷后仍能嗅到余香；中级茶香气高而稍短，持久性较差；低级茶香低而短，或带粗老气。香气以高锐有花香或果香，新鲜而持久的好；香低带粗老气的差。汤色比深浅、明暗、清浊，要求汤色红艳，碗沿有明亮金圈，有“冷后浑”的品质好，红亮或红明者次之，浅暗或深暗混浊者最差。叶底比嫩度和色泽。嫩度比叶质软硬、厚薄、芽尖多少，叶片卷摊。色泽比红艳、亮暗、匀杂及发酵程度。要求芽叶整齐匀净，柔软厚实，色泽红亮鲜活，忌花青和乌条。

1. 祁红

祁红产于安徽祁门及其毗邻各县，鲜叶原料采自祁门楮叶种，初、精制工艺精细。外形条索细秀而稍弯曲，有锋苗，色泽乌润略带灰光；内质香气特征最为明显，带有类似蜜糖香气，持久不散，在国际市场被誉为“祁门香”，汤色红艳明亮，滋味鲜醇带甜，叶底红匀明亮。

2. 滇红

滇红产于云南凤庆、临沧、双江等地，用大叶种茶树鲜叶制成，品质特征明显。外形条索肥壮紧结重实、匀整，色泽乌润带红褐，金毫特多；内质香气高鲜、带花果香，汤色红艳带金圈，滋味浓厚刺激性强，叶底肥厚、红艳鲜明。

3. 川红

川红原产于四川省宜宾一带。外形条索紧结壮实美观，有锋苗，多金毫，色泽乌润；内质香气鲜而带橘糖香，汤色红亮，滋味鲜醇爽口，叶底红明匀整。

4. 宁红

宁红原产于江西省修水县。外形条索紧细秀丽，金毫显露，锋苗挺拔，色泽乌润；内质香气鲜嫩甜爽，汤色红亮，滋味醇厚鲜甜，叶底红嫩多芽。

5. 湖红

湖红原产于湖南省安化、新化等县。外形条索紧结重实，有毫，色泽乌润；内质甜香较高长，滋味醇厚，汤色、叶底红亮。

6. 闽红

闽红产于福建省。分白琳工夫、坦洋工夫和政和工夫 3 种。

（1）白琳工夫　外形条索细长弯曲，显金毫，色泽乌黑有光；内质香气鲜纯有毫香，汤色浅红亮，滋味清鲜甜和，叶底鲜红带黄。

（2）坦洋工夫　外形条索细长匀整，带毫，色泽乌黑有光；内质香气稍低，茶汤呈深金黄色，滋味清鲜甜和，叶底光滑。

（3）政和工夫　分大茶和小茶两种。大茶：用大白茶品种制成。外形近似滇红，显毫，色泽乌润，但条索较瘦小；内质香气高而带鲜甜，汤色红浓，滋味醇厚，叶底肥壮尚红。小茶：用小叶种制成。外形条索细紧，色泽灰暗；内质香气像祁红，但欠持久，滋味醇和、欠厚，汤色、叶底尚鲜红。

7. 其他优质特色红茶

随着时代的发展，人们生活水平的提高，消费者对产品多元化的需求日益强烈。近年来国内出现了以单芽、一芽一叶和一芽二叶初展细嫩芽叶为原料，经过工艺与技术改进、精心加工的一批有特色的红茶。各主要产茶省都在传承红茶传统加工技术的基础上，融入新技术和新工艺，采用茶树良种的细嫩鲜叶或高香型茶树品种的鲜叶为原料，加工制作成以花蜜香突显和滋味甘鲜甜醇为特征的红茶产品。如产自福建省武夷山市桐木关的金骏眉，以当地菜茶品种的单芽为原料，通过萎凋、揉捻、发酵、干燥（焙火）工序制成的高端红茶；外形条索紧细重实，锋苗挺秀，略显金毫，色泽金、黄、黑相间润泽，内质香气为复合型花果香（蜜香、玫瑰香、桂圆干香），汤色金黄透亮，滋味醇厚甘润、汤中蕴香，叶底细嫩匀齐、呈古铜色。也有其他如遵义红、信阳红、九曲红梅、利川红、黄金红茶和普安红等兴起之秀。

（三）红碎茶审评

红碎茶在初制叶阶段经过充分揉切，细胞破坏率高，有利于多酚类酶促氧化和冲泡，形成其香气高锐持久，滋味浓强鲜爽，加牛奶白糖后仍有较强茶味的品质特征。因揉切方法不同，红碎茶分为传统红碎茶、CTC 红碎茶、转子（洛托凡）机红碎茶，LTP 红碎茶和不萎凋红碎茶 5 种。各种红碎茶又因叶型不同分为叶茶、碎茶、片茶和末茶 4 类，都有比较明显的品质特征，因产地、品种等不同，其品质特征也有很大差异。叶茶条索紧结挺直匀齐，色泽乌润；内质香气芬芳，汤色红亮，滋味醇厚，叶底红亮多嫩茎。碎茶外形颗粒重实匀齐，色泽乌润或泛棕；内质香气馥郁，汤色红艳，滋味浓强鲜爽，叶底红匀。片茶外形全部为木耳形屑片或皱褶角片，色泽乌褐；内质香气尚纯，汤色尚红，滋味尚浓略涩，叶底红匀。末茶外形全部为砂粒状末，色泽乌黑或灰褐；内质汤色深暗，香低味粗涩，叶底红暗。因产地、品种不同，我国有四套红碎茶标准样，用大叶种制成的一、二套样红碎茶，品质高于用中小叶种制成的三、四套样红碎茶。大叶种红碎茶外形颗粒紧结重实，有金毫，色泽乌润或红棕；内质香气高锐，汤色红艳，滋味浓强鲜爽，叶底红匀。中小叶种红碎茶外形颗粒紧卷，色泽乌润或棕褐；内质香气高鲜，汤色尚红亮，滋味欠浓强。

红碎茶审评以内质的滋味、香气为主，外形为辅。外形主要比匀齐度、色泽、净度。匀齐度比颗粒大小、匀称与否、碎片末茶规格是否分明。内质主要评比滋味的浓、强、鲜和香气以及叶底的嫩度和匀亮度。红碎茶香味要求具有鲜爽、强烈、浓厚（简称鲜、强、浓）的独特风格，三者既有区别又要相互协调。浓度比茶汤浓厚程度，入口即感浓稠者品质好，淡薄为差。强度是红碎茶的品质风格，比刺激性强弱，以刺激感强烈有时微带涩、无苦味为好茶，醇和为次。鲜度比鲜爽程度，以清新、鲜爽为好，迟钝、陈气为次。通常红碎茶以浓度为主，以鲜、强、浓三者及其协调程度决定品质高低。汤色以红艳明亮为好，灰浅暗浊为差。茶汤的乳降现象是汤质优良的表现。国际市场对红碎茶品质要求：外形要匀齐、重实、规格分明，洁净，色泽乌黑或带褐红色而油润。内质要鲜、强、浓，忌陈、钝、淡，要有中和性，汤色要红艳明亮，叶底红匀鲜明。

红碎茶要求开汤审评取茶样 3g，150mL 沸水冲泡 5min。英国采用 140mL 或 1/4 品脱（142mL）的标准容量杯子，每杯茶样质量为 2.8g 或 2.85g，冲泡时间 6min，到时将茶汤倒入瓷碗中，叶底由杯中翻倒在杯盖上。审评时一般不加牛奶，拼配商在审评时加牛奶，并用较大茶壶，调制茶汤时间要长于 6min。采用加奶审评时，每杯茶中加入茶汤 1/10 体积的鲜牛奶，加量过多不利于识别汤味。加乳后的汤色以粉红明亮或棕红明亮为好，淡黄微红或淡红较好，暗褐、淡灰、灰白者差。加乳后的汤味，要求仍能尝出明显的茶味，这是茶汤浓的反映。茶汤入口，两腮立即有明显的刺激感，这是茶汤强烈的反映，如果是奶味明显，茶味淡薄，汤质就差。我国云南大叶种（群体种）红碎茶，乳色姜黄，具独特浓厚的茶味。叶底比嫩度、匀度和亮度。嫩度以柔软、肥厚为好，粗硬、瘦薄为差；匀度比老嫩均匀和发酵均匀程度，色以红艳均匀为好，驳杂发暗为差；亮度反映鲜叶嫩度和加工技术水平，红碎茶叶底着重红亮度，而嫩度相当即可。

三、白茶审评

白茶要求鲜叶“三白”，即嫩芽及两片嫩叶密披白色茸毛。初制过程不炒不揉，只需要萎凋和阴干或采用设备干燥。福建白茶按照茶树品种分为大白、水仙白和小白 3 种。根据鲜叶原料及商品花色，又分为白毫银针、白牡丹、贡眉（出口名称：中国白茶）和寿眉。除少量白毫银针外，大部分产品为白牡丹和贡眉。

白茶审评重外形，评外形以嫩度、色泽为主，结合形态和净度。评嫩度比毫心多少、壮瘦及叶张的厚薄。以毫心肥壮、叶张肥嫩为佳；毫芽瘦小稀少，叶张单薄的次之；叶张老嫩不匀、薄硬或夹有老叶、蜡叶为差。

评色泽比毫心和叶片的颜色和光泽。以毫心叶背银白显露，叶面灰绿，即所谓银芽绿叶、绿面白底为佳；铁板色次之；草绿、黄、黑、红色、暗褐色及有蜡质光泽为差。

评形状比芽叶连枝与否、叶缘垂卷与否、破张多少和匀整度。以芽叶连枝，稍微并拢，平伏舒展，叶缘向叶背垂卷，叶面有隆起波纹，叶尖上翘不断碎，匀整的好；叶片摊开、折皱、折贴、卷缩、断碎的差。评净度要求不得含有茶籽、老梗、老叶及蜡叶。

白茶评内质以叶底嫩度和色泽为主，兼评汤色、香气、滋味。评叶底嫩度比老嫩、叶质软硬和匀整度；色泽比颜色和鲜亮度，以芽叶连枝成朵，毫芽壮多，叶质肥软，叶色鲜亮，匀整的为好；叶质粗老、硬挺、破碎、暗杂、花红、黄张、焦叶红边的为差。评汤色比颜色和清澈度，以杏黄、杏绿、浅黄，清澈明亮的为佳；深黄或橙黄次之；泛红、红暗的为差。香气则以毫香浓显，清鲜纯正的为好；淡薄、青臭、风霉、失鲜、发酵、粗老的为差。滋味以鲜爽、醇厚、清甜的为好；粗涩、淡薄的差。

白茶因采摘时间、地区和茶树品种不同，品质各异。由于采摘时间不同，各季茶品质相差较明显，春茶产量高、品质佳；夏茶品质最差；秋茶产量低，品质介于春、夏茶之间。审评时必须掌握其品质特征加以辨别，一般春茶叶张形态垂卷，叶质柔软，芽叶连枝，大小比较整齐，毫心肥壮，色泽灰绿，茸毛洁白，茶身骨沉重，净度好，汤味浓厚、爽口。夏茶毫心瘦小，叶质带硬，色枯燥，带花杂，枝梗较细，叶张大小不一，茶身轻飘，汤味淡薄或稍带青涩。

四、黑茶审评

黑茶指用较为成熟粗老的鲜叶，在干燥前或干燥后进行渥堆，在微生物、酶、湿热、氧化等作用下，促使多酚类及其他物质发生一系列复杂的转化，从而得到滋味醇厚，汤色橙或红，干茶和叶底色泽变褐，具有陈香的一类完全发酵茶。黑茶有毛茶与成品茶之分，黑毛茶精制后大部分再加工成紧压茶，如各类砖茶、饼茶、柱状茶、篓装茶等。黑毛茶根据产地分为湖南黑毛茶、湖北老青茶、广西六堡茶、云南普洱茶（熟茶）、四川边茶等。

湖南黑毛茶一般以一芽二至五叶的鲜叶为原料，经杀青、初揉、渥堆、复揉、干燥等工序制成。外形依级别不同而异；内质汤色橙黄或橙红，香气纯正或带松烟香，高档茶有清香，滋味高档茶醇厚、低档茶平和，叶底黄褐肥厚。湖南黑毛茶用于湖南黑茶成品茶天尖、贡尖、生尖、黑砖、花砖、茯砖、青砖及花卷茶的压制生产。湖北老青茶的生产原料较为成熟，为当年生新梢，依鲜叶原料嫩度的不同，老青茶的加工分面茶和里茶两种，面茶加工较精细，里茶较粗放。产品分为洒面茶、二面茶、里茶3个等级。洒面茶为一级茶，成茶条索较紧，色泽乌绿；二面茶为二级茶，成茶叶子成条，色泽乌绿微黄；里茶为三级茶，成茶叶面卷皱，色泽乌绿带花杂。目前，已提高了加工老青茶鲜叶原料的嫩度，部分高档青砖茶在制作过程中不再区分“里茶”和“面茶”。广西六堡茶的鲜叶采摘标准为一芽二至四叶，在黑茶中属原料嫩度较高的一种。毛茶加工包括杀青、初揉、堆闷、复揉、干燥等工序。广西六堡茶外形条索紧结，长整不碎，色泽黑褐润；内质香气纯正，汤色红黄，滋味浓带青涩，叶底红褐或黄褐。

普洱茶指以地理标志保护范围内的云南大叶种晒青茶为原料，并在地理标志保护范围内采用特定的加工工艺制成，具有独特品质特征的茶叶。按其加工工艺及品质特征，普洱茶分为普洱茶（生茶）与普洱茶（熟茶）两种类型，按外观形态分普洱茶（熟茶）散茶、普洱茶（生茶、熟茶）紧压茶。普洱茶（熟茶）紧压茶包括以普洱茶（熟茶）散茶蒸压成型的，及以精制后的晒青茶为原料蒸压成型并干燥后再发酵的。普洱茶（熟茶）散茶的品质特征为外形条索紧结肥壮重实，显毫，色泽红褐似猪肝色；内质汤色红浓明亮，有独特浓郁的陈香，滋味醇厚回甘，叶底厚实呈红褐色。四川边茶生产历史悠久。因产地、销路不同，分为南路边茶和西路边茶。南路边茶是压制康砖茶和金尖茶的原料，其外形特征为条索尚紧卷粗壮，含有茶梗，色泽棕褐油润；内质汤色橙红尚亮，香气纯正、有老茶香，滋味醇和，叶底棕褐有茎梗。西路边茶的毛茶较南路边茶更为成熟粗大，多梗，色泽黄褐，是压制四川茯砖和方包茶的原料。

（一）黑毛茶审评

1. 开汤方法

黑毛茶开汤的方法有两种。第一种：同红绿毛茶250mL冲泡法；第二种：称取有代表性的样茶7g，放入白瓷碗中，冲沸水350mL，加盖泡10min，用竹筷或小铜丝网将叶底捞出，放入碗盖上，并将茶汤旋转搅动，使沉淀集中于碗底，然后评审内质。

2. 黑毛茶审评

黑毛茶外形审评方法与绿毛茶同。以嫩度和条索为主，兼评净度、色泽和干香。嫩度主要看叶质老嫩，叶尖多少。条索主要看松紧、弯直、圆扁、皱平、下段茶比例及茶叶身骨轻重。以条索紧卷、圆直为上，松扁、皱折、轻飘为下。净度看枯润、纯杂，以油黑为上，花黄绿色或铁板色为差。嗅干香以区别纯异、高低、有无火候香和悦鼻的松烟香味，以有火候香带松烟香为好；火候不足或烟气太重较次；有粗老气，香低微或有日晒气为差；有烂、馊、酸、霉、焦和其他异气为劣。

湿评香气要求与嗅干香一致；滋味审评比纯异、浓淡、粗涩程度，以纯正、进口先微涩后转甜的为好，苦涩粗淡的为差，若有酸、馊、霉、焦等异气味的则为次劣茶；汤色评比色度、亮度和清浊度，以橙黄清澈明亮为好，深暗、清淡或混浊者差；叶底评比嫩度和色泽，以叶张开展完整、黄褐带竹青色、无乌暗条的为好，夹杂红叶、绿叶花边的为差。

（二）普洱散茶审评

1. 开汤方法

普洱散茶审评开汤的方法有两种：一种同红绿成品茶150mL一次冲泡法；另一种是二次冲泡法。称取有代表性的普洱样茶3g，放入150mL杯中，用沸水冲泡后，立即倒掉茶水

(注意不要让茶叶倒出)，以去掉浮沫。随即冲入沸水150mL，浸泡1min，将茶汤倒入审评碗中，供审评汤色用，然后嗅香气、尝滋味。再将冲泡后的茶渣进行第2次冲泡，冲入沸水150mL，加盖浸泡3min后将茶汤倒入审评碗中，再嗅香气、尝滋味。比较两次冲泡的香气的纯度、陈香的持久性及浓度，滋味的醇和、爽滑程度以及浓度和回味，并以第2次冲泡后的香气和滋味为准。

2. 普洱散茶的审评

外形评条索、色泽、净度三项因子，内质评汤色、香味、叶底三项因子。外形条索评壮粗、松紧，芽毫量，以紧结匀整、多芽毫为好。色泽评深浅、匀杂，以褐红均匀为好，枯暗、发黑或花杂为次。净度评匀整、断碎及梗片多少，以条索粗松、梗片多为次。内质香味评“陈熟”香，以醇滑浓厚味为好；汤色要求红浓；叶底应红褐嫩匀。

(三) 篓装茶审评

1. 审评方法

先干看外形，再湿评内质。冲泡时称取有代表性的茶样5g，置于250mL的审评杯中，注满沸水加盖，浸泡8min后把茶汤沥入250mL的审评碗中，先热嗅叶底香气，紧接着看汤色、尝滋味，再温嗅、冷嗅杯内叶底香气，最后将叶底移入叶底盘中审评。冲泡法的茶水比例为1∶50。

2. 干看外形

六堡茶、湘尖等外形评比为“四度”：松紧度、嫩度、色度和净度。要求松紧适当，条索较紧，色泽光润，无枯老黄叶。内质审评重点是汤色、香气和滋味，兼评叶底。

3. 湿评内质

篓装茶内质审评以香气、汤色、滋味为主，叶底作参考。香气评个性、纯异、高低，有无该茶类应具备的品质特征（如湘尖茶具“松烟香”等），香气浓淡与高低，有无浊气和异气。汤色评色度、深浅、亮度，需要根据该茶类应具备的汤色特征如橙黄明亮或红浓、深浅度仔细辨别。滋味评醇正、浓淡、纯异，有无青、涩、馊、霉等不正常味。叶底评梗叶老嫩程度及色泽的明暗度，叶底色泽往往也以黑褐、深褐等为正常色。

五、青茶审评

(一) 青茶分类

青茶，又名乌龙茶，其品质特征的形成与特定的茶树品种（如水仙、铁观音、肉桂、黄榄、梅占、乌龙等）及特殊的采摘标准和特殊的初制工艺有关。加工青茶的鲜叶采摘掌握茶树新梢生长至一芽四五叶且顶芽形成驻芽时，采其二三叶，俗称“开面采”。鲜叶经晒青、凉青、做青，叶子在水筛或摇青机内，通过手臂或机器的转动，促使叶缘组织摩擦而破坏叶细胞，有效控制多酚类发生一定程度的酶促氧化，生成茶黄素（橙黄色）和茶红素（棕红色）等物质，形成绿叶红边的特征，而且散发出特殊的芬芳香味，再经高温炒青，彻底破坏酶活性，之后经过揉捻，使之形成紧结粗壮的条索，最后烘焙，使茶香进一步发挥。

青茶主产于福建、广东和台湾三省。福建青茶分闽北和闽南两大产区，闽北主要是武夷山、建瓯、建阳等县（市、区），产品以武夷岩茶为极品；闽南主要是安溪、永春、南安、同安、平和、华安等县，产品以安溪铁观音久负盛名；闽西漳平产水仙茶饼。广东青茶主要产于汕头地区的潮安、饶平、梅州等县，产品以潮安凤凰单丛和饶平岭头单丛品质为佳。台湾青茶主要产于新竹、桃园、苗栗、台北、文山、南投等县，产品有乌龙和包种。

1. 闽北青茶

历史上的武夷岩茶根据产地分正岩茶、半岩茶和洲茶。正岩茶也称大岩茶，是指武夷山中三条坑各大岩所产的茶叶。半岩茶也称小岩茶，为正岩茶产区以外所产的茶叶。溪沿洲地所产的为洲茶。品质以正岩茶最高，半岩茶次之，洲茶最差。正岩茶香高持久，岩韵显，汤色深艳，味甘厚，可耐冲泡六七次；武夷岩茶以“单丛”“名丛”最为珍贵，大红袍、铁罗汉、白鸡冠、水金龟号称四大名丛。武夷岩茶外形条索肥壮、紧结、匀整，色泽乌褐润带宝光，香气馥郁隽永，滋味醇厚回甘，具有特殊的“岩韵”，汤色橙黄、清澈艳丽，叶底边缘朱红色。武夷水仙是指用水仙品种制成的岩茶。水仙品种并非武夷山的原生品种，而是产于建阳水吉镇，品种又名水吉水仙，具清幽的兰花香，滋味浓醇。以水仙制成的武夷岩茶香气清幽隽永，滋味醇和柔滑，是武夷岩茶的又一当家产品。其叶底边缘为红色或起红点，而中央呈浅黄绿色，耐冲泡，一般可冲泡 5 次以上。

根据 GB/T 18745—2006《地理标志产品　武夷岩茶》规定，武夷岩茶产品分类为大红袍、名枞、肉桂、水仙、奇种。

（1）大红袍　分特级、一级和二级。品质特征为特级外形紧结、壮实、稍扭曲，色泽带宝色或油润；香气锐、浓长，滋味醇厚、岩韵明显、回味甘爽；汤色深橙黄；叶底软亮匀齐，红边或带朱砂色。

（2）名枞　不分等级。品质特征为特级外形紧结、壮实，色泽较带宝色或油润；香气较锐、浓长，滋味醇厚、岩韵明显、回甘快；汤色深橙黄；叶底软亮、匀齐，红边或带朱砂色。

（3）肉桂　由肉桂茶树品种鲜叶加工而成，分特级、一级和二级。外形条索匀整、紧结，色泽青褐，油润有光，部分叶背有青蛙皮状小白点。干嗅茶香显，冲泡后，以有淡雅的肉桂香而著称。滋味醇厚回甘，汤色橙黄清澈，叶底匀亮，红边鲜明。

（4）水仙　水仙茶树品种属半乔木型，叶片比普通小叶种大一倍以上，因产地不同，虽同一品种制成的青茶，如武夷水仙、闽北水仙和闽南水仙，品质差异甚大，以武夷水仙品质最佳。品质特征是条索肥壮紧结匀整，叶端皱褶扭曲，如蜻蜓头，色泽青褐鲜润，部分起蛙皮状小白点，油润有光，具“三节色”特征；内质香气浓郁清长，“岩韵”显，汤色金黄，深而鲜艳，滋味浓厚而醇，具有爽口回甘的特征，叶底肥软明净，绿叶红边。

（5）奇种　分特级、一级、二级和三级。外形条索紧结匀净，叶端皱褶扭曲，色泽乌润砂绿，具“三节色”特征；内质香气清高，“岩韵”显，汤色清澈明亮呈浅橙红色，滋味醇厚，浓而不涩，醇而不淡，回味清甘，叶底软亮匀整。

2. 闽南青茶

闽南青茶一般品质特征：外形条索紧结沉重卷曲，呈青蒂绿腹蜻蜓头，色泽油润，稍带砂绿，香气浓郁高长，汤色橙黄清亮，滋味醇厚回甘，叶底柔软红点显。

闽南青茶按生产产品的鲜叶原料的茶树品种分为铁观音、黄金桂、本山、乌龙、色种等。色种不是单一的品种茶生产的，而是由除铁观音和乌龙外的其他品种青茶拼配而成的。

铁观音既是茶树品种名，也是成品茶的商品名称，是乌龙茶类中的佼佼者。铁观音茶叶质量要求外形颗粒紧结、重实，色泽砂绿油润，香气浓郁、清高持久，滋味醇厚甘爽，汤色金黄清澈，叶底肥厚软亮、红边明显，饮之齿颊留香，甘润生津，俗称“观音韵”。安溪铁观音发展的过程中创新出空调控制做青的方式，清香型铁观音曾一度大量占据市场。近年来，由于采摘过度、茶园给养不足、茶商低价竞争等问题，安溪铁观音的市场认可度一度下滑，目前闽南的茶界有识之士正在努力扭转这一局面。

3. 广东青茶

广东青茶的花色品种主要有单丛（岭头单丛和凤凰单丛）、水仙、乌龙（主要有石古坪乌龙茶、大埔西岩乌龙茶）及色种茶（主要有大叶奇兰茶、八仙茶、梅占茶、金萱茶等）四大类别。

广东青茶以岭头单丛茶和凤凰单丛茶最为著名。主产于粤东潮州潮安县凤凰山，统称为“凤凰水仙”。凤凰单丛茶选用凤凰水仙的优异单株鲜叶制成，有黄栀香、芝兰香、蜜兰香、玉兰香、桂花香、杏仁香、肉桂香、通天香等高香型单丛。凤凰单丛茶外形条索紧结、匀称、挺直，色泽油润，具天然花香，山韵、蜜味浓郁，汤色橙黄清澈明亮，滋味甘醇鲜爽，喉韵回甘强，叶底青蒂绿腹红镶边，极耐冲泡。以幽雅、清高、浓郁的自然花香，醇厚、爽口、回甘及特殊的蜜香味为其特色。饶平的白叶单丛以“微花浓密”的韵味见长，石古坪细叶乌龙则在香和味方面浓郁高长，独具特色。

4. 台湾青茶

台湾青茶质量优异，享誉国际，品种花色繁多，如文山包种茶、松柏常青茶、木栅铁观音、冻顶乌龙茶、杜风乌龙茶及高山乌龙茶等皆各有其特色。

（1）包种　包种发酵程度较轻，香气清新具花香，汤色金黄，滋味清醇爽口，品种根据发酵程度和品质特征有文山包种茶、冻顶乌龙茶等。

①文山包种茶：又名“清茶”，是台湾青茶中发酵程度最轻的清香型绿色青茶。制造文山包种茶的品种以青心乌龙最优，金萱、翠玉等质量亦佳，一般于谷雨前后采摘春茶，年中可采4~5次，以春、冬茶品质较佳。外形呈条索状，紧结自然弯曲，色泽绿翠富光泽，汤色蜜绿明亮，香气清雅带花香，滋味甘醇滑润富活性，鲜爽回味强，有“香、浓、醇、韵、美”五大特色，香气越浓郁，质量越高级。

②冻顶乌龙茶：颗粒形的乌龙茶在台湾多有出产，其中冻顶乌龙茶最具知名度。其产于台湾中部邻近溪头风景区，海拔500~800m的山区，是南投县鹿谷乡的特产茶叶。制造冻顶乌龙茶的品种以青心乌龙最优，台茶十二号（金萱）、台茶十三号（翠玉）等品质亦佳。

冻顶乌龙茶外形条索自然卷曲成半球形，整齐紧结，白毫显露，色泽翠绿鲜艳有光泽，干茶具强烈芳香，冲泡后清香明显，带自然花香、果香，汤色蜜黄、金黄，清澈而鲜亮，滋味醇厚甘润，富活性，回韵强，叶底嫩柔有芽。

（2）乌龙　发酵程度较重，香气浓郁带果香，滋味醇厚润滑，品种根据发酵程度和品质特征有台湾铁观音、白毫乌龙茶等。

①台湾铁观音：发酵程度较重，产于台湾省台北市木栅区。外形紧结卷曲成颗粒状，白毫显露，色褐油润；香气浓带坚果香；汤色呈琥珀色，明亮艳丽，滋味浓厚甘滑，收敛性强，叶底淡褐嫩柔，芽叶成朵。

②白毫乌龙茶：又名“香槟乌龙”“东方美人”“椪风乌龙”，为台湾青茶中发酵程度最重的一种。白毫乌龙茶产制于农历节气的“芒种”至“大暑”之间，采摘经茶小绿叶蝉吸食的青心大冇茶树嫩芽，一芽一二叶。此茶以芽尖带白毫越多越高级，所以称为“白毫乌龙

茶”。其外观不注重条索紧结，而以白毫显露，芽叶连枝，白、绿、红、黄、褐相间，犹如花朵为特色。汤色呈琥珀色，具熟果香、蜜糖香，滋味圆柔醇和，回甘深远，叶底淡褐有红边，芽叶成朵。

（二）青茶审评方法

青毛茶外形审评对照标准样评比条索、色泽、整碎、身骨轻重和净度等因子。由于青茶着重品种，在审评外形因子时必须同时判断属哪一个品种。青茶初制分包揉和不包揉两种，外形条索分成拳曲形和直条形，铁观音、色种、佛手等经过包揉，外形拳曲紧结。岩水仙、岩奇种没有包揉，呈直条形壮结。同属拳曲形，铁观音重实，佛手壮实圆结，色种是由毛蟹、黄桢、本山等品种拼和的茶叶总称，外形紧结。同是直条形，水仙比奇种壮大，岩水仙壮大、弯曲、主脉宽大扁平，具蜻蜓头三节色。岩奇种条形中等。闽北青茶较为瘦小挺直，无蜻蜓头特征。根据不同品种要求进行评定，但均以紧结重实的好，粗松轻飘的差。青毛茶色泽比颜色、枯润、鲜暗。多以鲜活油润为好，死红枯暗为差。依品种不同有砂绿润、乌油润、青绿、乌褐、绿中带金黄等色泽。看净度视茶梗、茶朴、老叶等夹杂物含量多少而定。青茶的粗细老嫩，应根据各品种要求，不是越嫩越好，过嫩滋味苦涩，过粗老则香低味淡。

青毛茶内质审评以香、味为主，兼评汤色、叶底。

开汤审评时，用一种特制的有盖倒钟形杯（称茶瓯），容量为110mL，冲泡前用沸水将杯碗冲洗烫热，如果一次审评的杯数多，各杯烫热温度要基本保持一致，不然会影响审评的准确性。然后称取混匀茶样5g倒入茶瓯中，用沸水冲泡至满瓯，用瓯盖刮去水面漂浮的泡沫，并用沸水冲去杯盖上的泡沫。加盖泡2min后，揭取瓯盖嗅香。嗅香方法是将瓯盖竖起，靠近鼻端，深吸几次以辨别香气高低。而后将瓯中茶汤倒入审评碗中，评其汤色和滋味。接着再冲泡第二次，3min后按上法评第二泡香气、汤色、滋味，比较茶叶的耐泡度。冲泡第三、四遍时各为5min，重复审评。一般高级茶冲泡4次，中级茶3次，低级茶2次，以耐泡而有余香者为好。最后将瓯中叶底倒入叶底盘或瓯盖上评叶底。

评香气：主要分辨香型、细粗、锐钝、高低、长短等。第1次嗅香气的高低，是否有异气；第2次辨别香气类型、粗细；第3次嗅香气的持久程度。以花香或果香细锐、高长的见优，粗钝低短的为次。评香气还要仔细区分不同品种茶的独特香气，如铁观音的兰花香、观音韵，黄桢的蜜桃香或桂花香，肉桂的桂皮香，武夷岩茶的花香岩韵，凤凰单丛的黄枝花香等。

看汤色：以第一泡为主，以金黄、橙黄、橙红明亮为好，视品种和加工方法而异。有深浅、明暗、清浊之别。以橙黄清澈的为好，橙红带浊的为差。青茶的汤色受做青程度、烘焙温度和时间影响。不同种类青茶之间茶汤颜色的不同并不代表品质的高低，而明暗和清浊则能反映品质的优劣。

评滋味：滋味有浓淡、醇苦、爽涩、厚薄之分，以第二泡为主，兼顾前后。特别是初学者，第一泡滋味浓，不易辨别。茶汤入口刺激性强、稍苦回甘爽，为浓；茶汤入口苦，出口后也苦而且味感在舌心，为涩。评定时以浓厚、浓醇、鲜爽回甘者为优，粗淡、粗涩者为次。

评叶底：叶底应放入装有清水的白色搪瓷盘中，看嫩度、厚薄、色泽和发酵程度。叶张完整、柔软、厚实、色泽青绿稍带黄，红点明亮的为好，叶底单薄、粗硬、色暗绿、红点暗红的差。

青茶成品茶审评方法和要求与青毛茶基本相同，成品茶重视品种特点的鉴别。青茶的不同品种、不同等级，火候掌握也不相同。高级茶火候轻，低级茶火工足，汤色也随之由浅入深。品种之间的火候、汤色是不能相比的。如岩茶火候较足的汤色较深，所以汤色深的品质未必就差。又如散装的与小包装的特级铁观音，同是特级，由于两者火候掌握轻重不一，汤色就深浅各异。因此汤色只作青茶审评的参考。闽南青茶有春、夏暑、秋之分。一般夏暑茶条索较硬挺、略比春茶细瘦，老嫩欠匀，有片朴，色泽暗绿或褐红；内质香气清淡带有夏（暑）茶气，汤色深黄色或橙黄色，滋味略淡、带粗涩味、无鲜甘感，叶底稍暗红欠柔软。秋茶条索尚紧结，带片朴，一般条索较细、梗短小，色泽翠绿、鲜润有光，梗青绿色，红点鲜明带砂绿；内质香气高长鲜锐，称为“秋香”，滋味清雅爽口，汤色清黄或微黄绿色，俗称“绿豆水”，叶底绿亮，红点鲜艳。

六、黄茶审评

黄茶的初制基本与绿茶相似，主要是在揉捻后或干燥前后增加一道闷黄的工序。

（一）黄茶分类

黄茶按鲜叶老嫩的不同，可分为黄芽茶、黄小茶和黄大茶 3 种。

1. 黄芽茶

黄芽茶可分为银针和黄芽两种，前者如君山银针，后者如蒙顶黄芽和莫干黄芽等。

（1）君山银针　产于湖南岳阳洞庭湖的君山，采摘标准为单芽。芽头肥壮，紧结挺直，满披茸毫，芽色金黄（誉为“金镶玉”）；汤色浅黄，清澈明亮；香气清鲜，滋味醇甘鲜爽；叶底嫩黄肥匀明亮，冲泡时呈现“三上三下”的景色。

（2）蒙顶黄芽　产于四川名山县。鲜叶采摘标准为一芽一叶初展，每 500g 有 5 万 ~6 万个芽头。初制分为杀青、初包、复锅、复包、三炒、四炒、烘焙等过程。外形芽叶整齐，形状扁直，肥嫩多毫，色泽金黄，内质香气清纯，汤色黄亮，滋味甘醇，叶底嫩匀，黄绿明亮。

（3）莫干黄芽　莫干黄芽于 20 世纪 70 年代由德清县农业局、土特产公司在浙江农业大学（现浙江大学）茶学系的指导下创制。采摘一芽一二叶初展的鲜叶原料，经过摊放、杀青、揉捻、闷黄、锅炒、烘干等工序加工而成。其品质特征为外形细紧略勾曲，色泽嫩黄油润，内质香高清芬持久，汤色嫩黄明亮，滋味甘醇鲜爽，叶底芽叶成朵。

2. 黄小茶

黄小茶的鲜叶采摘标准为一芽一二叶，有湖南的伪山毛尖和北港毛尖、湖北的远安鹿苑茶、浙江的平阳黄汤、皖西的黄小茶等。

（1）沩山毛尖　产于湖南宁乡县大沩山。采摘标准为一芽一二叶初展。初制工艺有熏烟工序。品质特点是叶缘微卷成条块状，金毫显露，色泽黄润，汤色橙黄明亮，香气呈浓烈的松烟香，滋味醇甜爽口，叶底嫩匀黄亮。

（2）北港毛尖　产于湖南省岳阳北港。初制分为杀青、锅揉、闷黄、复揉、烘干 5 个过程。外形条索紧结重实卷曲，白毫显露，色泽金黄，内质香气清高，汤色杏黄明亮，滋味醇厚，耐冲泡，冲三四次后尚有余味。

（3）远安鹿苑茶　产于湖北省远安县鹿苑寺一带。初制分为杀青、炒二青、闷堆和炒干

4道工序。“闷堆”工序是形成干茶色泽金黄、汤色杏黄、叶底嫩黄的“三黄”品质特征的关键。其外形条索紧结卷曲呈环状，略带鱼子泡，锋毫显露，内质香高持久，有熟栗子香，汤色黄亮，滋味鲜醇回甘，叶底肥嫩匀齐明亮。

3. 黄大茶

黄大茶的鲜叶采摘标准为一芽三四叶或一芽四五叶。产量较多，主要有安徽霍山黄大茶和广东大叶青。

（1）霍山黄大茶　产于安徽霍山、金寨等地。采摘标准是一芽四五叶。品质特点是外形叶大梗长，梗叶相连，形似钓鱼钩，色泽黄褐起霜，汤色深黄或褐黄明亮，香气焦香浓而持久，滋味浓厚，叶底黄褐明亮，耐冲泡。

（2）广东大叶青　以大叶种茶树的鲜叶为原料，采摘标准为一芽三四叶。初制时经过堆积，形成了黄茶品质特征，产品以侨销为主。外形条索肥壮微卷，身骨重实，老嫩均匀，显毫，色泽青润带黄，或青褐色。内质香气纯正，汤色深黄明亮，滋味浓醇回甘，叶底浅黄色，芽叶完整。

（二）黄茶审评方法

黄茶的内质审评类同绿茶。外形、内质色泽以“黄”为基本特征。

1. 黄茶外形审评

黄茶评比形状（包括条索和嫩度）、整碎、色泽、净度的内容与绿茶基本相同。以嫩度、条索为主，整碎、净度为辅。其中嫩度按黄芽茶、黄小茶、黄大茶三类的要求，分类审评。嫩度主要看芽叶的多少与显毫程度，芽叶含量多、显毫，是嫩度好的表现。条索评比看紧结的程度，它是衡量茶叶做工好坏的一个重要方面。条索好，说明揉捻比较充分，细胞破碎率较高。色泽比较黄色的枯润和暗鲜度等。

2. 黄茶内质审评

香气：评纯异、长短。一般黄茶香高浓带火旺香气，部分黄小茶带兰花香气，香气与花色品种、加工特殊性有关，如宁乡沩山毛尖有松烟香，霍山黄大茶有高爽焦香，这种火香视为正常的品质特征。香气要高浓持久，一般为清纯或纯正，特征不太突出。

汤色：评深浅和亮度。黄芽茶色浅黄，黄小茶色杏黄，黄大茶色深黄，以明亮为好。绿色、褐色、橙色和红色均不是正常色，茶汤带褐色多系陈化质变之茶。

滋味：以浓醇或醇爽为好。醇而不苦，粗而不涩，注意把握黄茶滋味的醇，回味甘甜润喉。

叶底：评匀整和色泽。要求芽叶匀整，色泽黄亮，有绿有红都不是好黄茶的色泽。匀齐，满披茸毛，色泽金黄光亮，称“金镶玉”；内质香气清鲜，汤色浅黄，滋味甜爽，冲泡后芽尖冲向水面，悬空竖立，继而徐徐下沉至杯底，状如群笋出土，又似金枪直立，汤色茶影，交相辉映，极为美观。

七、花茶审评

（一）花茶的品质特点

花茶又称窨制茶，或称香片，是精加工茶，配以香花窨制而成。既保持了纯正的茶香，又兼备鲜花馥郁的香气，花香茶味别具风韵。用于窨制花茶的香花有茉莉花、白兰花、珠兰花、代代花、柚子花、桂花和玫瑰花等，其中又以茉莉花为主。用于窨制花茶的茶坯主要是绿茶，其次是青茶，还有少量红茶。花茶总的品质特征是芬芳的花香加上醇和的茶味。优质的花茶，茶的质量好，花香浓郁，滋味鲜爽。

花茶依窨制的香花种类，分为茉莉花茶、白兰花茶、珠兰花茶、玳玳花茶、柚子花茶、桂花花茶、玫瑰花茶等。也有把花名与茶名连在一起命名的，如茉莉烘青、珠兰大方、桂花乌龙等。其中以茉莉花茶数量最多，约占全国花茶总量的90%。

(二) 花茶审评方法

外形审评：将样罐中的茶叶倒入样盘中，看茶叶外形特征，根据茶坯所属茶类进行外形审评；从上段茶、中段茶、下段茶三个层次审看外形，评比条索、色泽、嫩度和匀整性，窨花后的条索比素坯略松，色稍带黄属正常。

内质审评：花茶内质审评目前采用“单杯审评法”和“双杯审评法”两种方法。

1. 单杯审评法

取10g左右的茶样置于茶样盘中，用镊子捡净花渣，因为花渣中含有较多的花青素，使茶汤略带苦涩，影响审评结果。称取茶样3.0g，用150mL审评杯、碗。沸水冲泡5min，将茶汤倒入审评碗中，开汤后速看汤色，接着热嗅香气，审评鲜灵度，然后尝滋味，刚入口时评滋味鲜爽性，有花香味且爽口是品质优良的表现，在舌面上打滚时评浓醇度。温嗅香气评香型与浓度，冷嗅香气评持久性，最后将评过香气的叶底全部倒入白色搪瓷漂盘评叶底。

2. 双杯审评法

取15g左右的茶样置于茶样盘中，用镊子捡净花渣。然后准确称取茶样3.0g（双份），分别置于两个150mL的标准审评杯中，其中一份（杯）专用于审评香气，另一份（杯）专供审评汤色、滋味、叶底。

用于评香气的茶杯分2次冲泡，第一次用沸水冲泡3min后将茶汤倒出，审评香气的鲜灵度。第二次冲泡5min后将茶汤倒出，审评香气浓度和纯度。用于审评汤色、滋味、叶底的茶杯冲泡一次，用沸水冲泡5min后将茶汤倒出，审评茶汤的色泽和滋味的醇涩、鲜滞，最后把叶底倒出，审评嫩度、匀度和色泽。双杯审评法较单杯审评法更易掌握，往往在茶样品质差异小或审评意见不一致时采用。但此法操作烦琐、花费时间较长。

思考题

1. 请列举茶叶感官审评所需设备与设施。
2. 请简述茶叶感官审评的基本流程及方法。
3. 绿茶审评的操作程序包括哪些步骤和要求？影响审评结果准确性的因素有哪些？
4. 红茶的种类有哪些？各类红茶相应的基本品质如何？
5. 试比较黄芽茶与黄小茶的异同。
6. 黑茶的种类有哪些？各类黑茶相应的基本品质如何？
7. 试比较闽南青茶与闽北青茶品质的异同。
8. 简述茶叶感官审评的因子及注意要点。
9. 简述工夫红茶的审评技术要领及常见茶类的品质弊病。
10. 简述紧压黑茶的审评技术要领及常见茶类的品质弊病。
11. 简述不同产地青茶的审评技术要领及其常见茶类的品质弊病。

扫描二维码阅读本章知识拓展资料

6. 第八章知识拓展资料

第九章 茶文化与茶艺

CHAPTER 9

第一节　茶文化的形成与发展

中国是茶的故乡，是茶文化发祥地，茶文化是中国传统文化的重要组成部分。大多数的茶文化研究者认为，茶文化是茶作为饮料在被使用过程中形成的各种文化现象的集合体。饮茶的起源也是茶文化形成和发展的历史起点。随着饮茶的普及以及品饮的艺能化，中华茶文化的内涵得以不断丰富和发展。

一、茶文化的酝酿与萌芽

秦汉以前，茶主要是作为菜食或者药用或被用作祭品，茶的饮用是在食用和药用的基础上慢慢形成和发展起来的。茶起初作为食物被巴蜀地区的人们所利用，经两汉、三国、两晋、南北朝，逐渐向中原广大地区传播。顾炎武《日知录》记载："自秦人取蜀，而后始知有茗饮之事。"秦统一中国后，促进了各地经济、文化的发展与交流，饮茶由上层社会向民间发展，饮茶、种茶的地区越来越广，茶及其生产技术便从四川向当时的政治、经济和文化中心陕西、河南等地传播。西汉（公元前59年）王褒《僮约》记载"烹荼尽具"和"武阳买荼"的记载，说明秦汉之际，人们对茶属性的了解和认识不断加深，这促使茶从羹饮过渡至饮料；文中提到的"武阳"，即今之四川彭山县一带，距成都不远，而据史籍记载，四川成都一带的诸多郡县在西汉时均已产茶，在武阳还形成了初级茶叶交易市场。东汉时期的《说文解字》《桐君录》等著作中也有饮茶的明确记载。魏晋南北朝时期，饮茶之风逐渐传至长江中下游。汉魏六朝时期，茶叶的加工主要是粗放的晒干或烘干，北魏张揖《广雅》中提到了饼茶的制法。西汉中期，茶已经被当作饮料来饮用了，原始的饮茶方式是用鲜叶或干叶烹煮成羹汤而饮，或者佐以姜、桂、椒、橘皮、薄荷等熬煮成汤汁而饮。当时尚没有专门的茶具，饮茶器具是与食器、酒器混用的。

汉魏六朝时期，是中国道教的形成和发展时期，同时也是佛教在中国的传播和发展时期。茶在这一时期开始与道家、儒家的思想发生联系，茶作为一种精神文化现象开始萌芽。佛教提倡坐禅，饮茶可提神醒脑、驱除睡魔，有利于清心修行。因此，一些名山大川中的寺院开始种茶、制茶、讲究饮茶，我国许多传统名茶最初源于寺院僧人所创制。饮茶风气流传于各寺庙，佛教徒在推广佛教的同时，也推广了饮茶。《陶弘景新录》记载："茶茗轻身换骨。昔丹丘子黄山君服之。"茶作为可以延年益寿的药饵服食，表达了当时人们希望健康长寿的愿望，后来则慢慢发展为追求身心的和谐状态，即所谓修身养性。与此同时，饮茶也与儒家思想有了关联，儒家提倡温、良、恭、俭、让与"和为贵"，修养途径是穷独兼达、正己正人，既要积极进取，又要洁身自好。在魏晋南北朝时期，官吏及士人皆以夸豪斗富为美，对于这种奢靡的社会风气，一些有识之士提出了"养廉"的问题，茶与俭这样一种品德建立了联系。据《吴志·韦曜传》载："孙皓时（264—280 年在位），每餐晏饷，无不竟日……曜素饮酒不过二升，初见礼异，时或为裁减，或密赐茶荈以当酒"。孙皓首创"以茶代酒"的典故表明茶在东吴时期（222—280 年）已是宫中常用的饮料。《晋中兴书》记载，吴兴太守陆纳款待侍卫将军谢安时，陆纳的侄子陆俶未按他所吩咐的"所设惟茶果而已"，而以丰盛的酒菜待客，结果招致陆纳打了四十大板。与陆纳同时代的军事家桓温，"每宴饮惟下七奠盘茶果而已"。萧子显《南齐书》记载，南朝齐武帝萧赜（483—493 年在位）在临终前曾下诏："我灵上慎勿以牲为祭，惟设饼、茶饮、干饭、酒脯而已。天下贵贱，咸同此制。"陆纳的以茶待客，桓温的以茶下饭，南朝齐武帝萧赜遗诏要求以茶祭祀，这些记载表明当时形成了以茶待客，以茶示俭的饮茶之风。以茶为载体代表着洁身自好的寓意，这意味着茶从另外一个角度超越了其自然功用的范围，而进入到人类精神生活领域。

魏晋南北朝时期，纯粹意义上的饮茶，至少在长江以南已经相当普遍了。饮茶已不仅是为了满足生理上的需要，同时也是为了满足精神层面上的追求。茶受到文人们的积极推崇，很多文人养成了饮茶的嗜好，此期内的一些士大夫为逃避现实，放浪形骸之外，流连山水之间，品茗赋诗，高谈阔论，茶可长饮而不醉，既风流儒雅，又无损于他们的谈兴，因此，许多清谈家也就成了爱茶人。同时，茶也开始进入文学创作领域，《搜神记》《神异记》《搜神后记》《异苑》等志怪小说集中均有关于茶的故事，孙楚、左思、张载等撰有涉茶诗篇，杜育撰写了文学史上第一篇以茶为题材的散文《荈赋》，综上说明，在魏晋南北朝时期，中国茶文化已经开始萌芽。

二、茶文化的形成与兴起

唐代（618—907 年）经济文化空前繁荣，文人学士提倡饮茶，纷纷以茶为题吟诗作赋，"茶圣"陆羽《茶经》问世，对茶的产地品质、制作方法、茶具、泡茶程式等进行全面记载，有关茶的知识广泛传播，煎茶的煮饮方式广泛流传，《旧唐书·李珏传》记载："茶为食物，无异米盐，于人所资，远近同俗。既祛竭乏，难舍斯须。田闾之间，嗜好尤甚。""天下益知饮茶矣。"封演在《封氏闻见记》中描述了当时饮茶的盛况："古人亦饮茶耳，但不如今人溺之甚。穷日尽夜，殆成风俗。始自中地，流于塞外……自邹、齐、沧、棣，渐至京邑城市，多开店铺，煎茶卖之。不问道俗，投钱取饮。其茶自江淮而来，舟车相继，所在山积，色额甚多"。此时南方所产茶叶大量运销北方，茶已经成为普通老百姓的日常饮料。唐肃宗至德、乾元年间（756—760 年），茶马互市开始后，饮茶在西北地区迅速传播开来，由此饮茶之风传到塞外的西北边疆。唐太宗贞观十五年（641 年），文成公主出嫁藏王松赞干布，带去当时湖南岳州的名茶"滗湖含膏"，把饮茶的习俗带到了西藏。唐五代时期，随着经济发展，作为主要的经济支柱的茶产业也随之兴起与发展，茶已成"举国之饮"。唐代茶叶消费的兴盛，极大地促进了茶叶生产的发展，种茶的规模和范围不断扩展，茶产业趋于发达。陆羽在《茶经·八之出》中，将全国茶叶产地分为山南、淮南、浙西、剑南、浙东、黔中、江南、岭南八大区，涉及43个州、郡，遍及今天长江流域及其以南地方14个省区，其茶叶产地达到了与我国近代茶区相当的局面。唐代已经出现一批名茶，李肇《唐国史补》提到的名茶就有19种之多。唐代贞元年间（785—805年），朝廷在浙江盛产紫笋茶的顾渚山，建立了首座官办的“贡茶院”，贡茶采制规模巨大，有制茶工匠千余人，采茶役工达两三万人。

饮茶风尚的盛行和陶瓷业技术的发展，使茶具在陶瓷业中得到独立发展，产茶之地的饮茶器具发展更是迅速。瓷器是我国古代的伟大发明之一。瓷器是在陶器基础上发展而来的，成熟青瓷的出现大约在东汉后期。到了唐代，瓷器形成了“南青北白”的两大系统，其代表是越窑青瓷与邢窑白瓷，它们同时是当时茶具中的精品。唐代陆羽《茶经》第一次完整而系统地介绍了当时的茶具（《茶经》中把茶器分为8类29种）。陆羽不仅详细地描述了各种茶具的用途、材质、规格大小，更重要的是，陆羽把他的茶道思想完全融入茶具设计之中。陆羽介绍的唐代煎茶所用的茶具，古朴典雅，雅而不奢，坚固耐用，充分体现了陆羽提倡的简约茶风。陆羽《茶经》的问世，奠定了中国古典茶学的基本构架，成为中国古代茶学的百科全书。陆羽把中国传统文化中的儒、释、道诸家思想融会于茶事之中，强调茶人的品格和思想情操，把饮茶作为进行自我品德修养、陶冶情操的手段和方法，首创中国“精行俭德”的茶道精神。因此，陆羽是我国茶文化的奠基者，也是中华茶道的创始人；《茶经》的问世，有力地推动了中华茶文化形成与发展。

在唐代，品茶成为文人们生活中不可或缺的内容，文人雅士争相讴歌茶事，茶文学也兴盛起来。唐代许多诗人如李白、杜甫、皎然、白居易、卢仝、元稹等，都留下许多脍炙人口的茶诗。同时，茶开始进入书画艺术创作题材之中。

三、茶文化的发展与兴盛

继唐代以后，宋代饮茶之风更加普及，点茶法开始流行并普及，上流社会嗜茶成风，王公贵族乐此不疲，连皇帝也常以茶来招待群臣，以示恩宠。宋徽宗赵佶著《大观茶论》，推动饮茶风尚的流行。宋朝吴自牧《梦粱录》载：“盖人家每日不可阙者，柴米油盐酱醋茶”，由此可见，茶已成为不可或缺的生活必需品。据《金史》记载，金章宗泰和六年（1206年）“尚书省奏：茶，饮食之余，非必用之物，比岁上下竞啜，农民尤甚，市井茶相属。商旅多以丝绢易茶，岁费不下百万……遂命七品以上官，其家方许饮茶”。金宣宗元光二年（1223年），省臣以每年枉费民银30余万两，流入南宋，国蹙财竭为由，颁布法律，禁止河南、陕西人民饮茶。但是人民不顾禁令，继续饮茶。边疆少数民族更是“宁可一日无油盐，不可一日无茶”。

宋代茶叶产区继续拓展，茶叶产量进一步提高，市场体系逐步完善。北宋时期茶区遍及现今的16个省市区（不包括云南省），南宋时东南产茶区也有66州242县，茶叶产量有很大提高。宋代茶叶生产技术中心向东南沿海转移，在建安（今建瓯）的北苑设立专门机构“龙焙”，专事生产供皇宫御用的贡茶——龙凤团茶。龙凤团茶的加工技术较之唐代的团饼茶加工有较大改进，日趋精细，散茶亦逐渐开始出现，已经出现日铸、双井、白芽等一些名品。宋代团茶、草茶（宋人称叶茶、散茶为草茶），皆须槌碎研碾成末，置于茶盏内，再用汤瓶点水、茶筅击拂，北宋蔡襄《茶录》、宋徽宗《大观茶论》记载点茶技艺程式，点茶在宋代形成并广泛流行。公元960年，已有了在贡茶中加入龙脑香以增益茶香的记载，这应是花茶的雏形。

茶叶生产和贸易的空前发展，为宋朝政府提供了巨大财政收入，因而朝廷对茶税的征收更加重视，实行了严格的榷茶制度。朝廷在各茶区和要会之地，共设置了6个榷货务和13个山场，专管茶叶生产和贸易。宋朝政府通过实行以茶易马的“茶马互市”制度，控制对边境少数民族的茶叶贸易。“茶马互市”到宋代已形成完备的制度体系。

在点茶基础上发展出分茶、茶百戏、斗茶（又称“茗战”）等技艺性游戏和竞赛活动。宋人诗词中有不少对分茶、斗茶的生动描写，南宋刘松年《斗茶图》《茗园赌市图》等反映了当时斗茶的场景。同时，宋代茶会流行，宋徽宗赵佶《文会图》就描绘了文人茶会的盛大场面，佛门茶会在宋代形成了仪规完整的程序化的佛教茶礼，如著名的径山寺茶会。宋代茶诗题材更加丰富，形式多样，堪与唐代争雄。宋元时期的茶词曲、茶事小说在艺术上达到较高的成就，更胜于唐人。茶戏剧、茶歌、茶事书法绘画的作品也是佳作纷呈。茶书撰写数量超越前代，对后世产生了深远影响。

宋代茶文化的兴旺发达还表现在茶馆业的兴盛。茶馆在宋代也称作茶坊、茶肆、茶楼。北宋时期汴京城内的闹市和居民聚集之处，各类茶馆鳞次栉比。孟元老《东京华梦录》记载，汴梁城皇宫附近的朱雀门外街巷南面的道路东西两旁，“皆民居或茶坊”，吴自牧《梦粱录》记载南宋都城临安城里茶肆林立，茶馆在当时的社会经济生活中扮演着重要角色。

茶具在宋代得到极大的发展。宋代的瓷器，主要分为两大支系，一为青花瓷系，另一为黑釉盏系。但黑釉盏更受偏爱，当时以福建建阳（古称建州）窑和江西吉州窑所产之黑釉盏最为著名。“建盏”是黑釉中的佼佼者。建盏胎色黑而坚，胎体厚重，器内外均施黑或酱黄色釉，底部露胎，在烧制后经窑变在盏体上形成美丽异形的花纹，其中一种盏壁上有细密如兔毛的“兔毫斑”的所谓“兔毫盏”，最受青睐。除了黑釉茶具外，宋代各地还普遍生产青釉、白釉和青白釉茶具，在形制、胎釉方面各具特色，有许多精致的茶具出现。当时最负盛名的有五大名窑，即汝窑、官窑、哥窑、钧窑、定窑。汝窑位于河南宝丰，宋时属汝州，曾专为北宋宫廷烧制瓷器。汝窑胎质细腻，浅灰白色，俗称“香灰胎”，釉色为淡天青色，釉层很薄，有乳浊感。宋代汝窑仅存20年，后因金兵南下而停烧，故传世作品很少。官窑是宋时朝廷专设为宫廷烧制御用瓷器的瓷窑，北宋时官窑设在京师汴梁（今河南开封），南宋时在浙江临安（杭州）。南宋官窑制品造型端庄，线条挺健，釉色有粉青、油灰和米黄等，以粉青为上，浑厚润澈，如冰似玉。釉面布满纹片，这种釉面的裂纹原本是瓷器烧制时产生的缺陷，以后成为一种特别的烧制技艺和装饰方法，名噪一时。这种瓷器的底足部为铁褐色，口部隐呈紫色，故有“紫口铁足”之称。哥窑为宋代五大名窑之一，但其窑址至今未找到。传世哥窑瓷器的胎骨较厚，胎质细腻，胎色呈黑灰、深灰或土黄色等。釉色有月白、灰青、深灰、米黄、灰黄等种类，釉面滋润。钧窑在河南禹县钧台一带，古属钧州。钧瓷茶具有汤瓶、盏、杯等。钧瓷胎质细腻坚实，造型古朴端庄，釉质肥腻，有明显乳浊光。釉色有玫瑰紫、天青、月白、海棠红等。因釉内含有少量的铜元素，烧出的釉色青中带红，宛如蓝天中的晚霞，色彩艳丽，又因施釉肥厚，在器物上呈现牛毛纹和蚯蚓走泥纹等。定窑有北定、南定两处，北定在河北曲阳，南定在江西景德镇。北定瓷窑为北方著名的瓷窑，以烧造白釉瓷器闻名，所产器物釉面呈牙白色或乳白色，胎骨洁白，坚密细腻，造型规整而纤巧，装饰以风格典雅的白釉刻、划花和印花为主，其白釉盏极其精巧，但定瓷中呈色为酱釉、黑釉或绿釉的所谓紫定、黑定和绿定，是更名贵的定瓷品种，较白釉定瓷价值更高。

除五大名窑外，宋代还有很多生产瓷器的著名窑口，如景德镇窑、龙泉窑、同安窑、磁州窑、耀州窑、霍州窑、淄博窑、临汝窑、铜官窑等。各地瓷窑生产各色茶盏，烧制工艺精巧，艺术水准高者比比皆是。如浙江龙泉窑以烧制青瓷闻名于世，宋时龙泉窑烧制出粉青釉和梅子青釉，使青瓷釉色之美达到一个新的高峰。粉青釉层凝厚，釉面透明光泽，外观柔和淡雅，有如青玉。梅子青釉的釉层更厚，略带透明，釉面光泽，色调宛若翡翠。临汝窑为宋元时期烧制民间用瓷的窑场，所产青瓷器物胎体、釉层较厚，釉色青中闪绿，美轮美奂。宋代兴起的青白釉，则以江西景德镇窑产品为代表，具有独特的风格。其釉色介于青、白两色之间，硬度、薄度和透明度等已达到了现代硬瓷的标准。自宋代开始，景瓷以其“白如玉，薄如纸，明如镜，声如磬”的优异品质而开始享誉世界。元、明以后，斗茶不再时兴，散茶逐渐兴起，茶具以青白釉居多，黑釉盏渐少。各种釉色的精致茶盏等，是这一时期的主要茶具，高足杯是这一时期瓷器中最流行的器型。明代是中国茶业发展和变革的重要时代，也是茶文化发展的又一鼎盛时代。自宋末至元朝，民间饮用散茶的风气日盛，到了明朝初期这一现象更加普遍。明洪武二十四年（1391 年）朱元璋诏令：“罢造龙团，惟采芽茶以进。”废团饼茶改以芽茶（散茶）充贡后，散茶生产和加工技术大力发展。先是蒸青散茶流行，后来炒青和烘青散茶的生产更盛。炒青绿茶在晚唐时已发明，明代炒青绿茶进入全盛时期。在贡茶中加入香料以增益茶香的做法亦可追溯到宋初，但所谓“熏香茶法”首见于明代朱权《茶谱》（1440 年）中。明代钱椿年《茶谱》（1539 年）记载了以各种鲜花为原料加工花茶的方法，可证当时人们已了解“茶引花香，花增茶味”的现代花茶窨制技术精髓。明代许次纾《茶疏》一书中详细介绍了武夷茶的采摘、炒制和烘焙方法以及武夷岩茶如梅似兰的馥郁香气特征，可见武夷岩茶（乌龙茶）加工在明代中期已闻名，武夷岩茶的制法形成后逐渐传到闽南和广东、台湾等地，进一步发展出不同风格的乌龙茶产品。最早的红茶是 17 世纪中叶发源于福建武夷山区的星村小种红茶，当时称为“武夷茶”，是远销国内外的优质红茶。在炒制过程中运用“闷黄”技术生产黄茶始于 1570 年前后。黑茶生产历史虽可追溯到 11 世纪前后四川的“乌茶”生产，但在初制时采取堆积渥堆方式加工黑毛茶，是明代嘉靖三年（1524 年）前后湖南安化一带茶农的重要发明。

明代是饮茶方式发生重大变革的重要时期。明代散茶的普及，催生了泡茶道的形成与流行，明代中叶以后，以散茶直接用沸水冲瀹的泡茶方式逐渐流行，并成为后世饮茶的主流。明代是茶道发展的鼎盛时期，市井文化的发展，使茶馆在明代更加走向大众化，较之宋代，明代的茶馆更为雅致，对茶、水、器的要求更加讲究。

明代还是茶具发展的一个转折时期。明正德年间后，江苏宜兴的紫砂壶显赫一时，经过从万历年间到明末一段时间的发展，紫砂茶具发展达到一个高峰期，前后出现一大批壶艺大师，他们制作的各式紫砂茶壶，受到当时和后人的珍爱。

明代茶文学，特别是茶诗词，无论是内容，还是形式体裁，比之唐宋逊色不少，但在茶事散文小说方面却超越了前代。明代众多传奇小说和章回小说都有描写茶事的精彩章节，《水浒传》《西游记》等明代小说中，有着许多对饮茶习俗、饮茶艺术的生动描写。茶戏剧、茶歌、茶事书法、茶事绘画的创作在明代均延续前代的传统，有不少佳作传世。此外，茶事书画也超越唐宋，众多大家作品成为茶文化史上的佳作。明代茶书编纂刊印繁荣，现存明代茶书达 35 种之多，占了中国古典茶书一半以上。可以认为宋明时期，是中国古代茶文化充分发展并达到鼎盛的时期。

四、茶文化的曲折与衰落

清代是中国茶文化发展的转折时期，茶业经历了几番大起大落。清初由于商品经济的发展，国内外市场的扩大，茶叶消费量的增加，茶产业有一定发展。清代初期，我国茶叶品类已经齐全，名茶辈出，一些传统名茶相继问世。清中叶后，茶叶出口大增，茶叶产量显著增加，到鸦片战争前茶叶产量达到了古代茶叶生产的顶峰。到了清代，市街乡村到处可见茶楼茶馆，饮茶盛况空前。婚丧嫁娶、迎来送往、饭前饭后，处处都离不了茶叶。

清代中后期，是中国茶文化的集中外传与茶业的国际化时期。18世纪后，茶叶成为中西贸易的主要商品，中国茶叶输出量急剧增加，18世纪中国茶叶外销比17世纪增长了400多倍。19世纪前40年，中国出口茶叶1500万担（1担=50kg），比18世纪100年还多600余万担。鸦片战争以后，中国茶叶对外输出量更是持续增长，1840—1870年的30年间，中国出口茶叶达到2900多万担，超过此前整个中国古代茶叶出口的总量。1871—1890年，中国茶叶输出达到鼎盛时期，每年出口茶叶均在200万担上下。这一时期，受国外需求的强力拉动，我国茶园面积、茶叶产量和出口量均超过了历史上任何一个时期，中国茶叶经历一个亘古未见的蓬勃发展阶段，中国茶业达到极盛期。与此同时，国外植茶业在这一时期开始兴起，19世纪50—70年代，印度茶园面积不断扩大，至1871年印度茶业已进入成熟时期，输入英国等地的茶叶开始急剧增长。从19世纪70年代以后，印度茶叶加工逐渐实现了机械化，茶叶产量和出口数量不断增长，至1929年印度茶叶出口便超过中国。斯里兰卡（原称锡兰）在1824年从中国输入茶籽后试种茶树，至1900年，斯里兰卡已跻身世界三大茶叶大国之列，1917年锡兰茶叶出口量超过中国，成为世界第二大茶叶输出国。

到了清朝晚期，特别是1840年鸦片战争以后，中国逐渐沦为半殖民地半封建国家，政府腐败、懦弱无能，经济凋敝、百业不兴，茶叶生产和出口虽一度疯狂增长，但内在的种种积弊日益显露。在印度、斯里兰卡等国茶叶大量出口的冲击下，自1888年以后，中国茶叶出口量便持续下跌，此后中国茶业无可挽回地走向没落。

中国茶道在清代开始衰落，但作为中国茶道代表的工夫茶道却开始形成、兴盛于清代。清代中叶的乾嘉年间，一种用小壶冲泡青茶的所谓工夫茶道开始流行于广东、福建和台湾地区。在清代，中国传统茶文化开始从文人茶文化向平民饮茶文化转变，并最终成为茶文化的主流，而茶馆业在清代也达到了鼎盛时期。清代茶馆遍布城乡，其数量之多也是历代所少见。清代茶馆成为三教九流聚会的场所，对于保存和延续中国传统的茶文化起着十分重要的作用。

清代茶文学的创作得到维持，曹雪芹、爱新觉罗·弘历（乾隆皇帝）、郑燮、陆廷灿等人均有茶诗、茶词、茶联创造。清代的众多传奇小说都出现描写茶事的章节。在古典小说中，清代曹雪芹《红楼梦》关于茶文化的描写堪称典范。

清代饮茶方式与明代基本相同，茶具造型无显著变化。在款式繁多的清代茶具中，首见于康乾年间的盖碗，可谓当时饮茶器具的一大改进。明清时期，紫砂陶具风行天下，江苏宜兴丁蜀镇紫砂茶具异军突起。紫砂茶具除了具有精湛的制作技巧和优良的实用功能外，还具有完美的形象结构和艺术表现力，有极高的审美价值，特别是其优美的造型与精湛的书画艺术完美结合，形成了中国茶具特有的文化特色。紫砂壶的造型、工艺体现了不同时期制壶艺人的创造力和想象力，蕴含着特定时代人们的审美情趣，这种艺术的创造拓展了茶文化的外延，获得了不同时代人们的爱好和共鸣。明清以来，制壶名家辈出，最著名的有“四大名家”董翰、赵梁、元畅、时朋和“三大妙手”时大彬、李仲芳、徐友泉，他们的作品匠心独具，各树一帜。现代紫砂壶的风格式样，更是千姿百态，制壶名家以顾景舟、蒋蓉为代表，还有朱可心、王寅春等。宜兴紫砂壶的形制大都崇尚古朴，式样变化多端，壶形大小也很不相同。明末清初间，壶艺风格趋于精巧，但风格高古与精致兼备的紫砂壶依然广受推崇。紫砂壶的造型丰富多样，总体上可分为光货和花货，几何形体的光货，圆的要求圆稳、匀正，方的要求挺括平正，轮廓、线条分明。花货为自然形体造型，如松、竹、梅、瓜果、鸟兽之类。自明代制壶大师龚春开始，在紫砂壶上刻名字开始流行。在紫砂壶上进行书画雕刻，则始于晚明而盛于清代嘉庆年间，陈曼生乃其始作俑者。文人参与制壶，镌刻诗、书、画、印于壶体的做法逐渐发展成为紫砂工艺中独具的传统装饰艺术。一款古朴典雅、款式优美的紫砂壶会弥散出一种独特的精致的文化情韵。

五、茶文化的复兴

民国时期，中国茶业陷入全面危机，生产萧条，市场萎缩，外销锐减。虽然 20 世纪 20 年代后期中国茶业曾有短期的复苏，但是日本侵华战争和继之而来的国内战争，使茶业经济走向崩溃。到了 1949 年，全国茶园面积仅有 15 万 hm^2 左右，年产茶仅 4 万 t，年出口茶叶只有 2.2 万 t。新中国成立后，人民政府高度重视茶叶生产，茶产业得到迅速恢复和发展，特别是在改革开放以后，我国的茶产业持续快速发展，茶叶种植面积和产量均居世界前列，茶叶品质也得到了显著提升，各类名优茶不断涌现，满足了人民群众对美好生活的向往。全国茶园面积从 1950 年的 21 万 hm^2 增加到 2023 年的 343 万 hm^2，茶叶产量从 1950 年的 7 万 t 增加到 2023 年的近 333.95 万 t，茶叶出口量也从 1950 年的 2.6 万 t 增加到 2023 年的 36.75 万 t。目前，我国茶园面积和产量均居世界第一位。

随着茶文化研究的不断深入，茶文化已经成了重要的学术研究领域。许多高校和机构设立了茶文化专业或茶文化学院，为茶文化的传承和发展提供了有力的人才保障。我国已经建立起比较完整的茶业科研和教育体系，国内有 30 多所高校设有茶学专业，形成了比较完整的高等茶学教育和人才培养体系，推动茶叶学科和茶文化知识的推广和普及，以及茶学人才培养。在茶产业发展的同时，我国的茶文化事业也随之蓬勃发展。自 20 世纪 80 年代后半期开始，中国内地的茶文化呈现蓬勃发展的良好态势，伴随着中华民族“伟大复兴”的历史进程，古老的中华茶文化得到弘扬和发展，取得了举世瞩目的辉煌成就。

茶艺文化的普及也是茶文化复兴的重要表现。现在，越来越多的人开始学习和欣赏茶艺，茶艺表演和茶艺比赛也成了一种时尚。同时，各类茶叶博览会、茶文化节、中外交流茶会和茶话会等活动的频繁举办，也进一步推动了茶艺文化的普及和传播。茶艺师已成为一种新兴职业，这些年来各地都在开展各种形式的茶艺教育培训工作，培养出的专业茶艺人才，他们成为茶馆行业的就业骨干。茶馆业的发展突飞猛进，现代大大小小的各种茶馆、茶楼、茶坊、茶社、茶苑等茶艺馆如雨后春笋般地涌现，茶艺馆成为当代茶产业发展中的靓丽风景。

随着茶文化的发展与传播，国家对茶文化的重视，全国性和地方性茶文化研究团体纷纷成立，并经常性地开展茶文化活动。目前我国重要的茶文化团体有“中国国际茶文化研究会”“中华茶人联谊会”“吴觉农茶学思想研究会”等。很多省、自治区、直辖市都成立了省级茶文化学会或协会，不少地区还成立了市、县级的茶文化学会和协会，一些高等院校和科研院所纷纷成立中国茶文化研究机构。这些茶文化专业研究机构和学会、协会的建立，推动了茶文化研究的深入发展。各地纷纷举办各种茶文化节和茶文化学术活动，促进了茶文化的推广和普及。自 1989 年 9 月在北京举办的“茶与文化展示周”，1990 年 10 月在浙江杭州市举办首届“国际茶文化研讨会”后，每两年举办一次“国际茶文化研讨会”，在国内外产生了广泛影响。随着中国的日益开放和国际影响力的提升，茶文化也逐渐走向世界。中国推动设立了“国际茶日”（5 月 21 日），加强了与国际茶叶组织的合作交流，同时也积极参与各类国际茶叶展览和文化交流活动，推动了中国茶文化的国际化进程。

随着现代科学技术的进步，茶的科学研究也取得了长足的发展。通过化学分析、生物学研究、营养学研究等手段，人们对茶叶的成分、功能和保健机理有了更加深入的认识。自 20 世纪 80 年代以来，中国茶文化研究者在茶文化研究的各个领域取得了丰硕的成果，出版了一大批茶文化专著。同时，茶文化专业杂志的出版也空前繁荣，如江西省社会科学院出版的大型学术刊物《农业考古（中国茶文化专号）》，是集中发表研究茶文化理论文章和茶话、茶诗、茶联以及小说等文学作品的专业杂志，此外还有《茶人之家》《中华合作时报（茶周刊）》《陆羽茶文化研究》《中华茶人》《茶博览》《壶中天地》《紫玉金砂》《茶文化学》《民族茶艺学》等茶文化报刊或专著。

在现代中华茶文化全面复兴热潮中，当代茶文学和茶艺术创作也是硕果累累，如老舍《茶馆》，周作人《喝茶》，雷庭招《吃碗茶》等文学作品。作家们创作出一大批以茶事活动为题材的文学作品，丰富了中华茶文化的内涵，也扩大了茶文化的社会影响力。

第二节　茶艺与茶道

一、茶艺

茶艺是指饮茶的艺术，是茶道的外在表现形式。“茶艺”一词的提出较晚，包括艺茶、制茶、品茶、论水、择器、意境等内容。丁文先生认为：“茶艺指制茶、烹茶、饮茶的技术，技术达到炉火纯青便成为一门艺术。”台湾茶艺专家季野先生认为：“茶艺是以茶为主体，将艺术融于生活以丰富生活的一种人文主张，其目的在于生活而不在于茶。”

茶艺精湛必须具备六要素：人、茶、水、器、境、艺（图 9-1）。人是泡茶的主体，是茶艺的根本要素，人之“心灵美”“外表美”“行为美”是关键；茶是茶艺的物质基础，茶叶的质量，包括茶叶的色、香、味、形尤为重要；好茶配好水，“水为茶之母”，可见水对茶艺之重要性；而“器为茶之父”，茶器是茶艺的载体；“境”是品茗意境的营造，可提高茶艺展现效果；艺是泡茶技艺的掌握，是茶艺的最关键部分，能否使观赏者得到物质和精神的双重享受，关键看技艺水平。茶艺这门生活艺术，必须人文因素与物质因素巧妙结合，才能充分体现茶艺之美。

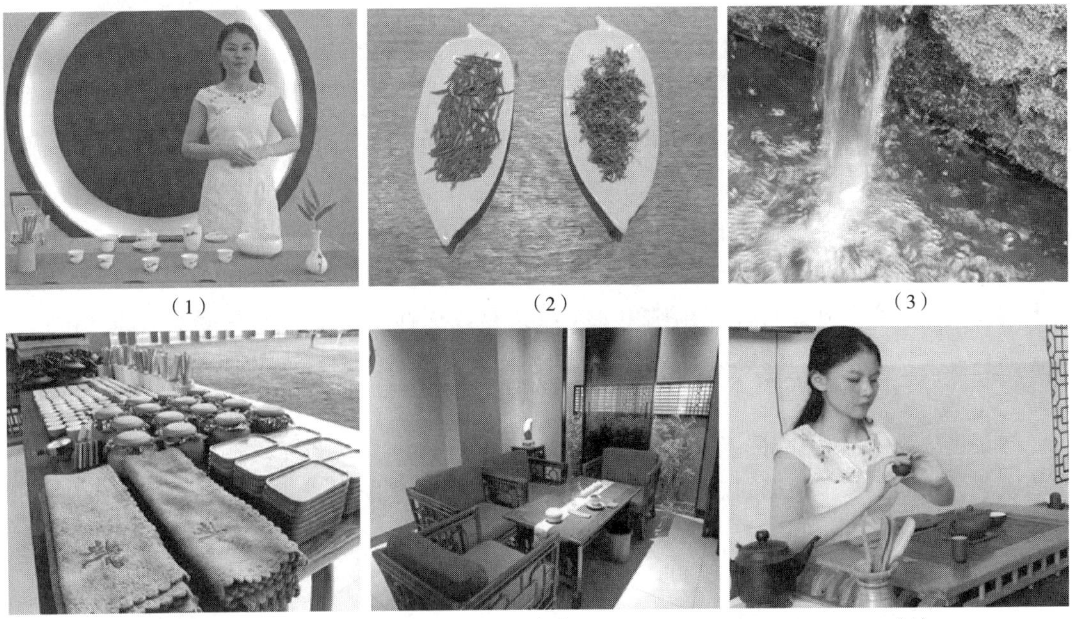

（1）（2）（3）（4）（5）（6）

图 9-1　茶艺六要素

（1）人；（2）茶；（3）水；（4）器；（5）境；（6）艺

二、茶道

（一）“茶道”源起

早在我国唐代就有了“茶道”这个词，如《封氏闻见记》中说：“又因鸿渐之论，广润色之，于是茶道大行。”唐代刘贞亮在《饮茶十德》中也明确提出：“以茶可行道，以茶可雅志。”中国人视道为体系完整的思想学说，是宇宙、人生的法则、规律。所以，中国人不轻易言道，在中国饮食、玩乐诸活动中能升华为“道”的只有茶道。

（二）对茶道的理解

饮茶可分为四个层次，将茶当饮料解渴，大碗海喝，称之为“喝茶”。如果注重茶的色香味，讲究水质、茶具，喝的时候又能细细品味，可称之为“品茶”。如果讲究环境、气氛、音乐、冲泡技巧及人际关系等，则可称之为“茶艺”。而在茶事活动中融入哲理、伦理、道德，通过品茗来修身养性、陶冶情操、品味人生、参禅悟道，达到精神上的享受和人格上的澡雪，这才是中国饮茶的最高境界——茶道。茶道不同于茶艺，它不但讲求表现形式，而且注重精神内涵。

“茶道”这个词从唐代至今已使用了 1000 多年，“茶道”一词从使用以来，历代茶人都没有给它下过一个准确的定义。直到近年对茶道见仁见智的解释才热闹起来。吴觉农先生认为：茶道是“把茶视为珍贵、高尚的饮料，因喝茶是一种精神上的享受，是一种艺术，或是一种修身养性的手段”。庄晚芳先生认为：茶道是通过饮茶的方式，对人民进行礼法教育、增进其道德修养的一种仪式。庄晚芳先生还归纳出中国茶道的基本精神为“廉、美、和、敬”。他解释说：“廉俭育德，美真康乐，和诚处世，敬爱为人。”陈香白先生认为：中国茶道包含茶艺、茶德、茶礼、茶理、茶情、茶学说、茶道引导7种义理，中国茶道精神的核心是和。中国茶道就是通过茶事活动，引导个体在美的享受过程中完成品格修养，以实现全人类和谐安乐之道。陈香白先生的茶道理论可简称为“七艺一心”。周作人先生则说得比较随意，他对茶道的理解为：“茶道的意思，用平凡的话来说，可以称作为忙里偷闲、苦中作乐，在不完全现实中享受一点美与和谐，在刹那间体会永久。”台湾学者刘汉介先生提出：“所谓茶道是指品茗的方法与意境。”日本谷川激三先生将茶道定义为：以身体动作作为媒介而演出的艺术。它包含了艺术因素、社交因素、礼仪因素和修行因素四个因素。人本茶汤文化研究会仓泽行洋先生则主张：茶道是以深远的哲理为思想背景，综合生活文化，是东方文化之精华。他还认为，道是通向彻悟人生之路，茶道是至心之路，又是心至茶之路。

佛教也认为：“道由心悟。”如果一定要给茶道下一个定义，把茶道作为一个固定的、僵化的概念，反倒失去了茶道的神秘感，同时限制了茶人的想象力，淡化了通过用心灵去悟道时产生的玄妙感觉。用心灵去悟茶道的玄妙感受，如同月之一轮，映像各异。茶道如月，人心如江，在各个茶人的心中对茶道自有不同的美妙感受。

（三）日本茶道的精神内涵

日本学者把茶道的基本精神归纳为“和、敬、清、寂”，即为茶道的四谛、四则、四规。“和”不仅强调主人对客人要和气，客人与茶事活动也要和谐。“敬”表示相互承认，相互尊重，并做到上下有别，有礼有节。“清”是要求人、茶具、环境都必须清洁、清爽、清楚，不能有丝毫的马虎。“寂”是指整个的茶事活动要安静，神情要庄重，主人与客人都是怀着严肃的态度，不苟言笑地完成整个茶事活动。日本的“和、敬、清、寂”的四谛始创于村田珠光，400多年来一直是日本茶人的行为准则。

（四）中国茶道的“和”思想

茶道追求的“和”源于《周易》中的“保合大和”，其意思指世界万物皆有阴阳两要素构成，阴阳协调、保全大和之元气以普利万物才是人间真道。陆羽在《茶经》中描述它设计的风炉：风炉用铁铸从“金”；放置在地上从“土”；炉中烧的木炭从“木”；木炭燃烧从“火”；风炉上煮的茶汤从“水”；煮茶的过程就是金木水火土五行相生相克并达到和谐平衡的过程。可见五行调和等理念是茶道的哲学基础，“和”也是儒、佛、道三教共通的哲学理念。

儒家从“大和”的哲学理念中推出“中庸之道”的“中和”思想。在儒家眼里和是中，和是度，和是宜，和是当，和是一切恰到好处、无过无不及。儒家对和的诠释，在茶事活动中表现得淋漓尽致。在泡茶时表现为“酸甜苦涩调太和，掌握迟速量适中”的中庸之美。在待客时表现为“奉茶为礼尊长者，备茶浓意表浓情”的明礼之伦。在饮茶过程中表现为“饮罢佳茗方知深，赞叹此乃草中英”的谦和之礼。在品茗的环境与心境方面表现为“朴实古雅去虚华，宁静致远隐沉毅”的俭德之行。

（五）中国茶道的“静”修之路

中国茶道是修身养性，追寻自我之道。静是中国茶道修习的必由途径。老子说：“至虚极，守静笃，万物并作，吾以观其复。夫物芸芸，各复归其根。归根曰静，静曰复命。”庄子说：“水静则明烛须眉，平中准，大匠取法焉。水静伏明，而况精神。圣人之心，静，天地之鉴也，万物之镜。”老子和庄子所启示的“虚静观复法”是人们明心见性、洞察自然、反观自我、体悟道德的无上妙法。

道家的“虚静观复法”在中国的茶道中演化为“茶须静品”的理论实践。宋徽宗赵佶在《大观茶论》中写道：“茶之为物……冲淡闲洁，韵高致静。”徐祯卿《秋夜试茶》诗云：“静院凉生冷烛花，风吹翠竹月光华。闷来无伴倾云液，铜叶闲尝紫笋茶。”梅妻鹤子的林逋在《尝茶次寄越僧灵皎》诗中云：“白云南风雨枪新，腻绿长鲜谷雨春。静试却如湖上雪，对尝兼忆剡中人。”诗中意境幽极静笃。戴昺的《赏茶》诗：“自汲香泉带落花，漫烧石鼎试新茶。绿阴天气闲庭院，卧听黄蜂报晚衙。”连黄蜂飞动的声音都清晰可闻，可见虚静至极。“卧听黄蜂报晚衙”真可与王维的“蝉噪林愈静，鸟鸣山更幽”相媲美。苏东坡在《汲江煎茶》诗中写道：“活水还须活火烹，自临钓石汲深清。大瓢贮月归春瓮，小勺分江入夜瓶。雪乳已翻煎处脚，松风忽作泻时声。枯肠未易禁三碗，卧听山城长短更。”生动描写了苏东坡在幽静的月夜临江汲水煎茶品茶的妙趣，堪称描写茶境虚静清幽的千古绝唱。

中国茶道正是通过茶事创造一种宁静的氛围和一种空灵虚静的心境，当茶的清香静静地浸润你的心田和肺腑的每一个角落的时候，你的心灵便在虚静中显得空明，你的精神便在虚静中升华净化，你将在虚静中与大自然融涵玄会，达到“天人合一”的“天乐”境界。得一“静”字，便可洞察万物、道通天地、思如风云、心中常乐。道家主静，儒家主静，佛教更主静。我们常说：“禅茶一味。”在茶道中以静为本，以静为美。唐代皇甫曾的《陆鸿渐采茶相遇》云：“千峰待逋客，香茗复丛生。采摘知深处，烟霞羡独行。幽期山寺远，野饭石泉清。寂寂燃灯夜，相思一磬声。”这首诗写的是境之静。宋代杜小山有诗云：“寒夜客来茶当酒，竹炉汤沸火初红。寻常一样窗前月，才有梅花便不同。”写的是夜之静。清代郑板桥诗云：“不风不雨正清和，翠竹亭亭好节柯。最爱晚凉佳客至，一壶新茗泡松萝。”写的是心之静。

在茶道中，静与美常相得益彰。古往今来，无论是羽士还是高僧或儒生，都殊途同归地把“静”作为茶道修习的必经大道。因为静则明，静则虚，静可虚怀若谷，静可内敛含藏，静可洞察明澈，体道入微。可以说：“欲达茶道通玄境，除却静字无妙法。”

（六）中国茶道的“怡”然之感

中国茶道是雅俗共赏之道，它体现于日常生活之中，它不讲究形式，不拘一格，突出体现了道家“自恣以适已”的随意性。同时，不同地位、不同信仰、不同文化层次的人对茶道有不同的追求。历史上王公贵族讲茶道，他们重在“茶之珍”，意在炫耀权势，夸示富贵，附庸风雅。文人学士讲茶道重在“茶之韵”，托物寄怀，激扬文思，交朋结友。佛家讲茶道重在“茶之德”，意在去困提神，参禅悟道，见性成佛。道家讲茶道重在“茶之功”，意在品茗养生，保生尽年，羽化成仙。普通老百姓讲茶道重在“茶之味”，意在去腥除腻，涤烦解渴，享受人生。无论什么人都可以在茶事活动中取得生理上的快感和精神上的畅适。参与中国茶道，可抚琴歌舞，可吟诗作画，可观月赏花，可论经对弈，可独对山水，也可以翠娥捧瓯，可潜心读《易》，也可置酒助兴。儒生可“怡情悦性”，羽士可“怡情养生”，僧人可“怡然自得”。中国茶道的这种怡悦性，使得它有极广泛的群众基础，这种怡悦性也正是中国茶道区别于强调“清寂”的日本茶道的根本标志之一。

（七）中国茶道的至“真”追求

中国茶道追求于“真”。“真”是中国茶道的起点，也是中国茶道的终极追求。中国茶道在从事茶事时所讲究的“真”，不仅包括茶应是真茶、真香、真味，环境最好是真山真水，挂的字画最好是名家名人的真迹，用的器具最好是真竹、真木、真陶、真瓷，还包含了对人要真心，敬客要真情，说话要真诚，心境要真闲。茶事活动的每一个环节都要认真，每一个环节都要求真。

中国茶道追求的“真”有三重含义：追求道之真，即通过茶事活动追求对“道”的真切体悟，达到修身养性、品味人生之目的。追求情之真，即通过品茗述怀，使茶友之间的真情得以发展，达到茶人之间互见真心的境界。追求性之真，即在品茗过程中，真正放松自己，在无我的境界中去放飞自己的心灵，放牧自己的天性，达到“全性葆真”。

第三节　茶馆文化

在中华大地的历史长河中，茶馆文化如同一条涓涓细流，历经千年，滋养着人们的生活，丰富着人们的精神世界。最初的粗陋茶摊，常常是街头巷尾、庙会集市上的临时搭建的小摊位，一杯粗茶，几枚铜钱，便能消磨一个下午，早期简陋的茶馆文化虽然简朴，却也深深地扎根在了人们的生活中；到今日的繁华茶馆，成为人们闲暇时交流谈天的场所，也是新信息、新知识传播的集散地。茶馆文化的发展历史就是一部生动的人文画卷，描绘出中华民族深厚的历史底蕴和丰富的文化内涵。

一、茶馆文化的发展与历史变革

四川产茶早自战国即有记载，但过去多为贡品、礼品，只在王室和达官贵人中传播，而普通百姓难见尊容。晋人张载《登成都白菟楼》记载：“芳茶冠六清，溢味播九区。”说明公元3世纪时，茶已开始从四川传播至中原各地人生活中。随着茶的普及，茶馆也开始出现，公元8世纪唐人封演撰《封氏闻见录》，其卷六《饮茶》一章载曰：“开元中，泰山灵岩寺有降魔师，大兴禅教。学禅，务于不寐，又不夕食。皆许其饮茶。人自杯挟，到处煮饮。从此转相仿效，遂成风俗。自邹、齐、沧、棣、渐自京邑城市，多开店铺，煎茶卖之。不问道俗，投钱取饮。其茶自江淮而来，舟车相继，所在山积，色额甚多。”茶饮设馆经营从此开始。最初，茶亭多设在大路驿道交汇之处，为行路者解渴而设简易茶饮设施，有的仅是路边一口大缸和若干粗瓷茶碗而已。

至晚唐，随着社会经济的发展和城镇商业市场的兴起，茶楼、茶肆也逐渐盛行。据《旧唐书·王涯传》记载，曾任江南榷茶史等多项茶官要职的贞元进士王涯，“甘露之变”发生后，为宦官仇士良所派军队追杀而仓皇出走，“至永昌里茶肆，为禁兵所擒”。说明当时长安一带以茶旅营生的茶楼，茶肆已经十分普及。

至宋代，汴梁与临安的茶馆已成为一种相当发达的行业。吴自牧《梦粱录》说：“汴京熟食店，张挂名画，所以勾引观者，流连食客。今杭城茶肆亦如之，插四时花，挂名人画，装点店面，四时卖奇茶异汤。”随着经济和文化的发展，茶馆的形式和内容也发生了变化。当时的茶坊可分为三类，以不同的服务招揽不同层次的茶客。第一类名为“车儿茶肆”“蒋检阅茶肆”的，是士大夫或文人雅士吟诗作画、挥毫泼墨或做官者聚会之处；第二类名为

“市头”者，是为人们谈生意提供场所的；第三类“花茶坊”，又称为“水茶坊”的，实为妓院。也有的茶坊又是乐师教人学乐器、学唱曲的地方，称为“挂牌子”。

明清时期，随着商业的发展和城市化进程的加快，茶馆在中国的数量激增。这个时期的茶馆不仅仅是卖茶的地方，更是人们休闲、娱乐、社交的场所。无论是文人墨客的吟诗作画，还是商贾百姓的谈天说地，甚至是乡野村夫的闲聊家长里短，茶馆都是他们的首选之地。明太祖朱元璋于洪武间（1368—1398 年）下诏改革制茶方法，“罢造龙团，一照各处，采芽以进”，贡茶改革。这一时期南方茶区炒青、红茶、花茶、青茶等散茶已开始普及。晚清时期，由于统治者贪婪腐败，锁国封闭，加之列强入侵，国力已走向衰败，最终沦为半殖民地半封建社会。由于资本主义在中国的萌芽，沿海商业贸易的繁荣，许多大城市中的茶楼茶馆已成重要的社交场所。南京有谚语说：“白天皮包水，晚上水包皮。”“皮包水”指整日泡在茶馆里，“水包皮”指进澡堂子沐浴，可见泡茶馆已成为社会风气。而各种茶馆遍布城乡，成为上至王公贵族、八旗弟子，下到艺人、挑夫、小贩汇集之地。一座茶馆，可以招徕三教九流、五湖四海，俨然社会的缩影。它是各种消息见闻的发布中心，又是人们交谈聚会的场所，它自然也成为藏污纳垢的地方，流氓暗娼、坑蒙拐骗、勒索敲诈应有尽有。也是许多民间艺人、小商小贩借以谋生糊口的场地，说书的、唱曲的、演杂耍的、相面测字的、卖烟卖小食品的，以至于掏耳朵、修脚的等，都汇聚到茶馆里来。明清时期的茶馆功能不断扩大，由原来只卖茶、饮茶而渐渐成为公众聚会的社交场所，满足不同层次的需求；环境也得到一定改善，从原来设施简陋，逐渐开始讲究装饰和环境的布置，中高档茶馆都配以精美茶桌、茶椅、茶具、挂画等各种设施，供客人品茶、休息，名茶日趋讲究、随客挑选。此外，茶馆内还会设有小吃摊位，供应各种地方小吃，吸引食客驻足。随着各种精神娱乐活动的丰富，茶馆文化更是融入了更多的元素。清代开始，曲艺说唱艺术成了茶馆一项主要内容，一些专门的茶馆成了戏剧、曲艺的演出场所，吸引了众多的观众。在这里，人们不仅能够品味到香醇的茶水，还能欣赏到精彩的表演，感受民间艺人口头文学创作的评书、白话的艺术魅力，如《三国演义》《隋唐演义》《西游记》等是茶馆表演的主要曲目。

新中国成立后，人民政府对茶馆进行了整顿、改造，取缔了消极的、不健康的茶馆，使其成为健康向上的文化活动场所。“文化大革命”期间，茶馆一度批判为“四旧”而被取消。改革开放以后，消失的茶馆重又复苏。不仅老茶馆、茶楼重放光彩，新型茶楼和茶艺馆也如雨后春笋般涌现。茶馆无论从经营理念、服务项目与文化内涵都发生了很大变化，更符合社会发展的需要。

20 世纪 90 年代初，随着我国海峡两岸交流的扩大，台湾茶人把 70 年代后期在台湾兴起的“茶艺热”介绍到大陆。从福建、两广到江浙掀起了一股“茶文化热”：茶馆、茶艺馆、茶人之家、茶文化中心……应运而生，竟在几年之间遍布全国。从西子湖畔到天山脚下，从雪域高原到东海之滨，各式茶楼、茶馆像雨后春笋般冒了出来。他们在“弘扬中华茶文化”的旗帜号召下，为解决生计或寻求工作寄托，独资或合股努力扮演着现代阿庆嫂的角色，为地方的精神文明建设和人们的休闲娱乐而尽力工作。

二、茶馆文化的社会功能

（一）交流与沟通

茶馆是人们日常生活中的社交场所，人们在这里喝茶、聊天、交流，互相分享生活经验，表达情感，茶馆文化在此发挥了重要的社会功能。茶馆中的聊天，不仅仅是简单的闲聊，更多的是一种社会交往，人们在这里可以了解社会动态，交流信息，增进彼此之间的了解和友谊。

（二）传承与传播

茶馆文化是中华民族传统文化的重要组成部分，茶馆不仅是品茶的地方，更是传承和传播中华传统文化的重要场所。茶馆中的茶艺表演、茶道、茶文化讲座等，都是传承和传播中华传统文化的重要方式。通过茶馆，人们可以更加深入地了解和认识中华传统文化，增强文化自信、民族认同感和自豪感，茶馆成为传承和发扬中华民族优秀传统文化的重要载体。

任何一个城市或地区，因为其独特的地方民俗和城市建筑特色，自身便会形成一道城市风景。而对于外地游客所涉足的茶馆，也成为他了解这个城市文化特色与风格的窗口，比如北京的老舍茶馆、上海的“湖心亭”茶楼、成都的“老顺兴”茶馆都是比较典型的代表。成都“老顺兴”茶馆地处闹市中心，茶馆经营者们利用这里展示“老成都”的城市建筑和食俗文化，定时演出川剧“吐火”“变脸”“围鼓”等特色剧目，使“老顺兴”在几年之内便成为享誉海内外的一个著名景点。打开茶馆这扇窗户，可窥见不同地方彰显出的本地文化特色，而不同地域的文化瑰宝可借助茶馆这一舞台绽放光彩。

（三）促进经济发展

茶馆作为商业场所，具有明显的经济功能。首先，茶馆是服务业的重要组成部分，为人们提供了餐饮、休闲、娱乐等多种服务，促进了相关产业的发展。其次，茶馆作为城市景观的一部分，为城市形象和经济发展做出了贡献。此外，茶馆文化也促进了旅游业的发展，吸引了越来越多的游客前来参观和学习。

（四）促进社会和谐

茶馆是一个充满着人情味的场所，在这里人们可以感受到家的温暖和社区的凝聚力。在茶馆里，邻里之间、亲朋好友之间可以通过交流增进感情，缓解社会矛盾和压力。此外，茶馆也是一个促进不同文化、不同阶层、不同年龄之间相互理解、相互尊重的场所，有助于社会的和谐稳定。

（五）娱悦身心

由于整个社会运行节奏加快，工作紧张，竞争压力加大，很多人不堪重负而精神抑郁，古人云“文武之道，一张一弛”，因此，我们要学会让心静下来，让生活慢下来，寻找可以使自己身心愉悦的途径和去处。通常茶馆装饰古朴，环境清幽。一些现代化的茶馆不仅提供传统的茶饮，还引入了各种新颖的饮品和美食，吸引了更多的年轻人。同时，一些茶馆将传统文化与现代元素相结合，让茶馆文化焕发出新的生机和活力。因此茶馆成为人们松弛身心、调节劳逸、舒解压力的好地方。

三、茶馆文化

我国巴蜀地区、京津重地、江南水乡、商埠上海以及南粤广州是茶馆的大本营，具有厚重的历史文化淀积和浓郁的地方特色。

（一）老北京茶馆

老北京的茶馆，室内一般全是老式高桌或八仙桌、方凳或大板凳，用铜搬壶沏茶。不卖炒面、春卷等点心，而是卖“大八件”“糟子糕”等红炉点心。这种北京老式茶馆又可分为几大类，有大茶馆、书茶馆、茶酒馆、清茶馆和野茶馆，大茶馆分为红炉馆、窝窝馆、搬壶馆、二荤铺四种。北京茶馆卖茶，是把开水与茶叶分开算账的，有的茶馆干脆只供应开水，称曰“玻璃”，听凭茶客自带茶叶，“提壶而往，出钱买水而已”。这是与四川茶馆所不同者。第二个不同是所卖茶叶，一律是茉莉花茶，俗称“香片”，不像南方茶馆还有红茶、绿茶多种供应。茶馆里用的茶壶也很有特点，称“铜搬壶”，大肚子，细长壶嘴，十分漂亮。平时就坐在炉子上，沏茶时从柄上一搬，后面翘起，开水就从壶嘴流出。

茶馆里人来人往，声音嘈杂，却不影响同桌的茶客们传递新闻，或是谈生意买卖，或是议论社会时弊。大茶馆在清代北京曾大红大紫。民国以后，茶馆生意清淡，也倒闭了不少。勉强维持的也想尽法子弄点新鲜玩意儿招徕茶客。那时东单、王府井和西单，有几处新式市场，出现了一些仿南方茶馆格局的新式茶社。陈莲痕在《京华春梦录》中做了很准确的描写：“都中茶肆……青云阁之玉壶春，小轩数楹，位置雅洁，檀楠几椅，鼎彝杂列，夕阳将坠，坐客常满，促膝品茗，乐正未艾。茶中则碧螺、龙井、武夷、香片，客有所命，弥不如欲。佐瓜粒糖豆，干果小碟，细剥轻嚼，情味俱适，而鸡肉饺、糖油包、炸春卷、水晶糕、一品山药、汤馄饨、三鲜面等，客如见索，亦咄嗟立办。”

（二）天津茶楼

天津茶楼不像北京茶馆那样分类细致，也不像四川、杭州等地方风味独特，大多是适合于各方客商的综合性的活动场所。天津茶楼里最有特色的算是天津的大茶壶和茶博士了。茶楼的茶叶以花茶为主，其中主要有两个品种，花末（包括花茶芯及花三角）、花大叶；茶具体积均相对较大，茶壶大，茶碗大，茶壶直径在1m以上，放在桌上比人还高，长嘴细口，是茶壶家族中的庞然大物。茶碗用大号饭碗代替。茶房给客人冲茶，虽没有惊人的技艺，但也有一番功底和技术，一手推壶使之倾斜，一手持碗尽力伸向壶嘴，茶水从壶嘴流淌出来，刚好注入茶碗中，而且不洒不漏，是一件不容易的事。推茶壶如推山，用力小倒不出茶水，用力过大过猛，茶水飞流得过远，茶碗接不到水。这就要求人与茶壶的距离和人站的角度要相当，用力要恰当，否则难以奏效。

在茶楼，茶客可边饮、边吃、边欣赏曲艺等表演。天津的戏院也有茶水供应，所以有的戏院称茶园，包厢有壶有碗，散座只有茶杯，既品茶又品戏。在天津的澡堂里，顾客出浴之后，习惯喝一壶香茶。

（三）南京茶馆

南京茶馆最集中之地、最具代表性的是夫子庙的茶馆。自清末以来，著名的有问渠、迎水台、等万全、大禄、雪园、新奇芳阁、永和园、六朝居、饮绿、义顺等，大多数都有200年的历史。

旧时的南京不论哪家茶馆，堂倌的冲茶技术堪称一绝，堂倌右手执太平府大铜壶把，在离桌面1m左右的高处，对准茶盅倾注沸水，只见壶嘴猛一向下，再向上一翘，茶盅之水刚好九成满，不多不少，恰到好处，且无一滴水洒落下来。茶客要的茶，品种也不同，放在面前的茶盅，其颜色花样也不一样。茶馆中供应的茶叶主要有云雾、龙井、梅片、毛尖等。茶馆一般为茶客们准备了许多风味小吃，可供选择，南京茶馆的名点心主要有小笼肉包、烧饼、干丝等。此外各茶馆也推出了自己独具特色的小吃，如“得月台”茶馆的羊肉面，“龙门居”茶馆的拉面、薄饼等，这些美味小吃吸引了众多食客。

（四）上海茶馆

上海茶馆，由于其特殊的地位，成为“十里洋场”的一个缩影，从中可以窥见20世纪上半期在洋风熏染下的旧上海的社会百态。著名作家郁达夫1935年12月《良友画报》第112期写道：“上海的水陆码头，交通要道，以及人口密集的地方的茶楼，顾客大抵是帮里的人。上茶馆里去解决的事情，第一是是非的公断，即所谓吃讲茶；第二是拐带的商量，女人跟人逃走，大半是借茶楼为出发地的；第三，总是一般好事的人去消磨时间。所以上海的茶楼，若没这一批人的支持，营业是维持不过去的，而全上海的茶楼总数之中，以专营这一种营业的茶店居五分之四；其余的一份，像城隍庙里的几家，以及小商场附近的茶店，才是名副其实供人以饮料的茶店。”旧上海茶馆发展比较兴旺，旧时，在上海茶馆中泡一壶茶是15文钱，并可以两人合泡一壶。逢旧历新年，在碗中加着橄榄，称为“元宝茶”，茶资就得加倍。有的茶馆设有睡榻，可以倚坐榻上喝茶，叫作“榻茶”，茶资也较贵。

上海茶馆因茶客不同，大致可分为两大类，一类为中高档茶馆，这一类茶馆的客人基本来自上流社会，这类茶馆大多地处繁华市面或风景幽静之处，楼房高大，不论是外部装潢，还是内部装饰，都比较讲究。另一类是低档茶馆。它遍布街市里弄，其中数量最多的是一种俗称为“老虎灶”又叫“熟水店”的茶馆。旧上海的各类茶馆都是新闻集散地，消息特别多，故而报社的记者、巡捕、便衣侦探，都经常光顾茶馆。上海的茶馆还是“劳务市场”之一，在一些中低档茶馆，经常有一些木匠、瓦匠、篾匠等手工匠等待雇工，他们与那些掮客、商人和手提鸟笼的茶客分角落入席，决不混杂。当时上海没有专门的书场，评弹奏艺，往往附设在茶馆中。

（五）成都茶馆

据《成都通览》（1910年）记载，在警署立案的茶馆已有450家之多。茶馆的茶价，每碗春茶铜钱4文，毛尖6文，香片32文。抗日战争开始，华北和东南各省人士大量入川，成都茶馆更加繁荣，不但总数剧增，并且新开了一些如“枕江楼”“梁园”“濯江”和“华华茶厅”之类颇具规模的大型茶馆。抗日战争时期，一些著名的民间曲艺说唱艺人，都曾分别在各处茶馆登台献艺。茶客们在茶馆既可品香茗，又可赏曲艺。

成都老茶馆特别值得一提的是号称“巴蜀一绝”的掺茶技艺，在大大小小的“老茶馆”中，茶倌提壶倒水确是千年技艺传承下来的一绝：一把铜壶装满水有十多斤重，茶倌提着它满堂穿梭。“嘴说话，手打卦”，茶客一进店，茶倌左手拿七八套茶碗，右手提壶快步迎上前来，“当、当、当”，先把茶船（茶托）布在桌上，继而把茶盖搁在茶船旁，然后又把装好茶叶的茶碗放进茶船。这时，右手中的壶把同手腕同时转动，壶嘴由后转向前，大拇指将壶把夹在虎口上，其余四指一压壶把，再一松，壶嘴一落一起，开水就稳、准、快地冲满茶碗，并不见一滴水洒在桌面、地上。有时候老堂倌心情舒畅还哼几句川戏，说明就要在茶客前表演绝技了：只见他扬臂运腕，把壶提到齐肩高，老远作一个“雪花盖顶”，开水从壶嘴喷出，像一条优美的弧线，滴水不洒地倒了个满碗花，最后小指把茶杯盖轻轻一勾，来个“海底捞月”稳稳扣在碗口。有时则“二龙戏珠”，一手一把壶，二三十斤分量提起来，或同冲一碗，或分冲两碗，同时倒，同时收，到胸前一挽，轻轻放下，脸不红，气不喘。茶客看得目瞪口呆，尖声叫好。近年来，巴蜀各市县出现了“长嘴壶”的茶技表演项目，掺茶师们把掺茶技艺与传统武术相结合，编出了“龙行十八式”“峨眉童子功”等各具特色的茶技，丰富了茶文化表演的内容。

茶馆内专司泡茶的服务员，成都称“茶博士”，重庆称“堂倌”。茶博士的冲泡茶技术堪称一流。一般而言，客人来后，茶博士手捧一大摞盖碗杯，往桌子上一放，三件头盖碗摆开，然后提起大铜壶，高高举起长嘴铜壶，远远地离碗足有两尺距离，“涮”地一声，便将沸水冲入杯中，干净利索，一滴不溅，半点不流，然后把杯盖一一放平，请客人喝茶。看茶博士冲泡茶，如同观看杂技表演，十分精彩。

（六）杭州茶馆

杭州人偏爱茶馆，偏爱精致和谐，在杭州的各个景点，如玉皇山、宝石山、云栖、龙井、九溪、三潭等都有规模大小不等的茶馆。茶馆密集度在全国是数一数二的。这么多茶馆渐渐形成了几种流派，有以茶艺为主的，如太极茶馆；有专门讲究茶馆生态环境的，如门耳茶坊；也有集博物、欣赏、品茶于一体的文化性茶馆，如和记茶馆、紫艺阁茶馆。《茶人三部曲》的作家王旭烽这么解释她对杭州茶的理解：杭州的茶已经从一种日常的习惯转变成一种永恒的文化张力，杭州茶文化的坚实基础甚至可以用花岗岩来形容。余秋雨在龙井村留墨：万杯清茗是吾生。万盏茶自有万种滋味，传承文化的杭州茶馆也各有各的个性。杭州人爱喝清茶，故茶室里除供应清茶外，一般不卖食品，倒是有一种喜欢在茶里放点香花的习惯。因为浙江人饮茶大部分时间是在家里的，导致当代杭州茶馆的数量不如四川成都的多，但其文化气氛却大胜一筹。杭州茶馆的“室”字，既可以是文人的书室，又可以是佛道的净室，讲究名茶配名水，品茗临佳境，并贵在一个“真”字。

杭州茶馆的特色风格传承了中国悠久的历史文化背景，早在南宋年间茶艺馆就属杭州的流行行业，据《杭州史地丛书》记载：南宋杭城，茶事频繁，商业兴旺，茶坊盛行；茶坊插四时鲜花，张挂名人书画，装点门面，卖四时奇茶。清末民初，由于西湖东面湖滨一带城墙高耸，游船在柳浪闻莺一带停泊，附近开设有“三雅园”“藕香居”两大茶园。后来城里有“四海楼”“连升阁”茶楼，城外有“迎宾楼”茶楼，南星桥有“碧霞轩”茶楼，拱辰桥有“醒狮台”，湖墅有“补经楼”茶楼。井亭桥畔的“七重天”茶馆还开了“露天夜花园屋顶茶室”，还有供养鸟者买卖鸟类的“鸟儿茶会”；同时杭州评话兴起，茶馆又成为献艺场所，吸引了不少茶客。到1931年，杭城茶馆达555家，足见茶馆业当时在杭城的繁荣景象。新中国成立后，杭州茶馆业曾一度低落，进入20世纪90年代，杭州的各式茶馆、茶艺馆、茶楼、茶苑、茶艺中心又骤然兴起。杭州茶馆的新发展，迎合了人们“回归自然，崇尚健康”的心态和时尚。现代的杭州茶馆将中国式、江南韵、杭州茶的所有元素融于一体，已成为信息交流、社会交往、商贸洽谈、娱乐消闲等多功能一体化的重要场所。

（七）广州茶馆

广州早茶，是中国广东省广州市的一种传统饮食文化，是广州文化的重要组成部分。广府人亲友之间常有“得闲饮茶（粤语，即‘有空喝茶’）”之说，广州早茶以其独特的茶点和茶文化闻名，是广州人生活中不可或缺的一部分。早于清代时期，广东地区便有被称为“一厘馆”“二厘馆”的地方。门口挂着写了“茶话”二字的牌子，馆子里有木桌和长木板凳，客人可于那里休息、聊天、吃东西。“二厘馆”的顾客大多是普通劳苦大众。后来清末出现档次较高的“茶馆”，装修典雅，环境讲究，一些阔少爷、富贵人家还会拿着小鸟来

"斗雀"以娱乐助兴。到了民国时期，喝茶风气逐渐风靡广东各阶层人民，形成地方特色文化风俗，广州的茶楼开始发展壮大，出现了许多有名的茶楼，如"陶陶居""莲香楼"等，这些茶楼不仅提供茶水，还提供各种点心和小吃，逐渐形成了广州早茶的传统：广州人早上约上三五好友，到茶楼或茶馆里一盅茶搭配两款点心，这种喝茶的方式被称为"一盅两件"。一盅热茶一般为工夫茶，"铁观音""普洱""花茶"是标配的三种选择。现在随着生活节奏加快，工作日中传统茶楼中的客人以中老年居多，超过百分之六十，而周末则会有一些年轻人陪同家长长辈喝茶，但总体来说中老年是传统茶楼的消费主力。而新式茶楼和一些创新茶馆则吸引更多年轻人光顾，新式茶楼和创新茶馆多数装修风格较为新颖和有特色风味，茶点类型则更丰富更贯通中外。由此可见，其实广东早茶文化还是甚具活力，若结合时代特点，在传承优良传统的基础上创新发展，则更能焕发新活力。

（八）台湾茶楼

台湾茶楼是一种传统的中式茶馆，以品茶、聊天、休息为主要经营项目。在台湾，茶楼通常被认为是一种社交场所，人们在这里聚集，享受茶水、糕点、聊天等休闲活动。茶楼内部的布置也很讲究，通常有古典的装饰和柔和的灯光，舒适的座椅、精美的茶具和各种茶叶。在台湾茶楼，顾客可以选择各种茶叶，如乌龙茶、龙井茶、普洱茶等。茶楼也会提供各种点心，如月饼、糕点、小吃等。此外，茶楼还会提供各种服务，如代客泊车、擦鞋等。

台湾茶楼的生意也包括了一些传统文化活动，如茶艺表演、书法表演等。这些活动吸引了很多游客前来参观和体验。此外，茶楼也会举办各种活动，如婚礼、聚会等。在台湾，它不仅是人们休闲娱乐的场所，也是传统文化活动的展示平台，已经成为一种文化符号。台湾茶艺馆数量没那么多，但其所宣扬的文化精神却更加深刻，并被学界认可，出现了以研修茶艺为诉求的高档茶文化中心，如"人澹如菊"茶书院、"水龙吟"华夏国际茶文化研究中心和翰林茶文化传播公司等新型茶艺机构。台湾茶艺馆的社会功能大大超过经济效益。

第四节　茶俗

中国是一个多民族的国家，各民族在长期传统的生活方式中，形成了丰富多彩的饮茶习俗，汉族的清饮、藏族的酥油茶、白族的三道茶、土家族的擂茶、蒙古族的奶茶和傣族的竹筒香茶等，无不显示出各民族强烈的文化色彩。各种茶叶有各种冲泡和饮用的方法，是否得法，很有讲究。煮茶、点茶、泡茶、品茶、喝茶、吃茶都各有不同的含义。

一、汉族的清饮

汉族的饮茶方式，大致有品茶和喝茶之分。大抵说来，重在意境，以鉴别香气、滋味，欣赏茶姿、茶汤，观察茶色、茶形为目的，自娱自乐，谓之品茶。凡品茶者，得以细啜缓咽，注重精神享受。倘在劳动之际，汗流浃背，或炎夏暑热，以清凉、消暑、解渴为目的，手捧大碗急饮者；或不断冲泡，连饮带咽者，谓之喝茶。不过，汉族饮茶，虽然方式有别，目的不同，但大多推崇清饮，其方法就是将茶直接用开水冲泡，无须在茶汤中加入姜、椒、盐、糖之类佐料，属纯茶原汁本味饮法，人们认为清饮能保持茶的"纯粹"，体现茶的"本色”。最有饮茶代表性的要数品龙井、啜乌龙、吃盖碗茶等了。

（一）杭州品龙井

龙井，既是茶的名称，又是种名、地名、寺名、井名，可谓“五名合一”。杭州西湖龙井茶，色绿、形美、香郁、味醇，用虎跑泉水泡龙井茶，更是“杭州一绝”。品饮龙井茶，首先要选择一个幽雅的环境。其次，要学会龙井茶的品饮技艺。沏龙井茶的水以80℃左右为宜，泡茶用的杯以白瓷杯或玻璃杯为上，泡茶用的水以山泉水为最。每杯撮上3~4g茶，加水七八分满即可。品饮时，先应慢慢提起清澈明亮的杯子，细看杯中翠叶碧水，观察多变的叶姿。而后，将杯送入鼻端，深深地嗅一下龙井茶的嫩香，使人舒心清神。看罢、闻罢，然后缓缓品味，清香、甘醇、鲜爽应运而生。

（二）潮汕啜乌龙

在闽南及广东的潮州、汕头一带，几乎家家户户，男女老少，均钟情于用小杯细啜乌龙。乌龙茶既是茶类的品名，又是茶树的种名。啜茶用的小杯，称之若琛瓯，只有半个乒乓球大。用如此小杯啜茶，实是汉族人品茶艺术的展现。啜乌龙茶很有讲究，与之配套的茶具，诸如风炉、烧水壶、茶壶、茶杯，谓之“烹茶四宝”。泡茶用水应选择甘洌的山泉水，而且必须做到沸水现冲。经温壶、置茶、冲泡、斟茶入杯，便可品饮。啜茶的方式更为奇特，先要举杯将茶汤送入鼻端闻香，只觉浓香透鼻。接着用拇指和食指按住杯沿，中指托住杯底，举杯倾茶汤入口，含汤在口中洄旋品味，顿觉口有余甘。一旦茶汤入肚，口中“啧、啧”回味，又觉鼻口生香，咽喉生津，回味无穷。这种饮茶方式，其目的并不在于解渴，主要是在于鉴赏乌龙茶的香气和滋味，重在物质和精神的享受。所以，凡“有朋自远方来”，对啜乌龙茶，都“不亦乐乎”。

（三）成都吃盖碗茶

在汉族居住的大部分地区都有喝盖碗茶的习俗，而以我国西南地区的一些大中城市，尤其是成都最为流行。盖碗茶盛于清代，如今在四川成都、云南昆明等地，已成为当地茶楼、茶馆等饮茶场所的一种传统饮茶方法，一般家庭待客，也常用此法饮茶。饮盖碗茶一般有五道程序。一是净具：用温水将茶碗、碗盖、碗托清洗干净；二是置茶：用盖碗茶饮茶，摄取3~5g茶；三是沏茶：一般用初沸开水冲茶，冲水至茶碗口沿时，盖好碗盖，以待品饮；四是闻香：待冲泡5min左右，茶汁浸润茶汤时，则用右手提起茶托，左手掀盖，随即闻香舒腑；五是品饮：用左手握住碗托，右手提碗抵盖，倾碗将茶汤徐徐送入口中，品味润喉，提神消烦，真是别有一番风情。

二、少数民族的饮茶风俗

（一）藏族酥油茶

藏族主要分布在我国西藏，在云南、四川、青海、甘肃等省的部分地区也有分布。西藏地势高亢，有“世界屋脊”之称，空气稀薄，气候高寒干旱，他们以放牧或种旱地作物为生，当地蔬菜瓜果很少，常年以奶肉、糌粑为主食。“其腥肉之食，非茶不消；青稞之热，非茶不解”。茶成了当地人们补充营养的主要来源，喝酥油茶便成了如同吃饭一样重要的事。

酥油茶是一种在茶汤中加入酥油等佐料经特殊方法加工而成的茶汤。酥油是把牛奶或羊奶煮沸，经搅拌冷却后凝结在溶液表面的一层脂肪。而茶叶一般选用的是紧压茶中的普洱茶或金尖。制作时，先将紧压茶打碎加水在壶中煎煮20~30min，再滤去茶渣，把茶汤注入长圆形的打茶筒内。同时，再加入适量酥油，还可根据需要加入事先已炒熟、捣碎的核桃仁、花生米、芝麻粉、松子仁之类，最后还应放上少量的食盐等。接着，用木杵在圆筒内上下抽打，根据藏族经验，当抽打时打茶筒内发出的声音由“咣当、咣当”转为“嚓、嚓”时，表明茶汤和佐料已混为一体，酥油茶制作完成。敬酥油茶是西藏人款待宾客的珍贵礼仪；由于藏族大多信奉喇嘛教，当喇嘛祭祀时，虔诚的教徒要敬茶，有钱的富庶要施茶。他们认为，这是“积德、行善”，所以，在西藏的一些大喇嘛寺里，多备有一口特大的茶锅，通常可容茶数担，遇上节日，向信徒施茶，算是佛门的一种施舍，至今仍随处可见。

（二）维吾尔族（南疆）的香茶

居住在新疆天山以南的维吾尔族煮香茶时，使用的是铜制的长颈茶壶，也有用陶质、搪瓷或铝制长颈壶的，而喝茶用的是小茶碗，这与北疆维吾尔族煮奶茶使用的茶具是不一样的。通常制作香茶时，应先将茯砖茶敲碎成小块状。同时，在长颈壶内加水七八分满加热，当水刚沸腾时，抓一把碎块砖茶放入壶中，当水再次沸腾约5min时，则将预先准备好的适量姜、桂皮、胡椒等细末香料，放进煮沸的茶水中，轻轻搅拌，经3~5min即成。为防止倒茶时茶渣、香料混入茶汤，在煮茶的长颈壶上往往套有一个过滤网，以免茶汤中带渣。

南疆维吾尔族老乡喝香茶，习惯于一日三次，与早、中、晚三餐同时进行，通常是一边吃馕，一边喝茶，这种饮茶方式，与其说把它看成是一种解渴的饮料，还不如把它说成是一种佐食的汤料，实是一种以茶代汤，用茶作菜之举。他们认为，香茶有养胃提神的作用，是一种营养价值极高的饮料。

（三）哈萨克族（北疆）的奶茶

主要居住在新疆天山以北的哈萨克族，还有居住在这里的维吾尔族、回族等兄弟民族，茶在他们的生活中占有很重要的地位。他们的体会是“一日三餐有茶，提神清心，劳动有劲；三天无茶落肚，浑身乏力，懒得起床”。哈萨克族煮奶茶使用的器具，通常是铝锅或铜壶，喝茶用的是大茶碗。煮奶时，先将茯砖茶打碎成小块状。同时，盛半锅或半壶水加热沸腾，随即抓一把碎砖茶入内，待煮沸5min左右，加入牛（羊）奶，用量约为茶汤的五分之一。轻轻搅动几下，使茶汤与奶混合，再投入适量盐巴，重新煮沸5~6min即成。讲究的人家，也有不加盐巴而加食糖和核桃仁的。

（四）土家族的擂茶

擂茶，又名三生汤，是用生叶（指从茶树采下的新鲜茶叶）、生姜和生米仁等三种生原料经混合研碎加水后烹煮而成的汤，故而得名。相传三国时期，张飞带兵进攻武陵壶头山（今湖南常德市境内），正值炎夏酷暑，当地正好瘟疫蔓延，张飞部下数百将士病倒，连张飞本人也不能幸免。正在危难之际，村中一位草医郎中有感于张飞部属纪律严明，秋毫无犯，便献出祖传除瘟秘方擂茶，结果茶（药）到病除。其实，茶能提神祛邪、清火明目，姜能理脾解表、去湿发汗，米仁能健脾润肺、和胃止火，所以说擂茶是一帖治病良药，是有科学道理的。在湘、鄂、川、黔的武陵山区一带，居住着许多土家族同胞，千百年来，他们世代相传，至今还保留着一种古老的吃茶法，这就是喝擂茶。

1. 湖南擂茶

桃花源擂茶：据《桃源县志》记载始于东汉。

“五味汤”：茶、芝麻、姜、绿豆、盐。

“七宝茶”：茶、芝麻、花生仁、绿豆、盐、甘草、薄荷。

桃仁擂茶：茶、芝麻、花生仁、绿豆。

安化擂茶：茶、熟花生、熟绿豆、熟黄豆、熟玉米、熟南瓜子、熟焦黄大米、生姜、胡椒、盐煮成糊，当午餐。

2. 其他擂茶

客家擂茶主要流行于我国南方客家人聚居地，分布湘、闽、粤、赣边界山区等地，不同区域的擂茶，制作用料也各不相同。

湖南桃江擂茶：茶、花生、芝麻、绿豆等。

福建将乐擂茶：茶、芝麻、花生仁、橘皮、甘芦等，盛暑加金银花，秋凉加陈皮。

江西赣南擂茶：茶、花生米、芝麻、盐等。

江西临川擂茶：茶、生姜、盐、糯米等。

（五）白族的三道茶

白族散居在我国西南地区，主要分布在风光秀丽的云南大理市。白族是一个好客的民族，大凡在逢年过节、生辰寿诞、男婚女嫁、拜师学艺等喜庆日子里，或是在亲朋宾客来访之际，白族人都会以“一苦、二甜、三回味”的三道茶款待。

第一道茶，称之为“清苦之茶”，寓意做人的哲理：“要立业，就要先吃苦。”制作时，先将水烧开。再由司茶者将一只小砂罐置于文火上烘烤。待罐烤热后，随即取适量茶叶放入罐内，并不停地转动砂罐，使茶叶受热均匀，待罐内茶叶“啪啪”作响，叶色转黄，发出焦糖香时，立即注入已经烧沸的开水。少顷，主人将沸腾的茶水倾入茶盅，再用双手举盅献给客人。由于这种茶经烘烤、煮沸而成，因此，看上去色如琥珀，闻起来焦香扑鼻，喝下去滋味苦涩，故而谓之苦茶，通常只有半杯，一饮而尽。

第二道茶，称之为“甜茶”。当客人喝完第一道茶后，主人重新用小砂罐置茶、烤茶、煮茶，与此同时，还得在茶盅中放入少许红糖，待煮好的茶汤倾入盅内八分满为止。这样沏成的茶，甜中带香，甚是好喝，它寓意“人生在世，做什么事，只有吃得了苦，才会有甜香来”。

第三道茶，称之为“回味茶”。其煮茶方法虽然相同，只是茶盅中放的原料已换成适量蜂蜜、少许炒米花、若干粒花椒、一撮核桃仁，茶汤容量通常为六七分满。饮第三道茶，甜、酸、苦、辣，各味俱全，回味无穷。它告诫人们，凡事要“回味”，切记“先苦后甜”的哲理。

（六）苗族的八宝油茶汤

居住在鄂西、湘西、黔东北一带的苗族以及部分土家族人们，有喝油茶汤的习惯。他们说：“一日不喝油茶汤，满桌酒菜都不香。”倘有宾客进门，他们更要用香脆可口、滋味无穷的八宝油茶汤款待。八宝油茶汤的制作比较复杂，先得将玉米（煮后晾干）、黄豆、花生米、团散（一种米面薄饼）、豆腐干丁、粉条等分别用茶油炸好，分装入碗待用。接着是炸茶，特别要把握好火候，这是制作的关键技术。具体做法是放适量茶油在锅中，待锅内的油冒出青烟时，放入适量茶叶和花椒翻炒，待茶叶色转黄发出焦糖香时，即可倾水入锅，再放上姜丝。一旦锅中水煮沸，再徐徐掺入少许冷水，等水再次煮沸时，加入适量食盐和少许大蒜、胡椒之类，用勺稍加拌动，随即将锅中茶汤连同佐料，一一倾入盛有油炸食品的碗中，这样八宝油茶汤就制作完成了。

（七）回族和苗族的罐罐茶

我国西北，特别是甘肃一带的一些回族、苗族、彝族同胞有喝罐罐茶的嗜好。每当走进农家，只见堂屋地上挖有一口大塘（坑），烧着木柴，或点燃炭火，上置一把水壶。清早起来，主妇就会赶紧熬起罐罐茶来。这种情况，尤以六盘山区一带的兄弟民族中最为常见。喝罐罐茶还是当地迎宾接客不可缺少的礼俗，倘有亲朋进门，他们就会一同围坐火塘边，一边熬制罐罐茶，一边烘烤马铃薯、麦饼之类，如此边喝酽茶、边嚼香食，可谓野趣横生。当地的民族同胞认为，喝罐罐茶具有提精神、助消化、去病魔、保健康等益处。

喝罐罐茶，以喝清茶为主。罐罐茶的制作并不复杂，使用的茶具，通常一家人一壶（铜壶）、一罐（容量不大的土陶罐）、一杯（有柄的白瓷茶杯），也有一人一罐一杯的。熬煮时，通常是将罐子围放在壶四周火塘边上，倾上壶中的开水半罐，待罐内的水重新煮沸时，放上茶叶8~10g，使茶、水相融，茶汁充分浸出，再向罐内加水至八分满，直到茶叶又一次煮沸时，才算将罐罐茶煮好了，即可倾汤入杯开饮。也有些地方先将茶烘烤或油炒后再煮的，目的是增加焦香味；也有的地方，在煮茶过程中，加入核桃仁、花椒、食盐之类的。但不论何种罐罐茶，由于茶的用量大，煮的时间长，所以，茶的浓度很高，一般可重复煮3~4次。由于罐罐茶的浓度高，喝起来有劲，会感到又苦又涩，因此倾入茶杯中的茶汤每次用量不多，对当地少数民族居民而言，因世代相传，也早已习惯。

（八）纳西族的“龙虎斗”和盐茶

纳西族同胞主要居住在风景秀丽的云南丽江市。纳西族是一个喜爱喝茶的民族。他们平日爱喝一种具有独特风味的“龙虎斗”。此外，还喜欢喝盐茶。纳西族喝的龙虎斗，制作方法也很奇特，首先用水壶将茶烧开。另选一只小陶罐，放上适量茶，连罐带茶烘烤。为免使茶叶烤焦，还要不断转动陶罐，使茶叶受热均匀。待茶叶发出焦香时，向罐内冲入开水，烧煮3~5min。同时，准备茶盅，再放上半盅白酒，然后将煮好的茶水冲进盛有白酒的茶盅内。这时，茶盅内会发出“啪啪”的响声，纳西族同胞将此看作是吉祥的征兆。声音越响，在场者就越高兴。纳西族同胞认为龙虎斗还是治感冒的良药，因此提倡趁热喝下。如此喝茶，香高味酽，提神解渴，甚是过瘾。

纳西族喝的盐茶，其冲泡方法与龙虎斗相似，不同的是在预先准备好的茶盅内，放的不是白酒而是食盐。此外，也有不放食盐而改换食油或糖的，分别取名为油茶或糖茶。

（九）布朗族的青竹茶

布朗族主要分布在云南西双版纳自治州，以及临沧市、澜沧县、景东县等地的部分山区，喝青竹茶是一种方便而又实用的饮茶方法，一般在离开村寨务农或进山狩猎时采用。

布朗族喝的青竹茶，制作方法较为奇特，首先砍一节碗口粗的鲜竹筒，一端削尖，插入地下，再向筒内加上泉水，当作煮茶器具。然后，找些干枝落叶，当作燃料点燃于竹筒四周。当筒内水煮沸时，随即加上适量茶叶，待3min后，将煮好的茶汤倾入事先已削好的新竹罐内，便可饮用。青竹茶将泉水的甘甜、青竹的清香、茶叶的浓醇融为一体，所以喝起来别有风味，久久难忘。

（十）傈僳族油盐茶

傈僳族同胞主要聚居在云南的怒江，散居于云南的丽江市、大理市、迪庆州、楚雄州、德宏州，以及四川的西昌市等地。傈僳族是一个质朴而又十分好客的民族，喝油盐茶是傈僳族广为流传的一种古老饮茶方法。

傈僳族喝的油盐茶，制作方法奇特，首先将小陶罐在火塘（坑）上烘热，然后在罐内放入适量茶叶在火塘上不断翻滚，使茶叶烘烤均匀。待茶叶变黄，并发出焦糖香时，加上少量食油和盐。稍时，再加水适量，煮沸 2~3min，就可将罐中茶汤倾入碗中待喝。油盐茶因在茶汤制作过程中，加入了食油和盐，所以，喝起来“香喷喷，油滋滋，咸兮兮，既有茶的浓醇，又有糖的回味”，傈僳族同胞常用它来招待客人，也是家人团聚喝茶的一种生活方式。

（十一）拉祜族的烤茶

拉祜族同胞主要分布在云南澜沧县、孟连县、沧源县、耿马县、勐海县一带。在拉祜语中，称虎为“拉”，将肉烤香称之为“祜”，因此，拉祜族被称为“猎虎”的民族。饮烤茶是拉祜族居民古老、传统的饮茶方法，至今仍在流行。

饮烤茶通常分为四个操作程序进行。

（1）装茶抖烤　先将小陶罐在火塘上用文火烤热，然后放上适量茶叶抖烤，使受热均匀，待茶叶叶色转黄，并发出焦糖香时为止。

（2）沏茶去抹　用沸水冲满盛茶的小陶罐，随即撇去上部浮沫，再注满沸水，煮沸3min 后待饮。

（3）倾茶敬客　就是将在罐内烤好的茶水倾入茶碗，奉茶敬客。

（4）喝茶啜味　拉祜族同胞认为，烤茶香气足，味道浓，能振精神，才是上等好茶。因此，拉祜族喝烤茶喜欢热茶啜饮。

俗话说“十里不同风，百里不同俗”。由于历史、地理、民族、信仰、文化、经济等条件的不同，各地的茶俗无论是内容还是形式都具有各自的特点，呈现百花齐放、异彩纷呈的繁盛局面，各民族在喜好的茶类、沏茶方法、饮茶方式、用茶目的等方面都有很大差异。各地茶俗能真实反映当地人民饮茶文化心理，折射出民众对美好生活的积极造求和向往，特别是有些地区的茶俗，因地理环境和历史原因，保留着古老的饮茶方式，这使我们得以窥视远古先民的饮茶情形，具有珍贵的历史价值。所以，茶俗是茶文化的一个极其重要的组成部分，学习了解我国各地各民族，以及世界各国的饮茶风俗，对于增长见识、开阔眼界，发展创新茶艺、推动茶文化发展具有重要意义。

思考题

1. 简述中国茶文化发展的不同阶段及发展特点。
2. 茶具发展经历了哪几个阶段？与饮茶方式有何联系？
3. 鸦片战争对中国茶产业的发展带来了怎样的影响？
4. 佛教对中国茶文化的传播有何贡献？
5. 我国茶馆文化具有哪些历史特征？
6. 我国有哪些典型民俗茶艺？各自具有什么特点？

扫描二维码观看茶艺演示视频

7. 第九章茶艺演示视频

第十章 CHAPTER 10

茶叶市场营销与茶产业数字化转型

第一节 茶叶市场营销与品牌建设

茶叶市场营销，简称茶叶营销或茶叶经营。茶叶市场营销不同于茶叶销售或茶叶推销，它是一种管理过程，其核心内容是清楚地了解茶叶企业的顾客及其对茶叶的需求，并使企业所提供的茶叶产品或服务能使顾客满意。简单来说，茶叶市场营销就是识别、预测并满足茶叶顾客需求以营利的管理过程，是一项研究茶叶行业以及茶叶企业如何适应和引导顾客的需求，有计划地组织和管理行业或企业的整体活动，把满足要求的茶叶商品或服务送到顾客手中，从而获取最大限度利润的活动。茶叶企业若要生存和发展，必须善于市场营销，从市场调查开始，分析预测顾客对茶叶的需求，并围绕顾客对茶叶的需求规划企业策略，细分市场，确定目标市场，研制茶叶产品，制定价格、渠道、促销及其组合策略等并予以实施，最终实现企业赢利。这一系列活动构成茶叶市场营销。因此，茶叶市场营销学可以具体解释为是一门研究茶叶产业以及茶叶企业如何适应和引导顾客对茶叶的需求，有计划地组织和管理产业或企业的整体活动，把满足要求的茶叶商品或服务送到顾客手中，从而获取最大限度利润的学科。

茶叶市场营销学的含义可以用三句话进行概括：第一，研究茶叶产业以及茶叶企业的经营理论，探讨如何以顾客为中心组织与管理产业和企业的整体营销活动及其经营活动的规律；第二，研究茶叶产业以及茶叶企业的经营思想，探讨如何在产业和企业建立满足顾客现实的和潜在的需求的经营思想；第三，研究茶叶产业以及茶叶企业的经营策略，探讨采取什么样的市场手段、经营策略和方法来最有效地实现产业和企业的策略目标。茶叶市场营销学强调茶叶企业的全部活动，必须以茶叶消费者需求为中心，茶叶企业能否生存和发展的关键是茶叶企业经营的指导思想。因为满足消费者对茶叶的需求与满足茶叶生产经营者获取利润的需求，两者并行不悖，它们之间是相互满足的交换关系，而茶叶消费者的需求能否得到满足，是这种交换关系的基础。

茶叶市场营销及其规律是茶学学科研究的对象。因此，茶叶市场营销是一个最基本、最重要的概念，有微观和中观之分，微观茶叶市场营销是指茶叶企业等组织所进行的识别、预测并满足茶叶顾客需求以营利的茶叶市场营销活动；中观茶叶市场营销是一种茶叶行业经济过程，强调从发展社会经济、满足社会需求、社会道德与法律的角度来控制茶叶市场营销活动，获得茶叶社会生产与社会需求之间的平衡，保持茶叶行业经济持续、健康发展的活动。因为茶叶企业和组织构成茶叶行业（产业），微观茶叶市场营销是最基本的营销活动，所以本章着重讲述茶叶企业市场营销及其规律。

一、茶叶企业市场营销策略

市场营销的实质是不断应对环境变化的过程，现代营销理论认为这种应对是通过制定并实施策略来实现的。现阶段我国大多数茶叶企业正处在转型期间，同时又面临着国际国内、产业内外的多重日益激烈的竞争，以及日趋复杂的营销环境。因此，制定并实施市场营销策略是茶叶企业市场营销管理中的重要内容，该内容不仅适合茶叶生产企业［如茶厂（场）］、商业企业（如各种茶叶公司、茶馆、茶店），还适合茶叶管理部门（如茶叶局）、农业部门、涉茶组织等。为了更好地发展茶叶产销，推动茶区经济发展，提高茶叶企业的生存能力和竞争力，探究制定并实施相应的策略非常重要。

（一）茶叶市场进入策略

1. 茶叶市场进入概念

所谓茶叶市场进入就是指茶叶企业针对目标市场的环境，根据自己的市场营销策略而拟采取的进入目标市场的活动。一般包括产业市场进入和区域市场进入两大类。产业市场进入是指茶叶企业进入到一个以前没有涉及的生产或经营领域从事生产开发和销售；区域市场进入是指将长期生产或新开发的茶叶产品或服务推广到一个新的区域市场去销售，这个区域可以是一个国家，也可以是一个地区，甚至一个具体的地理位置。

2. 茶叶市场进入方式

要顺利进入目标市场，根据企业内外的实际情况选择合适的市场进入方式尤为重要。通常可供茶叶企业选择的市场进入方式有以下几种。

（1）出售进入方式　出售是企业普遍采用的进入市场最简单的方式，是指企业直接向目标市场销售其产品或服务的方式。出售一般包括间接出售和直接出售两种主要形式。

① 间接出售：

主要做法：a. 茶叶生产企业把茶叶产品或服务卖给外贸公司，由外贸公司再将产品或服务销往目标国外市场；b. 茶叶生产企业委托外贸公司代理出售茶叶产品或服务；c. 茶叶生产企业委托本国其他企业在目标国外市场的销售机构代销自己的茶叶产品或服务，合作开拓国际市场。

优点：风险小、投资少。缺点：对国内或国外市场的控制程度低，无法取得营销的经验，不能直接获得目标市场信息，难以在目标市场树立企业形象，往往适用于没有直接出口权的中小茶叶企业，或者适用于出售业务占总业务量不大，或在目标市场的销售量较小、市场潜力不大的情况。

② 直接出售：

主要方式：a. 在茶叶企业内部成立出口销售部或外贸子公司，直接将茶叶产品或服务出售给国外目标市场的中间商，包括进口商、零售商等；直接接受目标市场政府或厂商的订货；参与目标市场国际招投标活动，中标后按合同提供茶叶产品或服务。b. 在目标市场建立自己的销售机构。c. 向目标市场派出旅行巡回推销代表。

优点：有利于加强对目标市场的控制力，有利于及时、直接了解目标市场的信息，及时调整茶叶生产经营活动，积累国内外市场营销经验，不断提高市场营销水平，提高茶叶企业形象和竞争能力。缺点：茶叶企业需要承担由直接出售带来的风险，需要更多的投资，增加专门的市场营销人员或机构，需要处理复杂的市场调研与选择、茶叶产品分销等问题。因此，直接出售适用于实力雄厚、出口额较大的茶叶企业，以及在目标市场已经具有一定声誉的茶叶企业。

（2）合同进入方式　合同进入是指茶叶企业通过与国内外目标市场企业签订合同来转让有关茶叶生产技术、服务或其他有价值的项目，进入国内外目标市场的方式。具体有以下几种。

① 许可证贸易：许可证贸易又称技术转让，是指通过签订许可证合同的方式，拟进入市场的茶叶企业（许证人）将其工业产权的使用权转让给目标市场的法人（被许证人），同时获得被许证方支付的转让费或其他形式的酬金，从而进入目标市场的方式。

根据不同的标准，许可证贸易分为以下不同类型：a. 根据被许证方取得权限的大小，可分为独立许证、排他许证和普遍许证等；b. 根据获得许证的产权对象，可分为专利许证、商标许证和专有技术许证；c. 根据被许证方是否有技术的再转让权，可分为可转让许证和不可转让许证等；d. 一些特殊的许证，如交叉（交换）许证、一揽子许证等。

优点：a. 作为许证方的茶叶企业不必冒太大的风险就可以进入目标市场，尤其是欲进入的市场是国外市场。b. 可避开进口国提高关税、实行进口配额等贸易壁垒，不用承担目标国家货币贬值、产品竞争的风险和政治风险等其他风险。c. 是一种简单进入目标市场的方式。缺点：茶叶企业会失去对目标市场的控制权，被许证方会成为竞争对手。

②特许经营：指拟进入市场的茶叶企业（特许人）以签订特许合同的方式将其工业产权（如茶叶生产专利、茶叶生产专门技术、茶叶生产工艺、注册商标、商号等）的使用权以及经营风格、管理方法转让给目标市场的需求企业（被特许人），并要求被特许人按特许人的经营风格、管理方法进行营销活动的市场进入方式。特许合同双方关联程度较高，特许人往往将被特许人作为自己的分支机构，统一经营政策、统一风格、统一管理，向客户提供标准化的服务。

优点：可扩大特许茶叶企业的影响，提高市场竞争力；可化激烈的竞争关系为利益分享的伙伴关系，以较低的资本快速扩展市场；商业风险和政治风险都较小。缺点：对被特许人的控制有一定的难度，并且特许茶叶企业的工业产权必须有较大的吸引力。

③合约管理：合约管理方式是茶叶企业通过签订合同（合约）的方式，向目标市场企业——有生产优势但缺乏管理经验和能力的生产型企业，提供管理服务，并收取管理费。优点：茶叶企业出售的不是茶叶产品而是服务，并且在合同履行的开始就有收益；能很好地将竞争关系转变为利益分享的伙伴关系；尤其是对于生产型企业提供管理服务，茶叶产品在目标市场生产和销售，经营成本和费用低，市场风险小，提高了产品竞争力。缺点：茶叶企业容易缺乏风险识别何管控能力，无法把握合约各方风险以及各方权力配置之间的平衡，使得合同缺乏明确的法律保护和风险控制措施。

（3）投资进入方式　投资是指茶叶企业直接向国内外目标市场进行投资，在当地设立分支机构、子公司或分公司进行茶叶产品生产经营活动或茶馆营销。从不同角度来看，投资进入目标市场的方式不同。

①按投资结构分类：投资方式主要有两种：合资和独资。合资是茶叶企业与东道国或者第三国企业共同出资经营，或购买这些目标市场企业股份，共同经营企业的方式。优点：可以利用目标市场合营伙伴熟悉当地市场政治、法律、社会文化及经济状况的优势，比较容易取得当地资源并打开当地市场，同时因此而降低进入该市场的风险。缺点：对企业的控制权较弱。独资即茶叶企业在国内外目标市场独自投资兴办并经营茶叶企业。优点：可以克服运输成本高的问题，避免关税壁垒和非关税壁垒，以及一些政策法规的限制，同时茶叶企业对营销状况的控制权完全掌握在自己的手里，能及时获得当地市场信息并及时做出反应，可以独享经营利润。缺点：耗资多，需要具备高素质的专门人才，必须单独承担经营风险。

②按投资进入的启动方式分类：可分为收购或兼并、创建。收购或兼并是进入目标市场最迅速的手段，是指茶叶企业通过购买现有的国内外目标市场，如国内外企业的全部或者部分所有权而进入目标市场的方式。优点：可以迅速地进入目标市场，而且有利于扩大产品的种类和进入的领域，可以减少进入新的市场常常会遇到诸如专利权、经济规模、原料、物资供应等种种困难和障碍的成本。缺点：存在估价困难、旧有的束缚多、控制协调困难等问题。创建是指茶叶企业独立在国内外目标市场创办一个企业，该方式投资大、启动慢，但是可以避免以上的问题出现，可以完全按照自己的意愿来发展。

（4）加工贸易进入方式　加工贸易进入方式是一类利用劳动力优势承接加工产品，进入目标市场的方式，是一种风险最小、进入迅速，但利润不高、目标市场营销控制权低的方式。该方式主要分为来料加工和来样定制。

3. 茶叶市场进入时机

在目标市场确定以及市场定位以后，茶叶企业不仅要选择和制定适宜的进入市场方式，还得选择适宜的市场进入时机。茶叶市场进入时机包括两个方面，一是政治经济等环境气候，二是具体的开业时间。时机的正确选择对茶叶企业来说有深远的影响，不但影响短期的营销活动，也影响茶叶企业未来的竞争优势。一般来说茶叶企业进入市场的时机与茶叶企业内部和环境因素有直接关系。通常进入市场的较理想时机为当地政策予以支持、经济处于发展状态、社会安定之时。根据目标市场进入时间的不同可以将市场进入策略分为早期进入、对等进入和延时进入 3 种类型。

（1）早期进入策略　优点：会在市场竞争中占据明显的优势，它能够使公司在很短的时间内确立自己在市场中的领导地位，占据很大的市场份额，给其他茶叶公司的进入造成困难；建立起进入壁垒，从而保持自己在市场中的领先地位。缺点：第一个进入市场的茶叶公司必须处于技术的最前沿，能不断地在第一时间开发出自己的升级茶叶产品并具有市场力量，否则就有被竞争对手赶上甚至赶出市场的危险，还必须有市场开拓的能力和资金实力。

（2）对等进入策略　对等进入是指在茶叶企业的重要竞争者进入市场的同时，或者十分接近的时候将其新产品推出，因为后来进入者可能会在市场领导者建立的基础上获得额外的提升。但是如果早期进入者的力量薄弱，那么对于后来者是极大的机会。

对等进入在那些以品牌扩展为特点的市场中，以及当主要竞争对手的营销意图和产品信息比较容易获得而且比较全面时是可行的。这种对等进入策略通常说来是防御性的，以此来抵挡竞争者可能造成的潜在优势。在多元产品的市场中，对等进入可以被用作一种进攻策略。如果知道竞争者善于迅速仿效，则可以使用此策略将竞争对手的注意力从较重要的市场吸引到较小的市场中去。

（3）延时进入策略　优点：等待市场发展到足够的规模，在短期内能获得最大的发展机会；省去市场开拓的成本，而且可以从竞争者身上吸取更多的经验和教训；消费者的偏好也将充分显露，可以根据之前的经验来改进或修正其市场定位。注意后期进入的茶企仍然需要依靠创造力和主动性在市场中获得位置，通过运用科学研究的成果、改变原有的产品结构等措施，避免与市场领导者直接竞争，以获得市场成功的最佳机会。

（二）茶叶企业市场发展策略

茶叶企业除对现有业务或茶叶产品进行评估和规划外，还应对未来的业务或茶叶产品的发展做出规划，即制定茶叶企业市场发展策略。基于成本和风险的考虑，茶叶企业市场发展策略一般可以遵循以下发展途径：首先寻找现有业务或茶叶产品进一步发展的机会；然后考虑发展与现有业务有关或无关的新业务；最后在茶叶企业所在行业发展前景良好的情况下制定与本企业相关企业联合的策略。

1. 密集性发展策略

密集性发展策略又可称为扩张性成长策略，是一种在现有茶叶产品或业务范围内寻找进一步发展机会的策略。如果茶叶企业的现有产品或现有市场还有赢利潜力，可选择密集性发展策略。这种策略形式主要包括以下三种类型。

（1）市场渗透策略　市场渗透是一个企业最基本的发展策略，因为现有茶叶产品是茶叶企业经营的基础，是茶叶企业当前利润的主要来源。只要茶叶企业现有茶叶产品和市场还有发展潜力，实施市场渗透策略的风险最小，所需投入资源最少。市场渗透策略即通过各种营销措施，努力增加现有茶叶产品在现有市场上的销售量，如通过饮茶知识普及和健康教育、茶文化的传播、增加或改善广告宣传、增加销售网点、降低售价、营业推广等措施，促进现有顾客更多地购买本企业的现有茶叶产品；激发潜在的顾客购买动机，使之成为本茶叶企业产品的现实顾客。通过进一步突出推广本茶叶企业品牌或茶叶产品的市场定位，吸引竞争对手的顾客购买本企业茶叶产品。

（2）市场开发策略　市场开发策略是在茶叶企业现有销售区域内开发现有茶叶产品的新顾客群或为现有茶叶产品开发新的地域市场，从而扩大销售量的企业发展策略。如果茶叶企业现有产品还有发展潜力，采取这种策略比采取开发产品发展企业的策略更有利，市场风险也更低，所需投入也较少。

（3）产品开发策略　产品开发策略即茶叶企业通过改进现有茶叶产品或挖掘茶叶新的性能及用途，满足顾客更多需要，以图扩大市场占有率和增加销售额的图谋企业发展的策略，具有投资较大、市场风险也较大的特点，但一旦成功可给茶叶企业带来新的活力和生机。

2. 多元化发展策略

当茶叶企业原有产品、业务或市场发展潜力有限，或其他产品、业务或市场有很好的发展机会时，可采用多元化发展策略，能在长时间内推动企业的发展。

（1）同心多元化策略　同心多元化策略即茶叶企业以现有产品为“圆心”，充分利用现有的技术、特长、经验和营销力量开发与现有茶叶产品或业务近似的或同一类的新产品。一家茶叶公司在刚刚建立时也许只有一种或少数几种茶产品，但是随着公司的成长和不同市场领域的出现，公司为图谋发展一般采用寻找和发展同公司现有茶叶产品或现有技术以及市场等方面存在利用基础的新产品或新业务，并投入市场，如茶叶公司增加花旗参糖、花旗参茶等保健食品或饮料，生产绿茶的茶厂开发花茶或青茶等。这种策略充分利用原有资源，发挥原有优势，投资较少，风险较小，容易取得成功。

（2）水平多元化策略　水平多元化策略即寻找和发展那些虽与企业现有茶产品在技术上无关但却能吸引现有顾客的新产品或业务，这种策略着眼于利用与现有市场有关的机会。如网上商店既销售各种茶叶，同时销售茶具、茶书，甚至茶叶包装、瓷器等，以满足顾客多方面需求，扩大营业额，并吸引新顾客。该策略可以针对目标顾客，充分利用企业的声誉，使现有产品或业务与新产品或新业务相辅相成、相互促进。

（3）水平一体化策略　水平一体化策略又称为横向一体化策略，相对于前向一体化和后向一体化这两个纵向一体化策略。即茶叶企业通过兼并、收购经营同类产品或业务的企业或与之进行联合经营，使现有业务范围做横向扩展，以扩大经营规模、降低成本、增强茶叶企业实力的发展策略。如大茶场兼并小茶场、名牌茶叶批发公司收购中小茶叶批发公司等，都属于水平一体化策略。大型茶叶企业、名牌茶叶企业运用水平一体化策略，可以利用被兼并收购联合的同类中小型茶叶企业的场地、茶叶加工设备、人力、资金等，扩大自己的业务，提高企业的竞争地位。

（三）茶叶企业竞争与合作策略

茶叶企业的营销策略主要解决如何在市场中参加竞争、确定或改善自身的竞争地位、获取稳固的竞争优势，以达到在激烈竞争的市场上持续稳步发展的目的。其基本战争策略分为总成本领先策略、差异化策略和集中化策略。

1. 总成本领先策略

总成本领先策略的优势：第一，形成进入障碍。如果茶叶企业的生产销售成本低，便为行业的潜在进入者设置了较高的进入障碍。那些在生产技术尚不成熟、经营上缺乏规模的企业较难进入茶叶行业。第二，增强讨价还价能力。如果茶叶企业的成本低，可以应付投入费用的增长，提高与供应者的讨价还价能力，降低投入因素变化所产生的影响。同时可以提高对购茶者的讨价还价能力，对抗强有力的购茶者。第三，降低替代品的威胁。茶叶企业凭借其低成本的产品或服务优势，一方面有利于与现有竞争者竞争，吸引大量的顾客；另一方面有利于缓解或降低替代品的威胁。第四，抵御行业的价格战。当茶叶企业与行业内的竞争对手进行价格战时，由于企业的成本低，具有竞争优势，可以在竞争对手无利润或低利润的水平上，保持较好的盈利，从而有效地抵御价格战。

总成本领先战略的风险：第一，竞争对手开发出更低成本的茶叶生产方法。如竞争对手利用新的技术或更低的人工成本产销茶叶，形成新的低成本优势，使得企业原有的低成本优势丧失。第二，竞争对手模仿。当茶叶企业的茶叶产品或服务具有竞争优势时，竞争对手往往采取模仿的办法，形成与本茶叶企业相似的茶叶产品、服务和成本，给本茶叶企业造成困境。第三，顾客需求转移。如果有更好的替代品出现，或者由于茶叶企业过分追求低成本，降低了茶叶及服务的质量，影响了顾客的需求，顾客需求就会发生转移，企业将失去市场。

2. 差异化策略

差异化策略的优势：第一，成为进入障碍。企业利用自身资源的优势形成特色的、能满足顾客特定需求的产品，能够获得消费者的偏爱。如各地理标志茶叶特定的产地地理条件、人文历史赋予这些茶叶独特的品质及文化底蕴，而深受消费者的喜爱，加之在其他茶区的不可复制性，使得这些茶叶企业既能保持较高的价格，获得更多的利润，又可以成为新竞争者进入的障碍。第二，抵御现有竞争者。茶叶企业利用自身资源的优势形成特色的、能满足顾客特定需求的茶叶产品，竞争者难以仿效。因此，茶叶企业凭借这种差异性形成竞争优势，可避免与现有竞争者的竞争。第三，防御替代品的威胁。茶叶企业针对顾客需要生产销售的特色茶叶产品或服务，能够获得顾客的偏爱，顾客易形成情感依赖和消费习惯，难以发生消费转移。这是替代品难以跨越的障碍，从而可以防御替代品的出现而产生争夺顾客的威胁。如铁观音茶区根据现在消费者的需要利用自身地域优势、历史优势，在传统制茶技术上进行改革，生产出深受市场喜爱的新型铁观音，该茶由于其独特的产地条件导致其他茶叶难以替代。第四，增强讨价还价能力。一方面差异化策略可以为茶叶企业带来较高的边际收益，降低总成本，增强茶叶企业对供应商的讨价还价能力；另一方面顾客对特色茶叶或服务的偏爱，可以降低对产品的价格敏感性，使企业避开价格竞争，在特色领域形成独家经营的市场。

差异化策略的风险：第一，成本过高，失去竞争力。往往茶叶企业实施差异化成本过高，而使茶叶产品或服务价格过高，许多购茶者难以接受，企业就难以赢利，或竞争者的茶叶产品或服务价格很低，购茶者也会不再愿意为具有差异化的茶叶支付较高的价格。第二，竞争对手推出相似的茶叶产品或服务，使本茶叶企业产品或服务的特色降低，差异化减弱，而失去竞争力。第三，竞争对手推出了更有特色的茶叶产品，使得本茶叶企业的原有顾客转向竞争对手。第四，由于差异化与高市场份额有时是矛盾的，茶叶企业为了形成差异化，有时需要放弃获得较高市场份额的目标。

差异化策略途径主要有以下几种：①价格差异化：即茶叶企业的产品或服务与竞争者形成价格上的差异。这往往易被竞争者跟进模仿，而使茶叶企业陷入困境。如茶叶价格定得较高，易吸引新的竞争者加入，进而会使市场价格下降，从而减少茶叶企业的利润；而价格定得较低，不仅减少茶叶企业的利润，还会引起恶性价格竞争。因此，价格差异化一般采用不多。②非价格差异化：是一类常采用的差异化策略。即茶叶企业的茶叶产品或服务与竞争者形成非价格上的差异，包括产品、服务、人员、渠道或企业形象差异化等。

3. 集中化策略

（1）选择原因　规模较小的茶叶企业，无法在整个茶叶行业或市场与大中型茶叶企业抗衡，而只能选择市场面较小的细分市场，可以避开与强大竞争对手的竞争，选择一个或几个细分市场作为目标市场，更深入地了解顾客对茶叶的需求，在为该目标市场的专门化营销中，一方面降低成本形成低成本优势，另一方面深得顾客喜爱赢得竞争优势，获得较高的市场份额。

（2）集中化策略的缺点

①以较宽的市场为目标的竞争者采用同样的集中化策略；竞争对手从本茶叶企业的目标市场中找到了可以细分的目标市场，并以此为目标实施集中化策略，从而使本茶叶企业失去竞争优势。

②由于技术进步、替代饮品的出现、茶叶消费者价值观念的更新和消费偏好变化等方面的原因，本茶叶企业的目标市场与整个市场之间对于某茶叶产品或服务的需求差别变小，使得本茶叶企业原来赖以实施集中化策略的基础丧失。

③在较宽的目标市场营销的茶叶企业与本茶叶企业之间在成本上的差别日益变小，抵消了本茶叶企业为目标市场服务的成本优势，而导致集中化策略的失败。

（3）集中化策略的原则　为了规避集中化策略的风险，茶叶企业实施集中化策略要解决的关键问题是选好策略目标市场。一般原则是茶叶企业应尽可能地选择那些竞争对手最薄弱的目标市场和最不易受替代品冲击的目标市场。在选择目标市场时，茶叶企业必须确认以下问题：目标市场顾客群体在需求上存在差异；该目标市场上没有其他竞争对手试图采用集中化策略；该目标市场在市场容量、成长速度、获利能力和竞争强度方面具有相对的吸引力；茶叶企业的实力有限，不能追求更大的目标市场。

（四）不同竞争地位茶叶企业竞争策略

在同一茶叶行业或同一目标市场中，按市场占有率的大小，茶叶企业可以分为市场领导者、市场挑战者、市场追随者和市场补缺者。

1. 市场领导者策略

市场领导者占有最大的市场份额，在价格变化、新产品开发、分销渠道建设和促销时，通常可以采取下列策略。

（1）维持既有市场占有率　处于市场领导地位的茶叶企业，其策略的核心是保持其领导地位，维持市场占有率。为了兼顾未来经营规模的扩大和现有市场份额的维护，市场领导者有必要采取适当的防御措施，认真分析防守的重点，尽可能降低主营业务受到攻击的可能性，并设法减弱竞争者进攻的强度。

①先发制人防御：可通过推出自己的新产品、宣布新产品开发计划或开展促销活动来先发制人，既可对个别对自己形成威胁和挑战的企业实施，也可对所有竞争者展开攻击，形成人人自危的局面。

②阵地防御：指根据竞争对手在产品、价格、渠道和促销等方面可能采取的进攻策略而制定的预防性营销策略，并在竞争对手发起进攻时，坚守原有的产品和业务阵地。这是一种静态防御，不能长期不变，应根据竞争形势的变化适时进行技术更新、新产品开发和扩展业务领域。

③侧翼防御：指对自己产品或市场的薄弱环节加以改进和保护，以防止竞争对手乘虚而入，造成市场的丢失。

④运动防御：运动防御不是过多地依赖正常的品牌扩展，而是通过市场拓宽或市场多样化扩展到新领域。在防守现有市场领地的同时，还要扩展到新的市场阵地，作为未来实行进攻和防御的中心，可以使企业增强应对竞争的能力。

⑤反攻防御：指在遭受竞争对手发动的攻击时所采取的反击措施。正面反攻为与竞争对手采取相同的竞争措施，侧翼反攻为攻击对手薄弱环节。还可以通过延迟反击来攻击对手，即当竞争对手的攻击（降价或促销）并未造成本企业市场份额迅速下降，或为避免正面交锋的损失，不急于反击，待竞争对手攻击活动结束时，或放松攻击活动时，予以反击。

⑥收缩式防御：在所有市场范围内实行全面防御时会由于成本过高、效果不明显而得不偿失；或企业的力量因分散而太薄弱，而竞争对手正在几个市场逐渐蚕食时，应实行策略性收缩，放弃一些相对不太重要的市场，而把竞争力集中到主要市场上；或从实力较弱的市场撤出，将力量集中于实力较强的市场。

（2）扩大市场内需　市场领导者占有的市场份额最大，在茶叶行业茶叶产品结构基本不变的条件下，在市场总需求扩大时往往受益最大。因此，为保持市场领导者的地位，市场领导的茶叶企业可以通过以下途径来扩大市场需求量。

①寻找新顾客：是扩大市场需求量最便捷的途径，通常通过市场渗透策略、进入新的细

分市场和地理扩展来完成。

②开拓茶叶新用途：即努力挖掘并推广现有茶叶的新用途、新功能，市场需求必然会增加，市场领导者的地位就会更加稳固。

③刺激消费者增加用量：是扩大产品需求量的一种重要手段。通常茶叶企业可设法说服消费者增加茶叶的饮用量，如对体胖、高血脂等体质的消费者推出每人每天几杯茶的促销活动。说服、提醒或倡导消费者茶叶除饮用外，可洗脸、洗澡、洗脚、煮饭等，从而扩大需求。

（3）扩大市场份额　市场领导者也可以通过进一步增加其市场份额来巩固市场竞争地位及提高利润率。"三一原则"说明，如果竞争双方的市场占有率差距达到 3∶1 以上，市场领导者的地位难以动摇。因此，市场领导者必须比其他企业更注意最佳市场占有率的问题。但是，不是所有企业提高市场占有率都意味着投资报酬率的增长，还取决于企业提高市场占有率采取的策略。为提高市场占有率所付出的代价，有时会高于所获得的利益。因此，企业提高市场占有率还要考虑以下要素。

①引起反垄断活动的可能性：世界许多国家都有反垄断法，当企业的市场占有率超过一定限度时就有可能受到制裁。

②经济成本：市场份额在达到某个水平后还继续增大，赢利能力可能会下降。有研究表明，最佳市场占有率是 50%，如果继续提高市场占有率其成本可能超过其价值。

③争夺市场份额时所采取的营销组合策略：有些营销组合变量可以增加市场份额，却不能增加收益。只有在下面两个条件下，市场份额提高才会导致高利润：一是单位成本随着市场份额的增加而减少；二是茶叶产品价格的提高大大超过为提高茶叶产品质量所投入的成本。

2. 市场挑战者策略

市场挑战者在茶叶行业中居于第二、三位，他们有较强的实力与市场领导者和其他竞争者抗衡，并有可能脱颖而出成为市场领导者。所以市场挑战者对市场领导者往往形成强劲的挑战和威胁。市场挑战者要实现自己的策略目标，首先必须确定挑战对象，然后选择适当的进攻策略。

（1）确定挑战对象

①挑战处于领导地位的茶叶企业：一般来说这种进攻风险最大，而潜在回报也最大。挑战者需事先详细调查研究领导企业的缺点和存在的失误，找出其薄弱环节，尤其是了解顾客对领导企业的不满之处，作为进攻目标。

②进攻与自己实力相当的茶叶企业：这种攻击相对于第一种攻击风险要小得多，成功率也较高。为提高挑战的成功率，挑战者可以从与自己实力相当者中挑选经营不善、资源有限的或因各种原因造成亏损的茶叶企业作为进攻目标，夺取它的市场份额。

③攻击弱小茶叶企业：这种进攻相比前两种攻击对挑战者来说风险最小、成功率最高。通常挑战者可轻易夺取弱小茶叶企业的顾客群，甚至于这些弱小茶叶企业本身，从而壮大自身。

（2）选择进攻策略

①正面进攻：挑战者以产品对产品、价格对价格、促销对促销的针锋相对的形式，进攻对手强项。该挑战需要一定的人力、物力、财力等，正面进攻的胜负取决于双方实力的对

比。因此，挑战者必须在茶叶产品质量、价格、成本等各方面优于对手，才有可能取胜。一般对市场领导者发动挑战不宜于采用这种方式。

②侧翼进攻：集中全力进攻竞争对手的市场空隙（竞争对手未占领的地理区域或消费者群体——所谓的“无争地带”）、薄弱环节、失误之处。通常通过地域侧翼攻击和细分市场侧翼攻击。对市场领导者、市场挑战者可采用这一策略。

③迂回进攻：这是一种完全避开对手现有市场而间接进攻的策略。即绕过竞争对手的现有市场，抢占容易进入的市场。具体又分为三种情况：一是以现有茶叶产品抢先进入新市场，实行市场多角化；二是发展不相关的产品，实行产品多元化；三是发展新技术、新产品，实行产品替代策略。

④包围进攻：这是一种全方位、大规模的进攻策略。当进攻者拥有优于对手的资源，并确信可以迅速打垮对手时可采用这种策略。该策略的目的是对竞争对手全线出击，令其顾此失彼，在激烈的较量中暴露其弱点，进而攻击之，直至打败对手。采用此策略的进攻者必须向市场提供比对手更多的、质量更优的、价格更低的茶叶产品和服务，并配合有力的分销。

⑤游击进攻：指对竞争对手发动小型的、断断续续的进攻。其目的是干扰对手、逐渐削弱对手士气和实力，以占据长久性的市场阵地。主要方法包括有选择的减价措施、密集的促销活动和偶尔的法律行动。该策略适用于规模较小、力量较弱的企业，值得注意的是持久的游击进攻也需要大量的资金投入，而且游击进攻更多的是进攻的准备而非进攻的本身，要想击败对手，仅靠游击进攻是难以达到目的的，还需要在适当的时机发动更强大的攻势。

3. 市场追随者策略

市场追随者是行业中位于第二、三或稍后位次，在策略上追随市场领导者的企业。市场追随者关注市场领导者的动向，在产品、价格、技术、销售渠道等大多方面模仿或追随市场领导者。

（1）追随策略

①紧密追随：指在细分市场和营销组合方面尽可能模仿市场领导者。这种市场追随者有时因为完全模仿，不进行任何创新而成为寄生虫；有时又好像是市场挑战者，但他们只是尾随市场领导者其后获利，实际并不会侵犯到市场领导者的利益。

②保持距离追随：指在茶叶产品包装、价格水平、目标市场、广告等方面仿效市场领导者，同时保持与市场领导者之间的差异性，不使市场领导者有被侵入的威胁。可以在不被攻击的环境中不断积蓄经营资源和竞争实力，在不被关注的情形下发展壮大，逐渐成长为市场主导力量。

③有选择追随：即根据茶叶企业自身的条件，选择市场领导者策略、策略中适合自己条件的部分，作为自己策略的依据。这类企业通过积极学习，适时改进并不断提高，可能会成为未来的市场挑战者。

（2）市场追随者的特点　市场追随者最主要的特点是“跟随”，主要体现在技术和市场两方面。在技术上不做新技术的开拓探索者和率先使用者，而是做有价值和有目的的积极追随学习者和改进者。在市场上不做市场培育的开路者，而是搭便车，充分利用市场领导者在市场开发方面的外溢效益，既减少风险，又降低成本。市场追随者的第二个特点是“看中学”。市场追随者通过观察、借鉴、选择、模仿市场领导者的行为，在市场领导者的成功经验和失败中学习，从而提高自身水平和能力，降低失败的风险和成本。这样既可以避免竞争招致的两败俱伤，又在“跟随”和“看中学”中不断受益壮大。

4. 市场补缺者策略

市场补缺者是茶叶行业中的一些弱小企业。由于弱小茶叶企业不具备与大茶叶企业竞争的实力，常通过专业化的经营模式来占据大茶叶企业不注意的一些细分市场，从而获得生存空间。大企业不感兴趣的既安全又有利的市场空隙称为补缺市场或利基市场。因此，市场补缺者又可称为市场利基者。一个理想的补缺市场应该具备以下条件：第一，对主要的竞争者不具有吸引力，或是大部分的市场竞争者不屑一顾。第二，具有足够的规模和购买力，使弱小茶叶企业可以赢利。第三，具有成长潜力，以便弱小茶叶企业进一步发展。第四，弱小茶叶企业具备向这一市场提供优质茶叶产品和服务的资源和能力。第五，弱小茶叶企业能够依靠自己在顾客中建立的良好声誉，保卫自身的地位，抵御竞争者入侵。

采用补缺市场策略的主要风险是，补缺市场会枯竭或受到竞争者攻击。因此，为减少风险，茶叶企业可以选择多个补缺市场，而不是单一的补缺市场。茶叶企业可以根据以上五个条件选择两个或更多的补缺市场，以确保企业的生存和发展。市场补缺者生存和发展的关键就是专业化经营。可供茶企采用的专业化策略如下：①最终使用者专业化：指茶叶企业专门服务于某类最终使用者。如某茶场产出的茶叶专供当地茶叶消费者。②特定顾客专业化：指企业专门为一个或几个特定的顾客服务。如某茶场将其用一芽三四叶鲜叶加工的茶叶专供即饮式茶饮料厂作为其原料。③顾客规模专业化：指企业专门为某一类规模的客户或公司服务。如某茶场专门为小零售店提供茶叶。④产品专业化：指茶叶企业只生产一种茶叶或一类茶叶。⑤质量和价格专业化：指茶叶企业只生产或经营某种质量、价格既定的茶叶，如只生产高质高价茶叶或低质低价茶叶。⑥分销渠道专业化：指茶叶企业只为某一类分销渠道提供服务，如只生产适于大型超市销售的茶叶。⑦地理市场专业化：指茶叶企业只为国内或国外某一特定区域的顾客服务。

(五) 茶叶企业合作联盟策略

在世界经济全球化和一体化的背景下，茶叶企业营销策略的选择，除了基本的竞争策略之外，更高层次的策略应该是联盟策略。实际上在茶叶企业之间并不只有竞争关系，也存在合作的可能性，竞争并不一定是最好的选择，也许合作对双方更有利。茶叶企业需要面对竞争对手，但更需要合作伙伴。

1. 联盟兴起的原因

随着经济发展的全球化，无论是国家还是企业之间的依赖程度日益加深。同时，越来越多的市场营销理论专家和企业越来越清醒地意识到，竞争并非你争我夺，甚至两败俱伤，竞争对手并非一定对企业的生存、发展构成威胁，企业竞争的最高境界是双赢共处。企业需要竞争对手，但更需要合作伙伴。合作联盟使企业之间共享资源和能力，实现双赢共处。正是这种双赢模式促使企业纷纷实行合作联盟，以合作联盟的方式参与国内与国际竞争。从 20 世纪 80 年代起，全球涌起了联盟潮。

2. 茶叶企业合作联盟的意义

不同的茶叶企业实行合作联盟的动因不同，主要有以下几种：①弥补现有市场和技术的缺陷；②把过剩的能力和资源转化成利润；③降低新产品开发的成本和风险；④加快产品转入市场的进程；⑤扩大现有业务的范围和降低现有业务撤离的成本；⑥克服法律障碍和避免过度竞争；⑦产生规模经济，实现规模效益。

3. 茶叶企业合作联盟的形式

（1）产品和（或）服务联盟　如一个茶叶企业许可另一个企业生产销售其茶叶产品和（或）服务，或两个茶叶企业共同营销它们的补充产品和（或）服务，或茶厂与高校、茶科所合作研发、生产、销售茶叶新产品。

（2）分销渠道联盟　经济的全球化拓展了茶叶企业的市场空间，茶叶企业单凭自身能力很难在更大范围（如全球或全国范围）建立完整的分销体系。因此，借助合作联盟，通过伙伴方的分销网络，使企业茶叶产品在更大范围销售，减少销售费用。

（3）促销联盟　即一个茶叶企业为另一个茶叶企业的产品或服务促销，包括广告、营业推广、销售折扣等促销手段的合作。例如，茶馆可以和茶店联盟实行促销合作：凡是在该茶馆消费达到一定金额的顾客可以获得一袋某茶店的免费茶叶；同样，在某茶店购茶达到一定金额的顾客可以在该茶馆免费消费。

（4）价格联盟　即几个茶叶企业加入特定的价格合作。如茶馆连锁店和茶店共同推出价格折扣。

二、茶叶目标市场营销策略

在茶叶企业策略规划之后，为了实现茶叶企业的策略任务和策略目标，茶叶企业还需根据企业的策略规划制定并实施目标市场策略。茶叶市场细分（Segmenting）、确定目标市场（Targeting）、市场定位（Positioning）这三部分递进关联的内容是现代茶叶市场营销策略的核心，被称作目标市场营销策略，简称STP营销策略。STP营销策略是关系茶叶企业生存和发展的重大策略决策，是茶叶企业各项营销策略的基本前提。

（一）茶叶市场细分

1. 茶叶市场细分的概念

按照市场营销学原理，所谓茶叶市场细分就是在消费者分析的基础上，基于消费者对茶叶需求与欲望的不同以及消费习惯与消费行为的差异，运用求大同存小异的方法，对茶叶消费者进行区分、归类为若干个具有不同需求的消费群体的过程。

2. 茶叶市场细分的意义

茶叶市场细分有利于茶叶企业发掘新的市场机会，形成新的、富有吸引力的目标市场；有利于茶叶企业集中使用资源，增强企业市场竞争能力；有利于茶叶企业制定和调整市场营销组合策略，实现市场营销策略目标。

3. 茶叶市场细分的标准

茶叶市场作为一个整体市场，按照购买者及其购买茶叶目的的不同，可区分为茶叶消费者市场和茶叶产业者市场两类。一个整体市场之所以可以细分，是因为不同顾客对茶叶的需求有明显的差异。而引起顾客对茶叶产品产生差异的是各种内在的和外部的影响因素。因此，可以将这些影响因素作为细分市场的标准或依据。由于市场类型不同，对茶叶消费者市场细分和茶叶产业市场细分的标准也有所不同。

（1）茶叶消费者市场细分的标准　在现代社会中，影响和造成消费者对茶叶产品产生需求差异的因素纷繁复杂，但随着市场细分理论在企业营销中的普遍应用，茶叶消费者市场细分标准可归纳为四大类：地理因素、人口因素、消费心理因素和消费行为因素。这些因素有些相对稳定，多数则处于动态变化之中。

①地理因素：茶叶企业可以按照消费者所处的地理位置、自然环境来细分市场。处于不同地理位置的消费者，对同一类茶叶产品往往呈现出差别较大的需求特征，对茶叶产品的价格、销售地点和场所、广告宣传等营销措施反映也存在较大的差别。

②人口因素：消费者因年龄不同、受教育程度不同、收入不同等，在茶叶消费的价值观念、生活情趣、审美观念和消费方式等方面会有很大的差异。

③消费心理因素：按照生活方式不同，可将消费者细分为传统型、新潮型、追求社会地位型、奢侈型等群体。

④消费行为因素：按照消费者的购买行为细分市场，包括消费者进入市场程度、使用频率、偏好程度、追求的利益等变量。

（2）茶叶产业者市场细分的标准　当茶叶企业的购买者不是一般的茶叶产品最终消费者，而是各个不同行业的组织购买者时，要根据用户行业、用户规模、用户地理位置、其他变量等对茶叶产业者市场进行细分。

①用户行业：用户行业就是茶叶企业茶叶产品购买者所属的行业。用户行业是产业市场细分最通用的标准。

②用户规模：用户规模也是产业市场细分的主要标准，即按照客户对茶叶产品购买量的多少进行市场细分。

③用户地理位置：与茶叶消费者同理，由于产业市场的用户地理位置受资源条件、地形气候、产业布局、社会经济环境、历史传承等因素的影响，不同地理位置的用户对茶叶产品的需求有差异。茶叶企业可以根据用户地理位置细分市场，选择用户较为集中的地区作为目标市场，可以集中销售力量，便于茶叶产品运输，节省运输费用，降低生产成本。

④其他变量：茶叶企业还可以根据用户能力（需要很多服务、需要一些服务、需要很少服务）、用户采购标准类型（追求价格型、追求服务型、追求质量型）、用户忠诚度（坚定忠诚者、动摇忠诚者、喜新厌旧者、无固定偏好者）等变量细分市场。

4. 茶叶市场细分的方法

市场细分的一般方法有单一因素法、综合因素细分法、综合因素列举法。

（1）单一因素法　单一因素法指根据影响茶叶产品消费需求的某一种主要因素来细分市场的方法，如茶叶企业可以按照年龄因素将某地茶叶市场细分为少儿市场、青年市场、中老年市场。

（2）综合因素细分法　综合因素细分法就是对茶叶整体市场，根据两个或两个以上的标准进行综合细分市场的方法。例如，对某茶叶市场可以根据性别、年龄、收入、饮茶动机 4 个因素划分至 48 个细分市场（表 10-1）。

表 10-1　某茶叶公司市场细分表

性别		男性				女性			
饮茶动机	收入＼年龄	儿童	青年	中年	老年	儿童	青年	中年	老年
保健	高								
	中								
	低								

续表

饮茶动机	性别 收入＼年龄	男性 儿童	男性 青年	男性 中年	男性 老年	女性 儿童	女性 青年	女性 中年	女性 老年
安全	高								
	中								
	低								

（3）综合因素列举法　综合因素列举法就是列举若干个对茶叶产品需求影响较大的因素作为市场细分的标准来对茶叶整体市场进行细分的方法。因为一个理想的茶叶细分市场的需求往往是受一系列相关的因素综合影响而形成的，往往消费者对茶叶产品的需求受年龄、性别、职业、收入、文化程度、居住地、爱好等多种因素的影响。

（二）茶叶企业目标市场策略

1. 茶叶企业目标市场策略的选择

在对细分市场按上述内容评估之后，茶叶企业需要考虑究竟进入多少个细分市场，这就是目标市场策略的选择。有三类不同的目标市场策略供茶叶企业选择，它们是无差异性市场营销策略、差异性市场营销策略、集中性市场营销策略。

（1）无差异性市场营销策略　无差异性市场营销策略就是茶叶企业面对的茶叶整体市场需求共性大于个性，把整体茶叶市场作为目标市场，对所有的茶叶消费者只提供一种茶叶产品，采用单一市场营销组合以吸引更多的顾客。

无差异性市场营销策略关注的是如何推出茶叶消费者普遍需要的茶叶产品，而不是提供茶叶消费者所需的不同茶叶产品，其优点是有利于标准化和大规模产销，有利于降低单位产品的成本费用，获得较好的规模效益；产品容易标准化，能够大批量地生产和储运，可以节省产品生产、储存、运输、广告宣传等费用；减少了市场调研、制定多种市场营销组合策略所要消耗的费用。其缺点是不能满足消费者多样性需求，不能满足其他较小的细分市场的消费者需求，不能适应多变的市场形势。

（2）差异性市场营销策略　差异性市场营销策略是在对整体茶叶市场细分的基础上，以两个以上乃至全部细分市场为目标市场，分别为之设计不同茶叶产品，采取不同的市场营销组合，满足不同茶叶消费者需求的目标市场策略。这种策略有两种做法：一种是覆盖整个茶叶市场的差异性目标市场策略，一种是选择两个以上细分市场的差异性目标市场策略。采用差异性市场营销策略必然受到企业资源和条件的限制。因此，采取差异性市场营销策略的企业一般是大企业，尤其是整体覆盖式的差异性市场营销策略，需要实力相当雄厚的茶叶企业才能采用，较为雄厚的财力、较强的技术和素质较高的管理人员是实行差异性市场营销策略的必要条件。

（3）集中性市场营销策略　集中性市场营销策略又称密集性市场营销策略或专业性市场营销策略。集中性市场营销策略是企业以一个或少数几个细分市场为目标市场，集中力量开拓，密集性开发，实行专业化生产和经营的目标市场策略。具体做法有以下 3 种：①只选择一个细分市场作为目标市场，集中力量实行专业化生产经营。主要适用于资源有限的中小茶叶企业或是初次进入新市场的大茶叶企业。②为不同的细分市场提供一种茶叶产品，实行产品专业化经营。③专门为满足每个顾客群体的各种需要而服务，如老舍茶馆为喜欢老舍茶馆的消费者提供茶水服务、曲艺欣赏、茶点餐饮、商务沟通洽谈场所等。

集中性市场营销策略的优点是目标市场集中，有助于企业更深入地注意、了解目标市场的消费者需求，使产品适销对路，有助于提高企业和产品在市场上的知名度。集中性市场营销策略还有利于企业集中资源，节约生产成本和各种费用，增加赢利，取得良好的经济效益。缺点是对茶叶企业潜伏着较大的经营风险。由于目标市场集中，一旦目标市场出现诸如较强大的竞争者加入、消费者需求的突然变化等，茶叶企业就有可能因承受不了短时间的竞争压力，而立即陷入困境。一般的茶叶企业因受限于经济实力、地理环境、人力资源等因素，尤其是在起步阶段还是采取集中性市场营销策略。

2. 茶叶企业选择目标市场策略的影响因素

（1）茶叶企业实力　如果企业实力较强，有资金、人才、技术、茶叶资源、产品研发、市场开拓等实力，即可根据顾客对茶叶产品需求的情况采用差异性市场营销策略或无差异性市场营销策略；如果企业实力较弱，无力顾及整体茶叶市场或多个细分市场，则可采用集中性市场营销策略。

（2）茶叶产品性质　产品性质是指产品是否同质，即产品在性能、特点等方面差异性的大小。当加工技术不同，成品差异明显时，茶叶企业可以视自身实力选择差异性市场营销策略或集中性市场营销策略。当茶叶加工技术相同且成品茶只存在质量等级差异时，企业可以通过自有品牌或调整包装来区分不同等级的茶叶产品，选择差异性市场营销策略或集中性市场营销策略。

（3）茶叶市场性质　这里的市场性质是指茶叶市场是否同质，即茶叶市场上消费者对茶叶产品需求差异性的大小。如果市场同质，即消费者对茶叶产品需求差异性不大，消费者购买行为基本相同，企业则可选择无差异市场营销策略；反之，企业则可选择采用差异市场营销策略或集中市场营销策略。

（4）茶叶产品生命周期　茶叶产品的生命周期是指从茶叶的种植开始，到加工、包装、销售、使用和最后废弃处理的整个过程，茶叶市场需求是指消费者对茶叶产品的需求总量和需求结构。若产品进入市场初期，消费者对其需求量差异不明显，则可选择无差异市场营销策略。若茶叶产品处于市场生命周期的成熟期，消费者对其需求量差异越明显，市场竞争越激烈，茶叶企业可视自身实力采用差异性市场营销策略或集中性市场营销策略。

（5）竞争对手　茶叶企业的目标市场策略应视竞争对手实力及其目标市场策略而定。如果竞争对手强大并采取无差异性市场营销策略，茶叶企业则应选择差异性市场营销策略或集中性市场营销策略，以提高自身茶叶产品的市场竞争能力或避开竞争；如果竞争对手与自身实力相当或面对实力较弱的竞争对手，企业则既可选择与之相同的目标市场策略，也可选择与之不同的目标市场策略；如果竞争对手采用差异性市场营销策略，茶叶企业则应进一步细分市场，实行更有效、更深入的差异性市场营销策略或集中性市场营销策略。

3. 茶叶企业市场定位

市场定位是指针对消费者对企业、品牌或产品属性的重视程度，确定企业相对于竞争者在消费者心目中的位置，并通过一定的信息传播途径，在消费者心目中树立企业与众不同的市场形象的过程。从企业角度来看，根据定位对象的不同，市场定位可分为3类，即企业定位、品牌定位、产品定位。

（1）市场定位的意义　市场定位在茶叶市场营销实践中具有极其重要的作用，可以避免茶叶企业之间恶性竞争，有利于促进茶叶企业良性发展。市场定位是制定市场营销组合策略的基础，茶叶企业市场营销组合策略要受到企业市场定位的制约。

（2）茶叶企业市场定位的程序

①明确潜在竞争优势：通过市场调研，寻找没有被竞争者抢占或是竞争者所没有做到的，而且又是茶叶消费者所重视的或未满足的、有价值的产品特色，这就是茶叶企业的潜在竞争优势。

②选择相对竞争优势：相对的竞争优势是企业能够比竞争者做得更好的方面，具体可以通过选择茶叶企业的竞争优势来实现，包括成本控制、产品差异化、行业标准制定、文化传承、人脉资源拓展等。

③准确传播市场定位：通过一系列宣传沟通活动，传播给消费者本茶叶企业的独特市场竞争优势，尽量做到使目标消费者了解、知道、熟悉、认同、喜欢和偏爱。

④认真兑现和执行市场定位：需要注意的是市场定位通常不是一蹴而就，而是需要花费较长的时间。茶叶企业一旦确立了适当的市场定位，就必须通过一致的表现和持续的沟通来精心维护，并努力地使茶叶消费者能准确地理解、接受和认同。同时当市场定位不符时，茶叶企业还需要根据市场变化，循序渐进地适当改变其市场定位，不可一蹴而就。

（3）茶叶企业定位策略

①率先进入者定位：首次将某个茶叶产品导入市场的茶叶企业，市场定位相对简单，只要该茶叶企业能找到消费者认为最有价值的特色并将之据为己有，不断宣传即可。可通过档次定位、独特卖点定位、使用者定位和类似于“下午茶”的情景定位。

②跟进者定位：跟进者使用的策略有3类：与率先者保持一致、与他“唱反调”、找出新的有价值的“空白点”。

③茶叶市场定位策略：如果茶叶企业欲打造其鲜明的企业形象，建立独特的企业个性，还可利用企业自身所拥有的文化、历史、经济优势进行相应的市场定位。当然茶叶企业还可根据其具有的其他竞争优势，如技术优势、服务优势等进行企业定位。

4. 茶叶市场营销组合策略

茶叶企业成功地在茶叶消费者心目中建立良好而鲜明的形象和个性，形成竞争优势，不仅是一种愿望和意识，更需要切实的行动，最终要通过具体的市场营销组合策略的设计和实施来实现。营销组合就是指企业为满足目标市场需要、实现营销目标而对企业的可控制营销变量进行选择、搭配、优化组合和综合运用。

1960年美国营销学家杰罗姆·麦卡锡（Jerome McCarthy）在鲍顿营销组合思想的基础上，把市场营销组合要素概括为四类，即产品（product）、价格（price）、地点（place）和促销（promotion），提出著名的4P组合。其中每一类P又包括许多因素，形成每类P的次级组合。

4P组合的特点：①可控性。茶叶企业根据目标市场的需要和自身的资源情况，可以调节、控制和运用市场营销组合的四种因素来应对市场变化。②动态性。市场营销组合中的各因素是相互影响的，任何一个因素的变化都会使整个组合产生变化，从而形成了一个新的市场营销组合，可见茶叶市场营销组合并不是一成不变的，它是一个因为茶叶企业内部条件、外部环境的变化而随之发生变化的动态组合。③复合性。市场营销组合是一个4P的大组合，每一类 P 又包括许多因素，形成每类 P 的次级组合，在每一个次级因素中，又有更小的组合，每个因素都是相互影响的。④整体性。4P 是对各个因素的有效组合，使之成为一个协调的整体，发挥最佳作用。

4P 组合不仅是最早的，也是至今为止影响最大的、最经典的营销组合，后来在 4P 组合理论的基础上，根据市场营销发展的需要又延伸和拓展了一系列新的营销组合理论：服务营销组合——7P（Product、Price、Place、Promotion、People、Physical evidence、Process）组合、大营销组合——6P（Product、Price、Place、Promotion、Political power、Public relation）组合、策略营销组合——11P（Product、Price、Place、Promotion、Probing、Partitioning、Prioritizing、Positioning、Political power、Public relation、People）组合、4C 组合等。其中 4C 组合被视为顾客观念营销组合的代表，在企业实践中被广泛应用。

三、茶叶产品、价格与销售渠道策略

（一）茶叶产品策略

茶叶产品是营销组合中的首要因素，茶叶产品决策直接影响和决定着价格、渠道、促销的决策。因此，茶叶产品策略是整个营销组合的基石，对茶叶企业市场营销的成败关系重大。在现代市场经济条件下，每一个茶叶企业都应致力于茶叶产品品质的提高、品牌的创建、组合结构的优化，随着茶叶产品生命周期的发展变化，灵活调整市场营销方案，适时研发茶叶新产品代替衰落产品，以更好地满足茶叶市场需要，取得更好的经济效益。

1. 茶叶产品概念

所谓产品“是能提供给市场以满足欲望和需要的任何东西”，包括实物、服务、场所、组织、创意等。因此，茶叶产品是指能够为目标顾客带来价值并满足他们需要的茶叶相关物品，往往同时包含有形的物品和无形的服务两个部分。“有形”的物品包括茶叶、茶饮料等，而“无形”则指的是满足消费者需求的服务，包括进茶馆消费、去茶叶农家乐消费或去茶树生态观光园休闲旅游等。

茶叶产品三层次概念：茶叶产品是由核心产品层、有形产品层、延伸产品层组合成一整体，具体如图 10-1 所示。

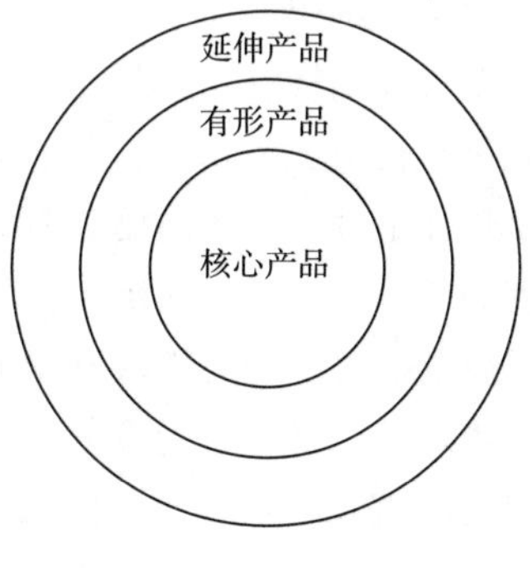

图 10-1　茶叶产品三层次概念

其中，核心产品是指顾客购买某种茶叶产品时所追求的功能和效用，是顾客真正要买的东西，因而在产品整体概念中也是最基本、最主要的部分。有形产品则是指产品的外在形态，通常包括茶叶产品名称、质量等级、色香味形、品牌、包装、设计等。延伸产品则是指茶叶顾客购买茶叶产品时所获得的全部附加服务和利益，通常茶叶企业设计能提供给茶叶产品消费者更多利益的产品附加层，对于赢得竞争意义重大。

2. 茶叶产品生命周期

（1）茶叶产品生命周期概念　茶叶产品生命周期指茶叶产品在研制开发成功之后，从投放市场到最后被市场淘汰所经历的全部销售历程，主要指的是茶叶产品在市场上的销售量和利润随时间的推移而经历的变化，通常茶叶产品经过研究开发、试销，然后进入市场，其市场生命周期就开始了。茶叶产品被消费者拒绝或淘汰、退出市场，则标志着茶叶产品生命周期的结束。茶叶产品生命周期如图 10-2 所示。

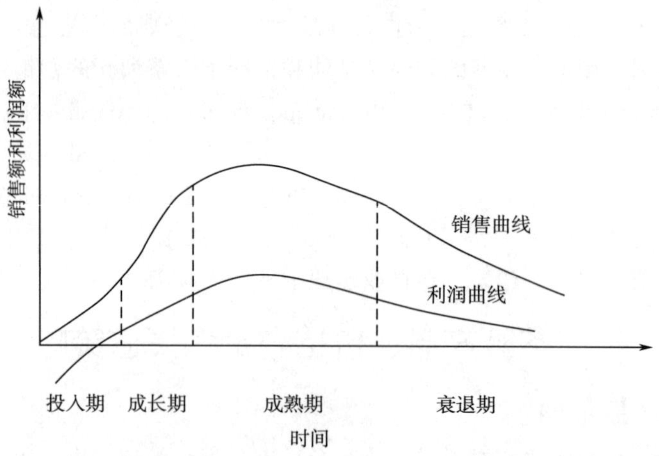

图 10-2　茶叶产品生命周期

在现实市场上，不是所有茶叶产品的生命历程都完全符合上述理论形态，或有明显的四个阶段。往往因其技术、市场竞争、消费者需求、社会时尚等因素以及企业的营销能力，影响并制约茶叶产品生命周期各阶段的状况、长短、形态。

（2）生命周期各阶段特点及策略

①投入期特点：当茶叶产品投入市场时，大部分消费者由于以往的消费习惯或对茶叶新产品缺乏了解，而不会很快购买新产品，只有少数追求新奇的顾客购买，销售量低且缓慢地增长。这个阶段由于单位成本高，建立销售渠道和推广促销耗费大量费用，因此几乎没有利润生成，甚至亏损，并且竞争者较少。

策略：制定合理的价格，建立完善的分销渠道，开展有效的促销活动介绍茶叶新产品，吸引消费者试用，加速茶叶新产品市场推广，以缩短利润低亏时期。

②成长期特点：当茶叶产品在投入期销售初步取得成功之后，便进入成长期。成长期的标志是销售量迅速增长。由于熟悉的消费者逐渐增多，大量的新顾客开始购买茶叶产品，销售量快速上升，生产规模逐渐扩大，产品成本逐步降低，利润大幅度增长，故该阶段又称增长期。随着市场需求的增大，其竞争者也会增加。因此，这一阶段茶叶企业为应对竞争和市场扩张的需要，需要维持或增加销售网点建设和促销等费用。

策略：a. 改善产品品质。保证并改善茶叶产品质量，以提高茶叶产品的竞争能力，更好地满足顾客需求，吸引更多的顾客。b. 加强促销活动。努力扩大销售网点，拓展市场。c. 改变广告宣传的重点。把广告宣传的重点从介绍茶叶产品转到建立茶叶产品形象上来，树立名牌、增强顾客对茶叶产品的信任和偏爱，使茶叶产品形象深入顾客心中，维系老顾客，吸引新顾客。

③成熟期特点：由于茶叶产品逐渐被大部分潜在顾客接受，市场需求逐渐趋于饱和，销售增长放缓、停滞甚至于下降。这一阶段，往往是整个生命周期最长的阶段，其市场需求趋于饱和，行业生产能力过剩，竞争加剧，其营销费用也不断增加，导致利润趋于持平甚至下

降。同时一些缺乏竞争力的茶叶企业开始退出。

策略：a. 改变市场，通过开拓新的茶叶细分市场，把茶叶产品引入到尚未使用过这种产品的地域或新的消费群体，使本茶叶产品拥有新的购买者；或者是挖掘茶产品的新功能，培育新的消费群体，以使产品的成熟期延长。b. 改变产品，所谓改变产品是改变茶叶产品的主要属性，向消费者提供新的利益来吸引新的购买者，增加产品的销售量。改变产品策略又称为“产品再推出”，凡是整体产品概念任何一个层次的改变，都应看做是产品的再推出。c. 改变市场营销组合，市场营销因素组合改良就是根据茶叶产品在成熟期的特点来重新调整定价、分销渠道及促销的组合方式，以延长该茶叶产品市场成熟期。一般是通过改变一个因素或几个因素的组合方式来刺激或扩大消费者的购买，刺激销售量的回升。例如，茶叶产品品质不变，但降低价格、扩大销售渠道，便可以从竞争者那里吸引一部分购买者。改变营销因素组合策略简便易行，但必须注意，在改变策略前要充分调查、分析市场，执行决策时必须迅速果断。

④衰退期特点：随着科学技术的进步，茶叶新产品或更好的替代品的出现，加之消费者需求的转变，使顾客退出原产品的购买与消费，转向茶叶新产品或更好的替代品，而使原茶叶产品销售量下降的趋势增强，并且利润不断下降；同时多数该茶叶产品企业因无利可图也将逐渐退出该市场的竞争；留在市场上的茶叶企业会逐渐减少茶叶产品附带服务，削减促销费用，以维持低水平的经营。

策略：a. 连续策略，按照原来的营销计划继续生产销售该茶叶产品，以继续为仍愿意消费该茶叶产品的顾客服务，直至这种产品完全退出市场为止。b. 集中策略，缩小经营范围，从小范围的经营中获利。即把资源集中到该茶叶产品最有利的细分市场部分。c. 榨取策略，即最大限度地利用该茶叶产品，增加眼前利润。d. 放弃策略，可以采取完全放弃的方式：一是通过转让把该茶叶产品的专利权、生产设备等卖给别的地区的企业，从中收取一定的资金以便迅速而有秩序地转向其他经营项目。二是立即停止生产。也可以采取逐步放弃的方式，使其所占用的资源逐步转向其他产品。

3. 茶叶企业产品组合策略

一个茶叶企业提供给目标市场的往往不是单一的茶叶产品，而是多个茶叶产品。茶叶企业针对目标市场应该提供多少种什么样的茶叶产品才能满足消费者的需要，实现茶叶企业的利润目标，是茶叶企业营销决策中需要解决的问题。

茶叶企业在生产经营活动中，必须依据市场需求和自身实力，确定生产和经营哪些茶叶产品，明确产品之间的相互关系，组成相应的产品线。比如现在规模大一些的茶叶公司产品是由多条产品线组成，产品线包括绿茶系列、红茶系列、即饮式茶饮料系列、茶叶食品系列等，而其中的绿茶系列又包含龙井、黄山毛峰等产品。

茶叶企业产品组合状况直接关系到企业销售额和赢利水平。市场环境在变化，市场需求在发展，竞争的激烈必然影响到茶叶企业的原有产品组合。因此，茶叶企业必须对现行产品组合做定期和不定期的分析和评价，并决策是否增减产品线或产品项目以及如何实施产品组合管理，以保证产品组合始终处在最佳状态——能给企业带来符合目标的销售额，提高茶叶企业赢利水平。

（1）产品线组合分析评价　产品线组合分析评价通常包括以下几个方面。

①产品销售额和利润分析：即分析和评价茶叶企业现有产品线上不同产品项目所提供的

销售额和利润水平。对于在产品线中利润或销售额贡献大的产品项目，应予以重视并加强管理，以保持整个产品线的销售额和利润水平。但是在产品线上如果销售额和利润集中在少数产品项目上，则意味着产品线比较脆弱，必须悉心保护。如果产品项目或产品线的利润比重高于销售额比重，市场前景广阔，则应增加投入，以培养成高利产品项目或产品线；无发展前途的产品项目或产品线则应考虑删除。

②产品项目市场地位分析：即将本茶叶企业产品线中各产品项目与竞争者的同类产品做对比分析，全面衡量各产品项目的市场地位，即分析市场占有率以确定本企业产品项目的调整和管理。

（2）茶产品组合策略　茶叶企业可以采用多种产品组合策略来满足不同消费者的需求，包括单一产品组合、系列产品组合、特殊产品组合和全线全面组合。在优化产品组合时，依据企业发展的需要，市场需求及竞争情况的不同，在对产品组合分析评价的基础上，对产品组合的长度、宽度、深度、相关性等方面做出必要的调整决策，可以考虑如下策略。

① 扩大产品组合：优点：一般而言，扩大产品组合，即增加产品组合的宽度，就是扩大经营范围，进行更多品种或品类的生产经营，实行多角化经营，可充分发挥企业各项资源（人、财、物、市场）的潜力，提高效益，分散风险，增强竞争能力。缺点：增加了茶叶企业的经营成本，提高了茶叶企业经营的难度和复杂程度。

②缩紧产品组合：当出现以下情况时，可以考虑缩紧产品组合：a. 产品项目处于产品生命周期的衰退期；b. 市场不景气或原料、能源供应紧张，剔除获利很小甚至不获利的产品大类或产品项目，使企业可集中力量发展利润水平高、前景乐观的产品项目或新产品项目；c. 一定时期内，市场需求不足。

优点：有利于茶叶企业集中力量，采取先进的生产技术和营销方法，提高效率，降低成本和费用，提高产品质量和水平。

缺点：降低了茶叶企业市场应变能力，增加了市场竞争风险。

③产品线延伸

a. 向下延伸。向下延伸指茶叶企业原来生产高档茶叶产品，后来决定增加低档产品。向下延伸的主要原因有高档产品销售增长缓慢、不得不向下延伸，高档产品区竞争激烈，填补低档产品的市场空隙等。在采取向下延伸策略时也会遇到诸如品牌形象受损、市场份额因低档产品企业发起反攻而降低、经销商因低档产品利润少而不愿经营的状况。

b. 向上延伸。向上延伸指茶叶企业原来生产低档产品，后来决定增加高档产品。向上延伸的主要理由有以下几点：高档产品畅销、利润高；高档产品区竞争者较弱；以及想进行企业升级，成为全面型茶叶企业。向上延伸也存在一定风险，即市场份额因高档茶产品竞争者进入低档茶竞争而降低；消费者对该茶企存在固有印象，不相信其能生产高档茶；还有销售代理商和经销商可能没有能力经营高档产品。

c. 双向延伸。双向延伸即原定位于中档产品市场的茶叶企业掌握了市场优势以后，决定向产品线的上下两个方向延伸，一方面增加高档产品，另一方面增加低档产品，以扩大市场阵地。

4. 茶叶新产品策略

产品创新已成为企业经营的常态。科学技术的飞速发展，消费水平的不断提高和消费需求的个性化，使得产品的种类越来越丰富，而且产品从发明到创造、使用以至淘汰，周期越来越短。不断研究和开发新产品，已成为企业永葆竞争活力的关键所在。

产品的开发与创新是茶叶企业迎合消费需求的秘诀，新产品策略是茶叶市场营销组合的重要部分。开发新产品的意义在于：①提高茶类产品的整体市场竞争实力；②有利于茶叶企业以创新为契机，增强自身实力，加快发展；③改善茶叶消费结构，提高消费水平。

茶叶新产品开发方式：①独立研制，但其所需较多的研制费用；②技术引进，需要对技术的成熟性、先进性、适用性、经济性充分考虑，不可盲目引进；③独立研制与技术引进相结合，是提高新产品成功率、拓展企业产品线的好路子；④协作研制，这种开发方式，有利于充分利用社会的科研力量，弥补企业力量的不足；有利于把科技成果迅速转化为生产力，并使其商品化，加速新产品的开发进程。

企业选择上述开发方式时，除考虑自身具备的条件外，还需结合新产品的开发目标和开发策略，看是否符合茶叶企业的发展路线。

5. 茶叶包装策略

近年来，茶叶市场上的角逐除了进一步提高茶叶的品质和卫生质量外，茶叶包装也成为茶叶营销活动和茶文化宣传的重要组成部分。包装的作用：①保护茶叶，延缓劣变速度，便于储存；②美观大方，便于携带；③还可以展示商品信息，了解商品特色；④美化产品外观，有宣传和促销作用。茶叶包装设计应符合科学、经济、牢固、美观、适销的原则。

6. 茶叶品牌与商标

（1）茶叶品牌与商标策略　当茶叶企业为产品制定营销策略时，必然要进行品牌与商标的决策。品牌是产品策略中的一个主要课题。品牌商标是茶叶产品整体的一个重要组成部分，是茶叶企业重要的无形资产。茶叶企业品牌的培育和成长需要一个长期的投资，更需要精心的设计和策划。

所谓品牌俗称“牌子”，是用以识别一个或一群企业的产品或服务，并使之与竞争者的产品或服务区别开来的一种名称、术语、符号、图案、设计或其组合。商标则用于标记产品或服务的所有者，使之与竞争者的产品或服务区别开来。

（2）茶叶企业品牌的作用　①有利于买者识别并选购茶叶产品，降低消费者选购产品的时间成本、精力及风险；②监督质量，保护购买者的利益；③有利于广告宣传，促进茶叶产品销售；④有利于维护茶叶企业的正当权益；⑤有利于市场细分，培养顾客偏好与顾客忠诚度，培养稳定的顾客群；⑥有利于树立茶叶企业形象，提高茶叶企业、产品知名度与美誉度；⑦有利于提高茶叶产品附加价值，增加利润。

（3）茶叶品牌设计原则　茶叶品牌设计有以下几个原则：①新奇独特，特点越强，消费者越易于区分，过目不忘、印象深刻、产生联想、引起兴趣，从而激发消费者的购买欲望；②要有文化创意，“品牌的背后是文化”，没有文化的品牌是短命的；③美观大方；④简洁明了，便于消费者识别、接受、记忆、准确理解；⑤符合精神文明、社会道德规范的要求；⑥适应当地风俗习惯。

（二）茶叶价格策略

随着世界贸易形势的发展，茶叶的价格受到越来越多的因素所影响。在茶叶的市场营销组合因素中，茶叶产品价格灵敏地反映茶叶市场供求变化，是企业唯一不增加成本而能增加收入的因素，是保证茶叶企业收益和发展的重要因素，是各个茶叶企业在行业中竞争的重要调节手段。定价是否适当，往往决定产品能否为消费者所接受，直接影响产品在市场上的竞争能力和占有份额，从而关系到企业的兴衰成败。

1. 茶叶定价理论

商品化的茶叶定价遵循普通商品定价的基本原理、马克思主义经济学的价值原理、市场结构和供求弹性原理等，这些原理都对茶叶定价有指导作用。茶叶价值在货币形态上就表现为销售价格构成的4个要素的总和，即茶叶生产成本、茶叶流通费用、国家税收和企业利润。同时还受市场弹性需求的影响。

2. 影响茶叶企业定价的因素

在建设有中国特色的社会主义市场经济的大环境下，企业定价既受价值规律、供求规律的制约，也受成本、货币、国家政策、社会心理等诸多因素的影响。

（1）成本因素　在市场竞争中，低成本的茶叶企业对价格制定拥有更大的灵活性，竞争力更强，更能获得比较好的经济效益。

（2）竞争因素　在现代市场，几乎任何商品都有或多或少的竞争对手，竞争的激烈程度直接影响产品价格的高低。企业在制定商品价格时必须充分掌握竞争对手的全部情况，并把本企业的竞争能力和策略与之对比，从而制定出正确的价格策略。

（3）供求因素　同商品具有不同的供求弹性，企业应从其弹性的强弱角度决定企业的价格策略。

（4）货币因素　货币是衡量价值的尺度。茶叶企业在制定价格时，应认真分析市场货币流通状况以及物价水平和物价变动的原因，根据不同物价水平和变动趋势制定正确的商品价格和价格策略。

（5）政策和法律因素　社会主义国家的有关经济政策和法规，对价格的制定和调整产生直接的影响。茶叶企业制定和调整茶叶价格首先要熟悉国家的有关政策和法规，并以此作为价格决策的准绳。

3. 企业的定价目标

企业的定价应以扩大市场占有率、争取最大利润、达到预期的投资收益率、应付或防止竞争、维持生产为定价目标。

4. 茶叶定价遵循的基本原则

茶叶价格的制定不是随意的，它必须遵循一定的原则：既要顾及企业的近期利益，又要考虑企业的长远利益；既要表现出弹性与灵活，又不能违反有关的法律、法规。综合起来可以概括为赢利、遵法和可接受三个原则。

5. 茶叶的定价方法

定价方法是企业为实现其定价目标所采取的价格制定方式。茶叶商品的价格如何制定，从微观上看，关系到茶叶商品是否能够顺利销售及企业的生存与发展；从宏观上看，关系到国民经济的发展速度、人民生活水平的提高、安定团结的政治局面的稳定。茶叶企业都必须十分重视定价问题，必须遵循正确的定价原则。茶叶定价方法有成本导向定价法、需求导向定价法和竞争导向定价法三大类。

6. 茶叶定价策略

茶叶的花色种类繁多，不同种类的茶叶在不同地区的销售上有较大的差异，同时茶叶的销售还涉及农工商三者的利益，所以定价策略比较复杂。

（1）进入阶段　进入阶段的定价策略也称为新产品定价策略。茶叶新产品能否在市场上站住脚，关键就在于这个阶段的定价策略是否合适。对于茶叶新产品进入市场所选择哪种定价策略应该先确定自己的目的所在，考虑消费者能够接受的价格、产品成本和商业各环节的价格。

（2）成长阶段　茶叶新产品进入市场时的价格已经被消费者所接受，竞争者较少，销量和利润处于高速增长的时期。在这一阶段，茶叶企业应该采取稳定的价格策略，维持原价格水平，尽量获得较大的利润，或降价来扩大市场占有率。

（3）饱和阶段　以保本价格为最低限度，通过低价来逼迫其他竞争对手退出市场，占领空出的市场份额。

（4）衰退阶段　茶叶企业可以采用“降价处理”的价格策略，通过大幅度降价来拉拢顾客，扩大客源，同时争取最大利益。

（三）茶叶销售渠道策略

茶叶销售渠道，也称营销渠道，是指产品从制造者手中转移至消费者手中所经过的途径和环节。在市场营销中，大部分生产企业为满足市场需要所生产的产品，并不直接向最终用户和消费者出售，而是借助于一系列中间商的转卖活动。任何与产品转移相关联的各种类型的营销中介机构都可以组成销售渠道，通常包括制造商或农户等生产者、代理商、批发商、零售商及其他卖主和买主，由他们组成“渠道成员”，主要是实现其产品从生产者向消费者的转移。茶叶销售的类型也根据有无中间商分为直接销售型和间接销售型。

1. 茶叶中间商

茶叶中间商是指介于茶叶生产者和消费者之间，参与茶叶商品流通业务，进行茶叶商品买卖的企业和个人。茶叶中间商的作用：①节约人、财、物的消耗；②促进企业生产—销售—再生产的良性循环；③协调供需关系；④调节商品集散；⑤充当信息反馈的桥梁；⑥非买卖的附加功能。

2. 茶叶中间商的分类

茶叶中间商是专门从事商品流通经营活动的企业和个人。介入茶叶销售渠道的中间商，根据经营活动的范围和服务对象不同，可以分为批发商和零售商两大类型。批发商能卓有成效地为数量众多的小型零售商和制造商提供服务，零售商则为需求多样化、购买零星分散的消费者服务。

3. 茶叶销售渠道的选择

如何选择最佳的茶叶销售渠道，对决定茶叶产品到达目标市场和取得最佳社会经济效益至关重要。茶叶销售渠道的选择受茶叶产品特性、市场情况、企业自身条件和社会环境中间商情况等因素的制约，需要全面考虑，权衡利弊，才能做出正确的决策。

4. 茶叶物流管理

茶叶企业确定销售渠道以后，要将茶叶商品送到消费者手中，实现商品所有权和商品实体的转移，需要安排物流管理工作，它的基本内容包括茶叶产品的搬运、储存、运输、存货控制、保护性包装和订单处理6个方面。使茶叶产品在需要的时间内到达需要的地点，实现茶叶产品从生产者到消费者的时空转移，茶叶产品的这种实体分配称为茶叶物流。茶叶物流管理的目标，应当是对顾客提供最优质的服务；制定有效的物流决策；尽可能降低物流成本；不断提高利润水平；随着科技的进步，逐步实现物流管理的自动化。

四、茶叶品牌建设与运营

（一）品牌概述

1. 品牌的定义

品牌是可以触发受众心理活动的商品或组织标识。20 世纪 50 年代美国著名广告大师、奥美广告创建者——大卫·奥格威（David Ogilvy）第一次给“品牌”较为科学的定义：品牌是一种错综复杂的象征，它是品牌属性、名称、包装、历史声誉、广告方式的无形的总和。

2. 品牌的内涵

从品牌的定义可以体会到以下内涵：①品牌是一种象征和标志。品牌的象征和标志功能使其与竞争对手的产品或服务区分开来，并对消费者产生独特的吸引力；②品牌是一种媒介，是企业与消费者之间关系的桥梁。企业通过品牌实现有关其产品或服务的信息传播；消费者通过品牌了解其内在和外在特征，并据此决定是否购买；③品牌是一种承诺。品牌代表着企业交付给消费者的产品特征、利益和服务等一连贯的承诺。品牌以产品为载体，产品的质量直接关系到企业对消费者的承诺能否兑现，关系到品牌品质形象的好坏，因而直接影响着品牌在市场上能否存活。

3. 品牌定位

品牌定位是在综合分析目标市场与竞争情况的前提下，建立一个符合原始产品的独特品牌形象，并对品牌的整体形象进行设计、传播，从而在目标消费者心中占据一个独具价值地位的过程或行动。其着眼点是目标消费者的心理感受，途径是对品牌整体形象进行设计，实质是依据目标消费者的特征，设计产品属性并传播品牌价值，从而在目标顾客心中形成该品牌的独特位置。

品牌定位决定着产品研发、产品线的规划设计与走向。茶业企业可根据货源供应、经营规模、市场需求等因素调整优化产品结构，突出产品特色及品牌诉求点。合理定位满足了不同消费者的需求，可以使品牌形象更清晰。

4. 品牌功能

品牌一旦形成，就会对品牌的经营管理产生巨大影响和能动作用，这就是品牌的功能。其基本功能如下：①导向功能。品牌理念是企业所倡导的价值目标和行为方式，它引导员工建立共同价值观和一致的行为方式。品牌通过这种价值导向和行为导向对企业中的每一位员工形成一种无形的感召力，从而有助于企业目标的快速实现；②激励功能。品牌理念既是企业的经营宗旨、经营方针和价值追求，也是企业员工行为的最高目标和原则，它激励员工最大限度地发挥主观能动性和积极性，并通过这种激励效果而提高效率；③凝聚功能。品牌理念的确定和员工的普遍认同，在一个企业内必然形成一股强有力的向心力和凝聚力。它是企业内部的一种黏合剂，能凝聚员工的目标、理想和信念，并造就和激发员工的群体意识；④稳定功能。强有力的品牌理念和精神可以保证一个企业不会因内外环境的某些变化而使企业衰退，从而使一个企业具有持续而稳定的发展能力。

5. 品牌的类别和作用

（1）品牌的类别　①根据品牌的知名度和辐射区域的不同，可以将品牌分为地区品牌、国内品牌、国际品牌；②根据产品生产经营的所属环节的不同，可以将品牌分为制造商品牌和经营商品牌；③依据品牌的来源不同，可以将品牌分为自有品牌、外来品牌和嫁接品牌；

④根据品牌的原创性与延伸性，可将品牌划分为主品牌、副品牌、副副品牌；另外也可将品牌分成母品牌、子品牌、孙品牌等；⑤根据品牌的本体特征划分，可将品牌分为个人品牌、企业品牌、公共品牌等。

（2）品牌的作用　①体现产品核心价值或企业核心价值；②准确识别商品；③保证质量和信誉；④企业的无形资源，给产品带来附加值。

6. 中国茶叶品牌现状

中国是世界茶叶生产大国和消费大国，但中国茶叶企业却存在规模小、集中度低、品种多、品牌少、缺乏国际竞争力等问题。提起茶叶品牌、中国六大茶类、“中国十大名茶”，人们印象深刻的往往是茶叶名，没有一个在国际上叫得响的品牌。市场竞争实质上是产品质量和售后服务方面的竞争，这种竞争往往通过品牌竞争来实现。无论国内市场还是国际市场，茶叶已进入品牌竞争时代。

（二）茶叶品牌设计

茶叶品牌的最终目的是促进消费的完成，而要达到消费的完成，就必须先引起消费者的消费欲望，这种消费欲望在很大程度上取决于优秀的茶叶品牌设计。

1. 茶叶品牌设计原则

一般而言，茶叶品牌设计应遵循以下原则。

（1）突出个性原则　当今时代是注意力经济和个性化文化大行其道的时代，茶叶品牌设计如何突出个性、吸引注意力至关重要。个性不同，其价值就不同，从而其消费群体不同，所占有的市场也就不同。

（2）以消费者为中心原则　在进行茶叶品牌设计时，要对消费群体进行定位。任何产品存在都要以消费者为基础，没有消费者，就没有产品存在的必要。

（3）求异创新原则　求异创新就是要塑造独特的企业文化和个性鲜明的企业形象。为此，品牌设计必须创新，发掘企业独特的文化观念，设计不同凡响的视觉标志，同时运用新颖别致的实施手段。

（4）传统与现代结合的原则　茶叶是传统性和民族性元素突出的特色产品，做好中国茶叶，必须打造自己的茶叶品牌，将独特的传统民族文化同现代消费理念结合起来，使中国的茶叶走向世界。

2. 茶叶品牌的商标设计

商标，顾名思义就是商品标记。商标一般由图案及名称构成，商标设计的主要内容就是品牌图案及名称设计的问题。品牌名称与众不同且令人难忘，就会产生差异化，产品在同类产品中也就会脱颖而出，广告花费就更加有效。在开展设计工作时必须把握以下几点。

（1）茶叶品牌名称独特易记　起名应该要与众不同且容易记忆。

（2）茶叶品牌内涵丰富　品牌有内涵才易于与消费者产生共鸣，使得消费者对品牌产品获得更丰富的联想。

（3）须经得起时间考验　目前有一定知名度的茶叶品牌都经过了时间的考验、价值的积淀，而不会随着时代环境变化而过时，如西湖龙井、洞庭山碧螺春等。

（4）品牌名称须张扬个性　六大茶类不同的加工工艺、不同产地、不同的茶树品种成就不同风味、品质，所以在对茶叶品牌命名时要考虑茶叶的特征。

（5）品牌命名须与文化结合　中国的茶文化博大精深，融合了中国儒、释、道诸派思想，独成一体，通过茶文化的传播可以使我们的茶叶得到更好的推广。茶叶品牌的命名结合茶文化特色，其品牌的传播速度可以收到意想不到的效果。

（6）图案设计形象生动　图案是品牌形象化的语言，它可以给人以强烈的视觉印象，并不断地通过品牌宣传及品牌打造赋予其新的内容，以至于人们看到图案就马上会联想到品牌的名称。

（三）茶叶品牌的传播

品牌传播是营销人员与消费者产生联系的桥梁，也是消费者与他们身处的社会文化环境发生联系的中介。在茶叶品牌传播过程中，应充分考虑其产品特性和品牌定位，利用多样化的传播方式推动品牌的扩散，增强其品牌影响力。

1. 广告传播

在当代社会，要成为知名品牌，必须大力宣传推广，“酒香不怕巷子深”已不合时宜。茶叶品牌打造离不开大众传播中的重要传播手段即广告传播。作为一种最直接的手段，很多茶叶品牌就是借助于广告传播来加深消费者印象，如“大益”普洱朗朗上口的品牌名称，通过广告的传播使“大益”品牌消费群体扩大，消费者忠诚度、品牌美誉度和影响力都有很大提升。

2. 茶叶品牌的销售促进传播

美国市场营销学会对销售促进的定义：“人员推销、广告和公共关系以外的，用以增进消费者购买和交易效益的那些促销活动，诸如陈列、展览会、展示会等不规则的、非周期性发生的销售努力。”销售促进传播所制造的新闻点、卖点产生激励作用，刺激需求，达成交易目的，促进企业信息、品牌信息的传播。

3. 茶叶品牌的副媒体传播

车体广告、路牌广告、电影广告等相对于传统媒体而言的副媒体在品牌传播过程中的作用也绝对不可忽视。产品同质化越来越明显的茶叶市场，消费者的冲动性购买与个性化购买已经占据主流位置，那么利用销售终端激发消费者的购买兴趣，将越来越重要。

4. 茶叶品牌形象整合传播

品牌形象的整合传播可以从手段和过程两个方面入手。传播手段的整合主要包括广告、公关、直效营销、活动营销、销售促进等营销传播工具的组合和利用。传播过程的整合指在不同时空的传播过程中，保持品牌信息的一致性。茶叶品牌形象整合传播可从以下几点着眼。

（1）介入热度　热点事件通常能引起社会上的广泛关注和反响，通过介入热点事件可以让企业品牌迅速渗透进广大潜在消费者视野。

（2）满足特殊需要　在茶叶消费中，对消费者来说存在茶量拿捏不到位、冲泡过程复杂、没有合适的器具等难题，可以通过在产品包装上附有品饮说明提示，开发定量迷你产品及利用飘逸杯冲泡等方式，满足消费者特殊需求。

（3）抢占制高点　在企业形象传播中，其制高点就是企业形象及其信息的每一次出现场合，它对企业品牌美誉度的形成具有决定性的影响。企业信息出现的场所越具世界性、国际性和权威性，对提高企业的知名度、展示企业的实力、在消费者心目中建立良好的品牌信任度就越有利。因此很多企业都想在最重要的媒体及传播场所展露自己的形象，传播企业的信誉，塑造企业的品牌美誉度。

（4）名人效应　名人效应是因为人们对名人的喜爱、尊敬和崇拜，往往爱屋及乌，选名人所选，爱名人所爱。企业可将自己产品品牌与著名人物、著名组织群体联系起来，形成“名茶·名人·名牌”良性互动。

（5）独特文化　打造独特文化是企业有意识地通过发现、甄别、培养或创造某种核心价值来达成企业经营目标的一种营销方式。利用茶文化来达到品牌营销的目的能够发挥品牌文化差异化优势，使其不易被模仿；同时不同的品牌茶文化也能满足不同消费者的消费心理，如贵族文化、时尚文化等。

（四）茶叶品牌的价值

1. 茶叶品牌资产的构成

品牌资产包含产品的特征和性能，附着在产品之上的商标、专利、特许权、专有技术，产品所具有的特有的销售网络和顾客服务系统，产品本身所提示的使用者类型，产品所凝聚的产品生产者所追求的价值观念和经营理念等五方面内涵。茶叶品牌资产的构成主要体现在品牌知名度、品牌认知度、品牌忠诚度、品牌美誉度四个方面。

（1）品牌知名度　茶叶品牌的知名度是品牌资产的一个重要组成部分，也是指消费者记忆、辨认茶叶品牌的程度。其作用主要体现在它可以提高茶叶品牌的影响力，对消费者消费意向产生影响，同时利用知名度的优势，在市场上对竞争对手形成压力，提升自己的市场竞争力。

（2）品牌认知度　品牌认知度是品牌资产的另一重要组成部分，它衡量消费者对品牌品质的整体印象。品牌的认知度是消费者在对产品的长期使用过程中，通过对产品的了解程度和体验深度而慢慢积累的，企业在打造品牌认知度时，应注重产品品质承诺，打造一种追求品质的企业文化，增强消费者的投入信心。

（3）品牌忠诚度　简而言之，品牌忠诚度就是消费者的重复购买行为。消费者在购买茶叶时，往往会表现出对某个品牌的信任，保证了该品牌的基本市场占有率。

（4）品牌美誉度　品牌美誉度是指品牌获得公众信任、支持和赞许的程度。品牌美誉度反映出品牌对社会影响的好坏。好的品牌美誉来自消费者之间的口碑传播。因此，为了更高的品牌美誉度，不仅要提高消费者的满意度，同时还要注意传播产品的正面信息，将负面效应降到最低程度。

2. 茶叶品牌资产的评估

资产评估源于人们希望了解和掌握在一定条件下资产价值的需求。茶叶企业通过茶叶品牌资产评估，可以认清、了解自己品牌的价值，从而使企业树立并增强自身品牌的价值观念，为企业充分有效地利用品牌而取得利益最大化提供重要决策依据。同时茶叶品牌资产评估有利于人们加深对无形资产、对品牌重要作用的认识。在茶叶品牌资产评估的比较中也可以透视出品牌竞争的发展态势，便于人们对茶叶品牌的走势做出理性判断。资产评估运用较多的三种基本方法为市场法、收益法和成本法。

（五）茶叶品牌营销与管理

1. 茶叶品牌的营销策略

为了打造国内茶叶品牌，提升品牌知名度，茶叶企业纷纷采取不同的品牌营销策略，常见的营销策略如下：①赠送礼品或与产品相关的赠品，促进与消费者之间的感情；②参与重大活动，在民众面前刷好感度；③主办公益活动，倡导社会新风尚；④利用企业形象广告，有效拉动品牌营销；⑤树立品牌，彰显个性；⑥选用恰当的品牌形象代言，赋予品牌性格。

2. 茶叶品牌的营销网络

营销是一种思维、测算、手段，是达到交易并满足个人和组织的目标而进行的一切有关观念、商品和服务的定价、促销和分销活动的行为。营销网络包括从产品的生产企业到消费者终端的全过程。茶叶的销售通路有三条，分别是经销商、专卖店和商场超市。经销商专注酒店餐饮、中小超市、便利店、烟酒专卖店的拓展；专卖店侧重茶文化中高端体验消费、个性化服务和礼品市场；商场超市瞄准百姓日常茶叶消费。茶叶企业可以根据不同的销售渠道来包装产品，根据不同的产品包装投入不同的消费渠道，最后经过茶叶经销商的销售，通过适当的营销手段，实现品牌的传播。

3. 茶叶品牌的管理

茶叶品牌的管理就是茶叶企业通过管理让自己的品牌拥有自己的个性，独树一帜。品牌的管理过程大体分为三个阶段：第一阶段是怎么把普通商品变成品牌；第二阶段是建立品牌忠诚度；第三阶段是从单一品牌到多品牌管理。多品牌在资源上有一定的分散性，要顾及不同的品牌、不同的档次，因此对品牌资源的利用尤为重要。常见的资源管理有两种：一种是品牌资源同一化策略，将几种品牌资源同一化，即统一企业名称、商标名称、商品名称、企业形象识别系统（CIS），有的甚至用企业家（老板）名字来为企业、商标、产品命名。另一种是品牌资源差异化策略，即将几种品牌资源差异化，不统一名称、标识，有的可能是绝对差异化，几种资源各不相同；有的是相对差异化，如企业名称、CIS 统一，商标和商品名称统一。同一化和差异化策略各有特点，适用于不同企业选用。一般而言，企业刚组建时，采用同一化策略，能集中力量迅速地创出一个名牌，发展到相当规模时，再实施差异化管理。

4. 茶叶品牌的创新

创新是创业进步和发展的活力之源，也是品牌成长过程中的一个推进器。茶叶行业是一个古老的行业，又是一个生机勃勃的朝阳行业。作为一个与高雅生活方式相关联的文化产业，茶叶产业发展过程中的点滴进步都离不开创新与创意。一般而言，创新包括技术创新、策略创新、理念创新。

第二节　茶产业数字化转型升级

茶产业的数字化转型升级是当代茶产业发展的重要趋势，也是适应新时代市场需求、提升产业竞争力的必由之路。随着现代科技的进步，茶产业正从传统产业向现代产业转型升级。茶业高效生产和高质量发展的关键在于机械化、智能化、数字化。探索茶产业数字化转型升级，实现数字赋能全链条，进行全方位、系统性变革，从数字采摘到数字加工，从数字茶园、数字茶厂的试点到未来茶场新范式的迭代，全面推进茶产业数字化改革已经刻不容缓。数字化技术的广泛应用，将为茶产业带来前所未有的发展机遇和广阔的市场空间。

数字化技术可以帮助茶企实现生产过程的智能化和精细化。通过引入物联网、大数据、人工智能等先进技术，茶企可以对茶叶的种植、采摘、加工、储存等各个环节进行实时监控和数据分析，从而实现精准农业管理，提高茶叶产量和品质。同时，数字化技术还可以优化生产流程，降低生产成本，提高生产效率，为茶企创造更大的经济效益。

一、智慧茶园

智慧茶园是指基于物联网、大数据、人工智能及云计算等技术建立的智慧茶园控制系统，通过全方位感知、管理、分析、分享，实现对茶树的整个生长周期进行监测管理。目前，智慧茶园建设主要通过茶园智能"四情"监测系统、茶园遥感和测绘系统等茶园智能监测模块和茶园水肥一体化系统、智能绿色防控系统、茶园无人机飞防技术、智能采茶机器人等智慧茶园调控模块，实现茶树种植效率的提高、茶园管理水平的提升。目前，智慧茶园在我国茶产业生产中有着一定的应用，在茶叶生产各个环节，信息技术快速整合茶产业相关资源配置，高效快速地进行智能化响应，在决策信息反馈中起到了至关重要的作用，从而促进茶园信息化，茶叶生产可溯源化。

（一）茶园智能监测

1. 茶园智能"四情"监测系统

茶园智能"四情"监测系统包括茶园土壤墒情监测系统（土壤 pH、含水量、温湿度）、茶园监控系统（茶树生长态势和发育情况）、茶园病虫害监测系统（虫口数量和虫口种类）、茶园气象监测系统（光照强度、太阳辐射、CO_2、降雨量、温湿度、大气压、风速、风向、风力、年积温等）。目前，在监测茶园生态环境、冷害和病害等多种胁迫、土壤水分、有机质含量，以及进行茶树表型识别、茶树生长预测等方面取得了一定成效（图 10-3）。

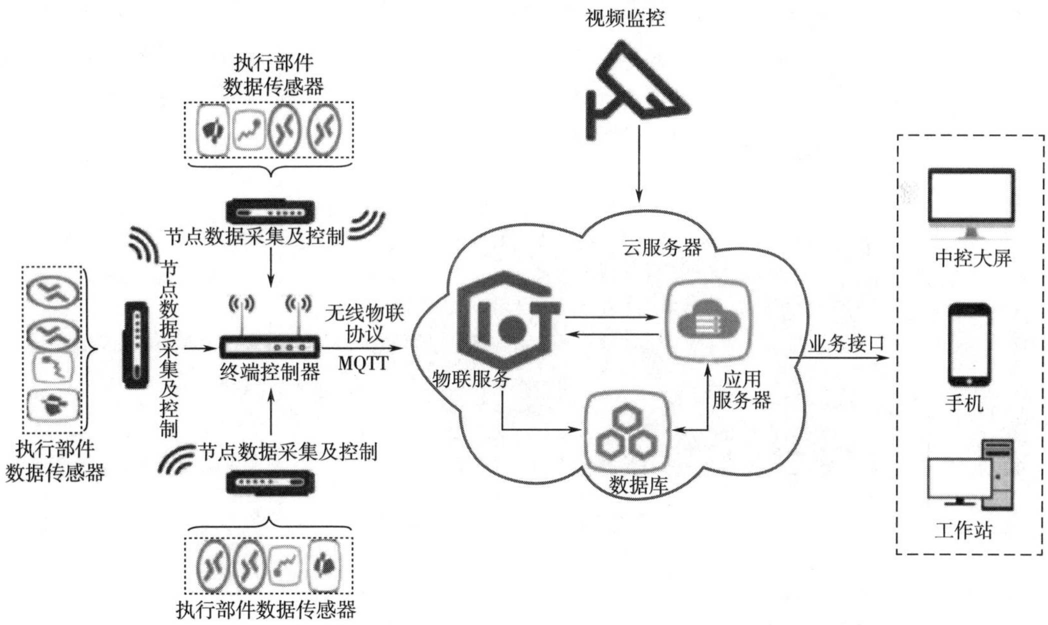

图 10-3 智慧茶园监测系统总体结构

2. 茶园遥感和测绘系统

茶园遥感和测绘系统是以无人机为载体，搭载高光谱成像仪、多光谱相机等传感器获取茶园地表及地表附着物的连续光谱及图像信息，利用遥感光谱曲线描述地上物的光谱特征，从而识别出具有诊断性光谱特征的地面物体，进而实现茶树生长和病虫害监测（图 10-4）。目前，国内外还没有形成一个专门利用遥感监测茶园等方面的研究体系，难以判定各种遥感数据源与不同的分类方法和研究区域结合使用的效果，国家和全球尺度的茶园分布制图还未能实现。

图 10-4　茶园遥感和测绘系统

（二）智慧茶园调控

1. 茶园水肥一体化系统

茶园水肥一体化系统主要为灌溉和施肥系统，该系统应用物联网、计算机和无线通信等技术（图 10-5），根据茶树生长所需水量和肥料，系统自动监测茶园土壤水分和需肥种类规律后自动设置水肥轮灌供给计划，以最大程度优化灌溉和施肥，从而控制茶树生长。目前，水肥自动灌溉技术在我国茶园中的应用还不成熟，大多数茶园主要是采用传统的滴灌和喷灌方式，应深入研究水肥一体化技术下茶树需肥、需水生长规律，并建立适合各区域的茶园数学模型及机理模型，加大茶园水肥一体化研究。

图 10-5　茶园水肥一体化系统

2. 智能绿色防控系统

智能绿色防控系统主要是以物联网及大数据等信息技术为基础，在茶园安装智能虫情测报及智慧性诱测报系统等。在无人监管的情况下，系统实时查看茶园虫口情况，自动完成虫害计数、诱虫杀虫、拍照运输等作业，通过数据信息化操作提高茶园病虫害疫情及灾害预警和绿色防控能力。目前，茶园智能绿色防控技术发展迅速，但仍存在光强会影响成像亮度与清晰度，雨水会影响粘虫板和摄像头的清晰度，粘虫板长期不更换会导致虫板褪色和堆叠等问题。

3. 茶园无人机技术

茶园无人机飞防作业具有灵活性强、靶标明确、作业效率高等优势。无人机飞防作业可以搭载不同的传感器和设备，实现对茶树的精准喷洒，不仅可以提高农药的利用率，实现对茶园的全方位保护，还可以减少对环境的污染（图 10-6）。无人机技术还可以通过图像识别等功能，实现对病虫害的精准监测和预警，从而更好地指导茶农进行防治工作。除了精准喷洒和监测外，无人机技术还可以通过搭载不同的设备，实现对茶园的智能化管理，如通过无人机搭载的温度传感器和湿度传感器，实现对茶园环境的实时动态监测，从而更好地指导茶农进行生产。总之，农用无人机技术在农业领域发挥着重要的作用，但是现阶段仍处在起步阶段，还存在多数无人机作业续航时间短（现有的电动无人机单次飞行电池可持续时间仅为 15~30min），缺乏飞防专用药剂等问题。

图 10-6 无人机在菜园喷施农药

4. 智能采茶机器人

智能采茶机器人是基于人工智能识别、空间精准定位和智能采摘控制等程序与模块对茶树嫩芽进行选择性采摘。目前，智能采茶机器人在国内的研究较多，主要集中在芽头识别、末端采摘设备、采茶机器人、耕作采摘设备的研发，如基于三维激光扫描技术，可以实现毫米级嫩芽空间定位，结合并联臂与旋合式采摘器，完成嫩芽的高效定位和无损采摘。但是整体认为，现阶段研究还有待深入，存在智能采茶机器人的芽叶识别准确性不足、名优茶采摘机器人构造不够便捷、针对幼嫩的芽叶无更加适配的小型末端采摘器等瓶颈问题。

二、智能加工

（一）茶叶数字化加工技术

茶叶数字化加工技术较智慧茶园的研究进展更快，在鲜叶分选、萎凋、杀青、干燥、发酵、分拣、品质检测方面均取得一定成效。基于深度学习的图像识别技术用于鲜叶分选，最高分选精度可达 92%。红茶萎凋和绿茶微波杀青过程中的含水量可通过机器视觉进行监测和智能控制。红茶发酵监测可通过高光谱纳米卟啉传感器、表面增强拉曼光谱、电子鼻技术、搭载物联网技术实现。茶叶中的茶梗和虫子可利用电磁振动进料联合高光谱成像系统进行检测，茶叶品质检测可采用电子鼻、电子舌和电子眼结合化学计量学方法，构建茶叶品质定性鉴定模型和定量预测模型等实现对茶叶品质的控制。

（二）实践运用

茶叶数字化、智能化加工技术现阶段已经在茶叶生产中得到较好的运用，如工夫红茶已实现数字化管控，能够进行多条生产线的远程可视化访问、大数据采集和自动控制（图 10-7）。小罐茶建立了全自动生产线，实现无人化智能仓储、人工智能（AI）机器人除杂等。

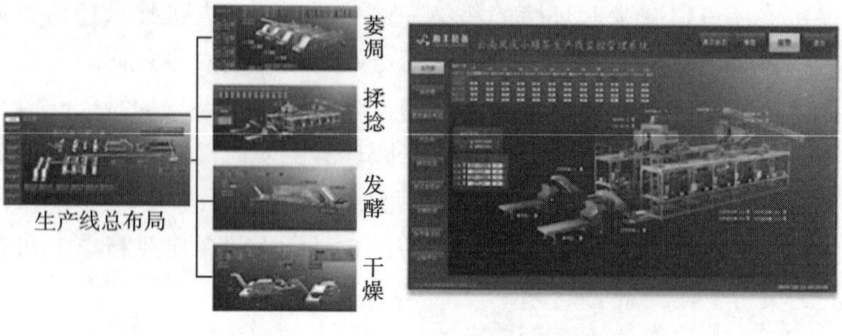

图 10-7　工夫红茶加工数字化管控系统

三、数智经营

数字化技术可以推动茶产业营销模式的创新和升级。传统的茶叶销售模式受限于地域和时间，难以满足消费者日益多样化的需求。而数字化技术的应用，使得茶企可以通过电商平台、社交媒体等渠道，打破时空限制，拓展销售渠道，实现线上线下融合营销。同时，数字化技术还可以帮助茶企精准定位目标客户群体，实现个性化营销和定制化服务，提升消费者体验和品牌忠诚度。

目前，已经建成国家茶叶全产业链大数据中心、茶树生物组数据库、数字产业平台等茶叶数字化管理平台。浙江、福建、贵州等我国主要产茶地区的茶业数字化建设已经初显成效。浙江西湖龙井茶和安吉白茶品牌实现数字化管理，利用区块链技术可进行产品溯源、产品质量安全监测。

除此之外，数字化技术还可以促进茶产业供应链的优化和协同。通过构建数字化供应链平台，茶企可以实现与供应商、分销商、物流商等各方信息的实时共享和协同作业，提高供应链的透明度和响应速度。这不仅可以降低供应链风险，还可以优化库存管理，减少库存积压和浪费，提高整体运营效率。

当前，茶产业的数字化转型升级也面临着一些挑战和问题。例如，数字化技术的应用需要大量的资金投入和人才支持，对于一些小型茶企来说可能存在一定的困难；同时，数字化技术的安全和隐私保护问题也需要引起足够的重视。因此，在推进茶产业数字化转型升级的过程中，需要政府、企业、科研机构等各方共同努力，加强政策引导、资金支持和人才培养，完善相关法律法规和标准体系，推动茶产业数字化转型升级的健康发展。总体上，当前茶产业数字化发展的系统化和规范化指导有待加强，数字产业发展的信息基础有待完善，信息使用程度较低。未来可通过加强引导，夯实数字基础；加大攻关，创新关键技术；加快布局，搭建数据平台；加速示范，做强数字赋能等措施进一步加速茶产业数字化、智能化发展。

总之，茶产业的数字化转型升级是时代发展的必然趋势，也是茶产业实现高质量发展的必由之路。通过充分运用数字化技术，推动茶产业生产、营销、供应链等各个环节的创新和优化，可以不断提升茶产业的竞争力和市场影响力，为消费者带来更加优质、便捷、个性化的产品和服务。

思考题

1. 简述茶叶市场营销的概念及作用。
2. 简述茶叶企业市场定位的程序。
3. 产品生命周期理论有何特点？
4. 影响茶叶定价的主要因素有哪些？
5. 如何打造中国茶叶品牌？

扫描二维码阅读本章知识拓展资料

8. 第十章知识拓展资料

参 考 文 献

［1］艾于杰，代新龙，陈涛林，等．“一带一路”背景下《茶叶贸易学》教学改革研究——以贵州大学茶学院为例［J］．福建茶叶，2020，42（10）：64-65.

［2］安徽农学院．制茶学［M］．2版．北京：农业出版社，1989.

［3］曹涤环．夏秋茶园防旱抗旱高产技术［J］．农村实用技术，2017（8）：30-31.

［4］曹潘荣，刘鲜明，高飞谍，等．微域环境对单枞茶新梢生长与品质的影响［J］．华南农业大学学报，2002（4）：5-7.

［5］曹雯，明雪．茶起源，从世界第一颗被发现的茶籽化石说起［N］．贵州日报，2023-06-09（9）．

［6］陈椽．茶药学［M］．北京：中国展望出版社，1987.

［7］陈椽．制茶技术理论［M］．上海：上海科学技术出版社，1984.

［8］陈富桥，胡林英，姜爱芹．我国茶产业发展40年［J］．中国茶叶，2019，41（10）：1-5.

［9］陈李林，孙威江，黄艳，等．茶学专业参与性教学改革的探索［J］．茶叶通讯，2021，48（2）：379-384.

［10］陈玲，周跃斌，王准．闷黄对黄茶品质形成的影响研究［J］．茶叶通讯，2012，39（2）：8-11.

［11］陈宗道，周才琼，童华荣．茶叶化学工程［M］．重庆：西南师范大学出版社，1999.

［12］陈宗懋．中国茶经［M］．上海：上海文化出版社，1992.

［13］程启坤，庄雪岚．世界茶业100年［M］．上海：上海科技教育出版社，1995.

［14］程启坤．茶叶能防治原子辐射病吗？［J］．中国茶叶，1982（5）：36-37.

［15］大石贞男，季志仁．日本茶园施肥概况［J］．茶业通报，1981（增刊1）：15-18.

［16］段建真，郭素英．茶树新梢生育生态场的研究［J］．茶业通报，1993（1）：1-5.

［17］《福鼎白茶》编委会．福鼎白茶［M］．北京：中国文史出版社，2007.

［18］方丽，王涛，柏德林，等．适宜茶园种植的生态绿肥——鼠茅草［J］．中国茶叶，2021，43（4）：59-61.

［19］方世辉，王先锋，汪惜生．不同发酵温度和程度对工夫红茶品质的影响［J］．中国茶叶加工，2004（2）：19-21.

［20］高健．小种红茶加工工艺［J］．农村新技术，2010（24）：63-64.

［21］龚永新，蔡烈伟，蔡世文，等．闷堆对黄茶滋味影响的研究［J］．茶叶科学，2000，20（2）：110-113.

［22］郭专．茶园土壤理化性质与土壤微生物的关系［J］．茶叶通讯，1984（3）：39；63.

［23］韩光军．品牌设计与发展手册［M］．北京：经济管理出版社，2002.

［24］韩华琼．测定茶叶中农药残留量的简便方法——薄层层析法［J］．中国茶叶，

1979（2）：40.

［25］黄建安，施兆鹏．茶叶审评与检验［M］．5 版．北京：中国农业出版社，2022.

［26］黄静，康彦凯．茶农之友［M］．北京：中国文化出版社，2016.

［27］黄寿波．农业与气象　第五讲　茶树与气象［J］．世界农业，1984（12）：52-55.

［28］江昌俊．茶树育种学［M］．3 版．北京：中国农业出版社，2021.

［29］金玲莉，谢枫，涂娟，等．幼龄茶树冻害的预防和补救措施［J］．中国茶叶，2018，40（1）：56-57.

［30］金心怡，陈济斌，吉克温．茶叶加工工程［M］．北京：中国农业出版社，2003.

［31］津志田藤二郎，深泽美智代，徐幼君．用高压液相色谱法测定茶叶中的抗坏血酸［J］．福建茶叶，1981（2）：35.

［32］津志田藤二郎，竹尾忠一，邓凡．茶树细胞分裂素类物质的检测及其变化［J］．茶业通报，1991（1）：47-48.

［33］李布青，张慧玲，舒庆龄，等．中低档绿茶中茶多糖的提取及降血糖作用［J］．茶叶科学，1996（1）：67-72.

［34］李浣沧．我国茶树分布的天气气候规律［J］．茶叶，1987（3）：15-17.

［35］李宁，孙正，刘泽钦，等．饮茶对吸烟致人体口腔黏膜 DNA 损伤的保护作用研究［J］．卫生研究，1998，27（3）：173-175.

［36］李银花，李娟，刘仲华，等．基于教学科研互动的茶学创新人才培养模式探讨［J］．茶叶通讯，2019，46（2）：253-256.

［37］李永菊．不同工艺对红茶品质的影响［J］．茶叶科学技术，2009（3）：20-22.

［38］李倬．论林木的固沟减蚀作用［J］．泥沙研究，1994（1）：14-21.

［39］梁青青．茶文化中的道家思想研究［J］．福建茶叶，2020，42（12）：294-295.

［40］林金科．水分胁迫对茶树光合作用的影响［J］．福建农业大学学报，1998（4）：40-44.

［41］林燕萍．茶叶审评实验［M］．上海：复旦大学出版社，2024.

［42］刘宝祥．茶树的特性与栽培［M］．上海：上海科学技术出版社，1980.

［43］刘德荣，叶常春．正山小种“金骏眉”的制造技术［J］．中国茶叶加工，2010（1）：28-29.

［44］刘冬红，殷露，殷闵．工夫红茶加工工艺及方法研究［J］．福建茶叶，2023，45（5）：27-29.

［45］刘红艳，张亚莲，常硕其，等．茶园绿肥新品种——茶肥 1 号的特性及栽培技术［J］．茶叶通讯，2014，41（2）：41-42.

［46］刘勤晋．茶文化学［M］．3 版．北京：中国农业出版社，2013.

［47］刘仲华，陈宗懋，杨亚军，等．创新驱动中国茶产业高质量发展——从茶学基础研究到支撑产业发展［J］．中国茶叶，2021，43（2）：1-9.

［48］刘仲华，黄建安，施兆鹏．黑茶初制中主要酶类的变化［J］．茶叶科学，1991（增刊 1）：17-22.

［49］刘仲华，黄建安．十四五专题解读——茶学高等教育与学科发展［R］．北京：中国茶叶流通协会，2022.

[50] 刘仲华．中国茶叶深加工产业发展历程与趋势 [J]. 茶叶科学，2019，39 (2)：115-122.

[51] 鲁成银．茶叶审评与检验技术 [M]. 北京：国家开放大学出版社，2022.

[52] 罗军武，刘仲华，徐仲溪，等．茶学教学团队建设与创新 [J]. 教育教学论坛，2014 (39)：41-42.

[53] 骆耀平．茶树栽培学 [M]. 5版．北京：中国农业出版社，2015.

[54] 闵天禄．世界山茶属的研究 [M]. 北京：中国农业出版社，2000.

[55] 牟杰．茶叶审评技术 [M]. 北京：中国轻工业出版社，2022.

[56] 宁井铭，曾新生，张正竹，等．云南不同地区普洱晒青毛茶品质差异性研究 [J]. 安徽农业大学学报，2010，37 (1)：1-4.

[57] 农业农村部种植业管理司．2019年果菜茶有机肥替代化肥技术指导意见 [EB/OL]. (2019-09-16) [2024-06-22]. http：//www. moa. gov. cn/gk/nszd_ 1/2019/201909/t20190916_ 6327968. htm.

[58] 潘根生．茶树生育与内源生长素和脱落酸的关系 [J]. 茶叶科学，1991 (1)：25-28.

[59] 黔茶资讯．"以草抑草"茶园绿色防控技术概览 [EB/OL]. (2021-08-12) [2024-06-22]. https：//mp. weixin. qq. com/s/Fd3Ui4g0TNV6tTKpJWx72Q.

[60] 黔茶资讯．贵州茶树冻害预防及补救措施 [EB/OL]. (2018-01-08) [2024-06-22]. https：//mp. weixin. qq. com/s/MbGcaEkX2PmMG8W0hnhxbQ.

[61] 青木智，郭素英．落叶对茶树生理的影响 [J]. 茶叶，1982 (3)：53-54.

[62] 权启爱．采茶机和茶树修剪机的冬季维修保养 [EB/OL]. (2018-11-05) [2024-06-22]. https：//mp. weixin. qq. com/s/VmNCVwi5u8GKIpJC0PT9KA.

[63] 施兆鹏．茶叶加工学 [M]. 北京：中国农业出版社，1997.

[64] 宋勤飞，张明露，吕立堂，等．《茶叶生物化学》课程现状分析及教改思路探讨 [J]. 教育教学论坛，2019 (50)：130-133.

[65] 谭琳，谭济才．茶树病虫防治学 [M]. 3版．北京：中国农业出版社，2010.

[66] 唐茜，赵先明，杜晓，等．氟对茶树生长、叶片生理生化指标与茶叶品质的影响 [J]. 植物营养与肥料学报，2011，17 (1)：186-194.

[67] 田永辉，魏杰，令狐昌弟，等．不同基因型茶树根系活力及根际土壤酶活性研究 [J]. 贵州大学学报（农业与生物科学版），2002 (3)：219-223.

[68] 童启庆．茶树不同排列方式对生物产量的影响 [J]. 茶叶，1990，16 (3)：7-11.

[69] 宛晓春．茶叶生物化学 [M]. 3版．北京：中国农业出版社，2003.

[70] 汪东风，谢晓凤，蔡成永，等．粗老茶治糖尿病的药理成分分析 [J]. 中草药，1995 (5)：255-257.

[71] 汪东风，谢晓凤，王泽农，等．粗老茶中多糖含量及其保健作用 [J]. 茶叶科学，1994 (1)：73-74.

[72] 汪莘野．茶树生育动态与丰产栽培技术 [J]. 茶叶通讯，1984 (3)：9-13.

[73] 王丁刚，王淑如．茶叶多糖的分离、纯化、分析及降血脂作用 [J]. 中国药科大学学报，1991，22 (4)：225-228.

［74］王家伦，张小琴，杨文，等．贵州茶园冰雹灾后补救措施［EB/OL］．https：//mp. weixin. qq. com/s/G_ Xa4X2VHLzNVVk6ce6MNQ，2021-05-14.

［75］王家伦．贵州茶园高温抗旱减灾和恢复技术措施［EB/OL］．（2018-08-14）［2024-06-22］．https：//mp. weixin. qq. com/s/1hFDOGXaj-KYYgS3wi5n_ Q.

［76］王开荣，陈洋珠，林伟平，等．立体采摘茶园技术要素组成［J］．浙江农业科学，2005（1）：28-31.

［77］王立．茶园水源涵养技术［EB/OL］．（2019-12-20）［2024-06-22］．https：//mp. weixin. qq. com/s/2yIrZHw7iI7zIChB2oa43Q.

［78］王巍．从文化主体角度论中华茶文化的起源和传播［J］．农业考古，2022（5）：18-26.

［79］王月根，程启坤，阮宇成．四十年来我国茶叶品质化学与检验研究的回顾［J］．中国茶叶，1991（1）：2-3.

［80］王岳飞，徐平．茶文化与茶健康［M］．北京：旅游教育出版社，2014.

［81］王振康，邬龄盛，郭少平，等．高香型工夫红茶初制加工技术［J］．福建茶叶，2010（10）：50-53.

［82］王镇恒．茶树生态学［M］．北京：中国农业出版社，1995.

［83］夏春华，王月根，朱全芬．茶树种子生活力丧失的生理因素［J］．茶叶科学，1965（4）：50-56.

［84］夏涛．制茶学［M］．3版．北京：中国农业出版社，2014.

［85］肖力争．茶叶市场营销学［M］．西安：世界图书出版西安有限公司，2017.

［86］萧伟祥，王根，王勇．天然食用茶黄色素与茶绿色素研究［J］．茶叶科学，1994，14（1）：49-54.

［87］许昌盛，梁如聪，林蓓芬，等．黄岩本地早的品质与气候条件关系的初步分析［J］．浙江柑桔，1984（3）：20-22.

［88］许允文．茶园喷灌技术［J］．中国茶叶，1979（2）：26-27.

［89］杨钟鸣，丁志．茶叶深加工与综合利用的现状与发展前景［J］．中国茶叶，2005（1）：6-7.

［90］姚亚丽，范铁芳．茶园立体采养技术［J］．湖南农业，2014（5）：17.

［91］叶乃兴．白茶科学·技术与市场［M］．北京：中国农业出版社，2010.

［92］叶乃兴．茶学研究法［M］．北京：中国农业出版社，2011.

［93］伊晓云，李杨，姜仁华．数字茶业｜我国数字茶业研究进展和应用［EB/OL］．（2023-11-09）［2024-06-22］．https：//mp. weixin. qq. com/s/TrNaq664qM89b-VP0G3kmg.

［94］余明阳．品牌学［M］．合肥：安徽人民出版社，2002.

［95］袁弟顺．中国白茶［M］．厦门：厦门大学出版社，2005.

［96］张宏达．茶树的系统分类［J］．中山大学学报（自然科学版），1981（1）：89-101.

［97］张静，刘建军，邓燕莉．企业培训教学方式应用于茶学教学实践的思考［J］．福建茶叶，2019，41（10）：286.

［98］张丽平，李鑫，颜鹏，等．茶园高效修剪技术［J］．中国茶叶，2018，40（5）：

71-74.

[99] 张琳洁. 茗鉴清谈：茶叶审评与品鉴 [M]. 杭州：浙江大学出版社，2017.

[100] 张顺高，钟铃声，单勇，等. 云南茶区不同纬度和海拔高度太阳光谱的考察与研究 [J]. 中国茶叶，1994 (6)：2-4.

[101] 张文文，林朝赐. 红碎茶加工新工艺的研究 [J]. 中国茶叶，1993 (15)：8-9.

[102] 张云仙. 霍山黄芽与君山银针及蒙顶黄芽主要化学成分的比较分析 [J]. 茶业通报，1981 (6)：32-33.

[103] 赵学仁，季玉琴. 水仙茶树的新梢生育与气候 [J]. 浙江农业科学，1963 (6)：266-271.

[104] 赵学仁，潘根生. 几个茶树品种的花、果生长动态初步观察 [J]. 浙江农业大学学报，1985 (2)：117-123.

[105] 赵学仁. 政和大白茶新梢伸育的初步观察 [J]. 浙江农业科学，1962 (5)：237-240.

[106] 中茶装备. 茶园管理基础设备 [EB/OL]. (2021-05-13) [2024-06-22]. https：//mp. weixin. qq. com/s/Q6b7Ag7k9CDhFhvHld_ cBg.

[107] 中茶装备. 多功能茶园管理装备 [EB/OL]. https：//mp. weixin. qq. com/s/Xu0d2fef_ vUxmxCTk-h09Q.

[108] 中国茶叶流通协会. 中国茶产业十四五发展规划建议 (2021—2025) [R]. 北京：中国茶叶流通协会，2021.

[109] 中国茶叶学会. 2009—2010 茶学学科发展报告 [M]. 北京：中国科学技术出版社，2011.

[110] 中国农业百科全书编辑部. 中国农业百科全书·茶业卷 [M]. 北京：农业出版社，1988.

[111] 周杰，丁建平，王泽农，等. 茶多糖对小鼠血糖、血脂和免疫功能的影响 [J]. 茶叶科学，1997 (1)：75-79.

[112] 周茂荣. 茶叶精加工技术 [M]. 合肥：安徽科学技术出版社，1987.

[113] 周天山，方世辉，夏英英，等. 陶瓷膜过滤及原料配比对速溶红茶品质的影响 [J]. 食品与发酵工业，2006，32 (9)：140-143.

[114] 朱旗，沈程文，刘仲华，等. 湖南农业大学茶学专业"十三五"教学改革规划与设想 [J]. 茶叶通讯，2016，43 (1)：3-7，65.

[115] 朱旗. 茶学概论 [M]. 北京：中国农业出版社，2013.

[116] 庄晚芳，刘祖生，陈文怀. 论茶树变种分类 [J]. 浙江农业大学学报，1981 (1)：43-50.

[117] 庄晚芳. 茶作学 [M]. 北京：财政经济出版社，1956.

[118] 荘雪嵐，徐南眉，陈芳. 茶树光合作用的基本变化趋势 [J]. 茶叶科学，1964 (1)：33-37.

[119] ADRIAN G P，RACHEL B，CHARLES Y F Y. Induction of apoptosis in prostate cancer cell lines by the green tea component，(-) -epigallocatechin-3-gallate [J]. Cancer Letter，1991，130：1-7.

[120] AUGUST D A, LANDAU J, CAPUTO D, et al. Ingestion of green tea rapidly decreases prostaglandin E2 levels in rectal mua cosa in humans [J]. Cancer Epidemiology, Biomarkers and Prevention, 1999, 8 (8): 709-713.

[121] BAILEY R G, NURSTEN H E, MCDOWELL I. Comparative study of the reversed-phase high-performance liquid chromatography of black tea liquors with special reference to the thearubigins [J]. Journal of Chromatography A, 1991, 542: 115-128.

[122] BICKERS D R, ATHAR M. Novel approaches to chemoprevention of skin cancer [J]. Journal of Dermatology, 2000, 27 (11): 691-695.

[123] CAOY H, CAO R H. Angiogenesis inhibited by drinking tea [J]. Nuture, 1999, 398: 381.

[124] CATTELL D J, NURSTEN H E. Separation of thearubigins on sephadex LH-20 [J]. Phytochemistry, 1977, 16 (9): 1269-1272.

[125] CHEN Y C, LIANG Y C, LIN S, et al. Inhibition of TPA-induced protein kinase C and transcription activator protein-1 binding activities by theaflavin-3, 3′-digallate from black tea in NIH3T3 cells [J]. Journal of Agricultural and Food Chemistry, 1999, 47 (4): 1416-1421.

[126] Chung F L The prevention of lung cancer induced by a tobacco-specific carcinogen in green and black tea [J]. Proceedings of the Society for Experimental Biology and Medicine, 1999, 220 (4): 244-248.

[127] CHUNG J Y, HUANG C, MENG X, et al. Inhibition of activator protein 1 activity and cell growth by purified green tea and black tea polyphenols in H-ras -transformed cells: Structure-activity relationship and mechanisms involved [J]. Cancer Research, 1999, 59 (18): 4610-4617.

[128] CLARK K J, GRANT P G, SARR A B, et al. An *in vitro* study of theaflavins extracted from black tea to neutralize bovine rotavirus and bovine coronavirus infections [J]. Veterinary Microbiology, 1998, 63 (2-4): 147-157.

[129] CLOUGHLEY J B. The effect of fermentation temperature on the quality parameters and price evaluation of Central African black teas [J]. Journal of the Science of Food and Agriculture, 1980, 31 (9): 911-919.

[130] DYER W T T. Ternstroemiaceae [M] //HOOKER J D. The Flora of British India. London: L Reeve & Co. , 1874: 279-294.

[131] ELMETS C A, SINGB D, TUBESING K, et al. Cutaneous photoprotection from ultraviolet injury by green tea polyphenols [J]. Journal of the American Academy of Dermatology, 2001, 44 (3): 425-432.

[132] HASHIMOTO T, KUMAZAWA S, NANJO F, e t al. Interaction of tea catechins with lipid bilayers investigated with liposome systems [J]. Bioscience, Biotechnology, and Biochemistry, 1999, 63 (12): 2252-2255.

[133] HILTON R T E. Estimation of the market value of Central African tea by theaflavin analysis [J]. Journal of the Science of Food and Agriculture, 1972, 23 (2): 227-232.

[134] LI H C, YASHIKI S, SONODA J, et al. Green tea polyphenols induce apoptosis in

vitro in peripheral blood T lymphocytes of adult T-cell leukemia patients [J]. Japanese Journal of Cancer Research, 2000, 91 (1): 34-40.

[135] LI N, HAN C, CHEN J. Tea preparations protect against DMBA-induced oral carcinogenesis in hamsters [J]. Nutrition and Cancer, 19999, 35 (1): 73-79.

[136] LIANG Y C, CHEN Y C, LIN Y L, et al. Suppression of extracellular signals and cell proliferation by the black tea polyphenol, theaflavin-3, 3′-digallate [J]. Carcinogenesis, 1999, 20 (4): 733-736.

[137] LIBERTO M, COBRINIK D. Growth factor - dependent induction of p21 (CIP1) by the green tea polyphenol, epigallocatechin gallate [J]. Cancer Letters, 2000, 154 (2): 151-161.

[138] LIN J K, HO C T, LIN- SHIAU SY, et al. Inhibition of xanthine oxidase and suppression of intracellular reactive oxygen species in HL-60 cells by theaflavin-3, 3′-digallate, (-) - epi-gallocatechin-3-gallate, and propyl gallate [J]. Journal of Agricultural and Food Chemistry, 2000, 48 (7): 2736-2743.

[139] LODOVICI M, ASALINI C C, DEFILIPPO C, et al. Inhibition of 1, 2-dimethylhydrazine-induced oxidative DNA damage in rat colon mucosa by black tea complex polyphenols [J]. Food and Chemical Toxicology, 2000, 38 (12): 1085-1088.

[140] NOMURA M, MA W Y, HUANG C, et al. Inhibition of ultraviolet B-induced AP-1 activation by theaflavins from black tea [J]. Molecular Carcinogenesis, 2000, 28 (3): 148-155.

[141] OKABE S, OCHIAI Y, AIDA M, et al. Mechanistic aspects of green tea as a cancer preventive: effect of components on human stomach cancer cell lines [J]. Japanese Journal of Cancer Research, 1999, 90 (7): 733-739.

[142] OLDREIVE C, ZHAO K, PAGANGA G, et al. Inhibition of nitrous acid-dependent tyrosine nitration and DNA base deamination by flavonoids and other phenolic compounds [J]. Chemical Research in Toxicology, 1998, 11 (12): 1574-1579.

[143] OZAWA T. Separation of the components in black tea infusion by chromatography on toyopearl [J]. Agricultural and Biological Chemistry, 1982, 46 (4): 1079-1081.

[144] PAN M H, LIN-SHIAU S Y, ZHU N Q, et al. Induction of apoptosis by the oolong tea polyphenol theasinensin A through cytochrome c release and activation of caspase-9 and caspase-3 in human U937 cells [J]. Journal of Agricultural and Food Chemistry, 2000, 48 (12): 6337-6346.

[145] RAVICHANDRAN R. Carotenoid composition, distribution and degradation to flavour volatiles during black tea manufacture and the effect of carotenoid supplementation on tea quality and aroma [J]. Food Chemistry, 2002, 78 (1): 23-28.

[146] REN F, ZHANG S, MITCHELL S H, et al. Tea polyphenols down-regulate the expression of the androgen receptor in LNCaP prostate cancer cells [J]. Oncogene, 2000, 19 (15): 1924-1932.

[147] ROBERTS E A H, CARTWRIGHT R A, OLDSCHOOL M M. The phenolic substances of manufactured tea. I. -Fractionation and paper chromatography of water-soluble substances [J].

Journal of the Science of Food and Agriculture, 1957, 8 (2): 72-80.

[148] ROBERTS E A H, SMITH R F. Spectrophotometric measurements of theaflavins and thearubigins in black tea liquors in assessments of quality in teas [J]. Analyst, 1960, 86: 94-98.

[149] ROBERTS E. The phenolic substances of manufactured tea. II. -Their origin as enzymic oxidation products in fermentation [J]. Journal of the Science of Food and Agriculture, 1958, 9 (4): 212-216.

[150] SAEKI K, ISEMURA M, MIYASE T, et al. Importance of a pyrogallol-type structure in catechin compounds for apoptosis-inducing activity [J]. Phytochemistry, 2000, 53 (3): 391-394.

[151] SAEKI K, SANO M, MIYASE T, et al. Apoptosis-inducing activity of polyphenol compounds derived from tea catechins in human histiolytic lymphoma U937 cells [J]. Bioscience, Biotech-nology, and Biochemistry, 1999, 63 (3): 585-587.

[152] SAGESAKA M Y, SUGIURA T, MIWA Y, et al. Effect of tea-leaf saponin on blood pressure of spontaneously hypertensive rats [J]. Yakugaku Zasshi, 1996, 116 (5): 388-395.

[153] SANDERSON G W, CO H, GONZALEZ J G. Biochemistry of tea fermentation: the role of carotenes in black tea aroma formation [J]. Journal of Food Science, 1971, 36: 231-236.

[154] SANDERSON G W, GRAHAMM H N. On the formation of black tea aroma [J]. Journal of Agricultural and Food Chemistry, 1973, 4 (21): 576-585.

[155] SEALY J R. A revision of the genus *Camellia* [M]. London: The Royal Horticultural Society, 1958: 111-131.

[156] SEKIYA J, KAJIWARA T, MONMA T, et al. Interaction of tea catechins with proteins formation of protein precipitate [J]. Agric. Biol. Chem., 1984, 48 (8): 8-9.

[157] SORIANI M, TYRRELL R M, RICE-EVANS C, et al. Modulation of the UVA activation of haem oxygenase, collagenase and cyclooxygenase gene expression by epigallocatechin in human skin cells [J]. FEBS Letters, 1998, 439 (3): 253-257.

[158] SRIVASTAVA R C, HUSAIN M M, HASAN S K, et al. Green tea polyphenols and tannic acid act as potent inhibitors of phorbol ester-induc ed nitric oxide generation in rat hepatocytes independent of their antioxidant properties [J]. Cancer Letters, 2000, 153 (1-2): 1-5.

[159] SUR P, CHAUDHURI T, VEDASINOONI J R, et al. Antiinflammatory and antioxidant property of saponins of tea [*Camellia sinensis* (L.) O. Kuntze] root extract [J]. Phytother Res., 2001, 15 (2): 174-176.

[160] VASYL M S, YANG S M, HONG M Y, et al. Isolation and characterization of melanic pigments derived from tea and tea polyphenols [J]. Food Chemistry, 2001, 73 (2): 177-184.

[161] YANG F, VILLIERS W J, MeCLAIN C J, et al. Green tea polyphenols block endotoxin-induced tumor necrosis factor-production and lethality in a murine model [J]. Journal of Nutrition, 1998, 128 (12): 2334-2340.